情報覇権と帝国日本 Ⅰ

海底ケーブルと通信社の誕生

有山輝雄

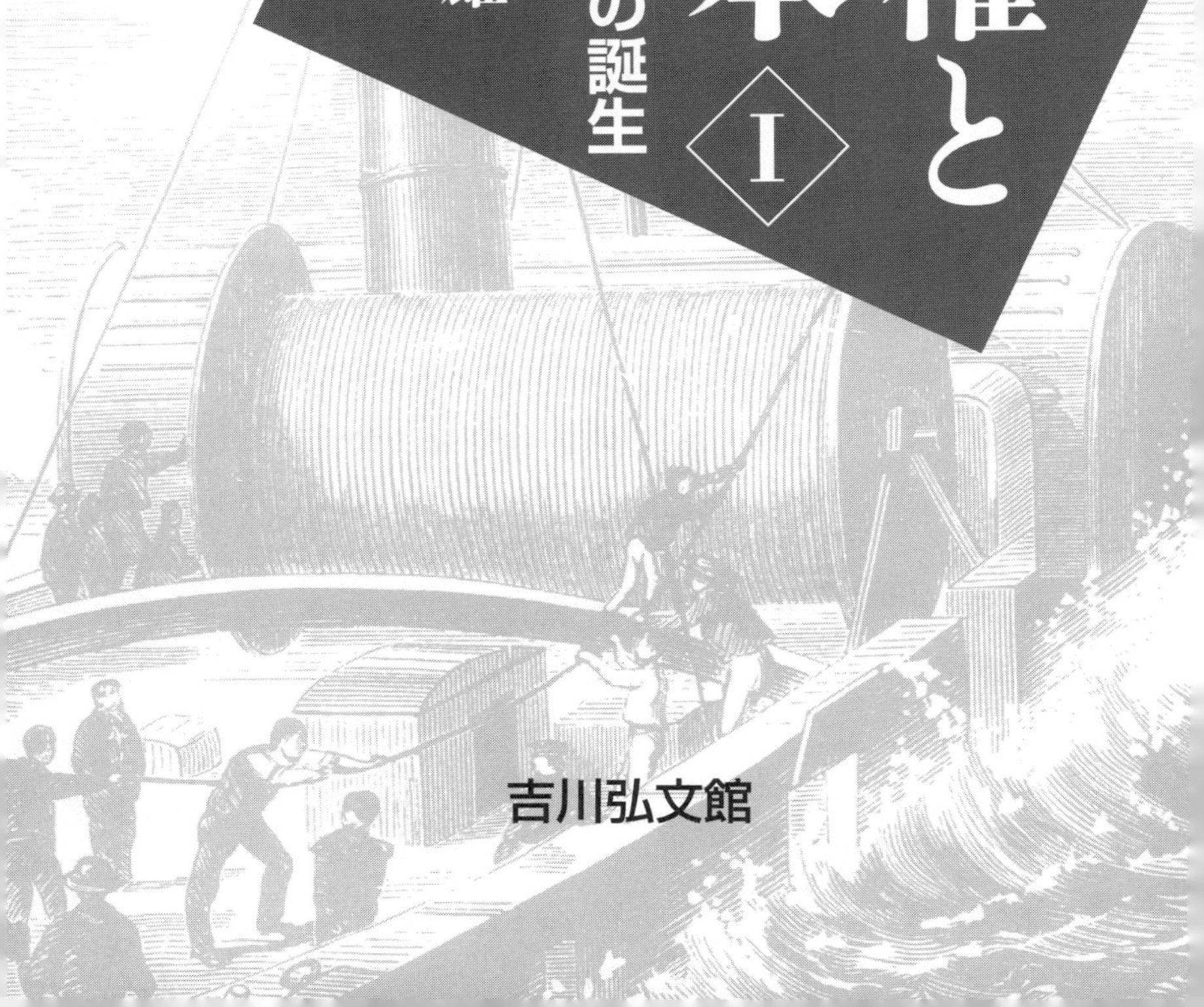

吉川弘文館

目　次

第二部　国際ニュース通信への願望

第三部　帝国日本の生成と西欧情報覇権

注　432

《情報覇権と帝国日本 II ―通信技術の拡大と宣伝戦―》目次

図表目次

凡例

一、引用史料は読者の読みやすさに配慮して、旧漢字・異字体は原則として当用漢字に改めた。また、カタカナ表記は平仮名に改め、適宜句読点、濁点を付した。

一、史料中の外来語の表記は原文のままとしたが、本文中は現在の慣用に従った。たとえば、「ロイター」は、リュウトル、ロイテル、ライトルなど表記は定まらず、漢字表記も路透などいくつかあったが、史料中はそのままとし、本文中はロイターとした。また「ニュース」は、現在でもニュースとニューズのどちらも使用されているが、史料中は原文通りとし、文章中ではニュースとした。

一、中国東北地方である「満洲」は、単に「満州」と表記した。

はじめに

「文明的な観せ物」　一八五四年二月（嘉永七年一月）、前年に続いて来航したペリー艦隊は、軍艦を九隻に増強し、アメリカ大統領国書への返答を迫り強硬であった。一時は軍艦を羽田《はねだ》沖合まで進入させ、江戸の町に脅威をあたえ、幕府側は応接地を浦賀《うらが》から横浜に妥協せざるをえなくなるなどアメリカ側に押されっぱなしであった。しかも一方でペリーは、将軍に莫大な贈り物の進呈を申し出たのである。これは好意の表現というより、相手を驚かせ、自己の強大さを誇示する狙いがあることは明らかである。これに対し、幕府の応接掛《おうせつがかり》は、三月二四日（嘉永七年二月二六日）、ペリー提督を横浜の応接所に招待し、将軍からの贈り物を進呈するとともに余興を披露することとした。幕府側の用意した余興とは、応接会場に土俵を特設し、江戸から呼んだ力士《りきし》たちに取り組みや力業《ちからわざ》を実演させることであった。

しかし、アメリカ側もその場に一つの見世物《みせもの》を準備していた。それは、蒸気機関車と電信の実演であった。数日前から会場に短い線路と小型蒸気機関車、電信機と一マイルほどの電線を敷設し、準備していたのである。当日のありさまについて、『ペルリ提督日本遠征記』は、

アメリカ人は誇りを以て、力士達の残忍な演技見物から電信機と鉄道の公開に移つた。（中略）

　それは日本役人側の嫌悪すべき観せ物に比して、より高い文明的な観せ物で、愉快な対照をなすものであつた。残忍な動物力の見せ《〔ママ〕》物の代りに、これは半開国民に対する科学と企業との成果の勝利に充ちた啓示であつた(1)

と自慢気に記している。

　アメリカ側は「より高い文明的な観せ物」によって自己の強大な力を日本側に見せつけようとしたのである。これは、「目立つた特徴を失つて」しまった「非常に巨大な肉の塊」にしか見えなかった相撲《すもう》力士の格闘技を観覧させるという日本側の無邪気な演出によって「文明」と「半開」との対比を露悪的なまでに際立たせ、蒸気機関車と電信機に「見物人は悉《ことごと》く絶えず好奇と驚愕の表情を現し」たというから、アメリカ側の予期以上の効果をあげたのである。

　もともとペリー艦隊の日本遠征自体が「文明的な観せ物」によって相手を威圧し、自己の要求を押し通そうとする企図として演出されていた。わざわざ艦隊に大西洋、インド洋を渡海させ、異様な煙をあげ、強力な大砲を備えた黒い蒸気軍艦を江戸湾内にまで入れ、その威容を見せつけた。派手な軍服に盛装した兵士たちの上陸行進、気前よい贈り物である蒸気機関車、電信機の進呈や実演は、日本人を動転させようとする演出であった。「文明」が工業力、軍事力であることを実物によって誇示し、威嚇したのである。これらデモンストレーションは、日本側を十二分に驚かせ、圧倒する効果をあげたことは間違いない。

開国と情報通信　日本は紆余曲折はあるものの、結局それまでの対外政策を放棄し、軍艦や大砲を急ぎ輸入し、自らが「文明」の力を身につけ、「文明」の仲間にのし上がろうとしたことは周知のとおりである。その産業化、軍事化などの過程について、すでに多くの研究が積み重ねられてきていることは贅言を要しない。しかし、ペリーが電信機を誇示したように通信、なかんずく国際通信の問題は「文明」の力を考える上で最も重要な問題であるにもかかわらず、これまで部分的に言及されることはあっても、十分注意がはらわれてこなかった。

欧米をはじめとする諸外国と政治、経済、軍事、文化などの関係をもつようになれば、当然のことながら、他国の情報を得ることと、自国の情報を発信することが最も基本的な要件である。また、そうした国際通信のあり方が政治、経済、軍事などの諸関係を規定することもある。しかも、国際通信は経済や軍事などとは異なる独自の技術と組織によって動く。しかし、情報通信は、軍艦や大砲などにくらべその力が見えにくく、取りあげられにくい問題であったのである。

本書は、開国以来、国際情報通信において、日本がどのような課題に直面し、それとどのように取り組んだのかを正面から明らかにしようとする。ただし、国際情報通信といっても外交機密、軍事諜報などさまざまな形態があるが、最も重要なのは一般のメディアが報ずるニュースであることはいうまでもなく、ニュースの国際的流通に絞っていくこととする。

ニュースの国際的流通　ニュース活動は基本的に二つの仕組みによって成立する。第一にニュースの通信設備・回線の仕組みである。第二にその設備・回線を利用してニュースを生産し、配信する組織の仕組みである。むろんこの二つは国内ニュースでも基本だが、国際ニュースの流通にはより一層高度の技術と資金を必要とするだけに大規模で、政治・経済・軍事などにより深く関係する。しかも、ニュースの国際的流通の仕組みのあり方は国際的力関係によって条件づけられている。逆に国際的力関係が国際情報のあり方によって左右されることもいうまでもない。

本書は、国際政治の力関係を視野に入れながら、国際ニュースの通信設備・回線（海底電線など）、いわばハードの問題とニュースの生産・配信組織（通信社など）、いわばソフトの問題という二つの視角から、国際ニュースを見ていくこととする。

一九世紀後半の国際ニュース　日本の国際ニュース通信という問題を考える前提としてまず最初に述べておきたいのは、日本が欧米諸国と交際するようになった一九世紀後半がニュースの国際的流通にとってどのような時代であったのかという問題である。それは、第一に電信などの大規模で画期的な技術革新が進行しつつある時代である。そして第二は、そうした通信技術が西欧列強の植民地拡大と密接に結びついていたことである。

福沢諭吉は、西洋諸国が「千八百年代に至《いたっ》て蒸気船、蒸気車、電信、郵便、印刷の発明工夫を以て此交通の路に長足の進歩を為したるは、恰《あたか》も人間社会を顛覆《てんぷく》するの一挙動と云《い》ふ可《べ》し」と表現していたが、(2)福沢のいう「交通」（物の運搬としての交通、情報の通信）に「人間社会を顛覆」させたる大きな技術革新が起きたのである。ここでの関心である情報通信においては、電信の発明と実用化がニュース通信の様相を一変させた。電信が画期的であったのは、人間の移動が必要ないことであった。それまでの通信は、情報を手紙や新聞紙などに物質化し、動物や人間がその物を運搬してきた。速度は人間の足、馬、伝書鳩、帆船、蒸気船などと速くはなっていったが、自ずから限界がある。人間の移動を要しない通信手段には狼煙《のろし》や腕木《うでき》通信などが用いられてきたが、人間の視認距離という限界があった。しかしながら、電線を通る電信はそれまでの限界を超え、通信の距離・速度を飛躍的に高め、世界を一挙に縮めたのである。しかも、電信線を地上ばかりでなく海底にも敷設する技術が開発され、遠く離れた大陸間の速報通信が可能となった。西欧列強はその電信線をアメリカ大陸・アフリカ大陸・インド・シベリア大陸・中国へと伸ばしていったのである。

それは、第二の問題である西欧列強による植民地拡大を可能にする重要な条件となった。「文明開化」を実現した西洋諸国は強大化した軍事力・経済力を駆使してアフリカ・アジアなどを植民地化・半植民地化していったが、そうした軍事活動、経済の活動を可能とし、さらに獲得した広大な植民地を本国に結びつける手段となったのは、海底電線など通信技術であった。電信技術は広大な帝国を支える、まさに「帝国の道具」[3]であったのである。

情報覇権　そこに出現してくるのは西欧列強による情報覇権である。情報覇権という言葉は曖昧であるが、ここでは、世界規模もしくは一定地域の情報の生産・流通などを支配し、その域内の住民の認識や思考に影響力をもつ権力という意味で用いる。それは前述した情報通信技術と情報生産組織における優越性によって実現される。ただ、情報の技術や組織の優越性だけではなく、軍事力・経済力などがそれを背後から支えているのである。例えば、海外に長い海底電線を敷設するには卓越した技術力と資金力が必要であるが、それだけでなく、他国の領土への海底電線陸揚げは、有言・無言の軍事的経済的威圧によって「権利」が獲得されるのである。逆に軍事力・経済力の優越性は、情報通信技術と情報生産組織によって支えられてもいるのであって、それらの複合的構成として西欧の情報覇権はあったのである。

一定の地域において情報覇権を確立した側は、その地域に関する情報を掌握し、その地域と外部との情報の輸出入などを事実上支配する。従属させられた側は自らの需要とは無関係に外部世界の情報を覇権者から供給され、自ら発信することは事実上できないか、覇権者の回線と組織に依存して発信するしかない。自己に関わる情報を自ら管理統制することはできず、他者に直接・間接に支配されるのである。

西欧列強はその植民地支配領域を当然その情報覇権の下におくが、それだけでなく植民地領域を越え、その周辺地域にまで情報覇権を広げていく。植民地化していない地域も、情報の支配によって政治・経済・文化などにも強い影響を及ぼしていくのである。そこには情報覇権圏が成立する。

しかし、軍事的征服、経済的征服などに比べ、情報の問題は一般にはなかなか見えない。西欧情報覇権の下にある側は覇権国製以外の情報を得ること自体が難しく、あたえられてしまっている国際認識を相対化することは困難である。情報覇権は従属する側の対外認識、ひいては自己認識さえ規制し、従属状態にあることを意識させず、当然視・自明視する意識の形成を促す。時にそれに不満をあげても、覇権国の力とその唱える情報の自由といった普遍性を装った原則の壁にはね返される(4)。そこには対等関係は成立しないのである。

開国と情報覇権　日本が開国したのは、西欧列強の情報覇権拡大が東アジアに及んで来つつある時期であった。日本は植民地化されたわけではないが、西欧の情報覇権圏に否応なく飲み込まれていくことになった。ペリーが贈り物とした電信機は、彼が考えた以上に象徴的であったのである。国内における通信を自力で実現することは可能であったが、島国である日本が海外と通信するためには、それ以上の高度の技術と組織を必要とする。だが、日本はそれを自力でもつことはできなかった。必要な蒸気船や電信設備・回線の技術はほとんど西欧に依存したし、また海外から情報を広く収集し伝達し、同時に日本に関する情報を海外に伝える組織も日本にはなく、西欧のそれに頼るしかなかったのである。

西欧諸国への海外情報依存は、政治、経済、文化などさまざまな領域にわたるが、本書で対象とする時事的ニュースは、国際関係に直接的影響をあたえるし、長期的には日本の対外認識、西洋の対日認識を形成する。思想や芸術など一定の体系性をもつ情報は、時間をかけた輸出によってある程度主体的な取捨選択も可能であるが、時事的ニュースはそれ自体断片的であり、一瞬一刻も早い判断・伝達が生命であって、各国の総合的な情報力が試される。それだけにニュースは情報覇権の主戦場であった。

イギリスの東アジア情報覇権　一九世紀半ばから二〇世紀半ばまでの時期、東アジアにおいてニュースの覇権を握っていたのはイギリスである。本文で詳述するように、イギリスはヨーロッパと東アジアを結ぶ二経路の海底・地上電信線を事実上支配していた。また、このような通信技術と密接に連携して、イギリスの通信社ロイターが東アジアにおけるニュースの生産と流通をほぼ独占したのである。この東アジアでのイギリスの情報覇権を成立させたのはイギリスの海軍力・経済力であり、逆に情報通信技術とニュース収集・配信力がイギリスの海軍力・経済力を支えた。海外と自力で通信する技術も組織ももっていない日本は、ニュース発信受信の両面でイギリスの傘下に組み込まれるしかなかったのである。

イギリスの情報覇権は単独で成立していたのではない。西欧列強、端的には英、仏、独は互いに情報覇権を争いながらも、他面では自己の権益を確保するため、暗にあるいは公然とそれぞれの情報覇権圏を承認しあっていた。特に国際通信では、英、仏、独三国の通信社が世界分割協定を結んでいたのである。くわしくは後述するが、この三ヵ国の通信社、すなわちロイター・アヴァス・ヴォルフの三社は、それぞれの国の植民地・勢力圏に従って世界を勝手に分割する協定を結び、それぞれの地域独占を認めていた。まさに三つの帝国主義が世界地図上に線を引いて、獲物を分けあったのである。この結果、日本や中国は、自らのあずかり知らぬところでロイター通信社の独占地域と決められてしまい、イギリスの情報覇権に組み込まれた。

日本に直接関係するのはイギリスの情報覇権であるが、それは西欧列強のそれの一廓であった。本書では、東アジアにおける日本を取り巻くイギリスの情報覇権をその背後にある西欧の情報覇権システムを視野に入れて見ていくことにする。

西欧情報覇権への挑戦　本書の基本的な主題は、この一九世紀半ばから始まり二〇世紀半ばに至る約一〇〇年間、当初はイギリスの情報覇権をほとんど認識せず、また次第に意識するようになってもそれを甘受せざるをえなかった日本が、その軛《くびき》から何とか脱しようと試みて西欧覇権に挑戦し、結局は一九四五年の敗戦によって手痛く挫折していった過程である。

情報覇権の支柱となっていたのは、前述したように情報の伝送技術と情報（ニュース）の生産流通を専業とする社会組織の二つであり、日本の西欧情報覇権への挑戦は、この二つの領域において互いに連関しながら展開された。しかし、そこには一筋縄ではいかないねじれや難渋が生じた。先に挙げたペリー艦隊の来航の結果結ばれた不平等条約は、周知のとおり複雑な外交交渉があったものの、一八九四年に領事裁判権などが撤廃され、一九一一年に関税自主権が回復され欧米諸国と対等な法的関係をもつことができた。

しかし、国際情報流通の対等性はそれほど円滑にはいかない。例えば外国海底電線の依存が完全に解消したのは、一九四三（昭和一八）年に日本政府が大北電信会社（Great Northern Telegraph Company）に同社の長崎への海底電線陸揚権満了の通告文を手渡したことによってである。大北電信会社はデンマークに籍を置く会社で、当時デンマークはすでにナチス・ドイツによって占領されており、また同社の海底電線のもう一方の端末である上海は日本が占領していたのであるから、同社の実質的基盤はすでに失われていたのだが、ともかく一八七二年以来約七〇年も続いた大北電信会社線依存はこれでようやく終わったのである。いうまでもなく翌々年は日本の敗戦である。

情報の国際的不均衡　情報の国際的流通をどのような枠組みで見るのか、それ自体が難問である。それは、一九世紀・二〇世紀の国際社会をどう見るかという問題だけではなく、かつてとは比べられないほど高速化し、広範化している現代の国際情報の流れをどう見るのかと繋がっている。現在、市場と自由の原理にもとづく情報のグローバル化を驚嘆賛美する声が高い一方、情報の国際的不均衡の一層の昂進、欧米の文化帝国主義・情報帝国主義への批判は根強い。情報のハード・ソフトを一段と発達させ、情報の流れを事実上支配し、それを情報の自由と誇称できる欧米とそれに否応なく従属せざるをえない側という構造は、一九世紀以来、依然として変わらないとする論争は続いている(5)。

こうしたなかにあって、本書は西欧情報覇権への挑戦と挫折という枠組みで日本の政策と行動を見ようとするものである。しかしそれは当時の日本の政策や行為の正当性を論証しようということではない。むしろ当時の日本を取り巻く国際情報流通を内側から明らかにし、それに対して日本がとった政策と行動とそれが陥っていった矛盾、すなわち覇権に挑戦しながら自らが覇権化していく矛盾を内在的に明らかにしたい。そこに現在まで続く国際情報流通の構造的非対称性と通底する問題があったことは確かである。しかし、構造そのものの改変を目指さず、その枠内で弱者から強者に転じようとすることは多くの矛盾を背負い、強者支配の構造の再生産でしかなかった。こうした問題を考えるためにも、構造そのものの内在的理解が不可欠なはずである。

第一部　海底電線と通信社の到来

第一章　一九世紀情報覇権と日本

一　江戸時代の対外情報システム

「鎖国」と海外情報　一七世紀から一九世紀の日本を、海外との交流を遮断し海外の「一挙動」に無知なまま長期間の「太平に慣れて怠たる」時代と見るか否かについては、近年研究上の論議がある。これまで、江戸時代を自明のごとく「鎖国」の時代ととらえてきたことへの見直しが提起され、長崎・対馬・薩摩・松前の四つの口を通してオランダ・中国・朝鮮・琉球・アイヌなどと交渉をもっていた側面が強調されるようになったのである(1)。「日本の近世外交史に関する最近の論議の焦点は、「鎖国」モデルを物品の輸出入・人びとの出入国の流れが「海禁」によって統制されていた、日本の対外関係「システム」という概念で置き換えてはどうか、というところにある」という(2)。国を閉ざしていたのではなく、統制された対外関係システムが機能していた時代と見るべきだというのである。

こうした「鎖国」論議について本書で深入りする必要はないが、「開国」後の対外情報システムを考える前提として、江戸時代の対外情報システムについては瞥見しておく必要があるだろう。江戸時代、四つの口でそれぞれ対外貿易が行なわれていたが、それにともなって外からの情報も取り入れられていた。ただ、それぞれの成立の由来によって情報収集活動のあり方も異にしている。

対馬口は、対馬藩宗家を介するもので、宗家は徳川氏に臣従する一大名であると同時に、朝鮮に対して朝貢的な立場をとるという二重の役割を果たすことで、この口の関係は維持されていた。交易面では中国産生糸《きいと》・絹織物などの輸入、外交面では通信使《つうしんし》の招聘《しょうへい》が重要であった。朝鮮通信使は、一六〇七年の徳川家康の国書《こくしょ》に答える「回答兼刷還使《かいとうけんさつかんし》」から始まり、徳川家の慶事などのたびに合計一二回来日し(3)、江戸滞在中や往復の途中で日本の知識人と活発に交流し、知識人にとって外国文化摂取の貴重な源となった。薩摩口とは、薩摩藩による琉球《りゅうきゅう》交易と琉球使節の江戸参府《さんぷ》にもとづくものである。琉球は、中国（明《みん》、のちに清《しん》）と冊封《さくほう》・進貢《しんこう》関係をもっており、琉球を通して中国に関する情報を得ていた。また、松前口は、松前藩がアイヌとの交易を行ない、北方のロシアの進出に関する情報を得る窓口であった。

しかし、なんといっても重要な口は、長崎であった。長崎では周知のとおり、中国（清国）とオランダとの貿易が行なわれていたが、それと並行的に、他の口よりずっと体系的で定期的な収集活動が行なわれていたのである。ここでは情報収集活動が定式化され、入手された情報は文書化（唐船風説《からふねふうせつ》書《がき》、オランダ風説書）されるなど、相当整備されたシステムであった。

唐船風説書　長崎での情報収集活動は、基本的には唐船風説書にまとめられた中国（清国）船からの情報入手とオランダ風説書にまとめられたオランダ船からの情報入手との二つの系統がある。唐船風説書は、長崎奉行が長崎に来航した中国船（唐船）乗組員から唐通事《とうつうじ》に情報を聴取させ、これを文書として幕府に上達したものである(4)。中国船の来航は、日本国内の輸入品消化量の限度、鄭成功《ていせいこう》の反乱に悩んだ清が、山東《さんとう》省から広東《カントン》省にかけての沿岸住民を強制的に内陸に移住させた遷界令《せんかいれい》（一六六一年）、貿易額を制限しようとする幕府の政策（一六八八年）などの諸条件によって年により大きく増減したが、一六一一年から一六四七年の期間でみれば、最大九七隻、年平均五七隻であった。(5) 後で述べるオランダ船よりはるかに来港頻度は高く、当然それがもたらす情報量も多かったことになる。

ただ、中国商人は文書をもって情報を伝えたわけではなく、唐通事が長崎奉行から指示を受けた事項につき質問し、その質問の範囲内で中国商人が受動的に答弁をしたものを唐通事が筆記したのである。清国は国内の風説を長崎で提供することを厳禁していたのだが、中国商人は交易を維持するため、本国には秘密で情報をもたらしていた。商人が収集しえる情報は自ずから限界があるが、船主や船客には教養をもった者も多く、国益と無縁な民間商人であるために、かえって作為的情報は少なかったという。(6)

幕府にとって唐船風説書の有用性は、ポルトガルやスペインなどキリスト教国の中国沿岸での活動状況の情報入手、密貿易の防止、さらに中国国内状勢の情報入手にあった。(7) 唐蘭不接触が根本方針とされ、それぞれ別々にもたらされた情報を照合することもあったようである。現存する唐船風説書は、一六四四年から一七二四年まで八一年間、約二三〇〇通におよび、ほとんどは林春勝《はやしはるかつ》（鵞峰《がほう》）、林信篤《のぶあつ》（鳳岡《ほうこう》）の編集した『華夷変態《かいへんたい》』三五巻と『崎港商説《きこうしょうせつ》』三巻に収録されている。(8) 一八四〇年代以降、イギリス・フランスなどの西欧勢力の進出によって東アジアが緊迫した状況は、唐船風説書によっても伝えられたが、その情報内容には限界があった。逆に、この時期にはオランダ風説書が多くの情報を提供するようになり、唐船風説書は漸次その存在価値を失い、消滅した。

オランダ風説書　オランダ風説書は、オランダ船がもたらす情報である。オランダ風説書については、すでに優れた専門的研究があり、[9]これらに依拠してこの情報入手の仕組みを述べれば、オランダ風説書は、一六四一（寛永一八）年、幕府がポルトガル人を追放し、オランダ人のみに貿易を許可する政策をとったのを機に、長崎のオランダ人に海外情報提出の義務づけが行なわれ、一六五九年に慣例化した。義務づけの意図は、ポルトガル人追放を徹底し、オランダ人がローマ教徒やポルトガルと同盟していないことを確かめるところにあったという。[10]「鎖国」政策を行なうためには、一定程度の海外情報を入手するシステムがなければならず、「鎖国」と矛盾するようだが、幕府は一定の海外情報を必要としていたのである。

従来の研究では、オランダ人がオランダ語で風説書の原本を提出し、それを長崎のオランダ通詞《つうじ》が翻訳したとされてきたが、松方冬子の研究によれば、「通常の」風説書は、商館長《しょうかんちょう》（や船長）が原則として口頭で語った内容を、オランダ通詞らの意見を加えて加除・変更し、通詞が和文文書に仕立て、商館長が署名、通詞が連印する、という手順で作成された。[11]したがって、オランダ通詞に渡すための要旨を記したメモ書き程度のものはあったにしても、「原文」つまり証拠能力のある蘭文が船載されてくることはなかったとされる。となると提出された回数は確定しがたいようだが、『和蘭風説書集成』には第一号（寛永一八年）から第三二八号（嘉永六年）まで収録されている。ほぼ毎年、情報提供があったのである。

東インド会社の情報収集力　幕府側が当初知りたかったのは、キリスト教対策のためのポルトガルやスペインの宣教師の動向などであったが、次第により広範囲な東アジア情勢、ヨーロッパ諸国の動向などへの関心が高まった。しかし、前述した風説書の作成経緯からわかるように、基本的にはオランダの情報収集能力に依存する情報収集である。一七世紀、オランダ共和国はヨーロッパの情報の集散地としての役割を果たし、それを背景とするオランダ東インド会社の時事情報配信システムがオランダ風説書の情報を支えていたのである[12]。

待機的情報受信　ところが、オランダの国力は漸次衰弱し、フランス革命後、一時フランスに併合されるが、オランダ風説書ではその事実は隠され、フランス革命の勃発が報じられたのも六年後であった。唐船風説書はヨーロッパ事情まで及んでいないから、オランダの作為を見抜くことは不可能であった。

オランダ風説書は貿易による人間と物資の移動に付随する情報活動であって、情報収集のための独自の組織や技術があったわけではない。年一回来航と決められたオランダ貿易船が情報も運搬してくるのであるから、定期的だが、情報の速度は遅い。貿易頻度があがらない限り、情報の更新頻度もあがらない。幕府側は待機していて、オランダ側が口述する情報を接受するだけの受動的な情報収集である。

また、これまでは、風説書は幕府要人だけが閲読する極秘文書だと考えられてきたが、松方によれば、通詞の裁量に任されていたという[13]。実際、風説書は一部の大名家などで筆写されたようだ。だが、そう広い範囲に出回ったわけではない。まして公刊されたのでもなく、海外情報が広く共有されることはなかった。さらに日本からの情報発信は厳禁であった。一八二八年、幕府天文方高橋景保《てんもんかたたかはしかげやす》が商館付医師シーボルトに伊能忠敬《いのうただたか》の日本地図を贈ったことが発覚して、大事件となったのはよく知られている。長崎口での対外情報システムは、あくまで受信だけの一方通行であったのである。

しかし、幕府も対外情報発信の必要がまったくなかったわけではなく、一八四二年にそれまでの異《い》国船打払令《こくせんうちはらいれい》を撤回し、薪水《しんすい》給与令を発令した際には、オランダ商館長にそれを伝え、諸外国に通達することを求められたと理解したオランダ商館長は、バタフィア政庁に報告し、政庁はさらに本国植民省に伝えた(14)。

別段風説書　一九世紀前半、欧米諸国の東アジアでの動きが活発になり、オランダは劣勢になっていった(15)。そのなかで、オランダとしては長崎貿易の維持をはかろうとし、できるだけ紛争を回避することに努め、他方幕府にこれまで以上に海外情報を提供しようとした。一八四〇年、オランダのバタフィア政庁は、広東やシンガポールなどで発行されている定期刊行物から情報を収集し、アヘン戦争情報などを日本に送付するように命じた。これが別段《べつだん》風説書である。

それまでの風説書が商館長が長崎で口述したものの筆記であったのにたいし、別段風説書はバタフィア政庁が直接作成したものである。通常の風説書が前述したように幕府側の需要から生まれたのに比べ、別段風説書は供給側の外交政策から生まれている。ただ、松方冬子の綿密な研究によれば、その情報源は広東やシンガポールのイギリス系新聞で、この時期のバタフィア政庁機関紙『ジャワ新聞』の中国関連記事もほとんどイギリス系新聞の引き写しであったという(16)。一九世紀半ば、東アジアにおけるオランダの情報収集能力は相対的に低下し、勢力を拡大してきたイギリスの情報に依存することになっていたのである。情報におけるイギリス優越は、むろん経済・軍事などにおけるイギリス優越の反映であり、それだからこそオランダは別段風説書を作成し、長崎貿易権益の維持をはかったといえる。

特異な対外情報システム　このように江戸時代の社会は、外部世界の情報が完全に遮断されていたわけではなく、四つの口それぞれで、特に長崎ではかなり周到で意図的な情報収集活動が行なわれていた。その限りでは、「鎖国」という言葉は不適かもしれない。しかし、その対外情報システムは厳しい統制を行なうためのものであった。「鎖国」概念を批判するあまり、厳しい情報統制を見失ってはならない。しかも、対外情報関係としてはきわめて特異であった。

一つは、自らの情報を外に発信することはなく、一方通行的に受信するだけであった。例外的に日本の情報が外に出たことはあったが、基本的には相互的な情報交換関係は欠いていたのである。オランダとの関係ばかりでなく、中国との関係においても、中国から情報を得ていたにもかかわらず、逆の情報の流れを作る発想はない。第二に情報収集活動といっても、自ら外に出て収集することはなく、情報がもたらされるのを受動的に待機しているだけである。

こうした特異なかたちに定式化されたのは、この情報収集システムがキリスト教関係の情報を遮断することを主要な目的としていたからである。多様な貿易が行なわれている状況で、キリスト教関係情報を選別排除することは不可能である。それより、貿易関係＝情報経路をオランダ人・中国人に制限し、いわば独占を付与した彼らにキリスト教関係情報を排除させ、無害化しておいたほうが効率的である。同時に、このシステムに脅威をあたえる動きがないかについても、彼らから情報を集めたのである。

ネガティブな情報収集　オランダ風説書、唐船風説書の情報システムは、決して「安逸」をむさぼるものではなく、むしろ周囲に警戒を怠らないシステム、いわば環境監視システムである。しかし、それは積極的に変事勃発の情報を集めるのではなく、変事が起きていないことを知ろうとする活動、いわばネガティブな情報収集活動であった。何事もなく、対応する必要がないことが分かれば、それで十分なのである。通常の情報活動が、変化への対応であるのに比べ、これは変化しないための情報活動であった。

当然、入手した諸情報を照合し、分析することや、政策立案に利用することは予定されていない。実際、結果的には幕末に至るまでは緊急事もなかったから、情報収集は当初の警戒心を失って形式化、儀式化していく。この間、危険のあり方が当初のスペイン・ポルトガルなどのキリスト教布教活動から、イギリスなどの軍事的経済的進出、さらにロシアの南下などに大きく変わっていったのだが、約二一〇年、情報収集の方法を変えようとするといったことは、まったくなかったのである。

しかし、他者依存の情報システムは、他者の事情によってある程度の修正は行なわれた。前述のとおり、オランダ側が別段風説書を作成するようになったのである。これは、東アジアにおけるオランダの相対的地位の低下というオランダ自身の危機感によって発意されたものであって、幕府側の主導によるものではない。別段風説書は、それまでより幅広い情報を提供した。特にアヘン戦争について報知し、幕府に危機感をあたえたことは知られているが、幕府側が危機感によって積極的な情報の収集を行なったり、情報分析を深めたりしたことはないのである。

通信技術革新情報　別段風説書は、今日からみれば貴重な情報を伝えている。本書の関心である交通・通信の技術革新についても、別段風説書には「蒸気仕掛軍船」やアメリカがカリフォルニアと中国との「蒸気船之通路」のために日本の港に貯炭所《ちょたんじょ》を求めていること、スエズ運河・パナマ運河とそれを関連する鉄道工事など世界の交通路に大きな技術革新が起きていることを報ずる記事もある。また、イギリスとフランス間のドーヴァー海峡の海底に「『エレキトロ、マグネチセ』機関の名の合図を以て速に信を通する装置」、すなわち海底電線敷設の記事もある。さらにオランダとイギリスの間の海底にも「『エレキトル、マグネティーセ、テレガラーフ』火急ニ事柄ヲ告知スル仕掛ノ義」の敷設が始まったことや各地の海底電線敷設、ジャワの電信造営開始も伝えられていた[17]。

これらの記事は、オランダはそれらの技術革新が何をもたらすかを分かっているから重要事として伝えているのであるが、日本側は言葉のうえでこうした知識を得ても、その政治的・経済的・軍事的意味を理解することはできなかったであろう。

ペリー艦隊の来航も、前年の一八五二年、出島《でじま》の商館長に赴任したドンケル・クルティウスが詳細に報告した[18]。また、その前年に帰国した漂流民中浜万次郎《なかはままんじろう》らも、アメリカの使節派遣計画を伝えていた。しかし、情報を得ても、それに対処する方策はほとんどなく、黒船襲来を待つことになったのである。

江戸時代には、周囲を警戒するための対外情報システムはそれなりに整備されており、その限りでは「太平に慣れて怠たる」わけではない。しかし、変事がないことを確認するネガティブな情報収集システムは、周囲の変化を認識できないだけでなく、自らも固陋化してしまう。結局日本は、欧米において「人民交通の便」が大変革を遂げていた時期に、一七世紀以来の対外情報システムを固守して自足していたのである。それが、唐突に欧米が主導する国際社会と交際していかなければならないこととなった。再び福沢諭吉の表現を借りれば、「暗黒沈静の深夜より喧嘩囂噪《けんかごうそう》の白昼[19]」にいきなり出させられ、往来し、交際していかざるをえないことになった。

外交・通商が始まれば、多様大量の海外情報が流入してくるし、また海外情報の政治的・社会的需要は一挙に高まる。そうなると、オランダ風説書のような対外情報システムは、無意味なものとなった。一八五八（安政五）年、オランダ領事館は風説書の廃止を申し出、幕府もそれを了承した。[20]

二　一九世紀西欧情報覇権の成立――海底電線と通信社――

電信の画期性　ペリー艦隊は、実物としての蒸気船を誇示するとともに、持参した電信機によって電信を実験して見せた。帝国はその強力な「道具」で威圧したのである。日本はそれに仰天しているいとまはなく、否応なくそれら情報通信革命に巻き込まれたのである。

一九世紀の情報通信において画期的な技術は、人の移動をまったくともなわずに情報を伝達できる電信であった。むろん電信以前に人やモノの移動を必要としない通信技術がなかったわけではない。古くは、のろしや手旗信号、伝書鳩などがあった。伝書鳩はセイロンやペルシャの貿易船で用いられ、それが中国に移入され、日本にももたらされた。平安時代末期から鎌倉時代には、宮廷や公卿のあいだで伝書鳩の飼育が盛んであったという。[21]

また、腕木《うでぎ》信号機はかなり精巧なコミュニケーション手段として発達した。[22] フランス人シャップが考案した腕木通信のシステムは非常に体系的なもので、一八四〇年代後半の全盛期にはフランス全土に四〇〇〇キロを越える通信網がつくられたという。[23] しかし、なんといっても一九世紀半ばに実用化

図１　ドーヴァー・カレー間の海底電線敷設, 1851年（*Girdle Round the Earth*）

されたモールス式電信機は革命的な通信技術であった。それは現在のインターネットに匹敵するコミュニケーションの革命ともいわれる(24)。

しかも、電線は陸上だけでなく海底を通り、大陸と大陸、大陸と島とを結ぶ。はるかに隔たっているヨーロッパとアメリカ・アフリカ・アジアなどとが電線によって瞬時に結ばれることになったのである。しかし、海底電線の敷設は多大の投資と複雑な技術が必要であったので、西欧先進国しかなしえない事業であり、いかに自国に有利なルートで陸上電線・海底電線を敷設し運用するかが、国際政治のきわめて重要な戦略となった。西欧列強は電信線をめぐって激しい競争を展開したが、圧倒的優位に立ったのはイギリスである。

海底電線でのイギリスの優越　イギリスの優越を実現したのは、いうまでもなくその経済力、工業力、軍事力である。具体的には、電信機器・設備技術、海底電線製造技術、巨大な海底電線敷設船などを保有できた。さらに、海底電線被覆に用いられるガッタ・パーチャという樹脂の生産販売をほぼ

独占していたのは、その生産地ボルネオ・マレー半島を領有しているイギリスであった。(25)

一八四八年、イギリス人ウオルカーが英仏間ドーヴァー海峡の海底電線敷設に成功し、次いで一八五〇年に、やはりイギリス人ブレットもドーヴァー海峡の海底電線敷設を行なった。当時は、電線が海中を通ることが信用されず、ブレットの計画は詐欺師扱いされたため、彼は人びとに受信を目撃させ、確認署名させたという。それでも彼の事業は注目されず、電線が不通になると嘲笑をあびた。(26)翌一八五一年、今度は鉄道技師であったクラムプトンが海底電線の敷設に成功し、これが商業的に成功した最初の海底電信企業となった。(27)これによって海底電線の実用性への認識は高まり、一八五三年から一八六三年の間に、イギリスと大陸を接続する海底電線六本、デンマークとスウェーデン間、イタリアとコルシカ間、コルシカとアフリカ間などに海底電線が敷設された。

大西洋海底電線敷設　待望されながらも困難を極めたのが、大西洋横断海底電線の敷設であった。英米の実業家たちによって一八五六年に大西洋電信会社が設立され、敷設作業に乗り出したが、何度も失敗を繰り返し、一八五八年にようやく成功した。両国の人びとはこの成功に歓喜し、ヴィクトリア女王はさっそく「欧州ト米国ハ電信ニ依ツテ結合セリ。地上ニ於ケル最高ノ平和ニ於テ神ニ栄光アレ」とアメリカ大統領ブキャナンに祝電を贈り、大統領もこれに答えた。ところが、この電線は短期間で不通になってしまい、大歓声は落胆に変わってしまった。海底電線は、まだまだ不安定な技術であったのである。

大西洋横断海底電線の夢はいったん冷めてしまうが、英米の実業家はあきらめず資金を集め、一八六六年に再び敷設作業に挑戦した。当時、大西洋横断敷設に必要な海底線を積載できる唯一の巨船で

図2　米グリニッジのグラス・エリオットで製造された大西洋電線，1857年（*Girdle Round the Earth*）

あったイギリスのグレート・イースタン号が、苦難の末、ようやく敷設を完成させた[28]。今回は、前回に比べ技術は格段に向上し、両大陸ははじめて電信によって安定的に結ばれたのである。

インドへの道　イギリスにとって、アメリカとの連絡とともに重要だったのはインドへの連絡である。特に一八五七年のセポイの反乱によって危機感をもったイギリス政府は、インドへの電信線建設を急ぎ、多額の補助金を助成した[29]。一八六〇年にスエズから紅海を通ってアデンに至り、アラビア半島の南岸にそってペルシャを通過してカラチに至る海底線が一応できあがったが、きわめて不安定であった。また、フランス・ドイツ・オーストリア・トルコを通ってバクダットに達し、ペルシャ湾を海底線で渡り、カラチに至る線も設置されたが、多くの中継点を経由することによって通信本文が支離滅裂になることが多く、外国の電信技師が英語を解しないための誤りも生じやすかった[30]。ロイターの経営者ジュリアス・ロイターは、一八六六年の『ザ・タイムズ』への手紙で、インドへの電報は八日から一四日間もかかり、電信技師が英語を理解しないので電文はほとんど用をなさないと歎いたという[31]。

図３　ペルシャ湾のファオに陸揚げされたインド・ヨーロッパ電信（*Girdle Round the Earth*）

そこで、新たに海路と陸路と二つの回線を完成させた。海路は、ジョン・ペンダーの経営するイギリス・インド海底電信会社（British-Indian Submarine Telegraph）などが運営するいくつかの海底電信会社の海底線をつなぎ、ポルトガル・ジブラルタル・マルタ・スエズ・アデン・ボンベイを結ぶ回路で、一八七〇年に運用開始となった。ペンダーの会社は、一八七二年に合同して東方電信会社（＝大東電信会社、Eastern Telegraph Co.）となった[32]。

また、陸路はインド・ヨーロッパ電信会社（Indo-European Telegraph Co.）によって建設された。インド・ヨーロッパ電信会社は、イギリスが半分を出資し、残りをドイツ・ロシアの出資によって一八六八年に設立され、ロンドンからドイツ・ポーランド・オデッサ・テヘラン・カラチを主に陸路で結び、一部ロイターの所有していた電信線を利用した。最後の部分はインド政府電信線に接続し、ロンドンからインドを結んだのである。これは、一八七〇年に運用を開始し、成績は良好であったという[33]。

東方電信会社の回線は、六つの独立した回線を通して中継され、各中継点で受信され、再送信された。返信または確認を合わせると、全部で一二回の送信を必要としたが、開通祝賀のメッセージ交換では、ロンドンからボンベイへの送信に対し、四分二二秒後に受信確認の返電があったという[34]。通常はもっと時間を要したであろうが、それでも蒸気船のニュース運搬とは、けた違いのスピードである。

海底線は、陸線に比べ工事費は二倍であったが、陸線はその維持に海底線の五倍の経費が必要であったという[35]。いずれにせよ、陸路と海底線とは、当然競合することになる。そこで、一八七二年に東方電信会社、インド・ヨーロッパ電信会社、インド政府の三社は共同会計に関する協定を締結した。この協定では、三社の収入は共同会計扱いとし、純益をプールし、プール金はおのおのの寄与に比例して再配分することとした[36]。イギリス系電信会社は巧みに利益を守ったのである。この共同会計方式は、海底電信会社の競合回避・利益確保の方法として、以後よく用いられることになった。

中国への延伸　さらにケーブルはインド以東にまで伸びていく。一八七一年にシンガポールからサイゴン経由で香港《ホンコン》に至り、一八八三年に福州《ふくしゅう》と上海《シャンハイ》間の海底ケーブルが敷設され、翌年に福州・香港・マカオが結ばれた[37]。これらを運用したのは、イギリスの東方電信会社系列の会社である。まさに大英帝国の拡張とともに伸びてきた海底電線は、ロンドンと中国とを結んだのである。

もう一つ、ヨーロッパとアジアを結ぶ電信線はシベリア大陸を横断するものである。これは、もともとは失敗続きの大西洋海底電線計画に対抗してヨーロッパとアメリカをつなぐ企図で考えられたものである。一九世紀後半、全地球的規模で、ヨーロッパ・アメリカ・アジアを結ぶ電信線計画が激しくせめぎ合っていたのである。

シベリア大陸を経由してヨーロッパとアメリカを結ぶことを立案したのは、ロシア・アムール川流域のアメリカ通商代理人であったペリー・コリンズで、彼はサンクトペテルブルグからシベリア、ベーリング海峡を経てアメリカ西海岸に至る電信線建設を思いたち、一八五八年にロシア政府に提案するとともに、アメリカの政財界にも働きかけた。彼の計画では、中国・日本への延伸、さらにはオーストラリアまで、またアメリカ大陸ではメキシコ・中南米まで伸ばすことが考えられたという。まさに地球規模の気宇壮大な計画である。ロシアがこの計画に関心をもったのは、シベリアや沿海州への進出に強い意欲をもっていたからであり、アメリカはイギリス主導の大西洋海底電線への巻き返しと中国大陸への帝国主義的進出をねらっていたのである(38)。日本国内は、日米修好通商条約《にちべいしゅうこうつうしょうじょうやく》をめぐる政治的大混乱のまっただなかにあったのだが、知らないところで欧米列強の情報覇権争いの渦中にもあったのである。

コリンズの計画は、アメリカの電信会社ウェスタン・ユニオンとアメリカ政府の支持を取りつけることに成功した。ウェスタン・ユニオンは、一八六四年にウェスタン・ユニオン・エックステンション会社（Western Union Extension Company）を設立し、ロシアとアメリカを結ぶ電信事業に本格的に乗り出すことになった。この計画は、ヨーロッパ・シベリア大陸・ベーリング海峡・アラスカ・カナダを経た電信線をアメリカ大陸横断電信線とつなぎ、文字どおり地球を半周して旧大陸と新大陸を電

図4　1898年，東洋と連結した東方電信会社系のケーブル・ルート
(*Girdle Round the Earth*)

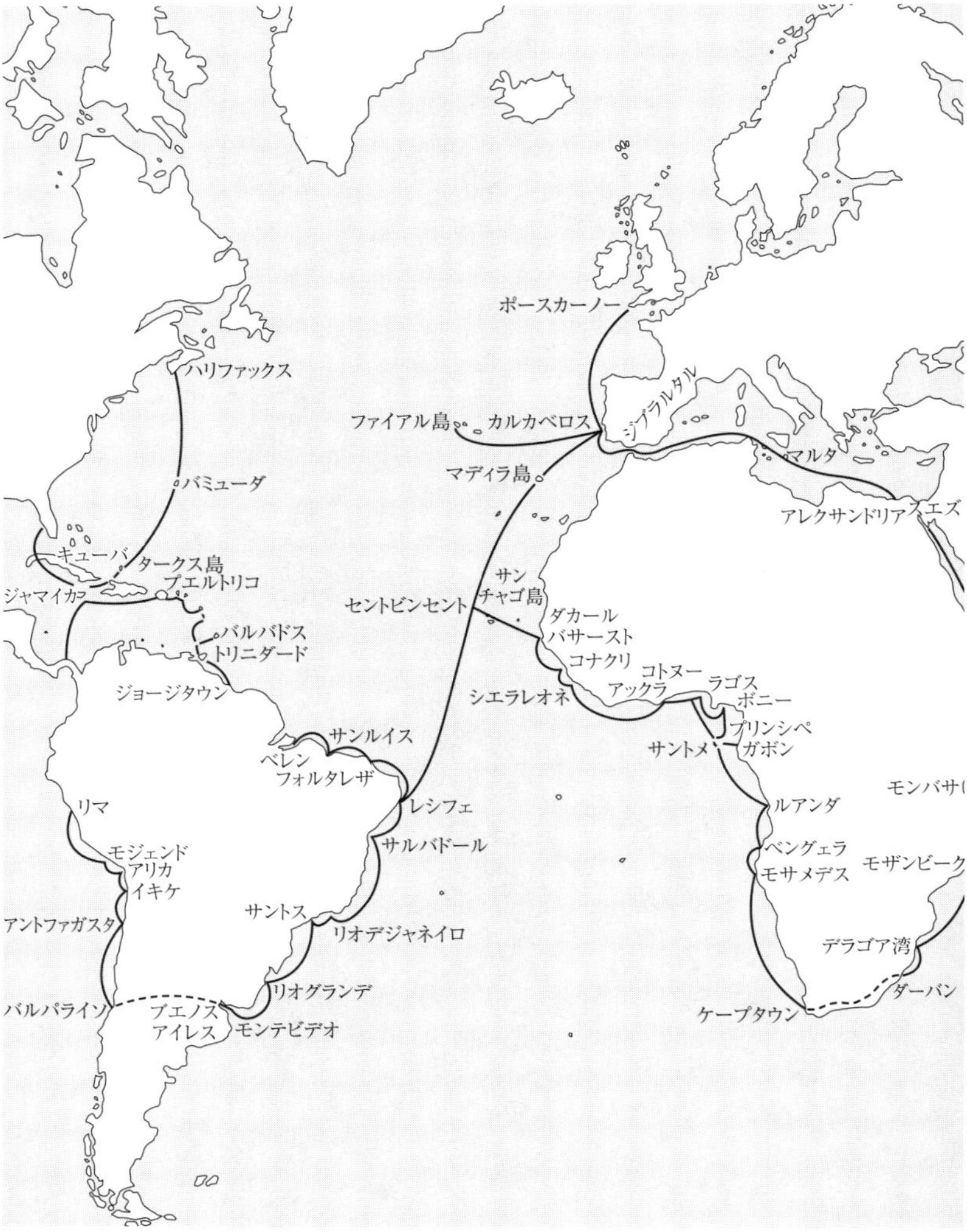
ポースカーノー
ハリファックス
ファイアル島
カルカベロス
ジブラルタル
マディラ島
バミューダ
マルタ
アレクサンドリア
スエズ
キューバ
タークス島
プエルトリコ
ジャマイカ
サン
チャゴ島
セントビンセント
ダカール
バサースト
バルバドス
トリニダード
コナクリ
コトヌー
ラゴス
ジョージタウン
シエラレオネ
アックラ
ボニー
プリンシペ
サンルイス
サントメ
ガボン
ベレン
フォルタレザ
レシフェ
モンバサ
リマ
ルアンダ
サルバドール
モジェンド
アリカ
イキケ
ベングェラ
モサメデス
モザンビーク
サントス
アントファガスタ
リオデジャネイロ
デラゴア湾
リオグランデ
ダーバン
バルパライソ
ブエノス
アイレス
モンテビデオ
ケープタウン

信で結ぶ壮大な通信回線を実現しようとするものであった。(39)また、アメリカ政府は、イギリス・ロシア・スウェーデン政府などにも工作した。コリンズの事業は、「アメリカ政府の事業」という性格さえもっていたという。(40)

工事はシベリア、アラスカの両方から進められた。ところが、一八六六年に前述した大西洋横断海底電線敷設が成功し、その運用が始まってしまった。シベリア・アラスカ回りの英米間電信線は、無用の長物となってしまったのである。工事は中止となり、ウェスタン・ユニオンは三〇〇万ドルの損失を蒙ったとされる。(41)

しかし、中断された電信線工事に注目して、新たな計画をたてたのが大北電信株式会社（The Great Northern Telegraph Company）であった。大北電信株式会社はデンマークの実業家ティットゲンによって一八六九年に創立された会社で、当初はスカンジナビア諸国とロシア・イギリスを結ぶ海底電線を経営していた。特にデンマークの地理的位置を利用して、ドイツを中継せずにロシアとイギリスを結ぶ電信線を敷設したのが、大北電信会社の存在意義であった。それは、ロシアとイギリスの国際政治戦略上、重要性をもち、同社には営業利益をもたらしたのである。小国を本拠として、「政治的中立性」を掲げ、英露仏独など諸帝国の対抗関係を巧みに利用し、その事業を拡大していくのが同社の経営戦略であった。(42)その戦略は欧州内部からさらに世界に広がっていった。

大北電信会社の登場　大北電信会社は放棄されていたシベリアの電信線に目をつけ、ロシアを通ってイギリスと中国、日本を結ぶ電信線計画を構想したのである。一八六九年にロシアから特許契約を獲得し、一八七〇年に大北中国日本電信拡張会社（The Great Northern China and Japan Extension

Telegraph Company）を設立した。

大北電信会社は中国・日本への電信線延長を進め、後述するように、さっそく幕末に海底電線陸揚げ許可を幕府に求め、さらに明治政府発足早々の一八七〇（明治三）年に会社代表を派遣して交渉にあたり、新政府から海底電線陸揚げ権を得た。同年八月四日に上海・長崎間の海底電線を開通させ、さらに同年、長崎・ウラジオストック間の海底電線も完成させた。要するに、日本に上陸した海底電信線は、当時の幕府も新政府もほとんど分っていなかったのだが、欧米列強による地球規模での電信線網拡張競争の一端末であり、ヨーロッパからシベリアを経て、中国に至る延々たる路線の一部であったのである。それが日本と海外との国際電信の始まりである。

大北電信会社は上海・香港間をさらに開通させるなど、アジアにおける電信網を整え、一八七二年一月からヨーロッパと中国、日本との公衆電報の取扱いを開始した[43]。大北電信会社にはロシアとイギリスの資本も入っており[44]、イギリスの影響力が及んでいたものの、東方電信会社からみれば競争相手であり、両社は複雑な関係をもった。それは後述するように日本への海底電線敷設にも関係してくるのであるが、結局、東方電信会社系の東方拡張豪州及支那電信会社（Eastern Extension Australia and China Telegraph Co.　日本では大東電信会社などと通称されたので、本書では主に大東電信会社ということにする）は、大北電信会社と電信網の建設、および収入の共同会計方式分配で協定を結び、両社は共存することになった[45]。電信におけるイギリスの主導権は、確保されたのである。一八九二年の時点で、全世界の民間会社所有海底電線総延長のうち六三％が、イギリスの所有であった[46]。

このような電信網の拡大は、まさに西欧諸帝国のアジア・アフリカへの植民地拡大の先兵であり、

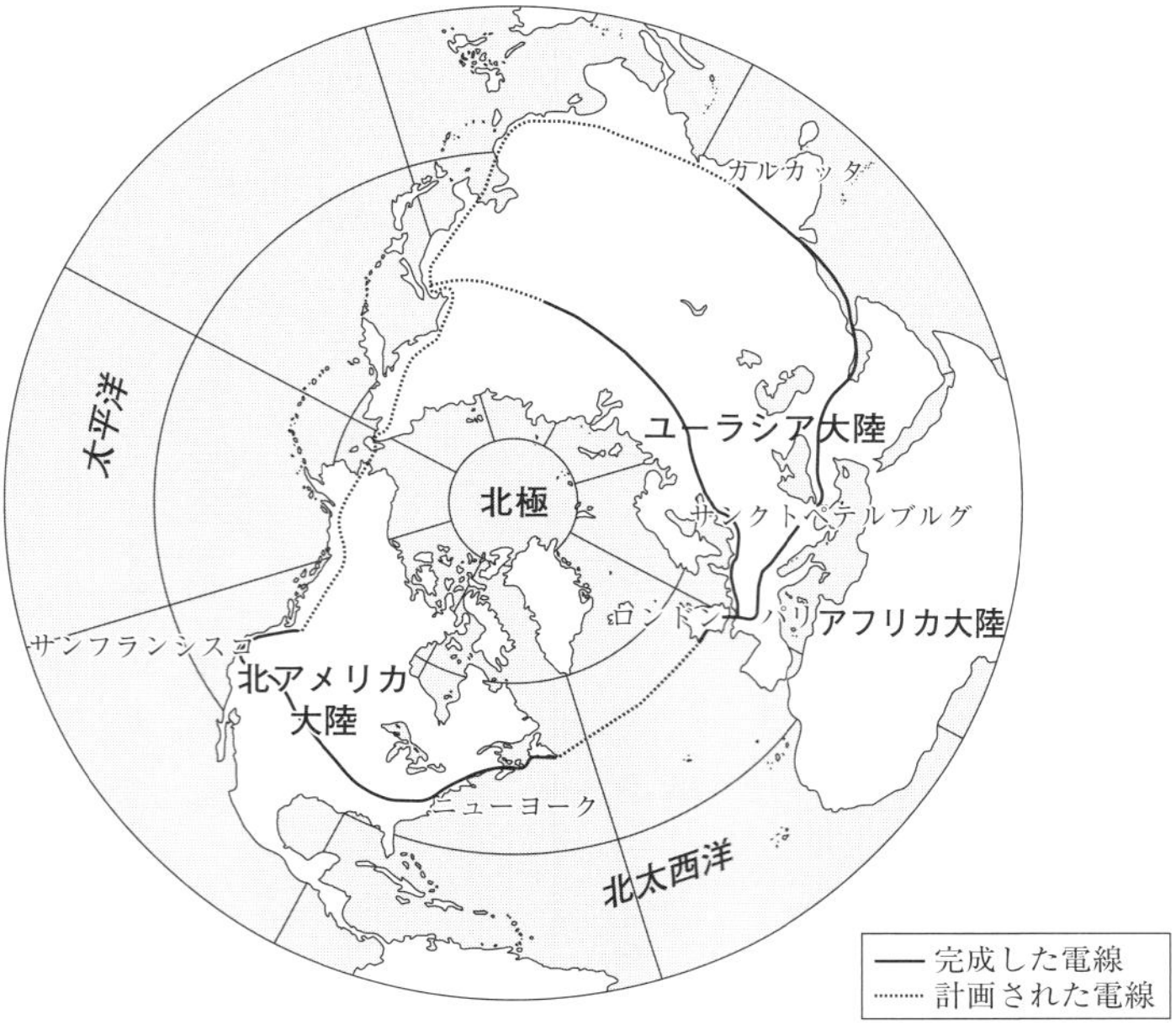

図５　地球を取り巻く環としての海底ケーブル
(*Global Communications since 1844–Geopolitics and Technology*)

また本国と植民地を結ぶ神経系であった。「植民地帝国を相互に結合する力は、蒸気や鉄だけではなく電気によっても創出された」のである(47)。その覇権をめざして、西欧諸帝国は激しい争奪戦を展開していたが、海底電線という通信のハードにおいて覇権を握りつつあったのは、明らかにイギリスであった。

通信社の誕生　情報覇権は蒸気船、電信線などハード面の技術革新のみによって決定づけられるわけではない。もう一つの問題は、電信線を通るニュースを生産し、配信する社会組織である。情報を生産し送出する組織の発達があいまってこそ、電信線は大きな機能を果たしえるのである。情報通路とそれを通るニュースの生産・流通の両面が相乗化して、一九世紀の情報覇権が実現された。

海底電線を利用して情報の生産流通をになう組織として一九世紀半ばの西欧に登場したのが、通信社（ニュース・エイジェンシー）である。通信社は、広い地域で情報を収集し、それをニュースとして商品化し、電信などを利用して新聞社・企業などに供給する組織として生まれてきた。ニュースの問屋ともいうべき通信社の誕生こそ、一九世紀の情報通信革命の重要な構成要素である。

一八三五年、シャルル・アヴァスがパリで新聞社を対象にニュース・サービスを始めたのが、通信社の始まりである。顧客に対してニュース・サービスを行なうこと自体は古くからあったが、アヴァスの新しさは新聞社にニュースを販売したことにあった。彼は自分の会社を Agence Havas と名づけたが、これ以来、ニュース通信社を agence というようになったのである(48)。

当初のアヴァスは、ヨーロッパ各地の金融市場情報を飛脚便や伝書鳩を利用して伝えていたが、次第に主要都市に通信員を配置し、現地の新聞の記事を抜粋してパリに速報するなど業務を拡大した。まさに、はさみとのりによるニュース作成であるが、各地の新聞がパリに届いてからニュースを読むのより早く、十分な速報価値があったのである。

アヴァスは電信の拡充とともに活動を広げるが、重要なのは、フランス政府と密接な関係をもっていたことと、広告代理業を兼営したことである。情報の獲得・流通が経済や文化の手段であるだけでなく、政治にとっても重要な手段である以上、通信業と政治権力が結びつくのは必然的である。以後に生まれる通信業でも、政治権力との関係は一筋縄ではいかないものになっていくが、それは最初の通信社においてすでに表れていたのである。また、広告代理業の兼営は、シャルル・アヴァスの息子オーギュストが始めたことであるが、新聞社にニュースを供給すると同時に広告も供給し、通信社・新聞社どちらもの経営安定をはかることができる。以後、通信業と広告代理業の兼営は、通信社にとって一つのビジネスモデルとなって他国の通信社にも影響をおよぼすことになった[49]。

ヴォルフの誕生　アヴァスに次いで誕生したのが、ドイツのヴォルフ（一八四九年）、イギリスのロイター（一八五一年）であるが、どちらもアヴァスのもとで働いてニュース通信社の仕組みを学んだ後、独立して自らの営業を起こしたものである。ベルンハルト・ヴォルフ（一八一一～七九）は、アヴァスのもとで株式や商品相場の翻訳にあたった後、ベルリンにもどり、通信業を起こし、当時ヨーロッパの主要都市の間の電信線が延伸していくのを利用して、事業を拡大していった。当初は株式・商品相場のニュース配信を主としていたが、次第に一般ニュースに手を広げていった。しかし、難題は取材・配信に多額の費用を要することと、アヴァスやロイターとの競争であった。このためヴォルフは、ドイツ政府から融資を受けることになり、一八六五年に会社組織に変更され、大陸電報通信社として再発足した。その後もドイツ政府のヴォルフに対する援助は拡大し、ヴォルフの電信は私信に優先し、公電扱いをうけるようになった[50]。

ロイターの誕生　ロイター通信社はドイツ生まれのポール・ジュリアス・ロイターによって創業された。彼は一八四八年にパリに移住し、アヴァスの翻訳係として勤めた後、パリで通信社を起こした。しかし、経営はうまくいかず、ドイツにもどり、伝書鳩を使った市況速報などをやっていたところ、英仏間の海底電線敷設の動きが起こり、これに商機を見いだしたロイターは、一八五一年一〇月、ロンドンに事務所を開設した。

開業の翌月、英仏間の海底電線が開通し、大陸各地からの経済情報を速報することでロイターの社業は進展した。しかも追い風となったのが、一八五五年の印紙税《いんしぜい》撤廃である。これを機にイギリス新聞界は活況を迎え、デイリー・テレグラフなどのペニー・ペーパーも登場した。これらの新聞に海外ニュースなどを提供するロイターも、拡大することができたのである。

以後、ロイターは、ヨーロッパやアメリカの諸事件を正確かつ迅速に伝え、通信社として声望を高め、社業も拡大していった。ロイター拡大の背後には、イギリスの経済力、軍事力があったことはいうまでもない。イギリスがヨーロッパ・アメリカ・アジアへと拡張していった電信線の恩恵をもっとも受けたのはロイターであったし、ロイター自身が電信線を所有してもいた(51)。

三社の世界分割協定　アヴァス・ヴォルフ・ロイターの三社は、激しい競争を展開した。競争の舞台は最初はヨーロッパ大陸であったが、それだけにとどまらずフランス・ドイツ・イギリスの植民地拡大にともなって、アジア・アフリカにまで広がっていた。しかし、三通信社は競争の不利を悟り、三国の植民地や政治・経済圏に従って世界を分割し、それぞれの地域での独占を認めあう相互不可侵の協定を結ぶことになった。

図6　ロイター通信の創始者，ジュリアス・ロイター
(*From Pigeon Post to Wireless*)

この協定の始まりは、三国の通信社それ

ぞれが自国内の市場を確保することと、ニュース収集の効率性という当面の経済的理由にあったとされるが[52]、それだけではなく三国の帝国主義的拡大を支える神経網であったことが深く関係している。世界のニュースは、フランス・ドイツ・イギリスの三国によって掌握されることになったのである。協定は一八五九年以来、何度も結ばれたが[53]、アメリカのAPを加えた一八七〇年の協定で、世界は次のように分割された[54]。

アヴァス　フランス・スイス・イタリア・スペイン・ポルトガル・エジプト・中南米
ロイター　イギリス帝国・エジプト・トルコ・極東
ヴォルフ　ドイツ・オーストリア・オランダ・スカンジナビア・ロシア・バルカン
ＡＰ　　　米国領土

東アジアはロイターの独占地域　この協定によって、日本を含む東アジアはロイターの独占地域ということになった。ロイターが東アジアを独占することになったのは、いうまでもなくインド・シンガポール・香港・オーストラリア・ニュージーランドなどが、イギリスの植民地もしくは支配地域であったからである。そして、これらの地域でのロイターの活動を支えたのが、イギリスの電信網である。

日本の海外ニュースは、この独占協定によって、受信も発信もイギリスの通信社ロイターに依存せざるをえないことが、あらかじめ決められてしまった。協定成立は日本の年号では明治三年だが、日本は自らが関わる問題が三通信社の勝手な都合で決定されてしまったことは、まったく知らなかった。

三国の情報覇権　一九世紀後半の西欧に起きたのは、たんなる交通・通信技術の発明だけではなく、それらを利用したニュースの生産・流通を専業とする通信業の成立など、「人民交通」のハード・ソフト両面における革命であった。両面が表裏一体のものとして進行したところに大きな意味があった。しかも、それは、西欧列強、特にイギリス・フランス・ドイツの三大強国による帝国主義的拡張の有力な道具であり、それら三国の情報覇権が世界的規模で確立したのである。情報通信革命は、同時に西欧帝国主義列強の情報覇権の成立であった。それら三帝国は激しい競争を展開しながら、協定し互いにその権益を認め合うカルテルを結び、互いの覇権を認めあった。

この西欧情報覇権、特に東アジアにおけるイギリスの情報覇権は、国際社会に参加することになった日本を厳しく拘束することになった。その軛《くびき》からいかにして脱するかが、近代日本の対外通信にとって非常に重い課題となっていくことになったのである。

一八五七年というタイミング　しかし、日本がアメリカ、イギリス、ロシアと和親条約を結び、開国したのが一八五〇年代後半であったというのは、国際ニュース通信の観点からすれば、かなり微妙なタイミングであった。一八五〇年代後半から一八六〇年代の時期は東アジアにおけるイギリスの情報覇権は形成途上にあって、一八五七年には、海底電線網やロイター通信社の組織はまだアジアに達していなかったのである。

ヘンリー・コリンズによってロイターの支局がインドのボンベイに設立され、アジアにおけるロイターの活動が始まったのは、一八六六年三月である(55)。当時は、前述のようにインドとロンドン間の電信線は多くの中継点を経由する不安定なものでしかなく、イギリスとインドとが安定した回線で結ばれたのは一八七〇年のことである。さらに海底電線がインドからシンガポールを経て、香港に至ったのは一八七一年で、コリンズが海底電線の延伸を追って上海・横浜とロイター支局を開設していくのは一八七〇年代になってからである。開国当初はイギリスの触手は伸びてきてはいたが、まだ状況は流動的であったのである。

ロシアからの提案　日本への海底電線ということでは、先行していたのは、前述のように南回りではなく、北回りである。大北電信会社は、シベリアを横断する北回り陸上電信線のウラジオストックまでの工事を、一八六七年には完了した(56)。しかも、その完成をまたず、いち早く日本への延伸交渉を開始したのである。慶応三年八月二二日（陽暦一八六七年九月一九日）、ロシアのコンシュルが、外国奉行江連堯則《えづれたかのり》に面会し、ウラジオストックからの海底電線の陸揚げを提案してきた(57)。

それによれば、ロシアの首都からヨーロッパ各国、アメリカまで伝信機を設置する計画で、これによって「何事も一瞬間に通達いたし候て便利は申迄も無之、無益人力等を省き」、この技術が今後の立国の基礎である。現在シベリアに至る工事は進捗しており、年内には完成する予定であるので、シベリアからの電信線を北海道沿岸か、どこかの適当な地に陸揚げしたい。これができれば、ロシアはいうまでもなくヨーロッパのどこの国とも通信ができるようになるので是非陸揚げを認めてほしい、というのである。

これは、前述したように、前年に大西洋海底電線が開通したことによって無用になりかかったシベリアの陸上線を、中国、日本にまで延伸することで再生しようとする大北電信の戦略に基づいていた。ロシアの提案に対し、江連堯則は、追々文明開化に進むことはわが国政府の基本政策であるので、電信機設置はそちらから言われなくとも希望するところであると前向きな答えをした。実際、一八五四年三月にペリーが横浜で電信機の公開実演をしてみせて以来、「文明の利器」である電信への注目は高まり、遣米使節《けんべいしせつ》、遣欧《けんおう》使節も現地で電信の威力を見物していた(58)。そちらから言われなくとも、こちらの希望するところという江連の言も、あながち彼の個人的見解であったとは思えない。

しかし、「近来国事多端にて国用不足」であるから当面は無理で、年を経れば自然にそちらの望みのようになるだろうと江連は返答した。これに対し、ロシア領事は、電信機設置に日本政府の出費は必要なく、またロシア政府も出費するのではない。設置はすべて商社が負担することになっている。ただ海底電線敷設については日本政府の許可が必要であること、日本海沿岸か佐渡《さど》などに適地があれば、幕府領か大名領かにかかわらず、日本政府が責任をもって説得してほしい旨を説明した。

ロシアの国書　江連はコンシュルに幕府で評議のうえ後日回答する旨を返答し、翌二三日、ロシア側が正式な国書を提出した。これをうけて八月二六日に、外国惣奉《そうぶぎょう》行ならびに外国奉行八名連名で、幕閣に露文国書と翻訳を提出した。ロシアの正式国書は二二日のコンシュルの説明と同じであるが、計画された電信線はウラジオストックから日本に敷設し、さらに日本から中国のどこかの港までつなぐ予定であることを明らかにしている。

外国奉行意見書　これを受けて九月七日、外国惣奉行ならびに外国奉行八名は海外諸国ではいずれも電信機を設置し、「隅遠之国地」でも一瞬のあいだに用件がすむ便利を得ているとかねてから聞いている。こうした便利な通信を設置しないでいては、「百年空敷日月を経過いたし時機を失し」てしまうことになる。さらに英仏露各国にはすでに留学生を派遣するなど交際も活発になっているのであるから、国事多端の節ではあるが、当方の失費もないことであるし、こちらから条約相手国に電信することができるようになれば、便益は少なくなく、電信設備は是非必要な機具である。ロシア・コンシュルの申し出を許すのが適当であるという意見書を差し出している。

外国事情に一定の知識をもっていた外国奉行は、ロシア側の提案に乗り気であったのである。電信の有用性への認識はもつようになったが、自らの手で敷設する技術と資金をもたない状況では、ロシアの提案は魅力的であったのであろう。ただ、当時にあっては無理からぬことではあったが、外国企業に海底電線の特許をあたえることが、長期的にどのような結果をもたらすのかについては、まったく考えにいたってはいない。

その後、幕府側がどのような正式回答を行なったのかは不明である。おそらくこの年の一〇月には大政奉還《たいせいほうかん》となる「国事多端」であったから、海底電線どころではなかったであろう。また、ロシア側もこれ以上の督促はしなかったようである。結局、このときの計画は実現せず、いったん海底電線の話は立ち消えになった。

三　英字新聞チェーンによるニュース流入

船便によるニュース　ともかくロシアの海底電線計画は頓挫し、日本と欧米との交際が始まった段階では、西欧情報覇権の先兵である海底電線と通信社はまだ準備ができていなかった。日本はいきなりイギリスの情報覇権に組み込まれてしまったというより、イギリスの政治的・経済的優越が情報での優越を次第に形成していく過程で、それに組み込まれていくこととなったのである。

開国となっても当初は船便によるニュース流入ということでは以前と変わらない。だが、蒸気船になって速度があがり運航は安定したうえ、通商の活発化によって外国商船が頻繁に来港するようになったから、年一回来航のオランダ商船が伝える風説書よりずっと速く、また多量の情報が運ばれてくるようになった。一八六三年の船舶国籍別貿易額をみれば、イギリス船が約八一%、アメリカ船七%、オランダ船七%、フランス船二%である。六四年にはイギリス船九三%、アメリカ船一%、オランダ船五%、フランス船一%となっていて、イギリス船が圧倒的な割合をしめていた。[59]多くのイギリス人商人が往来し、またイギリス関係の情報が入ってくるのは必然的である。

開港地外国語新聞　海外情報は日本に直接入ってきたのではない。居留地で発行される外国語新聞が情報の媒介者の役割を果たしたのである。開港地で活動する外国人商人たちは、欧米の最新情報や日本国内の動向を知る必要があった。そうした需要に応えるべく発刊されたのが開港地の外国語新聞である。外国語新聞といっても、イギリスの圧倒的な通商関係を背景にして、ほとんどが英語の新聞であった。フランスは幕府との密接な関係などから、幕末の政治史において一定の役割をはたすが、フランス語の新聞は『エコー・デュ・ジャポン』(一八七〇年横浜創刊)、『クーリエ・デュ・ジャポン』(一八七九年横浜創刊)の二紙だけである。

日本で発行された最初の英字新聞とされるのは、一八六一年六月二二日に長崎でハンサード(A. W. Hansard)によって創刊された英字紙『ナガサキ・シッピング・リスト・アンド・アドバタイザー』(*The Nagasaki Shipping List and Advertiser*)である。これは、週二回発行で、二ページから四ページ、主な内容は在日領事館の広告、船舶の出入り情報、内外のニュースなどであった。[60]

貿易船の運ぶ新聞　『ナガサキ・シッピング・リスト・アンド・アドバタイザー』は、海外ニュースをどのようにして入手したのであろうか。この新聞に掲載された海外ニュースの情報源は、長崎に来航した貿易船のもたらした外国新聞である。例えば、一八六一年七月六日号（第三号）の Local 欄には、郵便を載せて五月一四日にロンドンを出港した *Columbian*（船名）が六月一四日にシンガポールに着き、二八日、上海着予定の *Lyer-monn*（船名）に移し替えされたとある。さらに *Lyer-monn* が先月二八日に上海に着いたとの情報を伝えている。しかし、二ヵ月近く経っているのに、肝心の郵便は長崎に着いていない。

また、記事中にはモーガン・マクリーン（Morgan Maclean）氏の厚意で六月一四日の『ストレート・タイムズ増刊号』（*Strait Times Extra*）を入手したとして、五月一〇日ロンドン発のニュースを掲載している。それによれば、ロンドンには政治的・社会的に重要ニュースはなく、すべての関心はアメリカに向けられているとして、南北戦争の勃発を伝えている。南北戦争勃発は四月一二日であるから、三ヵ月経って長崎の新聞に報じられたのである。一ヵ月後にロンドンの新聞に報道され、約二ヵ月後にシンガポールの英字紙である『ストレート・タイムズ』に転載され、さらに二二日ほど経ってようやく長崎の英字新聞に載った。

七月一〇日第四号の Foreign 欄には「SHANGHAI Our Shanghai papers also are yet wanting, We hope to receive them by "*Lady Amberst*"」とある。"*Lady Amberst*" というのは船の名前で、この船が載せてくるはずの新聞が到着しないので、上海からのニュースはないのである。また、「London, 10th May, 1861 Our last news from America was brought down to the 14th April, on which day Fort

Sumner was surrender」とある。五月一〇日付のロンドンの新聞を入手し、そこに掲載されていた四月一四日の南北戦争の戦況記事を転載しているのである。これは、前号に掲載したロンドンの新聞と同日であるが、別の新聞なのか、こちらの方がくわしい報道である。

また、七月一七日（第六号）の Foreign 欄には、「Later European and American News By the kindly coutesy of J. G. Walsh, Esq., in forwarding to us a *London and China Express* and that of M. Maclean, Esq., received per *Templeman* (our own parcel not received) we are enable to give English news to the 27th May, and American (New York) date to the 16th. The mail was brought by the P. & O. Co.'s steamer *Madras*, Captain Browne」とある。自分の荷物が着かなかったため、また M. Maclean から新聞を入手しているのである。[61]

ジャパン・ヘラルドのニュース　その後ハンサードは横浜の居留地に移り、ブラックの協力を得て、一八六一年一一月二三日から『ジャパン・ヘラルド』（*The Japan Herald*）を創刊した。これは、毎週土曜日発行の週刊英字新聞で、新聞の性格は『ナガサキ・シッピング・リスト・アンド・アドバタイザー』に近い。

海外情報はやはり舶載されてきた外国の新聞であるが、横浜にはサンフランシスコからの船も入っていたので、ニューヨーク、ロンドン、上海を経由するよりもアメリカからのニュースは早くなった。一一月三〇日（第一巻第二号）には、「Latest from America」という見出しで、「The *Timandra* from San Francisco, 14th October, bring us American date to the 24th September」とある。サンフランシスコからの船が入港して、約二ヵ月遅れのニュースが届いたのである。ただし、「重要なニュースはまったくなし」（There is no news of any great importance）であった。

一八六二年六月七日（第二九号）に、「By the "*Lamrick*" from Shanghai; on the 22nd ultimo, we have dates from that place to the 21st, and from San Francisco to the 14th April, bringing news from the seat of war to the 9th April, and English news to the 28th March. This was brought forward by the "Cortes," which made the quickest recorded passage from California, viz. 30 days 13 hours, estimated at 10 knots an hour throughout」とある。蒸気船が三〇日一三時間で太平洋を横断したという記録である。上海からのニュースは約二週間で、サンフランシスコのニュースは約二ヵ月である(62)。

同号には、「Telegraphic Intelligence From our own correspondent. London, 1st April 1862」という記事がある。だが、『ジャパン・ヘラルド』がロンドン特派員を置いていたのではなく、ハンサードの知人の誰かにロンドンからのニュース寄稿を依頼したのであろう。わざわざ「Telegraphic Intelligence」と名乗っているにもかかわらず、ロンドンから約二ヵ月かかっている。前述のように、この時点でロンドンからカラチまでの電信線はできていたが、きわめて不安定で、一部で電信を利用したということであろうが、船便とほぼ同じ時間がかかっているのである。

このようにハンサードの情報源は、シンガポールや香港で発行されている英字新聞である。それを自分で取り寄せてもいただろうが、たまたま新聞をもって来港した貿易商や船員からも入手していた。モノとしての新聞紙の入手が、情報入手の方法であったのである。

もとになったシンガポールや香港の英字新聞も、通信社の未発達の状況では舶載されてきたイギリス発行の新聞を得て、そのニュースを自己の新聞に転載していた。それを入手した長崎の英字新聞がさらに転載するというニュースの流れである。ニュースの伝播は、モノとしての新聞紙の搬送であった。

英字新聞チェーンの最末端にある日本　大英帝国の海外植民地・経済圏拡大にともなって、東南アジアから中国沿岸部にかけてイギリスの活動拠点となった場所で、商業目的のものやキリスト教布教を目的とするものなど目的は多様だが、数多くの英字新聞が発刊された[63]。例えばシンガポールでは一八四五年に、現在まで続く有力新聞である『ストレート・タイムズ』が創刊されている。

さらに、中国各地で発行された新聞については、F. H. H. King 編纂の *A Research Guide to China-Coast Newspapers, 1822–1911* に記載されている新聞から一八七〇年以前のものを拾い出せば、広東では英字新聞が七紙、香港では英字新聞三四紙、ポルトガル語新聞七紙、上海では英字新聞一九紙、ポルトガル語新聞一紙、フランス語新聞一紙である。これらは、同時に発行されていたのではなく、のべ発行紙数ではあるが、他の外国語新聞を圧倒して数多くの英字新聞が発行されたことは明らかである。これらは短命であったり、小規模であったものもあるが、例えば一八四五年には上海で『チャイナ・メール』が発行され、後には『ノース・チャイナ・デーリー・ニューズ』という有力紙も発刊された[64]。また、上海では、一八七二年に中国語新聞『申報』もイギリス人メージャーによって発刊された[65]。

このようなイギリス系新聞のチェーンが、東アジアにおけるイギリス製ニュースの流通経路として機能していたのである。先の南北戦争のニュースの例のように、アメリカに関するニュースもイギリス経由で伝わってきているのである。長崎や横浜の英字新聞も、このようなイギリス系新聞チェーンの末端に組み込まれ、イギリス製ニュースを受けとり、自紙に掲載していた。

しかも、このニュースの流れは飽くまでモノとしての新聞紙の移動に頼り、それが寄港地で積み替えられたりしているのであるから、蒸気船で運航頻度があがったとはいえ、ロンドンから長崎まで二ヵ月以上かかっている。オランダ風説書から比較すれば、スピードアップは間違いないが、相対的な高速化である。しかも、その最末端にいる日本側は、これら外国語新聞の記事を翻訳し、記事にするという一段階が必要であったから、時間と労力はもっとかかる。

四　幕末における翻訳新聞

『官板バタヒヤ新聞』の発刊　前述のように開国とともにオランダ風説書は意味を失い、廃止となった。しかし、当面幕府にとって重要な海外情報源は、やはりオランダであった。文久二年一月（一八六二年）に発刊された『官板《かんばん》バタヒヤ新聞』は、オランダのバタビア政庁機関紙『ヤパッシェ・クーラント』のなかの、日本の関心をひいた記事を幕府の洋書調所《ようしょしらべしょ》で翻訳したものである。(66)『バタヒヤ新聞』と題されてはいるが、これは現在の「〇〇新聞」といった紙名の題字ではなく、「バタヒヤのニュース」という意味で、内容・形態もオランダ語の新聞のニュースを抜粋して冊子体に編集したものである。一月と二月に一冊ずつ発刊されたが、定期性はない。そのことからすれば、ニュースペーパーというより、翻訳ニュース集成の単行本とみたほうが妥当である。

オランダを情報源としていることでは風説書と同じだが、それまでオランダ商館長が口述した風説を筆記していたのを改め、オランダ語新聞紙に印刷発行されているニュースを翻訳しているのであるから、ニュース源に一歩近づいたことにはなる。しかも、木版印刷され販売された。筆写されて一部大名などに流布するにとどまっていたオランダ風説書にくらべ、公開性をもたせたことは大きな政策転換である。

文久二年正月刊行の第一冊（巻一〜巻一二）は、一八六〇年八月三一日から一〇月九日のオランダ語新聞一二葉を、一葉一巻あてに抄訳し、第二冊（巻一三〜巻二三）は、一八六〇年一〇月一二日から一一月一六日の分を抄訳したものとされる。(67) 文久二年一月一日は一八六二年一月三〇日であるから、約二ヵ月から四ヵ月前の新聞の翻訳である。記事の中身は、それよりもさらに前で、巻一には、「第六月二十八日子ウヨルクよりの書に従へば」という記事があり、半年遅れである。間接的だがアメリカの新聞の記事を伝えているのであるから情報はずっと広がったが、先の『ナガサキ・シッピング・リスト・アンド・アドバタイザー』のほうが速い。

幕府による翻訳新聞　『官板バタヒヤ新聞』は二冊だけだが、その後『官板海外新聞』が文久二年三月と九月に刊行された。この原書は『官板バタヒヤ新聞』と同じである。さらに文久二年の閏八月、九月、一〇月には『官板海外新聞別集』が刊行された。これはオランダの新聞ではなく、アメリカの新聞からニュースを翻訳している。前述したように当時のオランダの情報収集力は低下し、オランダ依存から離れていったのである。

例えば、『官板海外新聞別集』上巻（文久二年閏八月印刷）は、冒頭に「原本紐育《ニユーヨーク》新聞第三百三十三号　千八百六十二年第四月五日即ち文久二年壬戌三月七日なり」とあって「ニュウベル子戦争の事」という見出して、一八六二年三月の南北戦争のくわしい戦闘記事が翻訳されている。しかも、戦闘の模様を描いた挿絵八枚まで載せられている。[68] 約五ヵ月の遅れだが、挿絵まで入ってアメリカの戦争が報じられているから詳報性は高まった。

この他、中国南部で外国人宣教師などが発行していた漢語新聞を洋書調所で翻刻した『官板中外新報』『官板六合叢談』『官板香港新聞』なども刊行された。これらは、漢文に句読訓点を施したものだが、当然中国関係のニュースは速く報じられている。例えば、一八五八年一二月一五日刊の『官板中外新報』第二号には、「先月十一日」の太平天国の乱関係の記事が載っている。[69] ただし、これら新聞では、キリスト教関係の記事は排除されていたという。[70] かつては、オランダ商館長が情報操作していたのだが、今度は幕府が情報のスクリーニングをしたのである。

『海外新聞』の発刊　さらに、外国の新聞を入手し、翻訳できる能力を持つ者であれば、「官板」ではなく、民間でも海外ニュースを載せた新聞を発行できる。そのような能力を持つ者は数少ないが、元漂流民でアメリカで教育を受けたジョセフ・ヒコ（浜田彦蔵《はまだひこぞう》）は得難い一人であった。

新聞がどのようなものであるのかをアメリカでの体験で知っている彼の発刊した『海外新聞』は、それまでのニュース集録の「官板」小冊子とは異なり、形態のうえからも現在の新聞紙に近い。その木版初号冒頭に「元治二丑年　三月十三日、イギリス飛脚船此港に入りしを以て左の新聞を得たり、○フランス事情　二月九日日本正月二十二日にあたれり　国王より評定所にて（以下略）」と、イギリスの船が舶載してきた新聞からフランスのニュースを翻訳したことを明記している。また、末尾にはイギリスの「飛脚船」は一ヵ月に二度ずつ来航するから、その度に刊行するが、速報が第一であるから校正などが不十分で誤りがあるかもしれないし、また子供でも読めることを心がけるので文書の雅俗にはこだわらず、大意を伝えることを重視するから、読者もこれらを細かく批判しないでほしいと断りをつけているのが面白い[71]。

横浜に月に二度来航するイギリス船から海外ニュースを得るたびに新聞は発行された。新聞に発行年月日の記載がないので、先に引用した『幕末明治新聞全集』収録の『海外新聞』木版刷初号の発行年月日は確定しがたいが、通説どおりに慶応元年五月とすれば、五月一日が一八六五年五月二五日にあたるから、約三ヵ月の遅れとなる[72]。一民間人でも、幕府の「官板」と十分対抗できる海外情報を報道できていたことになる。しかし、採算の合うほどの読者を得ることは難しく、『海外新聞』は一年半ほどで廃刊となったと推定される。

海外へのニュース発信　浜田彦蔵の活動として見逃せないのは、文久二年に『事務月報』(*monthly buisiness circular*)と『プライス・カーレント』(*Price Current*)という新聞的なものを英文で出していることである。前者は彼が見聞した江戸の様子などをアメリカの知人に送ったもので、後者は文字どおり物価表のようである。未見であるので、くわしいことは分からないが、日本から海外へのニュース発信の試みとみることができる[73]。

英字新聞の叢生　『ジャパン・ヘラルド』以降、横浜では英字新聞がいくつか創刊された。一八六三年五月にダ・ローザ(F. da Roza)などが週刊紙『ジャパン・コマーシャル・ニュース』(*The Japan Commercial News*)を創刊したが、紙勢はあまりふるわず、一八六五年五月に休刊となり、これをリッカービー(C. Rickerby)らが買収し、同年九月から週刊紙『ジャパン・タイムス』(*The Japan

Times）を発刊した。さらに一八六七年に『ジャパン・ヘラルド』所有者のハンサードが死去したので、ブラックは同社を去り、同年一〇月一二日に自ら『ジャパン・ガゼット』という夕刊日刊紙を創刊した。

これらの新聞は、次第に日本国内で起きている事件の報道を増やしているが、海外ニュースが重要であった。それらニュースは基本的にそれまでと同じく、舶載されてきた上海などの英字新聞や欧米の新聞の転載であった。そうしたニュースの需要があったのはもちろんのこと、ブラックは「こんな小さな、遠隔の土地にあっては、毎日紙面を埋めるのに十分な地方の情報を集めることは不可能と思われた。だが編集長のいうには、ニュースがない時には、これを掲載できないので、外国のニューズとか、興味ある抜粋を外国の新聞から取って、スペースを埋め合わせよう、ということだった」と述べている。(74) 取材体制の貧弱な新聞社が、外国の新聞を材料に、はさみとのりを使って紙面を埋めていたのである。

海外ニュース流通ルート　はさみとのりで作られた英字新聞でも、日本側にとっては貴重なニュースであった。洋書調所の柳河春三《やながわしゅんさん》ら洋学者グループである会訳社が英字新聞を翻訳し、最初は仲間のうちで回覧し、のちには筆写謄写《とうしゃ》して配布した。それが、『日本貿易新聞』『日本新聞』などである。会訳社の活動は、新聞の印刷発行にまで発展し、『中外《ちゅうがい》新聞』（慶応二年二月二四日）、『江湖《こうこ》新聞』（慶応二年閏四月三日）などが次々創刊された。これら新聞でも大きな情報源は開港地の英字新聞であり、国内の出来事、海外の出来事でもそこから翻訳していた。記事をみると、外国の新聞から直接翻訳したとみられる記事もあるが、多くは居留地英字新聞が情報源で、舶載されてくる外国語新聞―居留地英字新聞—日本語新聞という海外情報流通ルートがほぼ生れてきたのである。

開港地の英字新聞は、元来は外国人商人を相手とする新聞で、慶応年間に横浜居留外国人は五〇〇人ほどで、明治に入っても『ジャパン・ヘラルド』の印刷部数は二〇〇部程度といわれるが[75]、それが果たした海外情報の仲介機能は重要であったのである。翻訳され、日本語新聞に掲載されるなど、ニュースは周辺へ二次的、三次的に広がり、その波紋は部数以上に大きかったのである。

確かに、日本は政府幹部や留学生を海外に派遣するなど海外情報の入手に積極的だったが、海外の時事的情報を自らの手で収集することは到底不可能であった。あくまで外国新聞に掲載されているニュースを選んで翻訳するにとどまっていた。しかも、入手できる情報源は開港地の英字新聞や海外の英字新聞であったから、結局はイギリス製ニュースの輸入であったのである。当時にあっては十分意識されていなかったが、事実上イギリスの情報覇権に組み入れられつつあったのである。

日本からの発信　逆方向の日本からの発信はどのようになっていたであろうか。一般的に考えれば、諸外国と外交交渉、通商が始まれば、日本の立場や事情を発信する必要は生じてきていたようにも思える。

しかしながら、日本の側が自らを海外に伝えようとする発想はなく、またそうした組織もなかった。幕府が「官板」の新聞を出したといっても、それは外国の新聞を翻訳しただけであって、自ら国内ニュースを収集して報道するといった新聞活動は考えられもしなかった。新聞を出した洋書調所の洋学者は、欧米における新聞の機能について知ってはいたが、この段階ではあくまで洋書を日本語に翻訳していただけである。開港地の英字新聞などを利用して海外に向けて情報発信するというようなことは思いつきもしなかった。

海外新聞における日本関係ニュース　日本に関する情報が諸外国の新聞などにどの程度掲載されていたのかを把握するのは難しいが、『外国新聞に見る日本』に収録されている日本に関する記事を見ると、(76)ペリー艦隊の遠征などはくわしく報道されているし、開国後は貿易、外交から生活風俗まで、さまざまな記事が欧米の新聞に掲載されている。それらの情報源は、主に日本を訪れた外交官、商人などからの通信であったようだが、『タイムズ』には「通信員記事」、『ニューヨーク・タイムズ』には「本社特派員記事」とある。

一八五四年六月一日の『タイムズ』記事には通信員記事として、「合衆国蒸気フリゲート艦サスケハナ号」「江戸湾横浜沖」と注記があり、(77)ペリー艦隊に『タイムズ』の通信員が乗船していたことが分かる。くわしいことは不明だが、乗員の一人が通信員を委嘱されていたのかもしれない。記事には二月一三日に江戸湾に着いた旨の記述があるので、約四ヵ月かかって報じられたのである。

また一八六〇年一二月二七日『ニューヨーク・タイムズ』記事には、「日本通信」「本社特派員記事」とある。(78)記事は同年一〇月三〇日の横浜の事項であるので、約二ヵ月の遅れである。通商が始まって、ニュースもだいぶ速くなったのである。

その後も『タイムズ』と『ニューヨーク・タイムズ』記事には、それぞれ「通信員」「本社特派員」の記載があり、多くの記事は約二ヵ月遅れで掲載されている。(79)両紙の通信員、特派員が誰であったのかは分からないが、開港後の横浜で新聞記者が活動していたのは間違いない。また、一八六一年七月一三日『ノースチャイナ・ヘラルド』のイギリス外交官オールコックに関する記事中には「イラストレーテッド・ロンドン・ニュース通信員ワーグマン氏」とある[80]。ワーグマンは、一八五六年にアロー号事件取材の『イラストレーテッド・ロンドン・ニュース』の特派員として中国に来て、一八六一年五月に長崎に到着したという[81]。

このように、日本に関する記事は、欧米や中国の英字新聞に載っているのであるが、いずれも欧米の観点から見たニュースである。日本は、自らの立場からのニュースを生産できず、それに甘んずるしかなかったのである。

第二章　大北電信会社海底電線の上陸

一　大北電信会社からの提案

海底電線への態度　一八六〇年代末、西欧列強「帝国の手先」[1]である海底電線は、日本・中国にまで押し寄せてきた。大西洋横断電信線、イギリス・インド間電信線がほぼ開通し、次の拡張の鉾先は、彼らのいう極東に向かってきたのである。それは、ちょうど明治新政権の発足の時期にあたっており、いまだ政策も組織も整わない新政権は、欧州各国の海底電線敷設攻勢に直面することになった。

欧米列強の攻勢に対して、日本は相矛盾する二つの態度をとらざるをえなかった。一面では、電信によって海外と結びつくことは、開国政策を進める新政権の強い願望であった。しかも、海底電線実現の技術と資力をもたない日本が、自力で海底電線を敷設することはできない以上、欧米からの提案を受け入れるしかないのである。しかし、もう一面では、日本と海外との電信線を欧米に握られてしまう危険性をある程度認識していたから、欧米の攻勢に抵抗しようとした。

受容と抵抗という相矛盾する態度のはざまでの現実的選択は、欧米の申し出を受け入れ、そのなかで日本の自主性を保つ条件を付すことである。しかし、海底電線そのものは欧米のものであるわけで、日本が従属的地位にあることは認めざるをえず、自主性といっても程度の問題である。しかも、海底

図７　シベリア電信線の見取り図（*The Far Eastern Telegraphs*）

電線陸揚げに、どのような条件が自主性を保つことになるのかが十分に見定めがたく、条件交渉は手探りにならざるをえなかった。日本側の態度は、一貫したものにはなりがたかったのである。

大北電信会社の陸揚げ要請　海底電線陸揚げ問題が具体化したのは、一八七〇（明治三）年、大北電信会社が海底電線陸揚げ許可を求めてきたことによる。前章で述べたように、大北電信会社はシベリア経由でヨーロッパからアジアへの陸路電信線を計画し、シベリアから日本、そして中国への海底電線を敷設しようとしたのである。

一八七〇年の交渉は、結果的にその後長く続く大北電信会社による日本と大陸との海底電線掌握の出発点となったので、これまでもいろいろ論じられている。花岡薫は、「寺島宗則《てらしまむねのり》のごとき傑出した人物によって演じられたればこそ、大局をあやまることなく、平穏に事が成就した」といい、石原藤夫は「頑張り抜いた寺島宗則」を称え、「寺島だからこそ、この程度の譲歩ですんだのである」としている[2]。この程度の譲歩というのは、陸揚げ地を長崎と横浜だけに限ったこと、瀬戸内海を開放しなかったこと、将来海底電線を買収できる条項を入れたことにあるとされる。

確かに、交渉を実際に担当した外務大輔寺島宗則は、彼なりに海底電線関係の情報を収集し、ねばり強く交渉したといえる。また、寺島は当時の日本政府にあって、電信に関して最も開明的知識をもち、電信導入に先進的役割を果たした官僚でもあった。一八六八年（慶応四年九月七日）、当時、神奈川府判事であった寺島宗則は、東京が開市になれば神奈川との間で書簡の往復が活発になって費用がかさむうえ、海路は風波などのために通船できないこともあるので、電信機設置が便利であるし、好機会があったので取りあえず機器を注文した旨を建議している[3]。これが契機となって、同年一二月に国内の電信を官営とすることが、廟議決定されたのである[4]。

西欧の中国市場への関心　しかし、この交渉を、日本対大北電信会社という二者関係の枠組みでとらえ、大北電信の圧力に抗した寺島宗則という図式で見るのはいささか単純すぎる。小国デンマークを本拠とする大北電信会社は、イギリス、ロシア、ドイツ、フランスなど欧州諸帝国相互の対抗関係と、その共同利益の微妙な均衡をとりながら、事業拡大をはかっている企業であり、その日本進出は、東アジアにおけるロシア、イギリス、アメリカなどの情報覇権をめぐる争いのなかの一つの動きであった。しかも、各国の主たる関心は日本にあったのではなく、広大な中国市場との連絡を実現することにあった。日本はその地理的位置からして、中国への中継地、あるいは分岐地という位置づけである。それは、日本が重要ではないということではなく、中継地としてぜひ必要であったのだが、中継地の確保以上に立ち入る必要性は少なかったということである。このことは、その後の日本をめぐる海底電線問題の大枠となり、時に日本側の交渉力を高めることにもなった。

ロシアからの申し出　大北電信会社からの最初の申し出は、函館駐在のロシア岡士《おかし》(コンシュル)タラヘテンベルグからの書簡であった。一八七〇年五月二三日(明治三年四月二三日)、タラヘテンベルグは沢宣嘉《さわのぶよし》外務卿に書翰を送った。このたびロシアに「伝信機製造方の組合」ができ、ロシアのアジアの地から日本、中国へ「海中往復の伝信機を製造」したい旨、ロシア政府に申請があり、これをうけて本国政府から「伝信機製造」について日本政府からその承認を得るようにとの訓令があった、というのである。(6)

前章で触れたとおり、ロシアからは一八六七年九月に海底電線の陸揚げ許可の求めがあった。幕府の担当者はこれに乗り気であったが、正式回答に至らないうちに幕末の激動期に入り、ロシア側もその後督促してこなかったので、自然消滅した経緯があった。新政府の外務担当者が幕末の経緯を承知していたかは不明だが、ロシア側はかつての提案の復活と考えていたのであろう。

この提案に対し、外務省は箱館出張開拓使に、ロシアのどこから出て、中国のどこに陸揚げする計画であるのか、また、ロシアのコンシュルは委任状か政府からの紹介書を持参しているのかを問い合わせるように指示した。開拓使はロシア側にすぐに問い合わせた。

ロシアの口上書　ロシア側の寄せた口上書によれば、ロシアのペテルスブルグ(現在のサンクトペテルスブルグ)からニコラエフスク(現在のニコラエフスク・ナ・アムーレ)までは既に設置済みで、

「ペイトルより亜細亜支那のワシハスト或はハシエタ」から横浜、大阪、長崎まで連絡したいので、右三ヵ所のうち二ヵ所に中継局を設けたい。そこから上海《シャンハイ》、香港《ホンコン》へ繋ぐ予定である。清国政府からは決済を得ているので材料の収集に取りかかっているが、日本政府から返答がないので計画を実施することができない。大阪・長崎・横浜の電信局設置は取りかかれば三ヵ年以内、香港・上海は五ヵ年以内に成就するとし、ロシアのテレカラフ組合メンバーの名前も伝えてきた。(7) この説明では、ロシア沿海州から横浜・大阪・長崎につなぎ、そこを中継地として中国大陸の上海・香港につなぐという計画である。大北電信会社の名前は出していないが、明らかに大北電信会社の計画である。

デンマーク「専使」の来日　六月七日（明治三年五月九日）に、デンマーク領事館（横浜在勤）から外務卿沢宣嘉、外務大輔寺島宗則宛にデンマーク国王の「専使」としてシッキなる者が近く来日する旨の通知があり、六月二一日にはデンマーク領事館からシッキが到着し、外務卿に面会を希望している旨の連絡があった。デンマーク国王から天皇への書簡を持参している旨のシッキの文書も添えられており、外務省はシッキの身分などを神奈川県に調査させている。さらに六月二六日（明治三年五月二八日）には、オランダ公使からシッキを同道して外務卿に面会する期日打ち合わせの連絡があった。(8)

外務省は、それまで格別の外交事項のないデンマークから正式の外交官ではない国王の「専使」がわざわざ来日することをいぶかしく思ったようだが、基本的には外交使節を受け入れる方針であった。

デンマーク公使とオランダ公使は、六月二八日（明治三年五月三〇日）に外務省を訪れ、沢宣嘉外務卿と寺島宗則外務大輔とが面談した。デンマーク公使を名乗っていたシッキは、最初の面談の際、デンマーク国王から天皇に奉呈する国書を持参しているから天皇への拝謁を願いたいと述べた。さらに来日の目的を尋ねると、今度電信機製造の会社を設立し、ヨーロッパとアジアを結ぶ電信線を敷設することとした。この電信線によって日本と中国、ロシアとの通信ができれば、日本も大きな利益を得るはずである。工事は私どもでおこなうので、日本の側では格別の費用は必要ない。計画の詳細については後日詳しく説明すると述べた。彼は通常の外交交渉を行なう外交使節であったのではなく、海底電線敷設の認可を得ることを目的に来日したことが判明したのである。(9)

シッキは、実は大北電信会社の理事であって、一応デンマークの公使として派遣されてはいたが、その費用は大北電信会社社長ティットゲンによって支払われていた。実質的には大北電信会社の代表であったのである。(10)大北電信会社は、すでに述べたようにシベリア経由でヨーロッパとアジアを結ぶ電信線計画を進め、一八七〇年一月九日に姉妹会社である大北中国日本電信拡張会社（Der Store Nordiske Kina & Japan Extension Telegrapf-Selskab）を設立していた。工事がいよいよ本格化してきたので、シッキを日本に派遣したのである。

民間会社の代表がデンマーク公使を名乗るのは奇妙だが、西欧諸国の敷設する海底電信線は、かたちのうえでは民間会社の事業ということになっているが、さまざまな援助策を政府がとり、国家政策と深く結びついていたのである。ティットゲンは、後述するように、事前に外交ルートを通じて欧州各国の政府の協力もとりつけていた。

シッキの免許状草案　シッキは、さらに七月八日（明治三年六月一〇日）に書面をもって許可の願いを提出し、全八ヵ条からなる免許状の草案まで添付してきた。(11)この草案によれば、日本政府が「シベリアオリエンタール支那天竺日本の国々を通信する為海底線取建」の免許をデンマークの会社「デトストレーノルジュスケシナオグジャハンエキステンションテレグラフセルスカブ」にあたえることになっており、会社は、開港場である長崎・大坂・兵庫・横浜・箱館ならびに今後開港になる場所のどこにでも海底線を着岸でき、しかも各港を別々の線で結ぶこともできることになっていた。

文書で、「デトストレーノルジュスケシナオグジャハンエキステンションテレグラフセルスカブ」と表記されている会社は、前述の大北中国日本電信拡張会社のことである。デンマーク公使を名乗るシッキは、大北中国日本電信拡張会社の事業についての交渉を求めたのである。[12]

草案では、会社は土地建物の買収借用、資材輸入税免除、自由な海岸測量など多くの特典を得るが（第一条、第二条）、海底線敷設・陸揚げ・中継局設置などの費用はすべて会社の負担であること（第五条）、日本政府からの公電は優先的に伝送すること、外国に向けての通信はフランス語、英語を使用し、長崎と各開港地との間は日本語・日本文字で通信すること（第六条）、伝信機の仕事に従事する者は伝信の秘密を守ること（第六条）などを文章化している。

オランダ公使の説明　この間、ロシアの領事代理から四月の免許申請に対する回答を求める書簡が届き、日本側はシッキの申し出とロシアのそれとの関係、インド方面の海底線との関係について疑問をもち、七月一二日（明治三年六月一四日）にオランダ公使を外務省に呼んで質問した。オランダ公使は、インドから香港まではイギリスの会社が担当し、香港から日本、ロシアのモールまではデンマークの会社が担当することで約定ができていること、またロシアとデンマークの会社の間にも約束がまとまっていること、ロシアの首都からシベリアまでの電信線は、今年中に完成する見込みであることなどを回答した。

逆にオランダ公使は、アメリカから何か申し出があったか質問している。これに対し日本側は、噂は聞いているが、確かなことではないと、はぐらかすような返事をした。

アメリカからの申請　実は、シッキが外務省を訪れた翌日の六月二九日（明治三年六月一日）に、アメリカ公使デロングから太平洋海底電線敷設許可の願い出があったのである[13]。外務省はそれへの対応にも迫られていた。オランダ公使は、アメリカの動きを察知して、日本側の出方に探りを入れてきたのである。日本外務省は駆け引きをしたというより、この時点ではアメリカの提案への態度を決めかねていたので、曖昧な返事になったのであろう。

アメリカ公使の願い出は、合衆国大統領は衆議のうえ、サンフランシスコから日本と清国とを連結する海底電線を引くことになったので横浜と長崎への陸揚げを希望し、その許可を得たいというもので[14]、日本を中継地とし、アメリカと中国大陸を結ぶことが主眼であった。これに対して外務省は、陸揚げ地と電信の協定については他の各国との関係もあるから一概に返答できないとアメリカ以外の国とも交渉中であることを示唆した返事を出すことも考えた[15]。だが、結局「いづれ御面晤の上、委細御談話申度」と事務的な返事が出された[16]。

日本の選択肢　この時点で、日本は大北電信会社提案とアメリカ提案の二つへの回答を迫られていたのである。大北電信会社とアメリカの提案がほぼ同月になったのは、それぞれの事情で偶然であろうが、大きくみれば、前述した海底電線敷設をめぐる国際競争の表れである。どちらの提案も、それぞれ世界的規模の電信網計画の一部として、日本への陸揚げを狙っている。

すでに述べたように、大北電信会社はヨーロッパから東アジアにおよぶ広大な電信網を構築する全体構想をもっており、日本をそのなかに組み込む計画である。ただ、大北電信会社の計画の中心は中国大陸にあり、シベリアから延伸してきた電信線を、日本を経由して香港か上海まで伸ばす予定である。日本への陸揚げは、中国大陸への中継線か支線という位置づけである。

アメリカからの太平洋横断電信線の提案も、日本を経由して中国へ渡るという計画であった。計画の具体案は残っていないが、太平洋の深海は避け、アメリカ西海岸・アラスカからアリューシャン列島を経て日本に渡り、中国に至る構想であったようだ。欧米各国の政治・経済的関心の中心は中国大陸にあり、海底電線をめぐる主導権争いの「主戦場はあくまで清国にあった」[17]のである。

いずれにせよ、日本がどちらかの海底電線陸揚げを認めれば、日本はそれぞれの電信網のなかに組み入れられてしまう。しかし、外務省は、どちらの提案にも頭から拒否する態度はとっていない。海底電線によってヨーロッパやアメリカとつながることは日本の望むところであり、当面自力で実現できない以上、大北電信会社であろうがどこであろうが、欧米の電信網の末端につながり、それに組み込まれるのはしかたがないという態度である。

しかし、大北電信会社の申し出を受けるか、アメリカの申し出を受けるかは、重大な選択肢である。大北電信会社の申し出を受ければ、日本は上海、ウラジオストックと結ばれ、その延長でヨーロッパとつながる。一方、アメリカの案を受け入れれば、太平洋を通ってアメリカ西海岸、さらに東海岸につながる。日本は、いわば西欧の極東と位置づけられるのか、アメリカの極西となるのかの選択である。

二者択一である必要はなかったが、日本側から見て具体的であったのは、シッキが来日し、約定草

図８　極東での最初のケーブル敷設に参加したスチームフリゲート艦「Tordenskjold」号（Vilh Arnesen 画，*The Great Northern Telegraph Company, An Outline of The Company's Historg 1869-1969*）

案まで提示している大北電信会社である。アメリカの申し出は、横浜在勤の公使が本国からの指示だとして通知しているだけで、工事の主体はどこなのかがはっきりしない。先の申し出では「合衆国大統領衆議の上」とあるが、実際にはギズボーンという投機的企業家を発起人とする計画で、アメリカ議会に補助金支出案が上程されたものの否決されたという⑱。日本外務省がアメリカの申し出の内情を知っていた様子はないが、アメリカとの交渉は保留となり、眼前に登場している大北電信会社との交渉に臨むことになった。ただ、オランダ公使がアメリカへの対応を探ろうとしたことが示すとおり、アメリカから提案があり、アメリカ公使が活動しているという事実は、日本外務省も大北電信会社との交渉で十分折り込んでいた条件であった。

シッキの計画説明　沢外務卿と寺島大輔は、七月一七日（明治三年六月一九日）に横浜裁判所でデンマーク公使シッキと面談し、シッキの提案について再度具体的な説明をもとめた。この日はシューソンが同席し、以後、彼も大北電信会社の代表として交渉の主役となった。シューソンは通常スウェンソンと表記され、デンマーク出身の元フランス海軍士官である。彼は、幕末にフランス艦隊に乗り組み、日本に駐在した経験をもっており[19]、帰国後に大北電信会社に入社し、今回は同社を代表していた。彼は五月半ばに香港に着き、同地での電信線陸揚げの許可を得て、ついで上海でも同じく陸揚げの準備交渉をしてから日本に来たのである[20]。日本の事情を十分知っていて、大北電信の海底電線敷設計画を実際に進める実務をになっていたスウェンソンが加わったことで、交渉は具体化した。

まず、日本側が、五月二三日にロシア岡士タラヘテンベルグから提案があった件とデンマークからの提案とが同じなのかを尋ねた。デンマーク側は同じである旨を返答したうえで、地図を取り出して東アジアの海底電線の現況と計画について説明した。

それによれば今年中にシンガポールからボットセットベイまでを完成させ、ボットセットベイでロシアからの線と接続する。これまで南海の方はイギリスとアメリカ、北海の方はロシアと大北電信会社が敷設してきた。シンガポールからロシアの方へつなげる予定であったが、日本の免許を得られれば、日本を通ってロシアにつないでもよいし、日本を支線にしてもよいと計画の概要を述べた。

ボットセットベイというのは、ウラジオストックの南方のボシエット湾のことで、ロシア沿海州の南端、中国延辺の地区、北朝鮮東北端が接する地域である。そこから海底電線を海中に沈下させ、日本海を通って長崎に至る敷設を計画していたのである。

日本側は、それでは長崎に電線を陸揚げすることになるのかと訊いたところ、いや各開港の場所に陸揚げできなければ日本政府の役に立たず、各開港場から全世界に通信ができれば「日本の大利益」であると、全開港場への陸揚げを求めた。デンマークは、自社の利益ではなく、日本の利益を前面に押し出して全開港場への陸揚げ権を説得しようとしたのである。

国内電信をめぐるやりとり　これに対し日本側は、国内の電信は自国で敷設することを決定しており、民部省ですでに取りかかっている旨を返答した。しかし、デンマーク側は、当方には人員器械ともに十分備えているので格安で敷設できると、あくまで日本国内敷設への参入を希望し続けた。日本側がこれに乗って、どの程度の価格でできるのかと質問すると、デンマーク側は、即答はできないが一ヵ月ほどで見積もりを出すので、その間、民部省の工事開始は待ってほしいと要望してきた。

日本側は、待ってもよいが、アメリカからも国内の電信敷設の出願があり、さらに別な国から出願があれば認めざるをえず、そうなるとデンマークの電線と競合して不利益になるのではないかと疑問を出した。これに対してデンマーク側は、自国の電線は他国のものより優れているので、競合しても差し支えないが、できればデンマークだけに許可を出してもらえれば「大幸」である、と答えた。これは、大北電信会社に排他的独占権を認めるかどうかという重要論点である。日本はアメリカから国内電信敷設の出願があったといっているが、デロングの文書にはそのような条項はない。デロングが口頭で述べた可能性もなくはないが、日本側が駆け引きしたのであろう。

二　交渉の背後にあるイギリスの政策

論点としての国内電信　ここまでの交渉で、日本側は大北電信会社電信線の陸揚げを頭から否定しておらず、陸揚げを暗黙の前提にした上での論点として三つが浮上していた。一つは国内電信まで免許するか、第二にどこを陸揚げ地と認めるか、第三に大北電信会社に独占を認めるかどうかである。これらの事項は、実際には互いに絡み合ったかたちで交渉されていた。

第一の国内電信免許は、国内電信まで大北電信会社に認めれば、対外対内を問わず、電信はすべて大北電信会社に掌握され、日本は身動きできなくなってしまうことになる重大問題である。七月八日（六月一〇日）にシッキが提出した免許状草案には、国内電信の免許は含まれていない。にもかかわらず、前述のように七月一七日の面談で、日本側は日本国内の電信は自力で敷設することに決定していると述べ、シッキたちは自社が委託を受ければ安あがりに敷設できるなどと持ちかけ、日本側は費用を問い合わせている。実質的には、海底電線の陸揚げ免許だけでなく、国内電信を大北電信会社に任せるかが議題になり、日本側も条件によっては応じてもよいかのようなそぶりをみせているのである。

大北電信会社側からすれば、開港地に海底電線を陸揚げできても、その先に電信線がなければ、多額の投資をした海底電線も利用があがらず、効用が乏しくなってしまう。日本国内での電信線の普及は投資を活かすために必要であった。ティットゲンからあたえられたシッキの任務は、日本と大陸を海底電線で結ぶだけではなく、日本国内の電信線も敷設し、その経営にあたることにあったという説もある。(21) しかし、それであれば、日本側への草案で正面から持ち出していないのは奇妙である。

陰でのパークスの役割　この事情を推察させるのは、イギリス公使パークスの役割である。シッキが外務省を初めて訪問した日から四日後の七月二日（六月四日）、寺島宗則はパークスとイギリス公使館で面談した。主たる用件はサルバドル船が横浜に入港した問題であったが、用談後、パークスのほうから寺島に、デンマーク公使と会談したかを尋ねてきた。寺島が会談した旨を答えると、自分もおおかた事情を聞いている。大北電信会社案は九ヵ条あって、同社は長崎から陸路大阪まで敷設することを希望しているようだが、日本側は不同意のはずと述べたという。(22)

パークスがデンマーク公使シッキと寺島との会見をすでに知っていたということは彼もシッキと別に話し合っていたのである。それを踏まえて、パークスはシッキの提案が九ヵ条あり、長崎から陸路大阪までの敷設希望があることを特に発言し、日本政府はそれを不承知のはずだと念押ししているのである。だが、実はシッキが免許状草案を寺島に示したのは七月八日であって、そのときの草案は全八ヵ条で第九条はなく、陸路で長崎から大阪まで電信線を引くといった条項はない。パークスの発言からは、彼がシッキから全九ヵ条の草案を示され、その第九条にある長崎・大阪間の陸路電信線を問題視し、それを寺島に確認しているのだが、この時点では寺島はシッキから国内陸路の電信線敷設提案文書を受けとっておらず、話は食い違っている。外交文書は、パークスの発言に対する寺島の答えについて「其余問答数語有之」とだけしか記しておらず、寺島が食い違いについてどのような反応をしたのか分からない。

このことから推定できるのは、大北電信会社の最初の特許状草案は九ヵ条あり、長崎・大阪間の陸路電信線敷設の願いが明記されていたということである。シッキがこれをパークスに見せたところ、パークスは日本はすでに国内線を自力で敷設する方針であるという理由で第九条に反対し、シッキはパークスの意見に従って、第九条をはずした特許状草案を日本に提示したのである。

背景にあるイギリス権益　これらのことからは、日本外務省と大北電信会社の交渉に対して、イギリス公使パークスさらにはイギリス政府が背後で大きな影響力をもっていたことがうかがえる。すでに述べてきたように、イギリスは、ヨーロッパ、大西洋、インド、東アジアという広大な地域で海底電線を自己の傘下におさめつつあった。インド、東アジア地域では、ジョン・ペンダーが社長を務めるイギリス・インド海底電信会社（大東電信会社）がイギリスの経済力・軍事力を背後にインドから電信線を延伸させ、一方はオーストラリアに進み、もう一方は南から中国をめざしていた。当然、イギリス政府は、中国大陸、日本での海底電線敷設に無関心でいられるはずはない。さらに、大北電信会社が日本国内の電信事業まで掌握すれば、イギリスの利権を損なう恐れがあった。二国間交渉のようにみえる日本とデンマークの海底電線全体においてイギリスは陰の主役としてあったといっても過言ではない。

むろん大北電信会社も、イギリスの軍事力の後ろ盾がなければ、東アジアで同社の安全な活動が難しいことを十分承知していた。一八七〇年二月、デンマーク外務省は、中国、日本での大北電信会社の海底電線陸揚げ権について、イギリスとフランスの両国政府に援助を求め[23]、両国政府はこの要望を受け入れた。ただし、イギリス外務省は、大北電信会社の香港への陸揚げ権を認めたが、会社が中国で独占的権利を得るべきでなく、イギリス国民の利益を損なう排他的特権を得るべきではないと釘をさした。[24] これは、微妙な条件つきの支持であった。

イギリスとしては、東アジアで活動するイギリス商人が必要とする電信を、イギリス資本も入っている大北電信会社が実現することに正面から異論を唱える理由はなく、側面から援助した。しかし、イギリスの海底電信会社の利害を守るという一般原則を示したのである。

実際、ペンダーのイギリス・インド海底電信会社は、大北電信会社の中国、日本への進出を黙っているわけにはいかなかった。もともとペンダーも中国大陸進出の意欲をもち、ジョン・ダンを使って中国大陸への海底電線陸揚げを狙っていた。しかし、順調に進まないところに、北から大北電信会社の動きが始まったのである。ペンダーは一八七〇年一月、イギリス外務省にダンの活動への援助と大北電信会社の独占権否認の要請を出した。[25]

欧州列国の共同利益会社　一方、大北電信会社は周到にオランダ、ロシアなどに事前工作を行ない、オランダ、ロシア、フランス、イギリスの各国政府から各国の現地外交機関が大北電信会社との交渉に外交援助をあたえる約束をとりつけていた。[26] 実際、日本での交渉では、各国外交機関が協力している。ヨーロッパ列強は、中国、日本への海底電線進出にあたって、互いの利害関係の妥協・調整をはかり、市場の開放を実現しようとした。「ヨーロッパ諸国は競争よりは協調的関係にあった」のである。[27] 大北電信会社は、その協調関係のうえにたち、欧州列強の共同利益の代表として振る舞おうとした。そこには、デンマークという小国に本社を置き、「政治的中立」を掲げて欧州列強の対抗関係の狭間を利用して生きる大北電信会社のしたたかな戦略がある。しかし、それは実際の場面ではなかなか難しい。

大北と大東との協定　列国の協調といっても、東アジアにおいて最も優越した力をもつのはイギリスであるから、イギリスの政策が大北電信会社を左右することになった。イギリス外務省は一八七〇年一月、三月に駐日公使ハリー・パークスに対して、大北電信会社の日本への海底電線陸揚げ交渉を支援すること、ただしイギリスの会社が外国の会社と同等の権利を確保しえること、また外国会社の排他的権利によってイギリスの会社の利益が損なわれることは一切認められないことを指示した。[28]これがイギリスの原則であった。

その後、大北電信と大東電信両社に談合気運が出てきた。多額の投資を必要とする海底電信敷設事業において、ペンダーのイギリス・インド海底電信会社（大東電信会社）とティットゲンの大北電信会社の両社にとって中国大陸で全面的競争に入ることはともに得策ではなかったのである。両社は一八七〇年五月一二日、コペンハーゲンでの会談で妥協に達し、三〇年間有効の協定を結んだ。大北電信会社は香港以北の電信線敷設を行ない、大東電信会社は香港以南の電信線敷設にあたる。上海・香港間の電信線からあがる利益のうち電信線敷設費・保守費などを除き、残りを大北電信会社と大東電信会社とが折半することとしたのである。前述した共同会計方式をとった。日本についての条項はないが、日本が大北電信会社の担当地域に属することは明白であって、イギリスの会社が日本で直接的利害関係をもつことはなくなった。イギリス政府は大北電信会社の権益が必要以上に行きすぎないように統制しながら支援する立場になったのである。[29]先の交渉過程で浮かびあがった三つの論点、即ち国内電信の許可、陸揚げ地の選定、大北電信会社の独占権は、この統制しながらの支援にとっていずれも相当微妙な問題だが、一定の裁量はパークスに委ねられた。

国内電信に対するパークスの態度　まず国内電信についていえば、大北電信会社は日本政府が自力で国内電信線を敷設する方針を決定済みであることは事前には知らなかったので、先に述べた通り日本側と国内電信の特許を交渉しようとしたのだが、パークスは日本国内電信まで大北電信会社が入手するのはイギリスの権益を損なうと考え、日本の国内電信の自力造営決定方針を理由に大北電信会社の国内電信特許には反対した。シッキはパークスの反対を受け入れ、日本に提示する免許状草案から削除した[30]。ただ、交渉の行方によっては横浜への陸揚げが認められず、長崎だけになった場合、日本政府の国内線が未整備では横浜在住の英国商人に不利益が生じる。その場合どうするかの問題は残っていた。

パークスは、本省宛の報告書で、日本は自力で国内電信を造営することを決定済みであるとして、これに関連する太政官文書の英訳を添え、国内電信が大北電信会社に認可される見込みはない旨を報告した[31]。彼の判断で大北電信会社の国内電信免許を支持しなかったことの了解を得ようとしたのである。

ただし、日本と大北電信との交渉の過程で、陸揚げされた電信線が接続すべき国内電信線が話題に出るのは必然であった。先述したように七月一七日の面談で国内電信が議題となり、その際に積極的であったのは日本側のほうで、日本側は具体的に工事費用を質問し、場合によれば工事着工を遅らせてもよいようなことまで発言している。

日本の国内電信政策　もともと日本では、寺島宗則の建議がきっかけになって、民間から電信建設の出願があったにもかかわらず[32]、国内電信線は官営とすることが決まっていた。そして、東京・横浜間の電信線工事が開始され、一八七〇年一月二六日（明治二年一二月二五日）から公衆電報の取扱いが開始された。このように国内電信線を自力で実現する政策をとっていたのだが、大北電信会社との交渉が行なわれていた七月に実際に運用されていたのは東京・横浜間だけであった。寺島としては、国内電信線拡充に十分な見込みをもてず、大北電信会社に何らかのかたちで委ねることも検討にあたいしたのである。

シッキとの交渉中の七月一三日（明治三年六月一五日）に寺島が下僚に検討を命じたとおぼしき「丁抹《デンマーク》伝信機組建白之略」の事項に、

一、都《かつ》て日本中御入用の陸伝信機は右会社にて自己の雑費を以て日本政府のため可取設事。

一、右は日本政府の全く所持に可相成は勿論、只右会社の雑費を補稗せんがため陸伝信機より生ずる利息の内にて日本政府御決定被成候相当の割合を受取るべきこと。

とある[33]。この案では、陸上電信機の機器を大北電信会社が設置し、機器は日本政府所有となるが、陸上電信の利益の一部を大北電信会社に支払う。運用が大北電信会社なのか日本政府なのかはっきりしないが、寺島が、国内電信を大北電信会社に任せることを選択肢に入れていたことを示している。

大北側が撤回　その後、国内陸上電線についての交渉打ち切りを言ってきたのは大北電信側であった。七月二七日（六月二九日）、寺島宗則とシッキ、スウェンソンが会談した際、寺島が電信線工事費を訊いたのに対し、大北電信会社側は陸上線は日本政府が自力でやる方針を決定しているとのことなので、自分たちは止めることにしたと述べている。日本側からすれば、ややあてが外れたかたちである。

かたちのうえでは、大北電信会社の国内電信免許が排除され、日本の自主性が保持されたようにみえる結果となったが、背後にいるイギリスが自己の利害から反対したために大北電信会社側が取り下げたのであって、日本側が自主性を貫いたのではない。大北電信会社はイギリスの許容範囲外に出ることはできなかったし、また、主眼を中国に置けば、日本国内の電信事業に執着する必要はなかったのである。その後、日本が国内電信線の造営を円滑に進めれば、国内電信の問題は解消したのであるが、実際には日本の電信線工事は遅々として進まなかったため、次の陸揚げ地選定問題とも結びつき、あてが外れた大北電信会社とパークスから圧力をかけられるなど、尾を引くことになった。

陸揚げ地問題　第二の海底電線陸揚げ地の問題は、大北電信会社側が最初の免許草案ですべての開港地、すなわち長崎・大阪・兵庫・横浜・箱館と今後開港される他の場所への陸揚げを求めたのに対し、日本はできるだけ陸揚げ地を限定したかった。複数の開港地に海底電線を陸揚げし、それら開港地間を海底電線で結べば、実質的に国内電信に進出したのと半ば同じことになる。また、大北電信会社とすれば、アメリカの動きを横目で睨んでいたので、実際に工事するかはともかく、できるだけ多くの権利を得ておくのが望ましかった。

イギリスにとっては一般的に陸揚げ地が多い方が便利で、特に横浜への陸揚げが好都合であったであろう。だが、国内の陸上線が本当に日本政府によって実現されれば大きな問題ではないと考えていたのか、パークスは格別の意見表明はしていない。

したがって、陸揚げ地は大北電信会社と日本側の二者の利害交渉となった。ただ、日本側は陸揚げを認める場合の国際法上の問題点などが分からず、大北電信会社側に諸外国での海底電線陸揚げについての先例やロシアと大北電信会社との関係について盛んに質問し、判断材料を得ようとした。大北電信会社側はいくつかの文書を日本側に提供し、日本側の抵抗感除去をはかっている。これらの文書は大隈重信大蔵大輔などに回されたようで、大隈重信関係文書のなかにこの時の文書の翻訳文が残っている[34]。

九月三日（明治三年八月八日）、大北電信会社を側面から援助するかたちでプロシャ公使が寺島外務大輔と面談したが、プロシャ公使は長崎・兵庫・横浜の三港への陸揚げを求めたのに対し、日本側は内海では船による断線の恐れがあることや日本の電信線にとって不利益になるとの理由で兵庫への陸揚げを渋った。日本が兵庫・長崎間の陸上電信線を実現しても、大北電信会社の海底電信線と競合して日本に不利だというのである。

これに対しプロシャ公使は、長崎・兵庫・横浜とも政府は許可するのかと陸揚げ地の確認を求めた。寺島は政府ではまだ長崎さえ決めておらず、「長崎を許すも只陸揚丈《だけ》の事也」と答え、誘導尋問に乗ったとまではいえないが、事実上、長崎への陸揚げを認めた。

確かに、長崎から兵庫までの海底電線を認めれば、確かに日本の陸上線と競合してしまう。だが、それであれば横浜への陸揚げでも同じことで、むしろ横浜・長崎間の大北電信海底電線と日本政府陸上線の競合のほうが日本にとって深刻となる可能性が高いのだが、その後の交渉では横浜への陸揚げについては日本側はさほど抵抗を示していない。その理由は不詳だが、競合よりも横浜から長崎を経て上海・ウラジオストックに繋がる便益に期待したと考えられる。

大北電信会社は長崎・兵庫・横浜三港の陸揚げを求めていたが、優先順位からいえば、長崎、横浜、兵庫の順序であったようだ。日本への陸揚げをウラジオストックから上海への中継という位置づけでみると、地理的に長崎への陸揚げが最適である。横浜への陸揚げは、長崎からの支線というかたちで九州・四国沖合回りはなかなか大変であるが、政治・経済の中心である東京に近く、需要が期待できる。だが、兵庫は支線となるうえ、横浜ほどのメリットは見込めなかったであろう。

ロシアと大北との約定　しかし、シベリア陸上線を延長してきた大北電信会社は、ロシアとも密接な関係を持っていた。同社は既にロシア政府との間で、ロシア政府に同社のシベリア陸上線の排他的権利を認めさせ、同社の電信線を沿海州のポシエット湾から日本の大阪・横浜・長崎に敷設し、そこから中国の上海・広東・香港まで伸ばす約定を結んでいたのである(35)。おそらく大北電信会社は、その時点では日本の国内事情を十分承知しないで、三港陸揚げを約定したと見られるが、ロシアとの約定を守ることからすれば三港への陸揚げを交渉の場に持ち出す必要はあったのである。この間、大北電信会社とロシアとどのような話し合いがあったかは不明だが、ロシアとしても上海との連絡が重要で、大阪（兵庫）への陸揚げよりは交渉成立が優先であったろう。陸揚げ地交渉は、長崎・横浜の認可に流れていった。

大北電信への独占権付与問題　第三の、大北電信会社に排他的独占権を認めるかどうかは、海底電信において重要な問題で、イギリスが神経を尖らせていた。これは大北電信会社も承知していることなので、前述したように大北電信会社側から日本に独占権を求めることはなかった。独占権問題は、本来隠された議題として終わるはずであった。

にもかかわらず、これが交渉の過程で話題になったのは、日本側が大北電信会社に独占権を求めているかを質問したからである。日本側は、独占権付与の危険性を認識して、独占権拒否のために議題にしたのではない。日本側が気にしたのは、同時期に海底線陸揚げを提案してきていたアメリカとの兼ね合いである。大北電信会社に独占権を認めた場合、アメリカから異議が出ることを恐れたのである。しかし、大北電信会社側が独占権を要求しているわけではないことを表明し、ことは大きくならなかった。

海底電信線の独占権の問題はのちに大問題となり、日本はこの解決に数十年を要することになるが、この時点で独占権付与とならなかったのは、日本側がこれを拒絶したからではなく、イギリスが大北電信会社の要求を背後から掣肘していたからであった。

しかし、日本とデンマークとの交渉が行なわれたのは七月から九月だが、実は前述のようにイギリス・インド海底電信会社と大北電信会社との相互不可侵協定が五月に成立しており、イギリス・インド海底電信会社が日本に進出してくることはありえないことになっていた。従って大北電信会社の独占権を否定するイギリスの外交方針は半ば意味を失っていた。だが、パークスは両社の協定を知らず、来日したシッキから説明を受けて初めて知った(36)。しかし、彼は不可侵協定成立でも、独占権容認は潜在的にイギリス会社の不利益と判断したようで、独占権否定方針を変更することはなかったのである。

ただ、自国の利益を守るために大北電信会社の独占権を否定したイギリスは、結果的にはアメリカの進出の可能性を残したことになる。一方、大北電信会社は独占権要求を出さないことで、イギリスの支援を受けられ、西欧共同利益として日本に強い態度とることができたのである。

三　大北電信会社との約定成立

大北電信会社の「政治的中立」　日本と大北電信会社との交渉は、二国間関係であるばかりでなく、当時の欧米列強の東アジアにおける対抗と共同利益と絡み合いながら進んだ。大北電信会社のティットゲンは、帝国主義的利害をもたない小国の企業が交渉にあたるのだから、中国や日本から陸揚げ許可を得るのは容易だと楽観していたという[37]。しかし、実際には欧米列強の利害が交渉を複雑にし、特にイギリスの利害が交渉を方向づけていた。そのため日本への要求が緩和された面もあるが、日本からみれば、欧米外交団を背後に交渉を進める大北電信会社は、小国の企業どころか、欧米諸帝国の力の誇示そのものであったのである。大北電信会社のいう「政治的中立」も、それは欧米間での「中立」であって、日本や中国には無意味な言葉であった。

提案受け入れ　日本は、警戒しながらも大北電信会社の申し出を基本的には受け入れる態度であり、一八七〇年九月三日（明治三年八月八日）の寺島宗則とプロシャ公使との面談の際、国内については是非とも日本政府の事業としてやるつもりで、ただ工事に時間がかかるようなら大北電信会社に相談することもあるかもしれない。「外海は方は丁抹《デンマーク》にて引も妨なし」と、はっきり大北電信会社の海底電線敷設許可を明言した[38]。ただ、ここでも国内線を大北電信会社に任せることもあり得るかのごとき発言をしているのは、自力での国内線工事にやはり自信が持てないでいたのである。

日本の許可方針を受けて、約定書の成文化が試みられることになった。約定書の原案を用意したのは、大北電信会社の側である。九月六日（明治三年八月一一日）、プロシャ公使館通訳官ケンプルマンが馬渡外務権大丞に書簡を寄せ、デンマーク公使シッキは別添の規則案で約定を希望しているので、寺島外務大輔に規則案を見せてほしく、一三日には直接面談し説明したい旨を言ってきた(39)。

シッキの規則案　添えられた規則案は、九項目の第一条、五項目の第二条からなっている。要点を記せば、第一条第二項で、日本政府は大北電信会社の海底電線の横浜・長崎両港への陸揚げ、九州南方を回って両港の間を結ぶことを許可する。第三項では横浜・兵庫間、兵庫・長崎間の電線敷設は差し止める。なぜなら日本政府が自ら陸上で二つの線を敷設する「見込布告」があるからである。第四項は、日本政府が二つの線を敷設することができず、海底電線を敷設することになったときは、他の会社から申請があっても不許可とし、大北電信会社に委任することとなっている。この案は、日本政府と大北電信会社との約定の骨格をなすものとなった。大北電信会社は兵庫への陸揚げは断念し、横浜と長崎の陸揚げとなったのである。

九月一九日（八月二四日）には、沢宣嘉外務卿と寺島宗則外務大輔に加えて、副島種臣参議が交渉に出席し、シッキ、スウェンソンと応接した。日本側は決着をつける会談と位置づけていたことが分かる。

この会談では、大北電信会社の海底電線陸揚げを大筋で認めたのだが、議論になったのは、日本側が海底電線を一定期間後買い取ることを希望し、大北電信会社側が拒否したことと、約定の期限について日本側は二〇年を希望し、大北電信会社は三〇年を主張したことなどである。

将来の買収案　第一の、将来における海底電信線の買収案は、日本側が大北電信会社電信線の陸揚げを認めるにしても、次善の策と見ていたことを示している。日本は海底電信線で大陸と連絡したいというのが願望で、当面は無理でも、いつかは自己所有の線で運用しようと考えていたのである。

交渉の中盤である八月五日、寺島宗則外務大輔はイギリス公使館にパークスを訪ね、デンマークで造営した電信機を日本が買い取ることができるかどうかを質問した。前述したように、パークスはイギリス本省から大北電信会社の海底電信線陸揚げ交渉を支援するように指示されていたのだから、寺島が相談する相手としては不適切であったのだが、海外の海底電線運用についての知識が乏しい寺島は、パークスを頼りにしたのである。パークスは、デンマーク側が承知しないから買収は無理だと返答した。[40]

パークスの助言にもかかわらず、日本は買収案にこだわった。それだけ自営海底電線への願望は強かったのである。先の九月三日（明治三年八月八日）のプロシャ公使との会談でも、寺島は、長崎から上海までの海底電線を日本政府でも計画したことがあるが、今は中止したと述べている。日本が長崎から上海までの海底電線を計画したことについては関係資料はなく、寺島が駆け引きのために言ったのかもしれないが、日本側にそうした願望があったことを示している。

九月一九日の交渉で、結局、将来の買収に関する条項を電信料支払い条項とともに、本文とは別の内約として処理することで妥協しあった。翌九月二〇日（明治三年八月二五日）に、「丁抹国電信条約并内約添箇条」がシッキと外務卿沢（清原）宣嘉、外務大輔寺島（藤原）宗則との間で署名捺印・交換された。文書冒頭には、日本政府と「東北支那并日本へ伝信機取設方会社」との約定とあるが、署名したシッキには肩書きがなく、異例の文書である。[41]

この第一条は、横浜・長崎両開港に会社の海底電線を陸揚げし、九州・四国の南を回って両開港を相接することを日本政府が認めることを定めている。その他、注目すべきは、

向後もし同業を起さんと欲するものありて之を允准する事あるとも、会社にて決て苦情を唱ふる事あるべからず（第九条）

と会社の独占を認めていないことである。また約定の期限は三〇年間とされ（第十条）、会社の主張が通っている。この約定には二ヵ条の「内約」があり、第一条は会社が「伝信の賃金の二分五厘」を日本政府に支払うこと、第二条に日本政府が「丁抹の会社に加入せんとした」場合と「丁抹会社の海底線を買入んと欲する時」は、会社が承諾すれば合議して相当の価格で買い入れすることを定めている。

第一条の支払い率は本文に入れるまでもない実務的条項だが、第二条は、前述のように日本側がねばって加わった条項である。日本がこの第二条を重視していたことは間違いない。日本は、受容と抵抗という矛盾する態度を、当面の条件より時間軸上で解決していこうとしたのである。具体的には、約定期間の短縮、将来の電信線買収を実現しようとした。そのために約定年限を二五年に短縮しようとしたのだが、会社側も頑強で、三〇年に押し切られた。となると、将来の期待は買収条項にかかっていた。

だが、この条項を丁寧に読めば、日本側が申し出た際に大北電信会社が負う義務は、その時点での価格を差し出すことだけであって、大北電信会社が買収を承諾した場合だけ、交渉に進むということである。実際問題として大北電信会社が容易に買収に応ずる可能性は低く、交渉は大北電信会社の一

存次第という条文で、将来への手がかりとしては実効性は乏しかった。

独占権否認　むしろ大北電信会社を規制するということで、日本にとって大きな意味をもったのは、約定の第九条で、日本は他社にも認可をあたえることができることが明文化され、大北電信会社の独占を認めなかったことである。繰り返し述べてきたとおり、イギリスが大北電信会社の独占を警戒していたため、大北電信会社は国内電信請負や海底電線の独占の要望も出せず、結果的には日本は労せずして有利な条件を実現していた。

しかし、日本は第九条をアメリカへの配慮と理解していた。大北電信会社との約定締結に先立つ九月一二日（八月一七日）、外務省はアメリカ弁理公使に約定案を送ったが、これに対し弁理公使デロングは、他国人民と同様の約定を結んでも日本政府の「勝手たるへき旨」約定に明記されているのでまったく異存はないと返書し、了承した[42]。アメリカの太平洋横断海底電線敷設は、この時期には現実性はほとんどなかったのだが、イギリスのおかげでアメリカは権利だけは得たのである。

海底線工事進捗　日本政府から認可を受けた大北電信会社は、ただちに長崎の陸揚げ地点の選定にかかり、長崎千本付近に陸揚げし、居留地まで電線を引くことになった。敷設工事は順調に進行し、一八七一年八月一二日（明治四年六月二六日）に完成し、大北電信会社長崎支局は、最初下り松居留地のベルビュー・ホテルに置かれ、ただちに通信がなされた。これは現在のＡＮＡホテルの場所で、ここに『国際電信発祥の地』の碑が立っている。さらに、長崎・ウラジオストック線も翌一八七二年一月一日（明治四年一一月二一日）から通信を開始した[43]。

一八七一年四月、大北電信会社の上海・香港間の海底電線も完成し[44]、一八七一年六月三〇日には大

図9　ベルビュー・ホテル（長崎大学付属図書館所蔵）

北電信会社線・大東電信会社線を通って上海とロンドンとの電信が開始された[45]。ただし、上海への海底電線陸揚げは、清国政府の承認を受けずに、策略を用いて秘密に行なったものである。電信線の存在が発覚してからは、清国政府が撤去を要求したにもかかわらず、西欧列強の軍事力を背後にそのまま既成事実を保持し続けた[46]。

一方、シベリア経由の北回りの工事は遅れていたが、一八七一年一一月一七日にようやく完成し、一八七二年一月一日から正式に公衆電報の取り扱いを開始した[47]。長崎からの電信は南回りでも、北回りでもロンドンにつながった。これは、欧州諸帝国の共同利便の実現であるが、なかでもイギリス帝国の覇権の成立であったのである。そして、日本はロンドンを中心として放射状に広がった世界電信回線の東の涯、極東に組み込まれたのである。

国内線工事の遅れ　これら海底電線が、日本にとっても欧米商人にとっても有用性を発揮するためには、長崎から先の国内電信線が整備されていなければならない。そのことは交渉の過程でも議題になっていたが、上海・長崎の海底電線敷設が始まると、早くも問題となった。

一八七一年三月二〇日（明治四年一月三〇日）、オランダ公使とデンマーク書史が寺島大輔を訪れ、日本が敷設するはずの長崎・大阪・兵庫の電信線工事進捗状況を質問した。寺島は本年中には工事をおこなうつもりと答えたが、公使は横浜から長崎までの伝信機製造についてわが社に免許をあたえてほしいと発言し、寺島はすでに工部省は準備に入っており、免許をあたえるわけにはいかないと拒んだ。さらに公使が西洋の別の会社へ依頼したとの話を聞いたがと問い直すと、そのようなことは承知していないと否定したが、公使は執拗に国内陸上線工事の見込みを尋ねている。

寺島は担当者に問い合わせて再度返答すると切り抜けようとしたところ、公使は日本政府が急ぎできないのであれば、デンマークの会社に敷設させれば日本の利益になるし、早くて安あがりであると強調している。しかも、この面談の翌日の三月二日（二月一日）、イギリス公使パークスが書簡を寄せ、(48)

貴政府にて東京長崎之間ニ被受合候陸上之一筋は、如何之御手配に相成居候哉承り度事、交際各国之急務と存候、尤東京長崎之間には容易に出来又大金も費不申筈に付、陸上之一筋出来不致、東京と欧羅巴之往還遅滞致候而は誠に残念之事に候間、前条布告書被差出候より最早九ヵ月に相成

と、東京・長崎間の陸上電信線工事の進捗状況をきつく問い合わせてきた。パークス書簡は、そのタイミングからみて、前日のオランダ公使らの動きと歩調を合わせたものであろう。おそらく日本の陸上電信線工事が遅れていることを承知していて、圧力をかけてきたのである。前年の交渉の際には、パークスは大北電信会社の国内線に否定的であったのに、今回は側面から大北電信会社を援助する動きである。大北電信会社と大東電信会社の相互不可侵協定が安定し、大北電信会社がイギリスの利権

を損なっていない実績が示されてきた。また、パークスが前提にしていた、日本自力での国内線建設が進まず、横浜のイギリス商人も失望していた。これらの条件から、イギリスは大北電信会社を背後から掣肘するより後押しすることにしたのである。

横浜線未着工　大北電信会社は日本政府に国内線建設で圧力を加える一方、長崎陸揚げは迅速に進めたにもかかわらず、横浜への陸揚げ工事には着手しようとしなかった。大北電信会社はウラジオストック・長崎・上海・香港という幹線はいち早く押さえる必要があったが、長崎からの支線となる横浜への海底電線は当面保留したのである。多額の工事費が必要であるし、日本政府が実際に陸上線を敷設すればそれと競合となる。となれば、大北電信会社としては、日本政府に陸上線工事を急がせ、可能であればその工事を請け負うほうが得策であったのである。日本政府への圧力は、横浜への陸揚げを実行しないことの裏返しての表現といえた。

難渋する東京・長崎線　東京・長崎間の電信線は一八七〇年七月八日（明治三年六月一〇日）に電信線路・電信局設置地などの調査の達が民部省に下されていたが(49)、工事に必要とする機器物品の調達ができず、工事が着工されたのは一八七一年九月二三日（明治四年八月九日）になってからであった(50)。オランダ公使やパークスが工事をせっつき、寺島が「当年中に是非とも」などと苦しい対応をしていた時点では、着工すらできていなかったのである。

パークスの書簡を受けた外務卿は、ただちに太政官弁官に早急に工事に取りかからなければ体面上不体裁なばかりでなく、遂には外国人に工事させることにもなりかねないと対応を求めた。弁官も、さっそく取り調べるように工部省に達を発したが、工部省はいつまでも対応できず、しかもパークスからはたびたび返書を催促され、外務省は四月（三月）になって自ら回答案を用意し、弁官の了承を得た。それには既にオリエンタルバンクに器械を注文し工事人の手配も命じていると注文書の写しまで添えている[51]。日本政府は何とか自力架線の方針なのだが、実力がともなわず、苦境に陥っているのである。

結局、大北の横浜線未着工と国内線の遅れとが表裏の問題になってしまった。日本政府が必死で工事を急がせ、他方で一八七一年一一月一二日（明治四年九月三〇日）、日本政府と大北電信会社が「大北部電信会社電信事業創設約定」を結びその第六条で、

日本政府之陸線速に落成し、技術取扱方不都合なく行届候はば、嗹国会社に於て已に日本政府の免許を得たる長崎より横浜への海底線装設の儀は見合可申事[52]

と協定した。陸上線未完成を理由に大北電信会社線の横浜陸揚げを見合せるというのは、いかにも不合理な理屈なのだが、国内線工事への外圧を緩和するために大北電信会社の横浜線の未着工を認めざるをえなくなってしまったのである。しかも、大北電信会社の横浜陸揚げの権利そのものは存続していたから、火種は残ったままであった。

四　一八七三年の改訂交渉

大北電信からの改定提案　日本政府が苦しい時間稼ぎをしている間、大北電信会社はさらに圧力をかけてきた。一八七二年三月三〇日（明治五年二月二二日）、大北電信会社社長スウェンソンは、駐フ

ランス公使館一等書記官塩田三郎宛に、日本政府への建言として日本の伝信局と大北電信会社との「伝信事務の約定基本」[53]案なるものを送ってきた。前々年に締結した約定の部分改訂案といえる内容であった。

全体で一六項目もあり、多岐にわたっているが、その第一としてあげられているのは、

日本政府電線を十分に建築せし時は、其内一二線を以て別段各国通信の用に充つることを約し、是は海外より長崎に達し、夫より政府の線を以て国内に到るもの及び日本内地より長崎を経て海外に達する通信を云ふなり

日本政府が東京・長崎間の電信線を複数敷設した時は、そのうち一、二本を外国人専用として利用させろという要求である。第二は、外国人専用線ができるまでは、日本政府の公電以外は外国からの入電を日本人の電報より先に電送すること、第三は、東京または横浜から長崎への電信はなるべく直路とすること、第四には、外国人の電報の取扱いのため外国語堪能で電信業務に熟達した者を各所に配置すること、以下、電報賃金について細かな取り決めを定めている。要するに、日本政府に外国人専用の東京・長崎間電信線を提供させ、それができなければ外国人の電報を日本人の電報より優先させるというのである。最後の第一六には大北電信会社が「既に日本政府の免許を得たる長崎より横浜又は何方にても海底線装置之義を取止可申事」とある。長崎・横浜間の海底線敷設権を放棄するというのである。

横浜への陸揚げ権を放棄することは、一見、日本政府に譲歩したようにもみえるが、既述のとおり大北電信会社は横浜への海底電線敷設に着手してこなかったし、日本政府に外国人専用の電信線を提

供させれば、大北電信会社が横浜まで海底電線を敷設して陸揚げする必要はまったくなくなる。むしろ、大北電信会社は自らの投資をまったく行なわずに、これまで以上の権益を獲得するという法外な要求である。

この改定案は正院に差し出され、工部省にも回された。当然のことながら強い反発が出たようである。しかし、これに対する直接の返答は出されなかった。むしろ大北電信会社側から横浜への陸揚げ取り止めが持ち出されたことを逆手にとって、日本側に有利な約定改訂に持ち込もうとする議が、工部省から持ちあがった。

日本政府の改定案　工部省内部で約定の改定案について検討していたようで、一八七三（明治六）年三月一三日、先に工部省が大北電信会社との条約取り結びにつき伺《うかがい》を出したところ、外務省では見込みがあるとのことであったので、工部省では十分検討し、旧条約のうち取り消すべき条項、新規に免許すべき条項の案文をまとめ、外務省とも相談したい旨の伺書を正院に提出した(54)。

急ぎ伺書を出すことになったのは、たまたまフランスに一時帰国することになっていた左院御雇フランス人デュ・ブスケに交渉を委任する案が外務省から出されたからである。デュ・ブスケは、幕府招聘のフランス陸軍教官団の一員として来日したが、幕府崩壊後もそのままフランス公使館の通訳官として活躍した。一八七〇年の日本外務省と大北電信会社との交渉に際しては通訳を務め、その後、左院に雇となっていたのである(55)。日本側としては、海底電線交渉の事情を承知しているだけにデュ・ブスケへの交渉委任が好都合と考えたのである。

ただ、デュ・ブスケにどのような委任をなすのかについては若干混乱が生じた。先の工部省伺に添えられていたのは、工部省が検討してきた旧条約の取消箇条と新条約案などであったが、正院史官は三月一五日に外務大少丞にデュ・ブスケへの委任状案を提出するよう求めたにもかかわらず、提出されたのは条約案であって、即刻委任状案を差し出すように求めている[56]。結局、三月一七日に正院から外務工部両省に、三月一五日付のデュ・ブスケへの委任状が達として通知された。デュ・ブスケは一八日に帰国の途についたから、きわめて慌ただしい委任であったのである。

デュ・ブスケに委任の案　正院がデュ・ブスケにあたえた委任状は、一八七〇年の約定の後、国内の諸変革及び電信寮の進歩により既に不適当になったことを勘考し、且つ大北電信会社の請求により同会社海底線と日本陸上電信線と連結する免許を与えることと大北電信会社との談判目的を明らかにしている。大北電信会社やイギリスから圧力を受ける原因となっていた東京・長崎間の電信線工事が前月に一応完成したことを踏まえて、日本側としては、立場を強くして交渉にのぞんだのである。

デュ・ブスケに「命任」したのは、次の二ヵ条である[57]。

第一条　長崎横浜の間に海底線を設置又は之を横浜に陸揚することは今般廃止せしむるやう会社へ談ずべきこと

第二条　今日会社へ海底線と我が陸電信連結すること日本政府より免許の条件を石丸電信頭より渡せし別紙の旨趣にて談決する事

第一条・第二条ともに抽象的で、交渉のためにはより具体的な条件が必要だが、デュ・ブスケには別紙として工部省で検討してきた条約案が渡された。

この工部省案は全七条と追加から成り、一八七〇年約定とは、構成・条文ともまったく異なっている。前文で「左に掲げたる箇条書を以て自国の電信機へ会社の海底線を交通することを免許す、尤も免許の期限は千八百七十年免許せし約定の年間を期限とす」と、日本陸上線と大北電信会社海底線との接続を認可することを定めている。第一条は電信の賃金を両者が通知し合う条項で、一八七〇年約定第一条の重要条項である横浜・長崎への陸揚げ権には言及していない。第二条以下も電信料などの取扱いに関する規定である。重要なのは「追加」の条項で、

会社にて既に政府の免許を得たる長崎横浜間に海底線を装置又は之を横浜に陸揚することは今般取消すべき旨会社にて承認す、尤以後日本政府より同様のことを他国に免許する時は勿論会社へ元の免許を再興すべし、又日本政府より同様の儀を他国に与んとする時は一ヵ年前之を会社へ報知すべし

とある。大北電信会社への横浜陸揚げ権は、基本的に取り消されるのである。さらに、工部省では、「丁抹国会社申立条約の内可取消箇条案」と題して一八七二年のスウェンソン建議に逐条的に反論した。第一条の海外電報専用線要求に対しては、現在のところ工事落成したのは一つの線のみで、第二線は建築中なので、海外のために一、二の線を充当することはできない。また、実際問題として、専用線を必要とするほど海外電報が輻輳することはないだろう。第二条の海外電報の有線取扱いは受付順に処理するのが一般の公法であるなど、大北電信会社建議の不当を批判した。

この交渉にのぞむ日本政府の眼目は大北電信会社に横浜への陸揚げ権を放棄させることにあった。会社は既に放棄を言っているのだが、その替わりに大きな要求を出してきているわけで、交渉は難航が予想された。しかも、日本政府は交渉を御雇外国人に委任しているところが弱いところであった。

デュ・ブスケに交渉を委任したことは、上野《うえの》景範《かげのり》外務少輔がデンマーク代理公使に三月一五日書簡を送って、本国政府への連絡を依頼した[58]。これに対し五月一四日にデンマーク代理公使ビユッヲフから返答があった。さっそく電信をもって大北電信会社頭主に連絡したところ、回答があったという。なお、三月の時点では、東京・長崎間の電信は運用開始していないのだが、長崎から先は電信を利用して、ともかく電信に関する交渉が、電信を利用してできるようになったのである。

大北側の回答　大北電信会社頭主の回答は、一八七〇年条約第一ヵ条廃除ということであれば、日本政府と条約改定を交渉する意思はないと頭から否定し、自社では既に態度を決定済みであるのでデュ・ブスケと会談するつもりはないし、デュ・ブスケ派遣は無駄であると一方的に通告してきた[59]。

大北電信会社の態度は、日本政府の予想以上に高飛車で、取り付く島もないかのごとくであった。その後、デンマーク代理公使（ロシア公使の兼務）から外務省を通して工部省山尾工部大輔、石丸電信頭との面談希望があったが、日程の調整がつかないうちに終わった。また、副島種臣外務卿も交渉を危ぶみ、関係書類を工部省から取り寄せるなど苦慮している[60]。

デュ・ブスケの交渉　デュ・ブスケから電信一報が入ったのは、七月三日である[61]。それによれば、「万緒の首尾整頓して第六月十日に於て調印せり。会社は一事の変更なく一語の加削せずして本条約を承領せり」と、予想外の知らせであった。ここで「本条約」といっているのは、先の工部省案のことで、大北電信会社はこれを文字どおり「一事の変更なく一語の加削せず」認めたというのは、思いがけない上首尾であった。

しかし、問題は「追加」にあった。デュ・ブスケの電報によれば、大北電信会社は、工部省案の

「追加」条項、すなわち横浜への陸揚げ権取消をまったく認めず、やむなく大北電信会社提案の条文を仮に調印したというのである。

デュ・ブスケが仮調印したとして報告してきた条文は、

（日本政府は）支那地方香港及び呂宋群島と横浜長崎若くは其両港電線装置の場所へ海底線を連結する事を他の外国或は他の会社へ免許せず、又は免許あらん時迄は会社に於て政府の旨趣を承諾すべし、何時にても政府に於て同様の免許を与んと欲するときは政府は電信寮をして之を一ケ年前に丁抹会社へ報知し、元の免許を再与するか又は会社其儀を了承する丈けの賞金を与ふるか其一に出る外あるべからず

というものである。(62) これだけでは意味が取りにくいが、文中の「政府ノ旨趣」とは、日本政府の提案した横浜陸揚げ権取消のことで、日本の提案した「追加」の横浜陸揚げ権取消を換骨奪胎したものである。大北電信会社が陸揚げ権取消を承諾する条件として、日本政府は中国沿岸・香港・フィリピン諸島と横浜・長崎を結ぶ海底電線を他の外国会社に免許せず、もし免許をあたえるときは、大北電信会社に再び横浜陸揚げ権をあたえるか、賠償金を支払うというのである。大北電信会社は横浜陸揚げ権を実際には行使していないので、取り消されても実害はなく、しかも再免許権をもったまま、中国沿岸・香港・フィリピン諸島まで広い範囲で競合会社を排除する独占権を得る。さらに、場合によれば、賠償金を得ることもできるのである。

独占不承認と電信開通　この「追加」は日本側を驚かせた。大北電信会社が横浜陸揚げ権問題を持ち出したのにつけ込んだつもりが、やぶ蛇になったのである。副島種臣外務卿、伊藤博文工部卿など

は、急ぎ全文を入手するとともに、工部省案、現行の約定などと比較検討し、問題点の洗い出しを行なった。

工部省は部内の検討を経て、一一月一三日、正院に「丁抹国海底線横浜陸揚条約書中追加の条を廃棄す」を提出し、「追加」は後に大きな弊害をもたらす恐れがあるので、今回の交渉は取り消すこととし、「追加」を除き本文のみを合意したい[63]と、伺を提出した。これが一二月四日に裁可を受け、日本政府は伺通り本文のみを承認し、追加は不承認、削除となった。

日本政府は、一二月二七日、工部省分局電信寮電信頭石丸安世《いしまるやすよ》が正式に署名し、一二月二八日、その旨がデュ・ブスケから大北電信会社に電信で伝えられた。大北電信会社は、翌一八七四年三月九日にティットゲンが署名し、日本の国内線が大北電信会社の海底電線と長崎で接続される契約だけが成立した。結局、大北電信会社の独占権を認めることはなかったが、日本政府の希望した横浜陸揚げ権取消も実現しなかったのである[64]。相討ちといえば、相討ちである。この間、一八七三（明治六）年一〇月一日、東京・長崎間の電信線がようやく開業し、ともかくも電信で日本と大陸とはつながったのである。

第三章

ロイターの進出

一　海底電線を追って通信社の登場

海底電線を追って　情報の経路である海底電線が日本に進出してくると、次にやってくるのが、ニュースの生産と流通を専業とする通信社である。“follow the cable”が当時の通信社の合い言葉であった。

東アジアの海底電線において主導権を握ったのはイギリスであったが、すでに述べたとおり日本への海底電線陸揚げが交渉されている数ヵ月前の一八七〇年一月、英独仏の三強国通信社は世界分割協定を結び[1]、中国・日本など東アジアは、イギリスのロイター通信社の勢力圏と勝手に決められていた。フランス・ドイツの通信社は東アジアに入ってはこないので、ロイター通信社は競争相手のない無人の未開拓地に進出し、日本への海外ニュース輸出入を事実上、独占する立場にあったのである。しかし、当初は、ロイターの独占といっても、日本のニュース市場はお寒い状況であったし、ニュース通信社としてのロイターの活動も弱体であった。

電報仲介業ロイター　通説では、ロイターが日本に進出したのは、インドやシンガポールでそれぞれ拠点を築いたヘンリー・コリンズが、一八七一年に上海・長崎間の海底電信線が開通したのをうけて、一八七二年に横浜に来たのが最初だとされている。しかし、それ以前の英字新聞に、横浜におけるロイターの代理人の広告が掲載されており、また、ロイター電報のニュースも掲載されているから、海底電信線がつながっていない時期からロイターの実質的活動は始まっていたのである。

管見の限りで、ロイターが日本に登場した最初は、日本が海底電線で大陸と結ばれる以前、英国人リッカビーが横浜で発刊した隔週刊紙『ジャパン・タイムズ・オーバーランド・メイル』（*The Japan Times Overland Mail*）一八六九年一〇月付の Grant's Transmongolian Telegram Company and Reuters Telegram Company, Limited という広告である。[2] 広告主はE・L・B・マクマホンとあり、彼が右記二つの会社の日本代理人に指定され、キャフタ経由ヨーロッパ・ガル・ニューヨークへの電報を受け付ける。メッセージは、上海・香港・サンフランシスコ行きの蒸気船で運ばれるとある。

マクマホンは電報を受け付け、それをグラント・トランスモンゴリア電報会社とロイター電報会社に取り次ぐというのである。おそらくグラント・トランスモンゴリア電報会社は、ロシアとモンゴルの境界の町キャフタから大北電信会社のシベリア陸上線を利用してヨーロッパに、ロイター電報会社がセイロンのガル（注：スリランカの港町）から英国インド海底電信会社の電信線でヨーロッパに電信を送ったのである。ニューヨーク宛はサンフランシスコまで船便で、そこからアメリカ国内の電信会社に委託されたのであろう。広告文からは、グラント・トランスモンゴリア電報会社とロイター電報会社は、電信を利用した私用電報取扱い業務を行なっていたことが分かる。

グラント・トランスモンゴリア電報会社については、くわしいことは分からないが、ロイターは一八六六年にヘンリー・コリンズがボンベイに支局を開設し、活動を開始していた。[3] ガルがその活動の中心であったが、ニュース配信は副次的で、主たる業務は個人や企業の私用電報の取扱いであった。ニュースは到底採算がとれず、一八七〇年代を通じて、ロイター通信の主要活動は私用電報の取扱いにあったのである。インドでのロイターの私用電報業務は、東方私用電報（Eastern Private Telegram）と呼ばれていた。[4] 横浜のマクマホンは、この個人電報の受付代理店となったのである。

最初、ロイターはニュース通信社としてではなく、電報仲介会社として横浜に代理人を置いた。東アジアに進出してきた欧米貿易商などにとって、一般ニュースの需要以上に緊急の問題は、商取引相手との連絡であり、そのための電報の需要は大きかったのである。

一八六九年の時点では、南回りの電信線はシンガポールまで来ておらず、横浜から船で上海か香港を経てガルまで運ばれ、そこから電信線で発信された。北回りはキャフタまで工事ができていたようで、おそらく上海から船便と陸路でキャフタに運び、キャフタから電報として発信された。電報といいながら、電信線の端末に届くまでに随分時間がかかる。ただ、それだけに電報取扱い会社の果たす役割は大きかった。また、電報取扱い業務では、ロイターの独占はなく、大北電信会社の電信線を利用するグラント・トランスモンゴリア電報会社と競合していた。

海底電信会社広告　さらに横浜で発行されていた『ジャパン・メール』（*The Japan Mail*）の第八号（一八七〇年三月一二日付）をみると、二つの海底電信会社の広告が掲載されている。

一つはBritish-Indian Submarine Telegraph Company, Limited in Anglo-Mediterranean Telegraph Comapany, Limited, and The Falmouth, Gibraltar and Malta Telegraph Comapany Limitedと長い見出しがついている。この見出しから、英国インド海底電信会社、英国地中海電信会社、ファルマス・

ジブラルタル・マルタ電信会社、という三つの会社の電信線が接続されていたことが分かる。広告主は、ボンベイのステイシー（Stacey）という人物である。広告文では、海底電線敷設船グレート・イースタンがボンベイに到着したので、三月中旬には新しい電信線が運用を開始する見込みである。これによって、日本からの電報をエジプト・ヨーロッパ・アメリカに送ることが可能で、電信は海底電信と陸上線を利用して送られ、英国人の従業員が扱うので信頼性が高いことをうたっている。

手続きの説明では、横浜の商人は、ボンベイを経てロンドンの宛先に送ることを明記して発送すれば、電報はガルに着き、そこからボンベイに転送され、ボンベイから電信でロンドンに発信される。横浜とガルの間は何の説明もないが、船で運ばれることはわかりきったことなので説明がないのであろう。日本での受付先の記載はない。これによれば、三つの会社の接続を利用する南回りの海底電線（一八七二年に三つの会社は合同して大東電信会社 Eastern Telegraph になる）(5)は強化され、もう一回線増設されたのである。ステイシーなる人物とロイター電報会社との関係は不明だが、海底電線増設に商機を見いだした競合会社かもしれない。

もう一つの広告は、Grant's Trans-Mongolian Telegrams via Kiachta. Telegrams from China という見出しで、広告主は先の東シベリア・キャフタに本社を置くミッチェル・グラントである。説明文では、上海から月に五、六回キャフタのグラント宛に電信が送信されるとある。送信日は、『ノース・チャイナ・デイリー・ニュース』に告知されるという。この受付窓口として上海・香港・天津《てんしん》・張家口《ちょうかこう》・横浜の代理人名があげられているが、横浜はやはりE・L・B・マクマホンとなっている。

前述の一八六九年の広告では、グラントとロイターは共同で広告を出していたが、これはグラントの単独広告で、興味深いのは上海からキャフタに電信がつながり、月に五、六回にせよ電信できるようになったことである。南回りは海底電線増設で安定性を増したが、北回りは速報性で優位に立ったことになる。これらから、当時、北回り南回りで電報サービス事業が激しく競争していたことがうかがえる。

ロンドン発ニュース　一方、英字新聞の海外ニュースの状況をみると、神戸で発行されていた『ヒョウゴ・ニューズ』（*Hiogo News*）一八七〇年七月[6]には、Telegramとして六月一四日のナポレオン三世についてのニュースがある。一ヵ月遅れだが、ニュース源の記載はない。同じく同紙八月二七日には、やはりTelegramがあり、七月二九日ガル経由のロンドン発ニュース、（By British Indian Cable）と注記のある七月三〇日のロンドン発ニュース、（By Indo-European Telegraph）と注記のある八月一日ロンドン発ニュースが掲載されている。約一ヵ月の遅れである。

第一章で述べたように、イギリスのニュースは、植民地各地の新聞に転載されていくチェーンが形成されていた。その末端にある日本には、上海などの新聞が船便で日本に運ばれ、約二ヵ月から三ヵ月かかってヨーロッパのニュースが届いていた。それからすれば、一部にせよ電信が利用され、大幅に短縮されたことになる。電信線はいずれも南回りで、海底電線のBritish Indian Cableと陸路のIndo-European Telegraphの両方が利用されているが、どちらも電信伝送そのものはごく短時間であったはずで、あとの船便で一ヵ月かかったのである。

さらに八月二一日付『ヒョウゴ・ニューズ』に、やはりTelegramsとして七月二五日、二六日、二七日のロンドン発ニュースがあり、『ザ・タイムズ』からの引用であることが明記されている。

『ザ・タイムズ』に掲載されていた電信を転載しているのであろう。

ロイター・ニュースの初出　ロイターのクレジットが入った最初の記事は、一八七〇年八月二七日付『ナガサキ・エクスプレス』に Reuter's Telegrams として、七月一九日ロンドン発のニュースが掲載されたのが最初である。(7) この記事には、(By British Indian Cable) と注記があるが、一ヵ月強の遅れである。

『ナガサキ・エクスプレス』のその後の号、同年九月三日付にも八月四日ロンドン発の Reuter's Telegrams、七月一六日メルボルン発 Reuter's Australian Express の掲載がある。さらに九月一七日付には八月一九日ロンドン発の Reuter's Telegrams があり、普仏戦争の速報である。また、八月一二日ロンドン発のニュースが Latest telegrams (From *the Strait Times Extra*, 30th August, 1870) と注記されて掲載されている。八月一二日発ロンドン電報ニュースが、八月三〇日の『ストレート・タイムズ』付録に掲載され、これが船で長崎まで運ばれ、『ナガサキ・エクスプレス』九月一七日付の掲載となったのである。以後の『ナガサキ・エクスプレス』にもロイター電が掲載されているが、ほとんどは『ストレート・タイムズ』からの転載である旨の注記があり、注記のないものも転載と推定される。ロイター電とあっても、電報を直接入手していたわけではないのである。

先の九月三日掲載の電報は、ロンドン・シンガポール間で約二週間、翌一八七一年一月七日掲載の電報も『ストレート・タイムズ』一二月九日掲載のロンドン一一月二三日発で、これもロンドン・シンガポール間約二週間である。一八七〇年に大東電信会社の海底電線がシンガポールに到達したので、速度は速まってよいはずだが、実際にはさほどスピードアップしていない。(8) シンガポールから長崎は船便で、ロンドンからの通算では約一ヵ月の遅れである。

『ジャパン・ウィクリー・メール』のロイター掲載　さらに『ジャパン・ウィクリー・メール』一八七一年三月一八日付に Reuter's Telegrams として一一本のニュースが掲載されている。このうち六本のニュースには、シンガポールの日付が記載されている。一番最新のものは、二月二八日ロンドン発で三月一日シンガポールとあるので、明らかに電信でシンガポールに着いていて、そこから二週間半で横浜に着いたことになる。通算でも『ナガサキ・エクスプレス』よりも速い(9)。

ロイターの独占　これらは、ロイターの支局が日本に設置される以前の段階に英字新聞に掲載されだしたロイター電報ニュースである。主たる業務が私用電報にあったとはいえ、ロイターのニュースは、海底電線が開通したところまでは電信で、そこから先は船便でという流通経路で日本にまで流れてくることになっていた。以前に比べ、ニュースは速くなり、量も多くなっている。

在日英字新聞の外電記事をすべて集計したわけではなく、また、ニュース源の明記のない記事もあるが、調査した範囲では通信社として名前のあがっているのは、ほとんどロイターである。ロイター以外では、『ナガサキ・エクスプレス』一八七一年一月七日付にグラント・トランスモンゴリア電信会社（Grant's Trans-Mongolian Telegrams）のロンドン発の商品市場と政治ニュースが一件あり、グラント・トランスモンゴリア電信会社が北回り電信線でニュース通信を行なっていたことが分かる。しかし、件数はごく少なく、ロイターに対抗できていない。私用電報では競争状態であったが、ニュース配信ではロイターがほぼ独占していた。

ロイターの独占の結果として、ニュースの発信地はほとんどロンドンである。普仏戦争のニュースでさえロンドン発で、イギリス製のニュースが席巻しているのである。また、電信線はほとんど南回りで、大北電信会社の電信線の利用はわずかのグラント・トランスモンゴリア電信会社だけである。ニュースは、インド・東アジアにおいて優越したイギリスの政治・軍事・通商の経路に従って流れたのである。

ただし、横浜や長崎の英字新聞が、ロイターと正式契約を結んでいたとは思えない。『ナガサキ・エクスプレス』のように『ストレート・タイムズ』からの転載とあるのは、ロイターや『ストレート・タイムズ』と契約関係はなく、勝手に転載していただけであろう。『ジャパン・ウィクリー・メール』の場合、新聞転載の注記がないが、やはり勝手に転載していたとみられる。

そこに、ようやく一八七一年八月一二日（明治四年六月二六日）、長崎・上海間の海底電線の運用が開始された。また、この年に大東電信会社の海底電線がサイゴン・香港に達し[10]、同年四月一八日に大北電信会社による香港・上海間の海底電線運用が開始された[11]。横浜・長崎間の電信線未開通がネックであったものの、電信によるヨーロッパ・日本の通信回線は整ってきたのである。

二　ロイター横浜支局の開設

ヘンリー・コリンズの来日　こうした情勢に応じて、ロイターの支配人（Agent）ヘンリー・コリンズが、シンガポール・香港を経て横浜に来た。まさに“follow the cable”である。コリンズの回顧録は来日の月日を明記していないが、一八七二年二月（明治四年一二月）のことと推定される[12]。

コリンズによれば、日本に到着してみたところ、横浜のロイターの特派員（correspondent）が自分自身ですでに一定の評判を得ており、彼は外国人には禁止されていた国内旅行を当局から認められていたとある。[13] コリンズの到着以前に、ロイターの特派員が横浜にいたことになる。コリンズは名前をあげていないが、考えられるのは、前述のように一八六九年にロイターの電報受付代理人として名前が出ているE・L・B・マクマホンである。

ロイター代理人　横浜でのコリンズの活動は、自伝では具体的に記述していないのでよく分からないが、branch and agencies を組織し終わって、一八七二年中には離日したと書いている。[14] 直訳すれば、支局と代理店であるから、ニュース支局と電報受付代理店を設置したようにとれる。しかし、横浜居留地の住所録である *The Japan Herald Directory, Hong List for Yokohama* 一八七〇年版、同一八七二年版には、マクマホンは Peninsular and Oriental Steam Navigation Company の Assistant として名前があがっている。*The Japan Gazette Hong List and Directory* の一八七二年版も同様の記載であり、[15] ロイターの代理人の記載はない。マクマホンはロイターの代理人であったのだろうが、蒸気船会社事務が主たる仕事であり、時折ニュースを送ったりしたことはあったとしても、片手間の域

図10　ヘンリー・M・コリンズ
（*From Pigeon Post to Wireless*）

を出なかったとみられる。コリンズが彼を特派員としているのは、誇張であろう。

マクマホンは、一八七二年一二月からロイター代理人をW・H・タルボットに譲ったようで[16]、タルボットは、翌七三年五月三日付で Reuter's Telegram Company, Limited. Yokohama Agency の広告を出している[17]。それによれば、長崎経由でイギリス・アイルランド・アメリカ・ヨーロッパ大陸宛の電報を受け付ける。上海からシベリア経由にするか、スエズ経由にするかは、必要に応じて選択できるとある。これは前々年に開通した長崎・上海間の海底電信を利用する私用電報の受付で、ロイターの主要業務がやはりこうしたところにあったことを示している。

ただ、タルボットが代理人を務めたのは一年ほどで、一八七四年には再びマクマホンが代理人に戻った。一八七四年四月二五日付の広告で、マクマホンは Reuter's Telegram Company の代理人として世界中に向けての電報を受け付けるとしている。

一八七五年の *The Japan Gazette Hong List and Directory* によれば、E・L・B・マクマホンは、Agent for Reuter's Telegram Co. (Limited), the connection with the Havas Agency of Paris. Staffordshire Fire Insurance Co., London & China Express Newspaper, The Chloralum Company. と記載されている。住所は、W・G・ハウェル（Howell）のジャパン・メール（*Japan Mail*）社と同じだが、ロイター代理人が住所録に明記された最初である。以下、一八七五年版・七六年版・七七年版・七八年版・七九年版も同じ記載である。

この記載では、アヴァス通信社の名前もあがっているが、ロイターがアヴァスとも連結しているということで、アヴァスの代理人となったということではないだろう。ただ、マクマホンは、火災保険

会社や *London & China Express* などの代理人を兼ねている。*London & China Express* というのは、中国で活動するイギリス商人のためにロンドンで発行されていた新聞で[18]、横浜居留地の商人にその販売を行なっていたのである。

これらのことからすれば、依然として、ロイターは私用電報の取扱いが主たる業務であったと考えられる。一八七三年一〇月に横浜・長崎の電信線の運用が始まったことによって私用電報の利用が拡大したはずである。ただ、当初は不馴れもあって不安定だったようで、『ジャパン・ウィクリー・メール』の「電信」という記事では、ヨーロッパでは電信は信頼に足る連絡手段だが、日本ではまったくあてにならず、確実なのは利用者が高額の料金を払わなければならないことだ、と辛辣な批判をしている[19]。この記事でも、前提にしているのは商人たちの商取引での電信利用で、電信利用の多くが外国商人の私用電報であったことがうかがえる。七五年版以降の住所録にロイター代理人が明記されたのは、その業務が拡大した表れと見られる。

電報利用の活発化　一八七四年三月、大北電信会社が横浜に代理店を設け、国際電報の送受業務を始めた[20]。*The Japan Gazette, Hong List and Directory* によれば、一八七五年版では大北電信会社の代理人としてヤコブ・ホムブラッド（Jacob Holmblad）、一八七六年版ではC・ニールセン（C.Nielsen）、一八七七年・七八年版ではF・コルヴィッヒ（Fred Kolvig）が記載されている。また、電報会社としてロイター、大北電信会社とともにオリエンタル電報会社（代理人J. W. Hall）という会社も掲載されており[21]、国内外の電信整備は、まず私用電報の利用を促し、横浜では三つの会社が電報受付・配達業務を競争しあっていたのである。

三　海外ニュースの受信と海外へのニュース発信の試み

初期海外ニュース　ロイターのニュース配信はなかなか進まなかった。新聞は次々創刊されたが、ロイターと契約する資力、外電を常時掲載する編集力・翻訳力などが乏しかったとみられる。ただ、諸新聞には、外国ニュースや電報ニュースが不定期だが掲載されていた。『新聞雑誌』第二号（明治四年五月）には、「朝鮮砲戦新報」という題で、アメリカ艦隊の朝鮮砲撃のニュースがくわしく載っている。[22] このようなニュースは、英字新聞記者か政府関係者から入手したのだろうが、詳細は不明である。この頃、箱根を旅行したアーネスト・サトウは、たまたま道中で会った丹波《たんば》柏原《かいばら》出身の二人の商人が、普仏戦争やアメリカ艦隊の朝鮮遠征のことを語っていたと驚き、『新聞雑誌』を読んでいるようだと推測しているが、[23] 外国ニュースへの関心には、意外な広がりがあったのである。

また、イギリス人ブラックの経営する『日新真事誌《にっしんしんじし》』一八七三（明治六）年六月二〇日付をみると、「電報」欄が設置されており、「第五月二十二日［ロンドン］電信」とか「第五月一日［ロンドン］電信に曰く」といったニュースが掲載されている。ロンドン発の電信であるから、ロイターの電報であろうが、ほぼ一ヵ月遅れである。『日新真事誌』が、これをどのようにして入手したのかについては明記がないが、時間の遅れからみて、ロイターと直接契約したのではなく、船便で横浜に届いた中国の英字新聞掲載の電報ニュースを翻訳掲載したのであろう。

『ジャパン・メール』ロイターと契約　日本語の新聞は、ロイターと契約するまでに至らず、ロイターと契約した最初は、やはり英字新聞であった。一八七四（明治七）年五月にイギリス人ハウェルの経営する英字新聞『ジャパン・メール』がロイターと契約した。ただし、これは、日本政府を巻き込んだ複雑な関係であった。

『ジャパン・メール』は、『ジャパン・ヘラルド』『ジャパン・ガゼット』とともに横浜三大英字新聞といわれる有力な英字新聞であるが、一八七〇年一月二二日『ジャパン・ウィクリー・メール』として創刊された。発刊者はレイ（Horation Nelson Lay）とハウェル（William Gunston Howell）の二人で、レイは編集には携わらず、実質的な主宰者はハウェルであった。ジャパン・メール社は、『ジャパン・ウィクリー・メール』と合わせて『ジャパン・メール・デイリー・アドバタイザー』『ジャパン・オーヴァランド・メール』『ジャパン・メール・エクストラ』の合計四紙を発刊し、それらを総称して『ジャパン・メール』といっている。[24]

日本政府への勧誘　一八七四年五月二五日、ハウェルは土方久元《ひじかたひさもと》大内史に書簡を送り、この度、自分がバロン・ロイターの代理人と約定を結び、ヨーロッパから中国に送付されてくる重大事件の電報を日本にも通知されるように取りはかった。ついては太政官もともに「電報取寄人」となるよう勧誘した。[25] 書簡は、代価は郵便代を除いて一ヵ月二ドル、電報は一週間に三、四度以上あると説明し、最後に、今朝届いたという五月二三日ロンドンからの電報一通を例として付けている。二日遅れで横浜に届いたことになるが、速報を実例で示したのである。

ハウェルは横浜居留地の商人も勧誘したのであろうが、政府に「電報取寄人」になってもらうことで、負担軽減をはかろうとしたのである。政府への働きかけは、ハウェルの考えというより、ロイターがアジア各地でとっていた営業政策である。

前述したように、ロイターはエジプトやインドでも一般ニュースでは採算がとれず、私用電報や市況速報が主たる収入源であったのだが、一般ニュースの上得意はエジプトなどの政府であったというから[26]、日本でも同じように安定した顧客として政府に売り込み、ロイター・ニュースの有用性と信頼性を示そうとしたのである。また、ハウェルも日本政府も「電報取寄」という言い方をしているが、上海まで来ているロイター電報を取り寄せるという意識なのである。

これに対して、太政官では検討の上、ロイターの「電報取寄人」となることを決定し、六月八日に土方大内史からハウェルに返事が送られた[27]。政府も諸外国のニュースをいち早く知る必要性を認め、電報料を負担することとしたのである。当時、政府は官報を発刊しておらず、また、ロイター電報を掲載するメディアなども刊行していなかったから、ロイター電報は政府要路だけで閲読されたのであろう。ともかく、海底電信を利用した海外ニュースの輸入が始まったのである。

『ジャパン・メール』の海外送付　ハウェルは、ニュースの輸入だけでなく、輸出の問題でもなかなか巧みに立ち回り、政府の補助を得ることに成功した。日本政府は『ジャパン・メール』の発行ごとに五〇〇部を買いあげ、ハウェルに欧米各国へ頒布させることにしたのである。買い上げの代価一ヵ年五〇〇〇円、郵便料一ヵ年四六八円であった[28]。

日本政府による『ジャパン・メール』補助は[29]、もともとハウェルの側から持ちかけたものである。彼は一八七三（明治六）年二月一日付書簡で、遠く離れたヨーロッパ人は日本の政治法律についてほとんど知らず、日本政府の「所行の道理」を知らしめるには新聞紙にまさるものはない。新聞紙を所有するとなると多大の経費を必要とするが、政府の手足となって、政府の代わりに事理を説明する新聞があるのは政府にとって大切だと力説し、これを自分にやらせてほしいと売り込んだのである。

ハウェルは四月八日にも、大隈重信《おおくましげのぶ》大蔵省事務総裁に、日本の国情を、外国語新聞によって外国に広報することの必要性を再度書き送っている(30)。大隈はハウェルの提案を受け入れ、太政大臣三条実美《さんじょうさねとみ》に伺書（明治六年五月二五日付）を出し、国家会計歳出入などは内外人民にあまねく知らせるのが得策で、内地については布令などで一般通知できるが、海外諸国に広く流伝させるのは難しい。日本の財政状態などを外国新聞に掲載させる業務を横浜の『ジャパン・メール』に取り扱わせ、毎月二五〇円を支給することを提案した(31)。

大隈の念頭にあったのは同年五月、政府の財政方針をめぐる対立から井上馨《いのうえかおる》と渋沢栄一《しぶさわえいいち》が辞職し、その財政意見書が『日新真事誌』五月一〇日などに報道された事件であろう。この報道によって、日本の財政事情に疑いがもたれるなどの混乱が生じ、大隈はその消火のために政府会計の報告書を『日新真事誌』に掲載させるなどの措置をとらねばならなかった(32)。政治経済基盤がまだまだ弱体で、諸外国の眼を常に意識しなければならなかったにもかかわらず、政府は自ら情報を発信するハードもソフトももたない苦境にあったのである。

その後、支給額や買い上げ部数などをめぐり、政府とハウェルとの間で交渉があったが、ここでは割愛する(33)。結局、九月一五日に約定書がまとまり、太政大臣と参議の決済を受け(34)、正式には一〇月一三日大隈参議に達が下された。

ハウェルとの「約束書」　ハウェルと取り交わした「約束書」によれば(35)、日本国内の形勢事情は西洋の諸新聞に記載され伝播しているが、多くは想像や憶測で書いているので誤報は免れがたい。特に経済制度上に関する誤伝が流布するのは日本の品位体裁にかかわるのは勿論、利害に関係することもあるので欧米各国の首都在住の人々に英字紙『ジャパン・メール』を送付し日本に対する理解を高めることを目的とし、『ジャパン・メール』発刊ごとに五〇〇部を買いあげ、その代価一ヵ年五〇〇〇円と郵送料四六八円を補助することとした。

『ジャパン・メール』の海外郵送策がどの程度の効果があったかは不明だが、日本政府としては海外広報の必要を感じていたが、日本政府が取り得る方法はきわめて限られており、そこに持ちかけられたハウェルの提案にのったのである。

『ジャパン・メール』買い上げの契約期間は一ヵ年の約束であったが、政府内部では一八七四年七月末から契約取消の意見が登場してきた。これは、横浜の英字紙『ジャパン・ヘラルド』が『ジャパン・メール』と日本政府の密約について批判したり、日本政府が『ジャパン・メール』配布の効果に疑問をもったことなどから起きたことだが、結局この年には契約は取り消されず、契約は続いた。

ロイターの購読　その経緯はここでは割愛し、ロイターとの関係だけ述べておけば、(36)七月上旬、ロイター電報の代金について土方久元大内史とハウェルとの間で書簡の往復があったが、それによるとロイター電報代は一ヵ月半で洋銀三ドル、横浜から正院までの郵便代三〇セント、合計三ドル三〇セントとなっている。(37)また、七月七日付ハウェルの書簡に「電報永久取寄方」につき交渉中とあるので、(38)五月に結んだのは短期契約で長期的契約に変更しようとしていたことが分かる。日本政府もそれを望んだのであろう。

一八七四年八月一四日、日本政府がハウェルに『ジャパン・メール』買い上げの取り消しを提案したが、その際にもロイター電報の契約については継続を望んでいた(39)。日本政府は、『ジャパン・メール』送達による対外広報の有効性に大きな期待をもたなくなっても、ロイター入手の必要性は認めていたのである。

翌一八七五（明治八）年二月の段階でも、土方大内史とハウェルとの往復書簡によれば(40)、四ヵ月分の「リウトル電報」に対し、洋銀八ドル、郵便代四〇セントを支払っており、代価が安くなっているが、ハウェルを通じたロイター取り寄せ契約が続いていることが分かる。

この間、政府部内で『ジャパン・メール』買い上げ契約解消の意見が出ていたが、なかなか解消に踏み切れなかった。それは、海外からのニュース受信、海外へのニュース送信というのは難問で、『ジャパン・メール』に代わる方途が見出せなかったからであろう。

シーボルト建言　興味深いのは、フィリップ・フランツ・フォン・シーボルトの息子で明治政府要人とも深い親交のあるアレキサンダー・フォン・シーボルトの「建言」である(41)。シーボルトは、ヨーロッパ人民は日本の事情をよく知らず、また日本政府も外国新聞の有益性を理解していないので大いに不都合が生じているとして、二つの提案を行なっている。第一は各国新聞紙を取調べ翻訳すること、第二に外国新聞に「日本の本意をひそかに顕す」ことである。

第一の各国新聞紙取調べは、シーボルトも格別難しいことはなく、ヨーロッパ各国の有力新聞を調査し、これら新聞を取り寄せて重要記事を翻訳すれば一応の目的を達成できるとした。しかし、第二の事項はなかなか難しく、複雑であるので外務省あるいは正院が直接指図するのが望ましいと提言した。

外国の新聞に「日本の本意をひそかに顕す」というのは、日本政府の「本意」を隠したうえで、「本意」を広報し、宣伝する戦術である。それには、海外の新聞社に秘かに資金を提供する方法がありえるが、これは莫大の費用を必要とするし、日本政府の存在が知れればかえって大きな不利益を招く。シーボルトが提案するのは「代管人」を利用することで、この方法であれば「全く費用なくして此の弁理するを得べし」というのである。

　現在ヨーロッパの新聞社は横浜に「代管人及び通信人」を置いている。彼らに日本政府からニュース材料を提供してやれば労少なくして多大の利益を得る。具体的には、

　今「ライトル」なる者横浜に代人を派出して電信を弁理せしむ、予思ふ、彼必ず常に日本の事情を本国に伝送すと、彼若し容易に報知を受たるを得るに至ては、莫大の費用を以て送る処の電信を発線する前必ず信（ママ）偽を問ふなるべし、此電信亦特として我か日本に就て外人の説を感動することあり

という。シーボルトのいう「代管人及び通信人」とは、要するに横浜に駐在する欧州新聞社の特派員・通信員、特にロイターの特派員である。日本政府が彼らにニュース材料を提供してやれば、莫大の経費のかかる電信ニュースの確実性が高まるから彼らは喜んで発信し、ロイターのニュースとして日本政府の「本意」をヨーロッパに広めさせることができるという献策である。

　シーボルトは、開国以来、外国との交際が盛んになっているにもかかわらず、欧州の情報入手が難しく、また、自国の事情を欧州に伝えることができない日本政府のディレンマを見抜き、これを改善

する情報政策を「建言」したのである。自紙の欧米諸国への郵送、ロイターとの契約を売り込んだハウェルと、同じ問題状況を見ている。

シーボルトも難しいと認めているように、ロイターや諸新聞特派員への情報提供は相当に微妙な方策であり、かえって記者たちの反発を引き起こし、日本に不利なニュースを流されかねない。

献言は実現困難　シーボルトの「建言」は関係者間で検討されたようだが、結局、反訳局が大臣・参議に提案したのは、第一条の外国諸新聞取り調べとその購読費の予算化だけであった。ロイターや各新聞の特派員・通信員への情報提供の必要性は理解しても、実際にそうした微妙な策を実行できる組織や人員はなく実行困難であった。結局、国際ニュースの発信は『ジャパン・メール』を郵送すること、受信は『ジャパン・メール』を通してロイター電報を取り寄せること、それ以上のことはできなかったのである。

ハウェルとの関係解消　一八七五（明治八）年一〇月、政府はハウェルとの関係を解消することとした。その際の文書には、ロイターについての言及はない[42]。ハウェルは『ジャパン・メール』を売却し、同紙はピアソンによって経営されることになるが、おそらくロイターとの契約は同紙にそのまま引き継がれたと推測される。

このように、明治初期のロイターとの関係は、英字紙『ジャパン・メール』を通して間接的に受けとるだけの関係であり、逆に、対外発信は英字紙を欧米に郵送するという素朴な方策の域を出なかった。これは、当時の国際的ニュースの流れのなかで日本が置かれた状況をよく示している。ニュースの輸入、輸出ともに、外国人経営の英字新聞社に頼らざるをえなかったのである。

むろん、これを打開する有力な方策は、自力で国際的通信社を開設することであった。だが、さまざまな方途を検討しているシーボルトも、日本による通信社開設はまったく考慮の外に置いているように、明治初年の段階では国際的通信社を開設するソフトもハードもまったく欠けていたのである。

第四章

一八八二年海底電線約定改訂
——長崎・釜山海底線と独占権付与——

一　太平洋横断海底電線の提案

アメリカの太平洋海底電線提案　一八七〇（明治三）年の海底電線陸揚げ交渉において、日本政府は、基本的には大北電信会社からの提案を受け入れるという受動的対応であった。しかし、先のデュ・ブスケに委任した改定交渉にみられるように、いったん受け入れた条件の不利に気づき、そこから次第に抜け出そうとする態度を取りはじめた。自らの権益を実現しようとする能動性が、次第に頭をもたげるようになってきたのである。しかし、海底電線は各国の複雑な利権が入り組んでおり、また、日本はその権益を自力で実現できるほどの力量をもつまでには至っていなかったから、能動性はかえって思わぬ反転を招く危険をもはらんでいたのである。

一八八〇（明治一三）年一二月、かつて大西洋横断電線の敷設で活躍したアメリカの事業家サイラス・フィールドが、太平洋横断電線の計画を日本政府に持ちかけてきた。フィールドとそれに同行した駐日米国公使と面談した井上馨《いのうえかおる》外務卿の一二月二〇日付三条実美《さんじょうさねとみ》太政大臣宛上申書によれば、フィールドの計画は、アメリカと日本・中国との連絡のために、太平洋を横断する電信線を敷設するものである。計画には二案があり、一案はアメリカ西北部からカムチャッカ半島を経て箱館に至る路線、もう一案はサンフランシスコからサンドウィッチ島を経て横浜に至る路線で、これはサンドウィッチ島から支線を分岐させ、フィジー島を経てオーストラリアのブリスベーンに至る。この二案のどちらか便益の大きなほうを実施することとし、そのために日米両政府の協力を得て私立会社を設立する。落成後の数年間は、日米両政府が協力して、会社の高利益を保証してほしいというのである。(1)

井上馨の目論見　非常に大規模、大胆な計画提案だが、井上は大いに関心をもった。「天下公益の大事業」であることは勿論、これによって日本と南北アメリカやヨーロッパ諸国との通信が一段と便利になる。しかも日本は欧米諸国がインド・中国と通行通商する中継地となる便益を得ることができるうえ、将来パナマ地峡の運河が竣工すれば「我邦の地勢として漸く東西通商の中心」となりえるだろうというのである。まさに地球規模の地政学上の日本の位置を思い描き、太平洋横断電信線が日本にもたらす戦略的有用性を説く上申を太政大臣に行なったのである。

ちなみに、フランス人レセップスによるパナマ運河建設工事はこの年に開始され、それがもたらす政治的・経済的・軍事的効果について、大いに関心を集めていた。しかし、これは予想以上の難工事と資金難から一八八九年には中止に追い込まれた。

一八七〇年には、大北電信会社の海底線によってヨーロッパの極東となるか、デロングの太平洋横断線提案によってアメリカの極西となるか、との選択肢に直面したのだが、デロング案は流産して極東となった日本は、再び極西となりえる選択肢に接したのである。しかも、井上の発想では、極西どころか、アジア大陸・アメリカ大陸と電信線で結ばれ、パナマ運河開通による太平洋新時代までにらんで「東西通商の中心」となるという、気宇壮大な目論見である。

これは、フィールドの提案を受け入れるということでは受動的であり、便乗的ではあるが、海底電線の一般的な便益を考えるのではなく、その現実性はともかくとして、日本の将来的国家戦略の重要な手段として海底電線を考えようとする能動性が表れてきている。少なくとも、大北電信会社の上海線、ウラジオストック線依存から脱却しようとする態度がうかがえる。井上馨は一二月二〇日、大隈《おおくま》重信《しげのぶ》参議にも書簡を送り、太政大臣への上申が裁可を得られるよう取り計ってほしい旨依頼している(2)。井上は、相当積極的であったのである。

井上の返書と計画失敗　一二月二二日、井上の上申は太政大臣に聞き届けられ、井上馨外務卿はジョン・ビンカム駐日米国公使に日本政府は事業に助成する意思が十分にあると返書を送った。そのなかで日本側の希望として以下の諸点をあげた。

一、海底電線の通路はアリューシャン列島のウナラスカ島・カムチャッカ半島を経て北海道の根《ね》室《むろ》へ陸揚げすること。

一、海底電線敷設工事費用は一千万円と見積もり、投資に対する収入利益をアメリカ政府が保証する以上、日本政府もアメリカ政府に助力し「其保証金額の幾分」を引き受ける。

一、この保証利益金は一ヵ年四朱、期限は二〇年とする。

一、日本政府の電信料は通常料金より幾分割り引く。

しかしながら、外務省文書には、これから先の文書はない。おそらくフィールドからその後の反応がなかったのである。一千万円という巨額資金であったから、資金調達が困難となったことが一因とみられる[3]。しかし、それだけでなく、日本の希望とアメリカの計画とのズレがあった。フィールドの計画の眼目は日本を中継地として中国に海底電線を陸揚げすることにあったのだが、清国政府が陸揚げを認めなかったのである。彼は、これによって計画を中止してしまったのである[4]。いくら日本が「東西通商の中心」といった勝手な地政学的目論見を立てても、アメリカの地政学からすれば、日本は中国への中継地にすぎず、日米間だけの海底電線敷設に莫大な投資を行なう意味はなかったのである。結局、この時も太平洋横断海底線は計画倒れで終わった。

しかし、この時の提案に対する日本側の対応には、井上馨の大風呂敷もあるにせよ、幕末から明治初期にかけての、あれば便利な道具という電信観から抜け出て、海底電線を日本の国家戦略の道具とみなす考えが生まれてきていることには注目してよい。しかし、独力で海底電線を敷設し工事する技術力・資金力はなく、欧米の「帝国の道具」に便乗する域を出ていないところが弱みであった。

また、実現しなかったにせよ、アメリカ企業の動きは、大北電信会社に警戒心を抱かせるものであった。大北電信会社は、自己の権益を守る方策をとらねばならない状況になったのである。

二　大北電信会社約定改訂問題の浮上

大北電信との約定改訂浮上　サイラス・フィールドの提案が潰えた翌々年の一八八二（明治一五）年、日本政府と大北電信会社との間で一八七〇年の約定を改訂し、新たな約定を結ぶ問題が浮上してきた。これは、その後長く日本の対外通信を縛ることになった非常に重要な改訂である。その交渉過程は、後述するように、日本政府内部で種々逡巡があり、非常に複雑な屈曲をたどったが、交渉そのものは約半年と比較的短期間で、一二月二八日に日本政府と大北電信会社との新たな約定が締結された。

改訂要点　改訂が実現した要点を先に述べておけば、(5)

一、ウラジオストック・長崎・上海間の海底電線を大北電信会社が増設することを認める（第一条）。

一、日本政府は一八八三年夏までに朝鮮政府から長崎・釜山《プサン》間の海底電線陸揚げ権の承諾を得る。その上で大北電信会社は直ちに敷設工事を行なう（第四条）。

一、約定締結から二〇年間、日本政府は日本とアジア大陸および近傍の島嶼（例えば台湾・香港・ルソン島など）との間に日本政府の海底線を敷設することはなく、また大北電信会社以外の会社に海底電線敷設の許可をあたえることはない。ただし、この海底線に関係して、他国が大北電信会社に三〇年の免許をあたえた場合は、この約定も三〇年に延長する（第六条）。

一、一八七〇年の約定は無効となり、大北電信会社の横浜陸揚げ権は取り消される（第一五条）。

要するに、この新約定書によって、第一に、大北電信会社既存線の増設を認め、大北電信会社の通信路は強化された。第二に、日本政府が朝鮮政府に長崎・釜山間海底電線陸揚げを認めさせ、海底電線そのものは大北電信会社が敷設する。第三に、日本政府は日本列島と大陸を結ぶ海底電線の独占権を今後二〇年間大北電信会社に認める。しかも同社が他国（端的には清国）から三〇年間の独占権を得た場合は、この約定も自動的に三〇年間に延長となるのである。

大北電信への独占権付与　大北電信会社による長崎・釜山海底電線敷設と、大北電信会社への独占権付与が、事実上セットになっている。長崎・釜山間の新線敷設は、言うまでもなく朝鮮半島への日本の勢力拡大のための重要な道具であった。結果的には、これは、日本の情報覇権化の第一歩となったが、同時に、日本は大北電信会社に日本列島とアジア大陸との海底線の独占権をあたえてしまい、それがその後の日本にとって非常に大きな桎梏となった。この打開のために、日本の対外情報政策は悪戦苦闘することになったのである。

対外通信に関する知識も経験も乏しかった一八七〇年の交渉でさえあたえなかった大北電信会社への独占権を一八八二年の時点であたえ、その解消に多大の労力と時間をかけざるをえないことになったことをもって、当時の関係者の重大な失態を指摘する説は多い(6)。逆に、そうした失態を犯すほど、日本の朝鮮半島進出願望は強く、身から出た錆だという評価にもなる。確かに独占権付与は重大な問題であったし、それが自業自得といえば、そのとおりであろう。

朝鮮半島への海底線敷設願望　しかし、元来、朝鮮半島への海底線敷設と、大北電信会社への独占権付与とは、別々の問題である。それが結びついたところに、この交渉の大きな問題がある。そこには、日本と朝鮮半島の関係より、もう一回り大きな東アジアにおける情報覇権の争いがあったのである。そして、朝鮮半島への海底線敷設と大北電信会社への独占権付与とが結びつけられてしまった時、日本は両者を比較衡量することになった。比較衡量する前提条件は、日本が自力で海底電線を実現する資金力・技術力をもっていないということであった。技術力はともかく、資金力について、日本は一応検討した。しかし、やはり無理となると、願望を自制するか、他者の力を借りて敷設することとなる。自力で海底電線をもてない状況では、外国企業に独占権をあたえても、当面弊害は生じない。むしろ、第三者の干渉を予防できる効果さえある。むろん独占権付与が長期的には大きな弊害をもたらすかもしれないという危惧はあったし、そのために政府の方針も動揺するのだが、当面はその弊害は不分明である。独占権付与が深刻な問題となるのは、日本が自力で国際通信能力をもつようになってからである。

当時にあっては、独占権付与の重大性への認識は、後代に気づくより小さく、相対的に朝鮮半島進出の欲望は大きかったのである。その欲望が実現していき、日本が帝国として力をつけ拡張していくと、独占権付与は重大問題としてのしかかることになった。

海底電線への欲望　すでに第二章で述べたように、日本は一八七〇年の交渉で、大北電信会社に独占権をあたえなかった。それは大北電信会社の要求に抗して、日本が拒んだのではなく、独占を認めないイギリスの力に大北電信会社が掣肘され、独占要求を引き下げた結果、独占が成立しなかったのである。必ずしも一八七〇年に独占権の重大性を認識できていたわけではない。

一八七〇年と一八八二年の違いは、一八八二年のほうが海底電線についての認識は高まり、それを利用したいという欲望が大きくなっていたことである。それは、先のアメリカの太平洋横断線提案への井上馨の反応にもうかがえる。ただし、それを自力で実現できないことも自覚していた。だが、日本の対外的進出が積極化したこともあって、欲望が大きくなってきたぶん、ディレンマを感じ出していたのである。

朝鮮半島問題と海底電線　海底電線の有用性への認識を具体的な問題として浮上させたのは、朝鮮半島における清国との紛争であった。特に、軍部が朝鮮半島への海底電線敷設の必要性を唱えたとされる。元逓信省の花岡薫は、独占権付与問題について日本側と大北電信会社側の両面から考察を加えているが、日本側の事情として、朝鮮半島における日清の対立、特に一八八二年に壬午事変《じんごじへん》勃発によって朝鮮半島との通信連絡手段の緊急性が川上操六《かわかみそうろく》など軍部に痛感されたことをあげている。しかし、自力で朝鮮半島への海底電線を敷設することは不可能で、大北電信会社に頼るしかなく、この見返りとして大北電信会社の独占を認めたというのである。(7) その後の研究でも、ほぼこの説明は踏襲されており、大野哲弥は壬午事変における現地からの通信連絡の状況について詳しく分析している。(8)

新聞の速報　確かに当時の東京の新聞を調べてみると、『朝野新聞』は、七月二三日の事件発生から八日後の七月三一日に号外で第一報を伝え、翌八月一日社説欄でいち早く論じている。(9) ニュース源は、七月三〇日に京城《けいじょう》から長崎に戻った花房義質《はなぶさよしもと》公使が外務省に打った電報である。

本月廿三日午後五時、激徒数百人不意に起りて公使館を襲撃し、矢石銃丸を飛ばし火を放ち焼き立たり、盡力《じんりょく》防御七時間

「巡査二名即死三名手傷」などという生々しく事件を伝えた花房公使の電文がそのまま新聞に掲載された。第一報を受けた外務省が翌日に各新聞に発表したのである。

その後、連日続報が掲載されていくが、報道は二つの系列からなっている。一つの系列は、外務省や参謀本部に入った電報で、「昨々日青木磐城《ばんじょう》艦長より参謀本部への電報」、「同日在馬関《ばかん》花房公使より其筋への電報」(八月八日)などと電文がそのまま掲載されている。ほとんど下関からの電報だが、「其筋」などとニュース源を曖昧にしているものも外務省等の意図的リークであろう。外務省や参謀

本部などは受信した電報を取捨したうえで流していったとみられる。もう一つの系列は、新聞社が取材した政府要人の動向、軍艦の出入港などのニュースである。ほとんどは東京か横浜で起きた出来事で、新聞社取材といっても記者の現地取材ではなく、多くは外務省などからの伝聞とみられる。

これら二つの系列の記事はいずれも断片的であり、それらから政治的・外交的意味をもったこの事件の全容を構成するのは容易ではない。むしろ、断片的事実を次々に掲載していく意図されざる報道方法が、朝鮮の「暴徒」が引き起こした理不尽な大事件勃発と、それへの緊急対応に奔走する政府・軍という緊迫した雰囲気を作り出していった。断片的情報が条件反射的強硬論を生み出すという効果を引き起こしていたのである。

しかし、それにしても現地の情報を把握するのに時間を要したことは、政府、特に軍部にとって苦い経験であった。朝鮮半島における清国との対立という状勢のなかで、通信連絡手段の必要性が高まったことは間違いない。

軍部設置主張説　ただし、軍部が朝鮮半島への海底電信設置を主張した文書を見いだすことはできなかった。花岡は軍部発意説の根拠として「中山《なかやま》龍《りゅう》次《じ》その他事情に詳しい往年の有力者の語るところによれば」と説明している(10)。だが中山龍次自身もこの時期に逓信省に在籍していたわけではなく、やはり逓信省内の伝聞であろう。中山は、

京城事変起るや、我が政府は朝鮮との間に海底線の必要なることを痛感し、大北電信会社をしてこれが敷設を行はしめたのである。（中略）又当時の釜山は我が漁民が七、八百人居住したるに過ぎない云はゞ一小漁村に過ぎなかつたから、内地との電信業務を開始する必要に迫られても居ら

ず、又開いても収支相償ふ筈もない。（中略）此の海底線布設の目的は有事の日に備へる為であつた事が判る

と書いている。[11] 中山は、川上操六や軍部のことは触れず、政府が必要を痛感したのだとやや曖昧だが、日本が発意して大北電信会社に採算の合わない朝鮮半島への海底線敷設を行なわせたという。これらからすると、資料的根拠ははっきりしないところはあるものの、日本側、特に軍部が朝鮮半島への海底電線敷設を希望するようになったが、自力ではできないので、大北電信会社に話を持ちこもうとした。しかし、海底電線計画について政府部内や軍部で十分練った形跡はない。また希望したとしても飽くまで朝鮮半島への海底電線敷設であって、大北電信会社との約定の全面的改訂まで考えていたわけではない。

工部省と大北電信との接触

管見の限りでは、この交渉に関する文書の最初は壬午事変後の一八八二年八月二三日付で前電信局長芳川顕正《よしかわあきまさ》が佐々木高行《ささきたかゆき》工部卿からの書簡に送った返書のなかでの言及で、大北電信との関係について芳川は井上馨外務卿とも談話したが、三件は法律家に十分検討させなければならず、現在は朝鮮の事件中であるから改めてゆっくり検討のうえ、決定する。ただ申し入れの趣旨は確かに根拠のあることであり、大北電信会社社員がちょうど東京に来ているから彼にその旨説明しておいた。社員は本日の郵船で上海に帰ったうえ検討するだろうと記している。[12] この書簡中の「三件」とは具体的に何を指すのかは不明だが、大北電信会社から三件の提案があったようにとれる。

大北電信会社社員とは、ちょうどこの時に津軽海峡海底電線工事のために来ていた大北電信会社のヘンリッキ・ボールのことで、彼と外務省・工部省が何らかの接触を行なったところ、大北電信会社か

ら三件の提案があったのである。このことからすると、交渉を持ちかけたのは日本側だが、ただちに大北電信会社からは具体的な逆提案があったことになる。外務省・工部省が、何を交渉の場に持ち出したのかは直接的には分からないが、おそらく朝鮮半島への海底電線敷設の打診である。しかし、大北電信会社員はこの時点でこうした交渉を行なう権限をもっておらず、非公式な折衝であった。

ヘンリッキ・ボールの再来日と交渉開始

いったん上海に帰ったヘンリッキ・ボールは、大北電信会社の正式な委任状をもって再来日した。一〇月二六日付「東洋地方大北部電信会社総弁理ヘランド」発行のヘンリッキ・ボール委任状には、委任事項として「日本にある海底線を今一条増設する考案に関する諸事件」につきとあった[13]。大北電信会社側は、日本側の打診を利用して自社の海底電線を増強し、東アジアにおける経営基盤の強化をはかることにしたのである。大北電信会社側の経営戦略によって、朝鮮半島海底電線敷設打診は日本側の予想以上の大きな問題となり、海底電線約定全般の改訂交渉となった。

大北電信会社と工部省・外務省の間の交渉は、一〇月下旬から行なわれたと推測されるが、その経過を示す文書は「明治十五年」とあるだけで、月日不明の「工部卿より外務卿へ照会可相成見込の案」である。これは、一一月六日付の佐々木高行工部卿宛石井忠亮《いしいただあきら》電信局長上申書の付属文書で[14]、上申書によれば、先般大北電信会社から長崎・朝鮮間の海底電線新設と、上海・長崎間、ウラジオストック・長崎間の増線の申し出があったので外務省と協議していたところ、一昨日ヘンリッキ・ボールが来訪して返事を督促したので、大北電信会社の申し立てどおり許可するか否かにつき、外務省と協議すべき事項を別紙に添え上申したとある。したがって、「見込の案」は、一一月四日以前の状況を踏まえて石井忠亮電信局長が作成したと推定される。

石井電信局長「見込の案」　「見込の案」の冒頭には、大北部電信会社デンマーク人から申し立ての箇条として次の三つがあげられている。

一、長崎より朝鮮国に海底電信線架設致度事
一、上海より長崎まで同所より魯領浦潮斯徳《ウラジオストツク》へ在来沈架之海底線路へ今一条増架之事
一、右許可相成度、尤丁抹《デンマーク》会社に而設置致候へば、御国に於而も多少利益と可相成に付、設置の節より向三十年間は日本政府より他の会社等へ許可なくして特に丁抹会社に専権を与へられ至当の保護相受度事

但既に清国及仏魯其他等に於ても右の如き専権を与へられ候例有之由申出候

ここには、大北電信会社側の主張する三事項が明記されている。これは、八月に芳川が大北電信会社から聞かされた「三件」と同じと推定できる。ともかくここでは、大北電信会社の側が朝鮮半島への海底電線を提案した形式になっていて、それを既存線増設と大北電信会社への専権（独占権）付与の三点セットで提案している。先の中山龍次も述べているように、長崎・釜山間の海底線が到底採算の合わないものであったとしたら、大北電信会社がそれをわざわざ提案してくることは考えにくい。大北電信会社側は、日本から朝鮮半島への海底線の打診があったのを逆手にとって日本を交渉に呼び込み、後の二項目の既存線増設と専権獲得という自社の経営戦略上重要事項を実現するため、セットで申し立ててきたと推定できる。いずれにせよ、日本側とすれば、三〇年間の専権付与まで持ち出されるとは予想外のことであった。日本としてはやぶ蛇であるばかりでなく、非常に困難な選択肢を迫

られたのである。

この文書で、石井電信局長は大北電信会社の申し立て事項それぞれに対し意見を述べているが、複線敷設については拒否する理由はないが、デンマークの会社にだけ「専権」を与えることは「他日障害」となることもあるから許容すべきではないと専権付与に反対している。「他日障害」というのが、具体的に何かを想定していたのか不明だが、専権を付与することが、長期的には大きな問題になる危険性は認識していたのである。

朝鮮の海底線については、我が国にとってぜひ必要であるところに会社が希望してきたのは至極好都合の機会であるから許可するのがよいと賛成した。朝鮮の海底線は日本側の提起ではなくあくまで会社側が敷設を希望してきたと言い張っている。そして、三〇年間ということでこれを許可し、その費用のうち半額もしくは幾分かを日本側で支出することにすれば会社の希望を後押しするだけでなく、海底線運用からあがる料金を分収することにすればこちらの利益にもなる。さらに費用を分担して海底線を対馬にも陸揚げさせるようにすれば便利が大きいので会社をそのように誘導することを提案した。

また、長崎・ウラジオストック線は現在のところ通信繁盛ではなく、他会社が新線を敷設して競争するとは考えがたく、事実として大北電信会社の独占となっているので、改めて専権をあたえるまでもないと見ていた。

このような石井の意見は、海底電線敷設と運用における日本の立場を楽観的に考えていた。特に朝鮮半島への海底線については、費用の半額を負担できると考え、そこからの利益まであてにしているのである。費用の半額も負担すれば、当然大北電信会社への見返りも少なくてすむはずで、専権をあたえる必要はないということになったのであろう。

「長崎朝鮮間其他へ海底線架設之義に付上申」ところが、この「工部卿より外務卿へ照会可相成見込の案」は、前述のように、一一月六日付の佐々木高行工部卿宛石井忠亮電信局長の「長崎朝鮮間其他へ海底線架設之義に付上申」の付属文書なのだが、「見込の案」の本体の文書である「長崎朝鮮間其他へ底線架設之義に付上申」のほうでは石井忠亮はまったく異なる意見を述べているのである。時間の順序からいえば、「見込の案」が先で、上申書が後であるから、石井はいったん「見込の案」を作成した後に意見を大きく変えたのか、電信局内の別の人物が作成したのかもしれない。いずれにせよ、「見込の案」も捨てがたく、別案として上申書に添えたと推測できる。

上申書では、大北電信会社への専権は許容すべきでなく、ウラジオストック線は他社が架線する可能性はなく競争はないとこれまで述べてきたが、なお詳密に調査したところ東方拡張会社（大東電信会社）がフィリピンのルソン島から長崎まで海底線敷設の希望を持っていると聞いた。

果して此架線之請求を許可候時は、欧羅巴往復之電報は多く此線を経由するを以て、丁抹会社の通信大に減ずるに至るは必然之事に付、今般の計画の如く巨額の金を以て増線するも遂に其功なきのみならず、其損失不可償に及べり、若又此他の各会社等より架線を届之利益を競争するに至るも難計に付、同会社にて他の会社へ許可なく特に丁抹会社へ専権を与へられんことを請求するも亦其理由なきに非ず

とする。イギリスの大東電信会社などに大北電信会社線と競合線建設計画があるから、日本としては

大北電信会社に十分な利益を保証する必要があり、長崎から他の外国への海底線敷設は大北電信会社以外には認めないよう約定するのが妥当であると、大北電信会社の「専権」を認める意見を上申している。これは、「見込の案」とは正反対である。ただし、長崎への陸揚げを大北電信会社に独占させるだけで、長崎以外の場所への陸揚げは、その限りではないとしている。

これに関連して上申書は、米国からの出願で北海道根室への陸揚げについて詮議していると聞いたが、これは大北電信会社に幾分の影響をあたえるかもしれないだろうし、米国の請願を強いて断るのは難しいだろうと、前述した太平洋横断線計画のことに言及している。実際には、この時点で米国の計画は頓挫しているのだが、大北電信会社に影響をあたえる条件の一つとして考慮しているのである。

結論として石井は、今回の事業は日本にとって利益があることであるから、他会社には長崎への陸揚げを認めず、大北電信会社に専権と保護をあたえ、その事業を「翼賛」することとすれば会社は「我企望する所」を喜んで承諾するはずだと主張している。「我企望する所」の中身は明記していないが、文脈からすれば、長崎・上海間の複線化と朝鮮半島への海底線敷設を指しているとみられる。

意見逡巡の背景　電信政策の中心であり、交渉の当事者である石井電信局長自身が専権付与について判断に迷い、意見を変転させたあげく、一応専権付与説となったのである。その理由として石井があげているのは、大東電信会社のルソン島から長崎までの敷設計画などの競合線によって、大北電信会社の利益が脅かされていることである。交渉の場で、大北電信会社から東アジアの海底電線をめぐる熾烈な争いと長崎・上海間でさえ安泰ではない状況を説明され、場合によっては長崎・釜山線敷設計画からの撤退もあり得ると聞かされて大北電信会社側の主張に傾いた可能性が高い。

また、上申書では、前述の「見込の案」で主張していた朝鮮半島海底線の半額負担、通信料の分収については、まったく言及していない。「見込の案」作成後、日本の財政状態では半額負担は無理であることが判明し、撤回したのであろう。通信料分収は半額負担の見返りであるから、これも撤回である。当初の検討では、日本の財政を楽観視し、日本の資金で敷設費用を出せると考えたのだが、それは不可能と分かったことも意見変更の大きな理由である。自力では不可能という前提に立てば、専権付与やむなしとなった。

この一一月六日付上申書の時点では、石井局長は大北電信会社の三点セットの要望をほぼそのまま承認している。「見込の案」の楽観論からの大幅後退であるばかりでなく、むしろ大北電信会社海底線を日本にとっての恩恵ととらえるニュアンスさえ存在している。

三　大北電信会社の要望に対する政府部内の検討

佐々木工部卿の意見　佐々木高行工部卿は、一一月七日付で、三条実美太政大臣宛に「長崎朝鮮間其他へ海底線架設之義に付伺」を提出した(15)。これに対し、太政大臣から工部省と外務省で協議するよう指示があり、佐々木高行工部卿は外務省と協議のため、翌一一月八日に井上馨外務卿にも書類を回した。

一一月八日付の井上馨宛佐々木高行工部卿の文書は、別紙として大北電信会社提出の「免許状案」と「右免許状案に係る説明廉書」、工部省作成とみられる二通の説明文書がつけられている。興味深いのは、佐々木の名前で出されている本文が一一月六日付石井電信局長上申書「長崎朝鮮間其他へ海底線架設之義に付上申」ではなく、上申書付属の「見込の案」とほとんど同文で、専権についても大北電信会社にだけ「専権」を与えることは「他日障害」となるから許容すべきではないと否定していることである。佐々木工部卿は専権許容に転じた石井の上申書を採用せず、別案であった専権否定・朝鮮半島海底線の半額負担などの方針を採用して、外務省に提議したのである。

前述のように、石井電信局長は逡巡しながらも、ともかく専権付与説になったのだが、それをまた佐々木工部卿がひっくり返したのである。工部省内でも方針がくるくる変わっている。自力で海底電線を敷設できず、外国会社に依存することを前提にして外国会社の提示する条件を考えているのだが、複線化と朝鮮半島敷設が当面もたらす利得への期待は大きい一方、専権付与が長期的に「障害」を引き起こすかもしれないことは感知しても、それがどのような具体的「障害」であるのか、この段階では予想できなかった。当面の利得と将来の「障害」との比較考量が困難で、意見が分かれたのである。

大北電信会社の「免許状案」　佐々木文書の別紙として付けられた大北電信会社の「免許状案」と、それに関する説明書（ともに一一月七日付）をみると、同社の態度は強硬であった。その要点は以下のとおりである[16]。

第一、当会社は現今長崎に陸揚ある当社の海底線二条に当社の社費を以て更に一条づゝ増設することを挙行すべし

第二、来一千八百八十三年夏季の前に高麗へ海底線を陸揚することを当政府より談判其承諾を得るに於ては、当社は更に社費を以て九州西海岸〇〇近傍の点と（会社の工学士にて測量検査の

上決定すべき）及び高麗東海岸釜山近傍の点より海底線の布設することを挙行すべし
当政府は官費を以て右海岸線高麗の方に置局通信を取扱ふのみならず、要用なる海底線庫及び陸揚場所よりの陸線を建設維持することを挙行すべし
当政府は右海底線の長崎の方は在長崎会社分局にて通信取扱はしめ、該線通行の電報より生ずる凡ての益金を収納すべし、該線は会社の所有にして亦同社にて守成維持すべし

（中略）

第三、当会社は第一条第二条に云ふ海底線布設をば、一千八百八十三年迄に之を竣工することを約す、但会社の権力に及ばざる事項（即ち抑制し難き事件）あるありて右竣工を妨ぐるは此限に非ず

第四、当会社は一千八百七十年九月二十日より認許されたる長崎横浜の両港を一海底線を以て連絡するの権を返還することを承諾す

第五、右記載する海底線沈架に因て日本に捧ぐる利益及び夫の為め会社にて費す巨大金額の酬として、当政府は此免許の日より三十年間は日本帝国と亜細亜州の間に日本政府の官線をも沈布せず、且本会社の外に海底電信線沈布の許可せざることを約諾す

亜細亜州とは地理学上亜細亜に属する大陸及島嶼を云ふなり（日本国属島は勿論除き）仮令ば台湾香港呂宋群島等なり

右三十年満期後と雖も、会社は日本国に陸揚したる海岸線を以て日本国電信線と連合通信するの権を保存するなり、而して其際海底線に付き新に免許状を与ふることあらば、当政府は

先づ第一之を当会社に与ふべし

（第六　省略）

この「免許状案」の要点は、前述の石井電信局長が大北電信会社の主張をまとめた三ヵ条とほぼ同じだが、より詳細で具体的である。また、石井が冒頭に長崎と朝鮮半島との電線新設を置いているのに比べ、大北電信会社は、既存線増設を最初に置いている。両者の関心がどこにあるのかを示している。

大北電信の要求する独占権　重要なのは、大北電信会社が三〇年間にわたって獲得する独占権が、日本列島とアジア大陸間との海底電線すべてに及ぶ包括的なものであることである。石井忠亮が思い直して認めることにした専権も、長崎からアジア大陸を結ぶ海底線だけであるのに、大北電信会社は日本と外とを結ぶ海底線すべての独占権を求めているのである。

横浜への陸揚げ権返還も明記されているが、先のデュ・ブスケにあたらせた交渉でも、大北電信会社は、事実上、空文化していた陸揚げ権返還の代償として大きな権利を要求したのだが、今回はもっと大きな要求を出しているので、もはや横浜陸揚げは重視せず、付けたりといった感じである。石井の三ヵ条では省略されているのは、日本側も返還されるのが当然とみなしていたのであろう。

「免許状案に係る説明廉書」　これに添えられた「免許状案に係る説明廉書」で、大北電信会社は一八七〇年の免許状によって日本には「一毫の費用」をかけずして日本と世界との電気通信を可能にしたことを強調する。それは当会社が「終始迎て日本国の便益と請求とに応ぜしこと」と会社の功績と日本への恩恵を列挙し、さらに今回社費をもって海底線を増設し、朝鮮半島へ新線を敷設する。この

「莫大の費用（凡五百万円）」の報酬として日本政府から今後三〇年間専権の保証を得るのであって、これがなければ会社は巨額費用を負担する理由はない。独占権は、社費をもって日本の便益を実現してきた実績と今後の便益から当然の報酬だというのである。費用五〇〇万円の積算の根拠は明記されていないが、おそらく既存線増設と新線敷設の合算金額であろう。大北電信会社側は、自社があげている収益についてはまったく触れず、日本が無償で多大の便益を得ていることだけを強調し、それに見合った報酬を求めるのは当然という論理で強硬な要求をしていたのである。

おそらく大北電信会社側は、これまでの工部省との交渉の場でもこうした強気の発言を繰り返していたのであろうし、免許状案まで先に用意しているのであるから、交渉の主導権をとっているのは、明らかに大北電信会社である。

第一の工部省説明書　次に付属の二通の工部省説明書をみると、これら文書には作成者の署名がないものの、内容から石井忠亮電信局長の意見書と推定できる。

その第一の説明書は、朝鮮半島への海底線敷設についての説明だが、朝鮮国は隣国でまた「殊に政略上」必ず電信線架設が必要ということであるならば、日本政府の官線を設置するのが第一策であるとまず提議している。その費用は約三五万円と予想される。しかし、国庫の都合もあるであろうから、その費用の半額もしくは幾分かを日本政府が負担するという第二策を先に建議した。この内容は前述の「見込の案」と同じである。

意見書はさらに続けて、だが熟考してみると、この策は料金分収とか修繕とか、種々面倒である。約三年大北電信会社に工事をさせれば三五万円のほかの経費もかかり、都合四〇万円の支出となる。

で必ず設置というのが政府の計画であるならば、第一策（官線設置策）第二策（半額負担策）とも採用しがたく、やむを得ずすべて大北電信会社の費用で敷設させるほかない。これが第三策だという。しかし、これは日本に利益はないだけでなく、接続の弊害がある。したがって、是非第一策採用を希望するというのである。

この意見書は、半額負担を述べている佐々木工部卿の本文と食い違っている。本来は日本政府が敷設すべきなのだが、それが無理ならば次善の策として半額負担、それも無理なら大北電信会社に依託する第三策と順次検討し、最後にやはり日本政府敷設案にもどるのだが、これは現実的な政策提示というより、願望の表明である。電信局長がこれだけ大きな振幅で揺れ動いているのは、朝鮮半島への海底線敷設というのが、当時の日本にとって非常に無理な政策であったことを示している。

ちなみに、中山龍次によれば、一八六九年から一八八二年のあいだに日本が投資した電信拡張費は、全体でわずか一五〇万円であるのに、朝鮮半島海底線敷設という一事業に要する費用は三〇万円。半額といえども日本が負担できる金額ではない。さらにこの海底線からの電報収入は、一ヵ年五〇〇〇円足らずであって、到底採算は合わない[17]。政府による敷設あるいは半額負担が、非現実的な願望であったことは明らかである。

第二の工部省説明書　第二の説明書は、大北電信会社に専権をあたえるか否かについてであるが、最初に増線について述べ、増線は欧米に通ずる線路が往復四本となるので、これまでのように時々不通となることが減少し、大いに便益を増すことは必然であるから、増設の見返りとして長崎陸揚げ専権を付与しても差し支えはないという方針である。長崎以外の地の陸揚げについては、従来いかなる支障が生ずるか測りがたいとして反対意見を上申してきたが、この度の会社申請を考察して、これまでの方針を再検討するとしている。会社の立場からすれば、

仮令長崎のみ専権を得るも、亜細亜大陸及び島嶼と内地との間へ架設するを他の会社へは許可せざるの権を会社へ与へざる以上は、此増加及高麗へ新設するの挙実施せざるは勿論と被考候、依て尚後来の如何を熟考するに、彼の中立通保護を与へられ候とも、他に其類例も有之候事に付、格別差支候義は有之間敷と再考致候

と、長崎だけの専権を会社に与えても、アジア大陸等への海底線を他会社には認めないことを保証しない限り増線と朝鮮半島への敷設を実施しないであろうから、申し立て通り会社を保護することにしても格別支障はないと結論する。これも、専権付与無用論の佐々木高行名義本文とは逆の意見である。大北電信会社に専権をあたえないと、既存線増設も朝鮮半島への新設も実施しないかもしれないという不安が表だっているが、おそらく交渉のなかで大北電信会社側はそうしたことを示唆したのである。

工部省内不統一　第一の説明書は、文言のうえでは日本政府による朝鮮半島への新線敷設を主張しているのであるから、それを一貫させれば、三点セットは崩れて専権付与無用論になるのだが、第二説明書でそうなっていないのは、第一説明書の自力敷設が無理であることを事実上、認めてしまっているのである。

このように工部省から外務省に提示された文書は、さまざまな選択肢を示しているともいえるが、工部省内部さえ判断に迷い、意見不統一に陥っている有様を露呈している。「免許状案」まで用意して交渉に臨んでいる大北電信会社側に対抗するのは難しかった。

図11　海中から引き揚げられた日本初の海底電信線（KDDI 国際通信史料館所蔵，KDDI 株式会社提供）

大北電信側の事情　他方、大北電信会社の事情をみてみるならば、同社が強硬な態度をとってきているのは、当時の大北電信会社が東アジアでの自社海底線の権益の拡大と安定を図らなければならない厄介な状勢に直面していたからであった。その対策として、朝鮮半島新線敷設、長崎・上海間増設、専権獲得の三点セットが案出されたのである。

この時期の大北電信会社は、かつて同社の独占を嫌い、時に干渉的態度をとっていたイギリス外交が、もはや介入することはなくなってきたので、その点では行動の自由を得ていた。前述のように一八七〇年に大北電信会社と大東電信会社が相互不可侵協定を結び、それぞれの地域独占協定を認めあう仕組みができあがり、イギリス外交としては一般的にイギリス系電信会社をバックアップするにしても、電信会社相互の関係にまで口出しすることはなくなった。大北電信会社は、大東電信会社との協定によって自己の勢力圏と認められた香港以北では、自社の利益拡大をめざす行動の自由が拡大したのである。

だが、他面で、大北電信会社の海底電線事業は、技術的困難に直面していた。経年によって海底電線が故障しがちであったのである。上海・長崎間の海底線もたびたび不通となり、非難も浴びたし、その修理のために多くの費用がかかっていた。この対策として、またさらに会社の海底電線事業を安定化させるために複線化が必要であったが、これには多大の投資が必要であった。[18] そして、その投資を確実に回収するためには、安定した収益を保証する独占を一層望んだのである。

清国からも独占権獲得　大北電信会社は、日本への独占要求だけでなく、一八八一年六月八日、清国から独占権を得ていた。それによれば、[19]

第一、清国政府は、大北部電信会社に於て既に清国々内に陸揚せし該社の海底線のみに限り、永代専売の権あることを該社に保証す
大北部電信会社は、清国内に他の海底線を陸揚せんことを欲せば、最初清国政府の許可を得べし、其許可を得たる当日より廿ケ年の間、清国政府は其国内外国人居留地及び台湾ともに海底線を陸揚することを他の会社又は他人へ許可せざるべし
第二、清国政府は、右廿ケ年の間会社に於て清国内に設けある海底線に対抗して政府自己の海底線又は陸線路を建設することなく、又は其建設を他人へ許すことなかるべし、但し毫も競争に関せざる場所なれば清国政府は随意に路線を建設すべし
（以下略）

これは、大北電信会社が日本に要求した独占権と近い内容だが、海底線との陸路競合線まで認めないなど、より広い独占権となっている。日本の場合、すでに国内幹線路は日本政府によって開通しており、大北電信会社は横浜への陸揚げを放置しているから陸路の競合線について考慮する必要がなか

ったのだが、中国では沿岸部主要都市を海底線で結んでも、陸上線敷設はいくらでも可能であったから、その防止策が必要であったのである。

清国からこうした独占権を獲得したことは、大東電信会社、各国商人、各国外交団の反発を招いた[20]。大北電信会社と大東電信会社と相互不可侵協定はあるにしても、大東電信会社からすれば大北電信会社の行動は出過ぎたものと映じたのである。当然、大北電信会社も大東電信会社の出方に敏感にならざるをえなかったし、実際に大東電信会社は一八八一年にマニラ・香港間を敷設していた[21]。前述の石井電信局長文書に、大東電信会社がルソン島から長崎への海底線を計画しているという情報が出てくるが、それは恐らく大北電信会社が石井に吹き込んだもので、大北電信会社は大東電信会社の動きを警戒し、それを事前に封じておこうとしたのである。そのためには、長崎だけでなく、それ以外の場所にも、他社の陸揚げを認めない独占権を必要としたのである。

大北電信会社は、自社の事情からして独占を求める強い理由をもっていた。しかし、交渉では、自社が内側で抱える問題を見せず、自社の要求を譲らない強硬さであった。むしろ自社に好都合の情報を日本側に提供し、日本側はそれをもとに判断し、方針が揺れ動くことになったのである。

四　新約定締結

デニソン意見書　工部省が外務省に書類を回した一八八二年一一月八日以降、両省は協議しながら、方針を決めようとした。外務省文書には御雇外国人顧問デニソンの意見書が残っている[22]。外務省の諮問は、一電信会社に陸揚げ権を特許した場合、それが最恵国待遇をあたえている他国に及び、他国の電信会社からの請求を拒否できないのかどうか、ということであったが、デニソンの答えは、陸揚げの排他的特許を一電信会社のみにあたえた場合でも、他社の請求は拒否できるというものである。外務省は大北電信会社に特許をあたえることに傾いていて、その国際法上の懸念を諮問したのであろう。外務省は専権を認めようとする態度であった。

井上外務卿意見書　工部省は、前述のように、内部で意見が揺れていたのに比較し、外務省は専権を認めようとする態度であった。一二月六日付の山県有朋《やまがたありとも》参議宛井上馨外務卿意見書では、

釜山其他へ海底電線を敷設せしむる為めに我政府より相当の報酬を与へ、且適当之予約を以て該会社之請求に応じ候ことの大体に於ては外交上差支候儀は無之、乍去其報酬及び予約すべき細目に至つては、尚意見も有之候間、詳細之義は当省へ打合之上にて、該会社と談判可致旨工部省へ御達相成候様致度

と基本的には釜山その他の地に海底電線を敷設させるため大北電信会社に「報酬及び予約」をあたえる意見を伝えている[23]。ただし、「報酬」の内容はこの段階ではまだ決まっていなかった。この間、石井電信局長意見書にあった日本政府による海底線敷設あるいは半額負担・分収について、外務省・工部省で具体的に検討された様子はない。日本の財政状態からみて非現実的であり、また、分収を大北電信会社が到底認めないことは明らかであったからであろう。

また、アベナイネンは外務省と海軍が専権付与に好意的態度をとったとしているが[24]、管見の限りでは、海軍や陸軍が大北電信会社への専権問題について発言した資料は見いだせなかった。陸海軍が朝鮮半島への海底線敷設を希望していたことはあっても、大北電信会社との約定の具体的条件について

まで意見を述べることはなかったのではないだろうか。

専権付与への逡巡　議論の大勢は大北電信会社による既存線増設と朝鮮半島への新設を承認し、専権を認める方向に流れていった。一二月九日付掛参議（山県有朋）宛太政官第一局書記官の「御指令案」では、「伺の趣は相当の年限を以て大北部電信会社へ通信専権を許可すべき見込」であるから外務省と協議のうえ条約案を作成し伺いを出すようにと「通信専権」を認める「御指令」が起案された[25]。さらに一二月一一日付で、内閣書記官長から各参議に「工部省伺長崎朝鮮間其他、海底線架設の儀及大北部電信会社丁抹人より申立之事」が回議に供されている[26]。

ただ、専権付与の危険性への疑念は、依然存在し続けていた。専権付与の「御指令案」には異筆で「明治十五年十二月十八日」の日付が書き入れられ、「相当の年限を以て」という文言の前に「長崎地方に限り」と書き添えられている。日付の下には「田中」の印がある（当時「田中」姓の参議はいない）。また、先に引用した一一月七日付三条実美太政大臣宛佐々木高行伺書（第一一四号）の末尾に、「御指令案」と同文が書き込まれ、「明治十五年十二月十八日」と日付がある。これらのことからすると、太政官第一局の「御指令案」は参議の回議を経て、一二月一八日に太政大臣の裁可を得たことになるが、これには「長崎地方に限り」という書き込み部分はない。

第一一四号末尾文が正文だとすれば、同日に参議の誰かが「長崎地方に限り」という修正を入れたのだが、採用されず、結局は大北電信会社の主張どおり、長崎に限定せず、日本全土の陸揚げ「専権」を認めることになったのである。参議のなかにも専権付与への危惧はあり、せめて長崎陸揚げだけの専権に制限しようとする意見が最後まで残っていた。しかし、専権付与の問題点を具体的に論じた意見はなく、専権付与が将来的に何を意味するのかはこの時点ではよく分からず、危惧は漠然としていたため、大北電信会社の強硬態度を乗り越えることはできなかったのである。

新免許状裁可　この後、佐々木高行工部卿、井上馨外務卿連名で三条実美宛に「海底線設置に付条約書之儀伺」（第一四四号）が提出されたが、それに別紙として添えられた条約案の骨子は、先に掲げた約定書要旨および大北電信会社「免除条案」とほぼ同じである。大北電信会社の「専権」は第六条となったが、「免許状案第五条」と注記があり、大北電信会社「免許状案」をほぼ受け入れたことを示している。この伺書は、一二月二六日に「伺の通」と裁可され、一八七〇年の約定書のほぼ全面的な改訂が決定された。その後、工部省と外務省とが大北電信会社と細部の文言を詰めたが、大北電信会社のヘンリッキ・ボールは、一二七日離日などと交渉期限を区切るなど最後まで主導権をにぎり、佐々木や井上はそれに合わせるしかなかった。

新免許状（「大北部電信会社免許状」）は、一二月二八日、東京で佐々木高行が署名し、後日、上海でボールが署名した。

新免許状の背景　後に大きな問題となる、この新免許状は日本にとって想定外の結果であった。問題の背景は、一八七〇年の海底電線開通以来、海底電線の効用についての一般的な認識と欲望が高まったことである。アメリカ企業の提案に反応して井上馨の海底電信を利用した広大な「東西通商の中心」論さえ登場していたのである。ただ、そこでは海底電線敷設の費用も技術もない日本が、外国の海底電線を利用することは、いわば当然の前提であって、自力ではできないにもかかわらず、海底電線の効用への期待は大きくなった。

さらに当時の対外関係のなかで、日本が海底電線敷設の具体的必要性を痛感したのは、朝鮮半島における清国との対立であった。情報の速報によって政治的軍事的主導権を握りたいと考えたのである。海底電線を「帝国の道具」として使いたいという願望が頭をもたげた。それは、主に陸軍などで台頭し、工部省が大北電信会社に敷設をもちかけたとみられる。しかし、その段階では非公式の打診であって、約定全体の改訂までは想定していなかったであろう。

他方、大北電信会社は、東アジアにおける自社の権益の安定・拡大のための策を講ずる必要を感じていた。そこで、日本からの打診を逆手にとって、長崎釜山線敷設・長崎上海線複線化・独占権付与を三点セットにして提案してきた。これによって日本は想定外の交渉に入ることになったのである。

大北電信会社側の三点セット提案に対して工部省内では朝鮮半島への自力敷設の可能性の検討が行なわれ、独占権付与についても危惧は抱かれていた。しかし、大北電信会社側は日本側の願望を見透かして、逆手にとって三点セットに強硬であった。日本側は海底電線の効用を実感しだしているだけに、この論理に対抗するのは難しかったのである。

日本側は方針を定めるのが容易でない事態となった。政策立案の中心にある石井電信局長でさえ判断に迷う有様であった。ただ、自力での長崎釜山線敷設は財政事情から諦められ、そうなると大北電信会社への依存となり、依存する以上、同社の利益を保証する独占権はやむを得ないということになった。独占権付与への一般的危惧は残ったが、日本が自力で海底線敷設はできないことを前提にすれば、独占権が将来日本をどのように拘束するのかについて具体的には分からなかったのである。ただ、せめて長崎だけに限定しようとする意見は存在したが、結局は立ち消えとなった。

長崎・釜山線開通　長崎・釜山間の海底線は、一八八三年三月三日に朝鮮政府と敷設条約が締結され、翌年二月一五日に開通した。ただ、当面の状況においては朝鮮半島内の電信線が整備されておらず、また清国・韓国との複雑な外交関係のなかでほとんど有効に機能しなかったといわれる[27]。だが、日本が朝鮮半島への海底線権益を握ったことは、長期的には大きな意味を持つことになったことは間違いない。

約定改訂は日本が遅れた「帝国」として形成する過程で起きた問題である。海底電線の効用への期待が高まり、朝鮮半島への勢力拡大の「道具」として海底電線を利用しようとする能動性が、かえって西欧情報覇権の罠にはまり、身動きがとれなくなるという皮肉な結果を招いたのである。そして、大北電信会社に独占権を付与したことは、日本が海底線を敷設する資金と技術をもてるようになり、「帝国」としての拡大をはかろうとしたとき、重い桎梏となることになったのである。

第二部　国際ニュース通信への願望

第一章　通信社活動の胎動

一　一八七七年の海外ニュース

「交通の便」の利便　これまで述べたように、海外からのニュースを速報する「交通の便」は、紆余曲折を経ながらも一八七〇年代半ばから次第に整ってきた。海底電信・国内電信を利用すれば、ロンドンやパリからのニュースが東京に瞬時に伝わり、逆に、東京のニュースがロンドンに瞬時に伝えられる物理的な伝送路は、作動しだしていたのである。しかし、どことどこの間をどのように結ぶのかは、欧米列強の利便の問題であった。確かに、ロンドンと東京が瞬時で結ばれることは、日本にとっても利益であったが、基本的にはイギリスの利便保持のための伝送路であって、日本の利益はその副次的産物にすぎなかった。伝送路は、物理的には誰にでも利用できるものであっても、実際にそれを活用できる政治的・経済的・文化的条件を有する者と条件を有しない者とでは大きな違いが生ずる。ニュースの発信力で優位に立つ西欧の通信社・新聞社は、海底電信を利用してますますその優位性を高めていくことになる。

一八七七年の海外ニュース調査　一八七〇年代、日本の国際ニュースはどのような状況に置かれていただろうか。それを測定するのは難しいが、一つの試みとして、一八七七（明治一〇）年七月時点で、東京の有力新聞に掲載されている海外ニュースと、逆に欧米の新聞に掲載された日本発ニュースを紙面から調査してみることとする。対象としたのは『郵便報知新聞《ゆうびんほうち》』『東京日日新聞《とうきょうにちにち》』『朝野新聞《ちょうや》』『横浜毎日新聞』の四紙と『ザ・タイムズ』『ニューヨーク・タイムズ』の二紙である。もとより調査対象・期間が狭いが、当時の海外ニュースの実態を推しはかる材料になろう。なお、調査期間とした一八七七年七月は、国内では西南戦争、海外では露土《ろと》戦争という戦争が起きており、それが新聞ニュースに影響をあたえたであろうことは考慮する必要がある。

最初に日本の新聞に掲載された海外ニュースをみれば、この時期の新聞では、海外ニュースは国内の雑報とは区別され、独立した欄に掲載されるのが通常である。また、電信を利用した短文の電報ニュースと、船便で運ばれたと覚しき長文の概況・解説ニュースとの二種類がある。『東京日日新聞』『横浜毎日新聞』『朝野新聞』はこれを区別して掲載しているが、『郵便報知新聞』は「海外新報」欄に二種類のニュースが混在しているため[1]、「電報」と記載されているものと、そうでないものを判別し、集計した。

表1　4新聞海外電報数
(1877年7月)

	掲載日数	掲載本数
郵便報知	8	28
東京日日	9	41
朝野新聞	17	45
横浜毎日	16	113

ロンドン発ニュース　まず電報のほうをみると、電報の出所を示すクレジットがないのがほとんどである。しかし、その内容から、日本の新聞社・通信社の特派員・通信員などからの電報ではなく、外国の通信社の電報であると推定できる。要するに、日本の新聞社が自力で取材して速報した海外ニュースはないのである。

発信地は圧倒的多くがロンドンで、ほとんどが露土戦争の戦況に関するニユースである。露土戦争について、日本の新聞が関心があったかどうかよりも、イギリスにとっての関心事として多くの電報がロンドンから発信され、それが日本の新聞の電報欄のほとんどを占めることになった。海底電線は長崎から上海《シャンハイ》につながっており、上海や中国各地の動向は日本に関係が深かったのだが、上海発・香港《ホンコン》発の電報はない。上海や香港はロンドンと長崎との間の中継点となっているだけである。上海や中国のニュースは、日本にではなく、ロンドンに向かって流れていたのであろう。日本側が自覚していたか否かにかかわらず、日本は、イギリスのために作られたニュース流通網のなかに組み込まれていたのである。そこから流れてくるイギリス製のニュースをもとに、日本は世界を認識していたことになる。

ニュースの速度　電報に記載されている発信日時と掲載日を比較すると、各新聞とも速いものから遅いものまでばらばらで、一ヵ月前発信の電報と三日前のものとが併載されたりしている。三日前ロンドン発信のニュースは電信にしては遅いが、船便よりは速いから、やはり電信で横浜に着いたのであろう。前章で述べたように、それまで電報と称していても、電信利用は途中までで、上海などから船で運ばれていたニュースに比べ、海底電線の利用が可能になることで電報ニュースはずっと速くなっている。

しかし、速い電報と遅い電報が同時に掲載されるという奇妙な事態になっているのは、なぜだろうか。また、新聞によって電報掲載量に相当の差がある。電報掲載量の差には、それぞれの新聞社の編集方針の違いもあったであろうが、それだけでなく、電報の入手経路に関係があったと考えられる。

電報の転載　新聞社は、通信社と契約を結び電報を入手するのが通常だが、その場合は、通信社のクレジットが記載されるはずだし、定常的に電報の配信を受けるので、古い電報と最新の電報とが混在するのはおかしい。通信社の名前が入った電報は、『横浜毎日新聞』七月一九日付に一つ「『ルータル』電信会社ヨリノ報」とあるだけである。これは、たまたまロイター電報を直接目にしたというニュアンスで、しかも一ヵ月以上前の六月二一日ロンドン発である。これは、逆にふだんはロイター電報を直接得ているわけではないことを示している。また『朝野新聞』には「ヘラルド」と注記がある電報が五本、「ガゼット」が一本、「兵庫シッピングリスト」が一本ある。さらに『郵便報知新聞』にも「エコージャポン」という注記のある電報がある。それぞれ『ジャパン・ヘラルド』『ジャパン・ガゼット』『ヒョウゴ・シッピングリスト』『エコー・ジャポン』からの転載であろう。

また、明らかに同一の電報が、同日か若干前後して複数紙に掲載されていることが多い。例えば、七月二日『横浜毎日新聞』掲載の七月一日ロンドン発電報は、七月四日『郵便報知新聞』『東京日日新聞』にも掲載されている。出所が同じだということである。当然考えられるのは、前章で述べたように、日本政府を引き入れてロイター通信社と契約していたジャパン・メール社が、ハウェルの手を離れた後も、ロイター通信社との契約を維持していたことである。

ロイターと『ジャパン・メール』　当時、ジャパン・メール社は、主力の週刊新聞『ジャパン・ウィクリー・メール』のほかに、日刊紙『ジャパン・メール・デイリー・アドバタイザー』、海外向け『ジャパン・オーヴァランド・メール』、『ジャパン・メール・エクストラ』を発刊する四本立てであったといわれる(2)。週刊紙『ジャパン・ウィクリー・メール』を調べると、先にあげた七月一日ロンドン発の電報は、七月七日付に「ロイター電報」として掲載されている。この日のロイター電報欄はいずれもロンドン発で、七月一日から六日の電報四本と六月一七日から二二日の電報五本が掲載されている。七月六日ロンドン発の電報が、七日に掲載されているのであるから、同紙がロイター通信社から直接配信を受けていたことは間違いない。三日、四日前の電報が載っているのは同紙が週刊紙のためである。

ジャパン・メール社は、ロイター電報を日刊紙『ジャパン・メール・デイリー・アドバタイザー』に先に掲載し、その後、週刊紙に掲載していたと推測されるが、残念ながら一八七七年の『ジャパン・メール・デイリー・アドバタイザー』が現存しておらず、紙面で確認できない(3)。

他英字新聞も掲載　他の横浜発行の英字新聞にロイター電報が掲載されていれば、日本の新聞社はそれを利用したこともあり得るので、当時の居留地の有力日刊紙『ジャパン・デイリー・ヘラルド』『ジャパン・ガゼット』を調べると、両紙とも毎日ではないが、ロイター電報を別枠で掲載している。速いものは発信の翌日、遅いものでは発信から二、三日後の掲載となっている。さらに、両紙掲載のロイター電報が『東京日日新聞』『郵便報知新聞』『横浜毎日新聞』の翌日、または二日後に掲載されている。また、両紙には「ロイター電報」欄とは別に「テレグラム」欄があり、やや古いアメリカやヨーロッパ各地からの電報ニュースが掲載されている。おそらく船便で届いた新聞に掲載されている電報や私信であろう。『横浜毎日新聞』やその他の新聞に掲載されているロンドン発以外の電報は、こうしたところから抜粋して転載したと推定できる。

英字紙から翻訳転載　要するに、日本の新聞がクレジットを入れずに掲載している電報のほとんどはロイター電報である。『ジャパン・メール』日刊版を確認できないので、ロイター電報を契約していたのが『ジャパン・メール』だけで他の二紙は『ジャパン・メール』から配信を受けていたのか、『ジャパン・デイリー・ヘラルド』『ジャパン・ガゼット』もロイターと直接契約していたのかは分からない。いずれにせよ、日本の新聞は横浜の英字新聞のいずれかでロイター電報を見て、それを転載していたのである。同じ電報の外国の地名表記が各紙ばらばらになっているのは英文を勝手に翻訳したのである。

年代は特定できないが、『東京日日新聞』の福地源一郎《ふくちげんいちろう》は、自らの体験として「海外の電報はルートル通信を横浜の洋字新聞より訳出し、内地の電報は諸官省より伝聞して其用に充て」たと述べている。(4)他の新聞も同様であったろう。

日本の新聞は、英字新聞で「ロイター電報」以外の電報ニュースも見ていたはずだが、速報性・信頼性などでロイター電報が勝っていたから、主にロイターを転載していた。編集方針で外電を重んじた新聞社は、英字新聞掲載の他の電報から抜粋して載せたのであろう。『横浜毎日新聞』は掲載電報量が多く、日数が遅れたものも含め、発信地が多様になっているのは、横浜発行の同紙は、英字新聞を比較的早く見ることができたうえに、上海・香港など海外で発行されている英字新聞も入手できる立場にあったので海外電報掲載に力を入れたのであろう。上海の有力紙『ノース・チャイナ・デイリー・ニューズ』などが利用された可能性が高いが、この時期の同紙が日本の図書館には所蔵されておらず、確認できない。

ロイターの速報　これらの調査結果からすると、ロイターだけが海底電線を使ってロンドンから横浜までニュースを送信するニュース配信網を作りあげている。速いものでは翌日に横浜の英字新聞に掲載されているのである。ただ、ロイターもすべてを迅速処理できたわけではなく、まとめて送信することもあった。それらロイター電報は、二、三日経って日本の新聞に翻訳転載され、しかも二週間遅れの電報と一緒に掲載されていた。ロイターと日本の新聞社とのあいだに明確な契約関係のないまま、転載という粗放な仕組みで流れたため、時間もかかっているのである。

日本の新聞社は、直接契約すれば、ニュースを速く安定して入手できたはずだが、おそらく高額の電報料が負担できなかった。当時のロイターの料金がどのようになっていたのかは分からないが、電信料そのものが高く、それにニュースの料金が付加されていたのであろう。一八七八年に一語税となり国内を通じて「墨銀《ぼくぎん》」（メキシコ銀）二〇銭としたという(5)。『横浜毎日新聞』一八七七年七月七日記事に、ロンドン駐在の官員が欧州での生糸《きいと》収穫高が不出来である旨を横浜の生糸会社に電報で速報したところ、ロンドンから横浜までの通信料は三〇ドルであったという記事がある。これは電信料だけだが高額で、それにニュース料が加わればさらに高く、日本の新聞社にとって過重負担だったのである(6)。

ちなみに、当時国内では西南戦争が起きており、各紙ともその戦況報道に力を入れていたが、電報は官公庁軍部が利用していたものの、新聞社ニュースは郵送に頼っており、『郵便報知新聞』の売り物になった犬養毅の「戦地直報」もほぼ三週間の遅れで掲載されていた。国内でさえ電報の利用は高価すぎる速報手段であったのである。

概況ニュース　もう一つの重要な国際ニュースは、速報ではなく、海外の政治・経済・文化状勢を知らせる概況ニュース・解説ニュースである。これは、国際状勢を知るためにぜひ必要で、これがないと電報速報の意味も理解できない。三紙いずれもそうした概況・解説記事を載せている。『朝野新聞』は七月一七日「論説」で露土戦争について論じ、『郵便報知新聞』は「魯土」と見出しをつけたロシアとトルコの紛争とそれをめぐるイギリスなど各国の動向などを解説した記事を連載していた。それ以外にも、各紙は外国事情などを紹介する啓蒙的海外関係記事を随時載せている。

しかし、そうした概況的記事も、外国新聞や横浜居留地の新聞からの転載であって、日本人の通信員などからの記事はない。後述するように、一部の新聞社は通信員委嘱を始めているが、定期的に質の高い通信を掲載できるまでにはなっていない。電報速報をイギリス通信社からの間接入手に頼り、概況ニュースも欧米の新聞・通信に依存せざるをえなかったのである。二重の依存である。

外国新聞の日本記事　逆に、外国の新聞は、日本発のニュースをどの程度報道していたであろうか。同年七月のイギリスの『ザ・タイムズ』と、アメリカの『ニューヨーク・タイムズ』の紙面を調査してみた。『ザ・タイムズ』は一六ページ建てで五面と六面に外国関係ニュースが掲載され、かなり充実している。露土戦争については、くわしいニュースが連日載せられ、ヨーロッパ各国やアメリカからの電報も多く掲載されている。しかし、日本に関するニュースは一本もない。

『ニューヨーク・タイムズ』は全一二ページで、五面にLatest News by Cableとしてロンドン、パリなどからの電報ニュースが載せられているが、日本発のニュースはまったくない。ただ、七月二日に「日本の伝統的音楽」という東京の英字新聞からの転載読み物記事があり、これが唯一の日本関係記事である。

要するに、イギリス・アメリカの比較的外国ニュースに力を入れている有力新聞でも、日本発のニュースはない。これは、新聞の規模や実績がはるかに貧弱な日本の新聞が、ロンドンなどからのニュースを数多く掲載しているのと対照的である。

当時、横浜で発行される英字新聞には、日本の主要新聞の論調を英訳した記事が掲載されており、それらの新聞が船便で上海や香港、時にはロンドンまで運ばれることはありえた。しかし、そこまで行き止まりであって、イギリスの新聞に紹介されることはなかったのである。また、ロイターも日本の動向にニュース価値を見いだささず、日本関係ニュースをヨーロッパに送ることはほとんどなかった。ニュースは、欧米から日本に一方通行的に流れており、イギリスがたまたま興味をもつ出来事のニュースが報じられるだけで、定常的なニュースの流れはきわめて乏しかったのである。

ニュースのアンバランス　一八七七年の時点で、海底電線などの「交通の便」は、ニュースの生産力・流通力で優位に立つロイターがヨーロッパのニュースを一方向的に送信することにおいては、その有効性を発揮していた。日本の新聞社は独自の海外取材網をもたず、またニュース発信力もないから、海底電信を直接利用することはない。日本の新聞社はロイター製ニュースの受信者、しかも正規受信者ではなく、中古ニュースの転載受信者であった。それでも、以前よりは速くイギリス製のニュースを得ることができていたのだが、転載のために数日間ロスしていた。横浜までは電信の物理的速度で来るのだが、そこから先は渋滞してしまっていたのである。日本の新聞はイギリス製のニュースをもっぱら掲載し、英米の新聞は日本のことをほとんど報じない、こうしたアンバランスな関係が、当時の日本の国際認識の基礎をなすニュースの実態であった。

二　一八八二年の国際ニュース

新聞社の海外取材網　それでも、日本の新聞社は少しずつではあるが、日本の視点から海外を報道する仕組みを形成しようとした。イギリスの通信社に依存しながらも、それに飽きたらず、自らの力で海外取材する必要を感じていたのである。だが、後述するように、国際的な活動を行なう通信社の形成は容易なことではなく、有力新聞社それぞれが自力で海外取材網を作ろうとした。

当時の有力新聞社の例をみると、福地源一郎が主宰する政府系の東京日日新聞社の一八八〇年までの内外通信網は、次の各地に通信員（探訪者）が特派または依嘱されていたとされる(7)（カッコ内は通信初出の年月日）。

〔海外〕▽ウィーン　カーロス・バーロン・ガゼルン（一八七五年八月二六日）▽ロンドン　横山孫一郎（一八七五年八月三一日）▽ハートフォードのちニューヘブン　箕作桂吉（一八七五年九月一〇日）▽ボストン　土屋静（一八七六年四月一日）▽上海　一八七七年から岡正康▽ケンブリッジ（アメリカ）　中山寛六郎（一八七八年一月二四日）▽元山　長野次郎（一八八〇年九月二八日）▽ペルシャ　横山孫一郎（一八八〇年一〇月二日）

〔国内〕▽新潟（一八七四年七月一四日）▽下関　小杉某（一八七六年一月二三日）▽京都　岡本春暉（一八七六年三月一六日）▽白河（一八七六年六月一四日）▽大阪（一八七七年一二月五日）▽鹿児島（一八七七年一二月五日）▽横浜（一八七八年一月四日）▽秋田県（一八七八年八月一五日）▽

大分県（一八七八年一一月一五日）▽福岡県（一八七八年一一月一五日）▽高知県（一八七九年一一月一五日）▽高知県（一八七九年五月三一日）▽埼玉県（一八七九年六月七日）▽長岡（一八八〇年二月二五日）

かなり広範な取材網である。しかし、これら海外通信員の多くは専門の記者ではなく、兼業であったと推定される。イギリスとペルシャから通信を送った横山孫一郎《よこやまごいちろう》は大倉組の海外駐在員であったという(8)。アメリカの通信員がワシントンやニューヨークにおらず、ニューヘブン・ボストン・ケンブリッジに駐在しているのは、留学生に通信を委嘱していたことを示している。しかし、上海の岡正康と元山の長野次郎は専門の記者で、岡正康からとみられる長文の「上海通信」は、時期によって違いはあるが、ほぼ定期的に紙面に掲載されている。

委嘱通信員　一方、成島柳北《なるしまりゅうほく》ら民権派の『朝野新聞』をみると、一八八〇年一月四日論説「本社沿革ノ概略(9)」は、昨年社員の浅野乾が海外を旅行した際、英米仏の三ヵ国で「遊学生」に通信を委嘱し、さらにロシアと上海にも通信を開いたので一、二ヵ月もかからず海外の「新報」を紙上に掲載できるはずと自社の海外通信体制を宣伝している。欧米の通信員はやはり留学生で、ロシアや上海などの通信員は明記はないが、商社員などに委嘱した可能性が高い。

これら新聞の推定発行部数は、『朝野新聞』の場合、最盛期の一八八一年で約一万一〇〇〇部、『東京日日新聞』約八〇〇〇部、『報知新聞』約九六〇〇部で(10)、この程度の規模の新聞社が海外八ヵ所に通信を置いていたということは、日本の視点からの海外報道に大きな努力をはらっていたといえる。多くは現地駐在の商社員・留学生への通信委嘱というかたちとなったが、上海などには記者が送られたのは、地理的にも人材的にも可能であったからである。中国に関するニュースが日本の政治・経済・文化にとって重要であるにもかかわらず、前述のように、ロイターからはニュースを得られず、せいぜいイギリス人発行の現地英字新聞記事によってしか事情を知り得なかったから、現地取材の必要性が高かったのである。

一八八二年海外ニュース調査　このように、新聞社の海外取材が徐々にだが、広がった状況での海外報道をみるため、一八八二（明治一五）年七月の東京有力新聞『東京日日新聞』『朝野新聞』『時事新報』『郵便報知新聞』紙面に掲載されている海外関係ニュースと『ザ・タイムズ』『ニューヨーク・タイムズ』の日本関係ニュースを数量的に調査してみた(11)。もとより一八七七年七月の調査と同じく、一時点の限られたデータではある。

新聞によって海外関係ニュースの掲載形態は異にしている。『朝野新聞』の場合、特に外国関係ニュース欄は設置されず、二面三面の雑報欄に混在しているが、その内容から判別した。表2のとおり、新聞によって海外電報掲載数に大きな差がある。『時事新報』は他紙より頭抜けて多くの海外電報を掲載しており、以下『郵便報知新聞』『東京日日新聞』『朝野新聞』の順序である。『朝野新聞』は『時事新報』の四分の一しかない。しかも、『時事新報』だけが「ルイテル社報」「ロイテル報」などと出所を明示した電報を一六本載せている。その発信日から掲載日までの平均遅れ日数を計算すると、平均一二日。これは三日遅れ程度であった一八七七年からすると、むしろ遅くなっている。

表2　各新聞掲載海外電報数（1882年7月）

	掲載本数
時事新報	70
郵便報知新聞	32
東京日日新聞	23
朝野新聞	17

表3 『時事新報』一八八二年七月掲載海外電報 （クレジット欄空白は記載なし）

掲載日	発信地	発信日	本数	関係国	クレジット	備考
7月3日	ロンドン	6月20日	2	エジプト、アイルランド	ルイテル社報	『郵便報知新聞』と同じ
7月3日	ロンドン	6月21日	1	エジプト、イギリス下院	ルイテル社報	『郵便報知新聞』と同じ
7月4日	ロンドン	6月23日	1	エジプト、イギリス	ルイテル報	
7月4日	ロンドン	6月23日	1	エジプト、イギリス		
7月7日	ニューヨーク	6月16日	1	エジプト	「ヘラルド新聞アレキサンドリア港特別通信員の報道による」	
7月7日	ロンドン	6月26日	1	エジプト、イギリス	ルートル	
7月7日	ロンドン	6月27日	1	エジプト、イギリス		
7月7日	ロンドン	6月28日	1	エジプト	「デーリーテレグラフに曰く」	
7月10日	パリ	6月10日	1	フランス		
7月10日	ダブリン	6月10日	1	アイルランド		
7月10日	マドリッド	6月10日	1	スペイン		
7月10日	ロンドン	6月12日	1	イギリス		
7月10日	ロンドン	6月12日	1	アイルランド		
7月10日	ダブリン	6月12日	1	アイルランド		
7月10日	ローマ	6月12日	1	イタリア		
7月10日	チーブルス港	6月12日	1	イタリア		
7月10日	ベルリン	6月14日	1	ドイツ		
7月10日	ローマ	6月14日	1	イタリア		
7月10日	ロンドン	6月15日	1	エジプト、イギリス		
7月10日	アレキサンドリア	6月15日	1	エジプト		
7月10日	ロンドン	6月15日	1	エジプト、イギリス		

7月10日	パリ	6月15日	1	エジプト、フランス		
7月10日	カイロ	6月15日	1	エジプト		
7月10日	ロンドン	6月15日	1	エジプト	「カイロよりの私信」	
7月10日	アレキサンドリア	6月15日	1	エジプト		
7月12日	ロンドン	7月1日	2	アイルランド	ルートル	
7月12日	ロンドン	6月11日	1	アイルランド		
7月12日	ロンドン	6月29日	1	トルコ		各紙にあり
7月12日	ロンドン	6月30日	1	エジプト、イギリス		
7月13日	セントペテルスブルグ	6月12日	1	ロシア		
7月13日	ニューヨーク	6月12日	1	ロシア		
7月13日	セントペテルスブルグ	6月12日	1	ロシア		
7月13日	セントペテルスブルグ	6月13日	1	ロシア		
7月13日	ニューヨーク	6月13日	1	ロシア		長文
7月15日	ロンドン	7月3日	3	イギリス、エジプト	ルートル社報	
7月18日	ロンドン	7月4日	1	エジプト、トルコ、イギリス	ルートル社電報	
7月18日	ロンドン	7月5日	1	エジプト、イギリス	ルートル社電報	
7月18日	ロンドン	7月6日	1	エジプト、イギリス	ルートル社電報	
7月18日	エジプト電報	7月14日	1	エジプト、イギリス	14日来信した電報をパークスが横浜英字新聞に恵与	
7月21日	エジプト電報	7月18日	1	エジプト	18日ロンドンを発し19日午前11時30分横浜着信特別電報	
7月21日	ロンドン	7月7日	1	エジプト、イギリス	ルイテル社	
7月21日	ロンドン	7月8日	1	エジプト、イギリス	ルイテル社	
7月21日	ロンドン	7月10日	1	エジプト、イギリス	ルイテル社	

7月21日	ロンドン	7月11日	2	エジプト、イギリス	ルイテル社	
7月24日	ロンドン	7月12日	1	エジプト	ルイテル	
7月24日	ロンドン	7月13日	2	エジプト、アイルランド	ルイテル	
7月24日	ロンドン	7月20日	1	エジプト、スエズ運河		
7月26日	エジプト現況電報	7月23日	1	エジプト	ガゼット新聞、「23日ロンドン発一昨日午後4時45分横浜着信	
7月26日	セントペテルスブルグ	6月21日	1	ロシア		
7月27日	ニューヨーク	6月14日	1	エジプト	「ロンドンよりヘラルド新聞への特別電報に曰く」	長文
7月27日	アレキサンドリア	6月14日	1	エジプト		
7月27日	アレキサンドリア	6月14日	1	エジプト		
7月27日	アレキサンドリア	6月15日	1	エジプト		
7月27日	ジブラルタル	6月28日	1	イギリス		
7月27日	アレキサンドリア	6月28日	1	エジプト		
7月27日	モスクワ	6月29日	1	エジプト、イギリス、フランス		
7月27日	ロンドン	6月29日	1	エジプト、イギリス、フランス		
7月27日	ニューヨーク	6月30日	1	エジプト	「ロンドンよりスター新聞への電報に曰く」	
7月27日	ロンドン	6月30日	1	エジプト		
7月28日	チュニス	6月26日	1	エジプト、トリポリ		
7月28日	モスクワ	6月26日	1	ロシア		
7月29日	ロンドン	7月26日	1	イギリス、エジプト		
7月31日	ロンドン	7月27日	1	イギリス、エジプト		
7月31日	エジプト電報	?	1	エジプト		

ロイター電報16本（内1本発信日不明）、平均遅れ日数12日

『時事新報』海外電報　『時事新報』は一八八二年三月一日の創刊号に二月一四日「龍動発」の電報を載せている。以後「海外新報」欄に、電報と概況記事を取り混ぜて掲載していったが、三月下旬には電報は「外国電報」と概況は「海外新報」に載せるスタイルが定着していった。「外国電報」欄にロイター電報が載った最初は、四月一日掲載の三月一七日「倫敦《ロンドン》発ルイター電報」である。以後、不定期だが、ロイター電報が掲載されている(12)。

『時事新報』がロイターと出所を明示して電報を掲載したのは、ロイターと契約を交わしたためと解することもできる。しかし、契約を交わしたのであれば、電報は時事新報社に直接配信されたはずであるから、二週間前発信の電報が載っていることとは合わない。また、ロイター以外の電報も多く掲載されているが、複数の通信社と契約していたとは考えにくい。やはり横浜の英字新聞や、船載されてきた外地英字新聞に掲載されているロイター電報や他の電報から転載したと考えるのが妥当である。

電報のなかには、特別に速く入手した電報にはその旨を注記されているものがある。七月一八日「外国電報」欄には、「埃及《エジプト》電報　去る十四日を以て東京に着信し英公使サー、ハリー、パークス氏より懇切に各横浜英字新聞に恵与せられたる電報に曰《いわ》く」と、外交電報を特別に得た旨の前文があり、また二一日「外国電報」欄にはロイター電報とは別に「埃及電報　去る十八日倫敦《ロンドン》を発し一昨十九日午前十一時三十分横浜に着信したる特別電報に曰く」、二六日にも「埃及現況電報　去る二十三日倫敦を発し一昨日午後四時四十五分横浜に達したる特別電報に拠れは」と注記がある。後者は、「ガゼット新聞に見へたり」と『ジャパン・ガゼット』からの転載であることを明らかにしている。これらは、通常の電報ルートではなく、特別に入手したので出所を明記したのだが、電信で横浜・東京に着いたことを強調していることが、注目される。

他新聞掲載電報　出所を明示していない他の新聞も、『時事新報』と同様に横浜の英字新聞などから転載していたと推定できる。例えば表4のごとく『郵便報知新聞』七月三日「海外電報」欄に掲載されている出所明記のない電報は、同日『時事新報』に「ルイテル社報」として掲載されている電報と同じで、同紙がどこかから得たロイター電報を転載したのである。『東京日日新聞』の「電報」欄の短信速報は、ほとんどは出所は明記されておらず、速度はバラバラだが、多くは三日四日遅れで、例えば一月一六日「電報」欄には一月一二日ロンドン発のドイツとロシア関係ニュースが二本、一月一三日ロンドン発のアフガニスタンとロシア関係ニュースが二本掲載されている。発信地の多くはロンドンだが、セバステポール・ウィーン・シンガポールなどもある。『朝野新聞』は一七本のうち発信地が特定できないものが八本、発信日が特定できないものが一一本もある。[13]典拠が明記されている記事は八本で、シンガポール・ヘラルド三本、横浜のガゼット二本、ロンドン・タイムズ一本、横浜ヘラルド一本、ロイター通信一本である。横浜の英字新聞とシンガポールの英字新聞から電報の材料を得ているのである。

横浜英字紙掲載電報　横浜の英字新聞掲載の電報と日本の新聞掲載とのそれを照合できれば、両者の関係がはっきりするのだが、この年の横浜英字新聞、『ジャパン・メール』日刊版、『ジャパン・デイリー・ヘラルド』、『ジャパン・ガゼット』が残念ながら現存せず、確認することができない。『ジャパン・ウィクリー・メール』は現存するが、一八八二年の同紙にはロイター電報は掲載され

表４　『郵便報知新聞』1882年７月海外電報

掲載日	発信地	発信日	本数	関　係　国	クレジット
７月３日	ロンドン	６月20日	2	エジプト，スエズ，アイルランド	
７月３日	ロンドン	６月21日	2	エジプト，イギリス下院，スエズ	
７月４日	ロンドン	６月23日	2	エジプト，国際会議延期	
７月５日	ロンドン	６月24日	1	エジプト	
７月７日	ロンドン	６月26日	2	エジプト，イギリス下院，スエズ	「タイムス新聞に曰く」
７月７日	ロンドン	６月27日	1	イギリス，エジプト	
７月７日	ロンドン	６月28日	1	イギリス，エジプト	「デーリーテレグラフ」新聞の記する所に因れば
７月10日	カイロ	６月15日	1	エジプト	
７月10日	ウィーン	６月15日	1	エジプト，オーストリア	
７月10日	アレキサンドリア	６月15日	1	エジプト，	
７月10日	パリ	６月15日	1	エジプト，イギリス，フランス	
７月12日	ロンドン	７月１日	2	エジプト，イギリス，アイルランド	
７月12日	ロンドン	６月30日	1	エジプト，イギリス，フランス新聞	
７月12日	ロンドン	６月29日	1	トルコ	
７月12日	ロンドン	６月10日	1	アイルランド	
７月15日	ロンドン	７月３日	1	エジプト，イギリス	
７月18日	ロンドン	７月４日	1	イギリス，トルコ，エジプト	
７月18日	ロンドン	７月５日	1	イギリス，エジプト	
７月18日	ロンドン	７月６日	1	イギリス，エジプト，トルコ	
７月21日	ロンドン	７月18日	1	イギリス，エジプト	
７月21日	ロンドン	７月７日	2	イギリス，エジプト，トルコ	
７月21日	ロンドン	７月８日	1	イギリス，アイルランド	
７月21日	ロンドン	７月10日	1	イギリス，エジプト	
７月21日	ロンドン	７月11日	1	イギリス，エジプト	
７月24日	ロンドン	７月12日	1	イギリス，エジプト	
７月24日	ロンドン	７月13日	1	イギリス，エジプト	
７月24日	ロンドン	７月20日	1	イギリス，エジプト，スエズ運河	

掲載本数は合計32.

表５　『朝野新聞』1882年７月海外電報

掲載日	発信地	発信日	本数	関係国	クレジット	備考
7/2	ロンドン		5	スエズ，アイルランド，イギリス		
7/5	ロンドン		3	トルコ，エジプト		
7/7	ロンドン		1	イギリス		
7/7	ロンドン		1	スエズ	「タイムス」	
7/12	ロンドン	6/30	1	エジプト		
7/12	セバステポール	6/16	1	ロシア		長文
7/13			1	エジプトの反乱		長文
7/14	カルカッタ		1	エジプトの反乱		長文，「訳者曰く」
7/15			1	エジプトの反乱	ヘラルド抄訳	長文
7/16		7/15	1	エジプトの反乱	横浜ガゼット	
7/16			1	イギリス内閣	シンガポールヘラルド	長文
7/19	ロンドン	7/14	1	エジプトの反乱	横浜ヘラルド7/15着ロンドン電	
7/19			1	ロシア	シンガポールヘラルド	長文
7/25	ワシントン	6/30	1	アメリカ		長文
7/26	ワシントン	6/30	1	アメリカ・前号から連載		長文
7/27			1	エジプトの反乱	ガゼット	長文
7/29		7/12	3	エジプトの反乱	ルートル電報	「ルートル電報を得たれば」
7/29			1	ロシア財政		長文

合計掲載数は26本.（発信地，発信日，クレジットの空白は記載なし）

表6　『東京日日新聞』1882年7月掲載海外電報

掲載日	発信地	発信日	本数	関　係　国	クレジット
7/3	ロンドン	6/20	1	エジプト	
7/3	ロンドン	6/20	1	アイルランド	
7/3	ロンドン	6/21	2	エジプト，イギリス下院	
7/4	ロンドン	6/23	1	エジプト	
7/4	ロンドン	6/23	1	エジプト	
7/7	ロンドン	6/26	2	エジプト	「タイムス新聞紙に載する所に拠れば」
7/7	ロンドン	6/27	1	エジプト	
7/7	ロンドン	6/28	1	エジプト	「デイリテレグラフ新聞に記する処にては」
7/12	ロンドン	6/29	1	トルコ	
7/12	ロンドン	6/30	1	エジプト	
7/12	ロンドン	7/1	2	エジプト，イギリス，アイルランド	
7/15	ロンドン	7/3	1	エジプト，イギリス	
7/24	ロンドン	7/12	1	エジプト，イギリス	
7/24	ロンドン	7/13	2	エジプト，イギリス，アイルランド	
7/24	ロンドン	7/20	1	エジプト，スエズ運河	
7/23	ロンドン	7/23	1	エジプト	
7/28	ロンドン	7/14	1	エジプト	
7/29	ロンドン	7/26	1	エジプト，イギリス	
7/29	ロンドン	7/17	1	エジプト，イギリス，フランス，スエズ運河	
7/31	ロンドン	7/27	1	イギリス，エジプト	横浜ガゼット

合計掲載数は23本.（クレジット空白は記載なし）

ていない。(14) 同紙のロイター電報は、一八八一年一二月二四日に載った後に中断してしまう。しかも一二月二四日掲載のロイター電報は、『ノース・チャイナ・デイリー・ニュース』からの転載であることが付記されている。復活するのは一八八三年八月一八日付で、「最新電報（Latest Telegrams）ジャパン・メールへのロイター特別配信（Reuter "Special" to "*Japan Mail*"）」と注記がある。

『ジャパン・デイリー・ヘラルド』の現存する一八八一年六月三〇日付には六月一八日ロンドン発ロイター電報が載せられているので、同紙の一八八二年にも掲載が継続されていた可能性は高い。また、フランス語新聞『エコー・デュ・ジャポン』の一八八二年は現存するので、調べると、ロイター電報は掲載されている。例えば六月一日付には、五月二〇日ロンドン発の電報がある。日本の新聞は、これらからロイター電報を転載することはできたはずである。

ロイターとの契約関係　しかし、前述のようにロイターと直接契約した形跡のない『時事新報』がロイター電報と明示して、苦情がなかったのであろうか。これまで述べたように、日本の新聞社は特にロイター電報と明記せず、掲載してきたのだが、明記して載せた例もないではない。『東京日日新聞』一八七九年一二月二二日は「ルートル通信」と明記して載せている。(15) しかし、実際はこれ以前から同紙は出所を明示せず、ロイター電報を載せていたので、なぜこの時点で明示したのか不明である。しかも、その後はまた明示しなくなっている。

多くの新聞が、信頼できる速報として売り物になるロイター電報を明示せず掲載したのは、転載にしろ、ロイターから苦情が出たからであろう。『時事新報』はその慣例を破ったことになるが、その際、前述の遅れ日数が一二日と一八七七年より多くなっていることを考え合わせる必要がある。おそらく横浜の英字新聞に載っているロイター電報自体が遅いのである。先の『ジャパン・デイリー・ヘラルド』『エコー・デュ・ジャポン』掲載のロイター電報も約二週間の遅れである。『ジャパン・ウィクリー・メール』にロイター電報の掲載がなく、一八八一年も前述のように『ノース・チャイナ・デイリー・ニューズ』から転載しているということは、同紙とロイターとの契約が何らかの理由で一八八一年に中断して配信を受けられなくなり、横浜の英字新聞も、船便で運ばれた上海やシンガポールの新聞に載っているロイター電報を利用するしかなくなったということであろう。『時事新報』をはじめ日本の新聞は、さらにそこから転載するか、やはり外地の新聞掲載のロイター電報から転載するしかなくなったのであろう。契約の切れたジャパン・メール社は『時事新報』がロイター電報を名乗っても、それを咎める理由はなくなったのではないだろうか。

『ジャパン・メール』とロイター　*The Japan Directory* によれば、一八七八年版までは Reuter's Telegram Company, Limited の代理人（Agent）として前述のE・L・マクマホンが記載されているが、一八八一年版からはジョン・ハフェンデン（John Haffenden）に替わっている。一八八二年版ではハフェンデンが代理人と記載されているものの、不在（absent）と注記され、一八八三年版からはゲオ・スコット（Geo A. Scott）となっている。[16] この事情は不明だが、ロイター支局の運営が不安定となり、一八八二年には代理人さえいなかったのである。こうした混乱によってジャパン・メール社とロイターとの関係も切れたのであろう。

スコットが代理人になることによって再び支局は安定し、ジャパン・メール社はロイターを掲載するようになり、同紙は、「Reuter "Special" to "Japan Mail"」と宣伝したのである。この推測があたっていれば、電報受付業務とニュース業務を兼ねているロイター支局の運営も安定したものではなく、またそれによって横浜の英字新聞だけでなく、日本の新聞の外国電報が大きく左右され、この時期にはそれ以前より、かえって電報は遅くなってしまったのである。

イギリスからみたニュース　それでも、日本の新聞にとってロイターの電報は、海外の動向をいち早く知るためには最も頼りになるニュース源であった。それに替わる海外速報入手手段はなかったのである。調査月のロイターや他の電報の内容をみると、ほとんどはエジプトにおける反英国運動に関するニュースである。現地エジプトの状勢、イギリス国内の動きやフランスなどヨーロッパ諸国の対応などが速報されている。エジプトの状勢はスエズ運河の安全性に関わっていたから、イギリスはもちろんのこと、ヨーロッパ諸国にとっても大問題であった。間接的には日本にもその影響は及んでくる。しかし、それは基本的にはイギリスにとっての緊急の重大事であり、それだからこそ大量の電報が発信されたのだが、イギリス製電報を受信した日本の新聞も、それを世界の重大事件として報道したのである。日本はイギリスが設定した枠組によって世界を認識していると言えるだろう。

『時事新報』の海外ニュース収集　しかし、日本の新聞は必ずしもそれに満足していたわけではない。前述のように、不十分ながらも海外に通信員を置こうとしていたし、海外のメディアから自国に関わるニュースをできるだけ集めようとしていた。『時事新報』は「外国電報」欄とは別に「海外新報」欄を設け、海外事情を報道している。海外電報も数多く、同紙が海外報道に力を入れていたことが分かる。「海外新報」欄のヨーロッパやアメリカ関係の記事は、それぞれの国の新聞からの翻訳と推測されるが、注目されるのは朝鮮関係のニュースが多く掲載されていることである。「朝鮮通信」

と題された朝鮮国内の動向に関する記事が頻繁に掲載されている。おそらく京城にいる『時事新報』の通信員から送られてきたもので、七月四日掲載の記事が五月五日から一二日の事項であるから二ヵ月遅れで、決して速くはない。通信員は二、三ヵ月に一回記事をまとめて送ってきたのである。それでも、朝鮮関係のニュースは、イギリス系の通信社・新聞社からは得ることはできない状況で、朝鮮動向報道の必要性を感じた『時事新報』が独自取材した報道として貴重であった。むろん朝鮮問題に強い関心をもっていた福沢諭吉の編集方針であったろう。他新聞には、朝鮮関係の記事は乏しい。

『報知』『東日』『朝野』の海外ニュース　『郵便報知新聞』も、「海外電報」とは別に「海外新報」欄を置いている。この記事の多くはヨーロッパ関係で、船便で運ばれてきた新聞からの翻訳だが、独自の「上海通信」（七月五日）「清国北京通信」（七月一四日）と中国からの通信記事が掲載されている。上海のほうは不明だが、「清国北京通信」は五月二七日付と発信日が記載されており、一ヵ月半遅れにせよ、同社の北京通信員が送ってきたものであろう。

『東京日日新聞』も、「外国電報」欄とは別に「外信」欄を設け、海外事情をほぼ連日報道している。「外信」欄記事の多くはやはり外国の新聞からの翻訳だが、同紙は前述のように、海外に通信員を配置していたので通信員からの「上海通信」「米国通信」が載せられている。「米国通信」は七月一一日にアメリカ議会傍聴記事が一本あるだけだが、「上海通信」は一ヵ月で一一本もある。上海は前述のように記者である岡正康が駐在していたので、ほぼ定期的に通信を寄せているのである。ただその内容は、現地の経済・社会の印象記、現地新聞記事の紹介が主で、現地官公庁や要人に直接取材することは困難であったことをうかがわせる。それでも、日本の視点からする中国事情の報道として、ロイターや英字新聞からは得られないニュースであった。

『朝野新聞』は、前述の一八八〇年の論説では、欧米に委嘱通信員を置いたと書いているが、それらしき通信員の記事は一八八二年七月には一本も掲載されていない。兼業であるため、通信の頻度は低かったのであろう。

中国・朝鮮関係ニュース　これら各新聞の海外ニュースをみると、依然として電報ニュースはロイターに依存し、概況ニュースも外国新聞からの翻訳が多いという状況には変わりがないが、各新聞とも何とか独自の取材による海外ニュースを伝えようとしだしていることが分かる。特に通信員を派遣するなど報道に力を入れたのは、中国関係と朝鮮関係であった。それらの地域については、イギリス系通信社・新聞社からは十分なニュースを得られず、日本の政治経済にとって重要であったから、日本の視点からするニュースが必要とされていたのである。しかも、七月二三日に壬午事変が勃発し、自国の利害に関わる地域に自前の海底電線を敷設したいという欲望が高まったことは、前章で述べたとおりである。

欧米新聞の日本ニュース　日本の新聞社が海外ニュースを入手するための努力を進めている時期、欧米の新聞の日本関係記事はどうであろうか。『ザ・タイムズ』『ニューヨーク・タイムズ』には調査月に日本関係の記事は一つもない。当時の『ザ・タイムズ』は全二〇ページで、五ページ、七ページに国際ニュースを載せているが、圧倒的に多いのはエジプト関係のニュースで、現地地図などを入れてイギリス軍の行動を報道している。ヨーロッパ諸国、アメリカに関する記事はあるが、日本を含め東アジア関係の記事は一本もない。この時期の『ザ・タイムズ』の関心はエジプトに集中していたのである。

『ニューヨーク・タイムズ』のほうも日本関係の記事は一本もないのだが、この時期の同紙は外国関係のニュースは少なく、特に国際ニュースのページも設けていない。エジプト関係の記事はあるにはあるが、『ザ・タイムズ』に比べればはるかに少なく、同紙の基本的関心はアメリカ国内にあることは明らかである。

ニュースの一方通行的関係は依然として続いていた。ロンドン発のニュースは、日本の新聞に数多く伝わり、日本の新聞もそれを掲載していた。しかし、日本発のニュースは欧米の新聞にはまったくないのである。

三　相場通信社の生成

相場通信社の成立　日本の新聞社がイギリス系通信社・新聞社から得た海外ニュースを翻訳転載するだけでなく、自前で海外のニュースを報道しようとする動きを示しはじめた一方、国際的活動を行なう通信社は、なかなか生成しなかった。広範にニュースを収集し、新聞社や企業に配信し、そこから収益を得るビジネス組織をつくるのは、容易ではなかったのである。

最初に成立してきたのは、国内活動のみの通信社、特に相場を速報する通信社であった。国内通信社の問題は本書の主たる関心ではないが、国際通信社を考えるうえでも必要なので、簡単に触れておくことにする。

商機をもたらす相場の速報は、通信業の形成の大きな契機であった。「近代通信社の始祖」といわれるフランスのアヴァス（AFPの前身）の拡大の基礎となったのは、ヨーロッパ全域の貨幣相場を速報していたことにあった[17]し、イギリスのロイターがロンドンやヨーロッパ各地の株式相場速報で大をなしたことも周知のとおりである[18]。これら通信社は、相場速報で経営的拡大の契機をつかみ、さらに一般ニュースに活動を広げて声望を高めたのである。

日本でも、江戸や大坂の商人たちがさまざまな情報収集活動に熱心であったことは知られているし、大坂堂島の米相場を知らせるために大旗を振って信号を送ったこともあるという。相場の通信は、ニュース・ソースが相場の立会所・会所に特定されており、株や米の価格データそのものを速報すればよいわけであるから、通信社にとって比較的小資本で開業でき、独自性を発揮できる分野であった。

東京で生まれた最初の相場通信社は、六角政太郎が創業した東京急報社だとされる[19]。一八八七年頃まで、「東京日本橋蠣殻町の米会所から日々の相場を各地方の米商人会所に、旗振り信号で通信されていた。その後電報を利用したが、とかく配達がおくれがちで、一刻を争う商業用の通報としては効果が少なかったので」、相場通信の通信社が生まれたという。

しかし、東京急報社の創業の年月日や活動の実態については、資料が乏しくよく分からない。おそらくその活動は、そう大きなものではなかったと推定される。一つの理由は、新聞社が早くから相場ニュースに力を入れ、通信社の活動余地はそう大きくなかったからである。明治初期から多くの新聞社が相場速報を付録としてつけていた。付録としたのは、本紙とは別の需要があったためと、できるだけ最新ニュースを載せるため、本紙とは別に印刷したのである。

新聞の相場付録　『日新真事誌《にっしんしんじし》』一八七三年は、本紙とは別に小型の『官許日新真事誌附録』をつけ、前日もしくは前々日の東京諸相場、横浜相場を載せていた。同年の『公文通誌』（『朝野新聞』の前身）も『官許公文通誌附録』をつけ、「本日東京物価表」「大阪堂島《どうじま》建相場」を載せている。ただし、堂島相場は五日遅れである。この年二月に東京・大阪間の電信は開通しているのだが、この場合は使われていない。また一八七六年には、諸物価報道の専門紙として『中外物価新報』が発刊されている。

さらに一八八三年の『朝野新聞』では、本紙とは別に小型の『朝野新聞付録』が付けられており、すべて相場ニュースである。『朝野新聞付録』の場合は通常は、冒頭に「電信」欄が置かれ、日によって違いがあるが、前日午前の大阪堂島米相場が掲載され、その後には「東京物価表」として前日の米相場などが載っている。裏面には横浜の生糸相場があり、「大阪」「諸国商況」と続いている。裏面の「大阪」欄は若干の経済解説があるが、データは五、六日遅れである。

大阪米相場速報は明らかに電信利用で、その日のうちに東京に通信され、新聞はそれを翌日の朝刊に印刷していたのである。電信連絡は米会所が行なっていて、新聞社はそれを受け取って印刷していたと推定できる。

さらに、一八八七年の『朝野新聞』をみると、全五段四ページの紙面のうち全二段を使って相場欄が置かれている。日によって増減があるが、全一段は「東京物価表」で「東京米商会所建相場」「東京株式取引所建相場」などが載せられ、通常は前日の相場を伝えている。次に「大阪」と「諸国商況」欄があり、「大阪」は堂島の米相場だが、四日か五日おくれである。「諸国商況」は下関や神戸などの米相場で、やはり五日おくれである。一八八三年の附録の裏面にあたるものが本紙に組み込まれたかたちだが、一八八三年にあった大阪からの電信はない。本紙とは別に、電信の速報を載せた附録が発刊されていた可能性がある。ただ、筆者のみた『朝野新聞』の復刻版では、一八八七年の付録は収録されておらず、付録発行有無については分からない。

また、創刊月日は不明だが、一八八六年には、株式取引所・米会所関係者をバックに夕刊紙『東京商業電報』（陸羯南《くがかつなん》の『日本』の前身）が発刊され、東京や横浜の相場、海外の商況を報道している。『中外物価新報』も、一八八九年に『中外商業新報』に改題し、より幅広い相場ニュースを伝えるようになった。このように新聞社の相場ニュースはかなり充実していたのだが、各新聞社は取引所や会所から直接相場表を入手していたようで、通信社に頼っていた様子はない。

地方新聞の相場ニュース　相場通信社の活動が大きくなかったと推察できるもう一つの理由は、地方の新聞社にとっても相場ニュースは重要であったが、相対的に独立性をもった地元市場のニュースが中心であったことである。東京の市況に無関心ではないが、常に急報を要するニュースとして扱われていなかった。『大阪朝日新聞』の一八八七年には一枚刷りの「物価」がついており、日によっては当日の相場が載っているので、本紙とは別に「物価」だけ夕刻に配布されたのであろう。しかし、東京の相場は掲載されていない。同紙では、一般ニュースは電報が利用されているが、東京相場は電報で定期的に速報されていないのである。むろん大阪は大きな商都であるので、独立していたともいえるが、長野県の地方紙『信濃毎日新聞』一八八三年・一八八七年をみても、地元長野の前日相場を掲載しているが、東京の相場は報道されていない。これらは任意のスポット調査なので断定的なことはいえないが、当時は地方の市場はそれぞれ独立性をもっており、その速報だけでも十分報道価値があったのである。東京の相場情報にある程度の需要があったとしても、高額の電報で常時速報するのは、地方新聞社の採算には合わなかったであろう。

このように一八八〇年代半ばに相場通信社は生まれてきたが、相場ニュースを市内や地方の新聞社などまで速報していた様子はない。東京急報社の活動は相場業者や企業相手の限られたものであったと考えられる。相場速報市場は狭く、一般ニュースまで扱う通信社ビジネスの基盤をつくることはできなかったのである。その後も相場通信社は綿々と続くが、そこからは有力通信社が生成することはなかった。

四　国内通信社の形成

最初の通信社　一般ニュースを扱う通信社として設立された最初は、一八八八（明治二一）年設立の時事通信社で、管見の限りでは「通信社」と名乗った最初の組織である。時事通信社以前に、通常、ロイター通信社とよばれる組織は横浜で活動を始めており、英字新聞社や日本政府はそれと交渉をもっていたのだが、すでに述べたとおり「レウトル電報」「レウトル氏電報」「バロン、リュウテル」などと呼び、ロイター通信（社）と呼ぶことはなかった。

最初の通信社は通信社の独自機能をどこに求めていたのか。『時事通信社創立趣意及規則』[20]は、その冒頭に、「国の文野は通信社の便否によりて判別するを得べし」と、文明国が必ずもつべき利器としての通信社を創立する抱負を高らかに述べ、西洋の文明を輸入して日が浅い日本は、すでに電信電話・鉄道・新聞・雑誌・通信の便を取り入れた。しかし、ロンドンで朝起きた事件が夕方にはアメリカに知れわたり、ワシントンで起きた事件が明け方にはヨーロッパで知られているという便利を得るところまで至っていない。西洋諸国では至るところで大概「時事通信社」が設置されていて、その地で起きた重要事件やその地で起きたことでなくても一般の人々に知らせるべき価値のある事件を迅速かつ精密に調査して諸方に通報している。

ここで「時事通信社」といっているのは固有名詞ではなく、普通名詞であって、他の箇所で自らを東京時事通信社と自称していることからも、東京時事通信社が固有名詞で、時事通信社は普通名詞として用いようとしたことが分かる。時事通信社というのは、おそらくNews Agencyの翻訳語であり、「時事」という部分にニュースの意味が込められ、通信社はたんなる情報通信組織ではなく、自らニュースを生産し伝えるという意味があったのである。

時事通信設立趣意　ただ、ニュースの生産ということになると、通信社と新聞社の区別は曖昧になってしまう。『時事通信社創立趣意及規則』[21]は、

時事を報ずるは新聞の職務なりと雖も、新聞は大抵郵便を以て之を各地に配達するなれば、遠隔の地にあるものは数日の後にあらざれば今日の事を知る能はざるの状あるに於てをや、新聞の記する所は大概皆な前日のことにして、其発行の地に在るものと雖も翌日にならざれは今日の事を知る能はざるの状あるに於てをや、是れ電信を以て時事を通信するの必要なる所以なり

と、新聞社と通信社の違いを説明している。新聞紙が郵便によって配達され、ニュースの遅い新聞に対し、通信社の独自性は、ニュースそのものを電信によって速報することにある。郵便か電信かはと

もかく、速報性こそ通信社の最大の売りであることは間違いない。

さらに、速報するニュースの性質についても語っている。創立趣意は、そのニュースについて「単に事実の報道を以て目的となし、偏頗の議論を附加はるものに非らざれば、在地方の人士の為めに一大便益を与ふべきは深く自ら信じて疑ハざるなり」という。「単に事実の報道を以て目的となし、偏頗の議論を附加」しないというのは、衆議院議員選挙・国会開設という当時の大きな動きのなかで、政党活動が活発化し、特に地方新聞が政党系列化されている状況に対し、あえて党派性を否定した報道に徹するということであろう。だが、「事実の報道」は当時も現在も複雑な問題で、この場合は政党色とは別な、もっと大きな政治色を隠す保護色でもあったのである。

時事通信社と政府との関係　『時事新報』は、時事通信社は「二宮某官辺の人々と相談して」創設したものだと報じている(22)。「二宮某」とは二宮熊次郎《にのみやくまじろう》のことで、時事通信社は二宮熊次郎と「官辺」とが協議して作った通信社なのである(23)。同紙によれば、

当時創立者の趣意なりと云ふは、官辺の事とし云へば兎角に誤聞の伝はりて政府の迷惑一方ならず、民心の疑惑を生ずる事さへあれば、時事の通信を営業とする一社を創設し、官辺より精確なる報知を得て之を各新聞社会社等に通知せば、政府も意外の迷惑に遭ふ事なく、且つ此類の営業は欧米諸国にも行はれて世人の便益とする所なれば、新聞事業の繁昌なる今日、随分世に珍重せらるべし云々とて重に内治の局に当る人々に就き計画の次第を述べて其の賛助を求めたるに、当局者も此計画の利便を喜び、各官衛の人々にも通知して報告下付の便利を同社に與んことを請ふなど力を添へて計画に賛助した

さらに諸方相談のすえ益田《ますだ》孝《たかし》が「内実社主」の任を引き受け、二宮を「主幹」とすることで開業したのだという。二宮熊次郎は、もともと『朝野新聞』記者であったが、その時期から伊藤博文《いとうひろぶみ》や伊東巳代治《いとうみよじ》と往来があったようだ。[24] 三井の益田孝は実際に出資したのであろうが、同時に政府の存在を隠すために名前をだしたのであろう。そして、政府から「報告下付の便利」という特権をあたえられたのである。

時事通信社規則　政府「下付」のニュースは貴重品であるから、十分商品性をもつ。実際、時事通信社は、ビジネスとしての通信社のかたちは整っていた。「東京時事通信社規則」は、第一条から第六条までは、先の「創立趣意書」を条文化したものだが、第七条は、

本社へ通信を委託する者は毎月手数料として前金三円を払ふべし、電報料は総て実費を以て徴収すると雖ども、前金として毎月金五円を払ひ込むを要す、本社は毎月末に発送の電信音数を報告し、預かり居れる電報料の余りある時は之を翌月分に繰り込み、不足ある時は翌月分の前金より差引く可し

とある。基本的に前金制で、手数料前金三円、電報料前金五円、電報料実費を前金から差し引く仕組みである。第八条では、「政事」「裁判」「警察」なりの一分野についての通信にも応じ、その場合は手数料前金二円、第九条ではカタカナ文の通信では費用がかさむ恐れがあるので、あらかじめ一定の「符号」を作り、「符号」による通信を行なうことなどを定めている。

時事通信社の実情　このように、時事通信社の設立は文書によるかぎり、通信社をビジネスとして成立させようとする計画性をもっていた。正式には一八八八年一月四日に設立され、一月一〇日の各

新聞は一斉に同社の開業を報道している。

しかし、各新聞社からどの程度契約を得られたかは不明である。中央・地方とも民党系新聞が優勢な状況で、政府との関係をウワサされる通信社が新聞社から素直に受容されたとは考えにくい。また、政府がニュース材料をある程度供給したとしても、それだけでは不足であり、一般の政治・経済・社会などのニュース通信が必要だが、かたちはできても、人材も組織力も弱い通信社にとって、それが難題であった。

当時の通信社は、単に政治上の形成及び出来事を各新聞社に通報するに止り、漸く一日一回乃至三回の発信を為したるに過ぎざりき。殊に其事項の政治上に限られし為め、時としては材料なきに苦み、普通一日四五件を記載するに満足せり。但当時に於ては、新聞社の外に各地方官乃ち知事警部長は、甚だ従順なる義務購読者たりき

というのが実情であったとされる[25]。政府の広報機関としても十分機能しなかったということである。

そうした状況で起きがちなことだが、時事通信社は内紛を抱えることになった。一八八八年一二月、二宮はドイツ留学に出発し、後任の主幹には福島宜三が就いた。福島のくわしい経歴は分からないが、滋賀県の新聞などで活動していた人物のようである[26]。通信社の機能について、十分な社会的認識がない時期に、主幹が短期間で交替するのは好ましいことでなかったことは言うまでもない。

ニュースの信頼性　一八九〇年一月一〇日『時事新報』に掲載されている時事通信社の広告では、「本社の自ら誇る所」として次の二事をあげている。

本社の通信は、所謂不偏不党固く党派の以外に立ち、真に公平の意を以て探究せしものに限る

本社の通信は、政府民間何れに係るを問はず、聢と其根拠を確むるに在らざれは一小事と雖ども苟もせず、故に開業後二年間未だ一回の虚妄を伝へたる事なし

通信社にとって死活問題はニュースの信頼性をいかに得るかだが、特に時事通信社の場合、ニュースの「不偏不党」と根拠の確実性が問題であった。時事通信社と政府との関係は、先のように『時事新報』が報じているほどであるから、一般にもある程度知られていたのであろう。とすれば、時事通信社のニュースは政府寄りとして民党寄りの地方新聞社から反発を受ける。また広告文は続けて、

地方新聞中偶々他の手より出たる虚報を掲ぐるを見て、是も亦本社の報ずる処なりと誤認し、甚きは之を口実として本社を批難する者往々之あり、玉石を混淆する甚しと謂べし

と時事通信社が蒙った誤解を訂正しようとしている。これは当時のニュースの実情を端的に語っている。時事通信社が「未だ一回の虚妄を伝へたる事なし」であったかはともかくとしても、出回っている出所の不確かな「虚報」が入り交じって、通信社の配信それ自体の信頼度が低くなっているのである。

経営難　また、当時の地方新聞の紙面をみると、東京の新聞掲載ニュースを適当に抜粋して記事にしたニュースが多く、はさみとのりで新聞を作る風潮は残っていた。地方新聞社では、通信社の電報に代金を支払おうとする意識は乏しく、通信社が安定した収入を得るのは難しかったであろう。

福島宜三主幹の体制は長く続かなかったようで、まもなく福島は外務属となり、農商務官の推薦で岡部廣が主幹に就任した。ところが、岡部が主幹となるや「同社の通信は往々にして発起者を驚かす事あり」という状況になった。特に農商務関係の通信は「省内一局部の人に偏倚するの嫌ある報道を

為す」ありさまで、政府側も主幹の交替を促し、益田孝が岡部を解任し、小出美房を主幹とし、京橋警察署に届け出たが、岡部は政府要人と関係があるなど、社中の内幕を暴露する通信を流し、居座って社を専有するなどの混乱に陥ってしまった。説明は略すが、その後も告訴騒ぎが続くなど、時事通信社は混乱状態に陥り、通信社としての声望は低下していった(27)。

時事通信社設立と没落の経緯は、日本の通信社が直面していた問題をよく表している。機能としての通信業と、ビジネスとしての通信業の見取り図を描くことはできたが、それを実際に実現する資金は、政府しか出資しえなかったのである。実質的に時事通信社は政府の広報機関となってしまい、しかも政府内部の一部派閥の色つきニュースを流すことになってしまった。それらは、民党優勢の地方新聞界に反感をもたれてしまい、その挙げ句、責任あるジャーナリストもおらず、内紛で自壊してしまったのである。その後、東京通信社（一八九〇年創業）、日本通信社（一八九一年創業）など、政府・官僚の息のかかった通信社が作られるが、いずれも時事通信社と同じような問題を抱え、大きな力を発揮できないままに終わった。

新聞用達会社の開業　民間の手になる通信社として開業したのは、一八九〇年の新聞用達会社である。これは改進党領袖であった矢野文雄が欧米視察から帰国し、改進党系の『郵便報知新聞』の改革に乗り出すなど、新聞界に新機軸を打ち出した一環として通信社を設立したものである。先の時事通信社は政府の非ビジネス的動機に基づいていたのであるが、新聞用達会社も、政党活動という非ビジネス的動機と結びついていた。ただ、新聞用達会社に関しても資料は乏しく、その実態についてはよく分からない。

新聞用達会社というのは、現在からすれば奇妙な名称であるが、新聞は News の訳語であり、Agency を用達と訳し、先の時事通信社と同じく News Agency を翻訳しようとしたのである。一八九〇年一月一〇日付『時事新報』などに掲載されている新聞用達会社の広告によれば、まず、本社は「英国の「ニュース、エゼンシー」会社の仕組」にならって、中央や地方の新聞社にたいする「用達」（サービス）をなすことを業務とするとある。その具体的業務とは

一　本社業務の大略は左の如し

第一　各種通信の依頼に応ずること

第二　都鄙新聞広告の取次を為すこと

第三　器械活字等の購入及び記者招聘の世話を為すこと

器械活字の購入、記者採用の斡旋など、新聞社に関わるさまざまな仲介業を行なうというのは面白いが、それだけでなく、広告取次を行なうところに通信業と広告代理業の兼営という新しいビジネスモデルを示したのである。

通信業広告代理業経営方式　フランスのアヴァスが通信業と広告代理業を兼営することによって経営を安定させていたことはよく知られている。[28] ロイターも別会社のかたちで広告代理業部門を開設したが、これは一八九一年のことであるので、[29] 新聞用達会社が参考にしたのは、アヴァスの事例であったのであろう。

しかし、通信業と広告代理業を兼営するのはなかなか難しい。ロイターが別会社にしたのも、広告主がニュースに影響をあたえることを防ぐためであったし、[30] 広告活動に必要な人材を確保することも

容易ではない。結局、ロイターは、三年ほどで多額の損失を出し、広告代理業部門から撤退した[31]。

西欧通信社にならって、通信業と広告代理業兼営という新聞用達会社の方向はよかったが、通信業と広告代理業のどちらもその社会的基盤が脆弱な段階で、両者の兼営は難しかったであろう。例えば、『大阪朝日新聞』の一八九〇年の総収入に対する広告収入の比率は約二八%、広告面比率は約二四%にすぎず[32]、広告活動はまだまだ未熟で、広告代理業も十分な収益をあげる状況ではなかった。

海外ニュースへの模索　ただ、新聞用達会社の注目すべき試みは、海外ニュースを取り入れようとしたことである。矢野文雄はロイター社と直接契約を結ぼうとして交渉を行なったという。欧米の新聞界を視察した矢野はいち早く国際ニュースの重要性に気がつき、新聞用達会社を国際的活動をする通信社としようとしたのである。しかし、とうてい採算が見込めず、契約は実現しなかったという[33]。

このように、新聞用達会社は西欧の News Agency 概念を導入し、民間会社として経営しようとしただけに計画は斬新ではあったが、現実的条件からすれば早すぎていた。しかし、この時は実現しなかったが、通信業と広告代理業との兼営は、長期的には日本の通信社のビジネス・モデルの一つのとなっていったのである。

五　『官報』とロイターとの契約

『ジャパン・メール』からの転載続く　一八八〇年代後半、政治的には条約改正問題、朝鮮半島問題、経済的には対外貿易の活発化など、これまで以上に海外ニュースの入手、海外向けのニュース発信の必要性は次第に高まってきた。しかし、通信社はようやく生まれてきたものの、前述のように基本的には市場は国内だけで、海外との接続はか細いものであった。

日本の新聞は、『ジャパン・メール』に掲載されたロイター電を翌日以降に掲載するという状況に、大きな変化はなかった。[34]『大阪朝日新聞』一八八七年一二月三〇日の例では、「電報」欄に「倫敦十二月二十五日発、本月二十七日ジャパン・メール」とある。ロンドン発信後二日目に『ジャパン・メール』の新聞の記事になり、それから三日目に大阪の新聞に載ったのである。ロンドン・横浜、横浜・大阪は電信が利用されたはずだが、電信は速くても、横浜の英字新聞を媒介する間接的関係のために時間が空費されているのである。日本の新聞社にとって、ロイターとの直接契約が大きな願望であった。

『官報』がロイターと契約　日本の新聞で、最初にロイターと直接契約したことが確認できるのは『官報』で、一八八六（明治一九）年一二月二四日のことである。法令公布新聞である『官報』が外電を載せるのは奇妙であるが、初期の『官報』は国内のさまざまな経済情報も掲載しており、国内外の情報の豊富さでも、民間新聞を圧倒しようとしたのである。[35]内閣書記官長・官報局次長・会計局長宛翻訳課長上申は、当時の外電の事情を説明していて面白いので引用しよう。

従来官報の外報は概ね其材料を海外新聞に採り掲載致来候処、該新聞の儀は数週日の後に非ざれば到達せざるを以て、間々官報に先ち民間新聞紙に於て掲載するものあり、故に海外新聞到達の後、散見する要急事項と雖も、事既に陳腐に属し登載の時機を失するの憾あり、是れ畢竟直々海

外電報を得るの途なきか為に有之。(36)

かつて政府が『ジャパン・メール』を通じてロイター電を取り寄せていた契約は終わっており、その結果、官報局は船便で届く外国新聞からニュースを転載していた。そうなると、『ジャパン・メール』掲載のロイター電を翻訳転載していた民間新聞のほうが『官報』より早いニュースを載せていた、というのである。先の『大阪朝日新聞』の例のように『ジャパン・メール』から転載する民間新聞も四、五日遅れなのだが、『官報』はそれよりさらに遅いことになる。

これを打開するため、官報局はロイターと契約したのである。両者が取り交わした「規約」では、ロイターは「商事電報」「マンチェストル船便」「政事電報」の三種類を、官報局に特使をもって差し送ることになっていた。それぞれ配信の間隔が異なり、「商事電報は表封に第一号と記し毎月三四回づゝ回送」、「マンチェストル船便は表封に第二号と記し毎月中旬及下旬に回送」、「政事電報は倫敦発日の翌日迄に回送」となっている。三種の電報料は毎月一六〇ドル、特使料二〇ドル、合計一八〇ドルである。

三種類の電報は、当時のロイターの基本的なサービスであったのであろうが、官報局はその必要度によって配信種類を契約したとみられる。官報局が最も速報を望んだのは、やはり「政事電報」であった。この「規約」にもとづき、翌年一月四日から『官報』外報欄に「ルートル電信会社報告」として電報が掲載されている。

貴重だが高額なロイター電報を入手できたのは、やはり政府当局であって、『官報』が最も早く海外電報を掲載し、民間新聞に優位にたったのである。

しかし、『官報』は、政府の方針によって初期の啓蒙的広報紙的性格を次第に薄め、純然たる法令公布新聞に徹していくことになる。このため、『官報』のロイター電掲載は、一八九一（明治二四）年三月末日まで続いたが、以後解消した[37]。四月一日『官報』には先月三〇日発のロイター電の掲載があり、以後は「電報」欄は廃止となった。一八九三（明治二六）年一一月には、官報局翻訳課も廃止となっている。だが、後述するように政府とロイターとの契約は別なかたちで続いたのである。

第二章　日清戦争を契機とする国際ニュースの活発化

一　日清戦争直前の国際ニュース

民間新聞のロイター契約説　日本の新聞社でロイターと直接契約したのは、日清戦争前の一八九三（明治二六）年に時事新報社が契約したのが最初であるというのが、小野秀雄『日本新聞発達史』以来の通説となっている。(1)しかし、小野秀雄は例によって典拠をあげていないので、何の資料に基づいているのか、わからない。煩雑なのでいちいち挙名することはしないが、その後の研究も典拠をあげずに、一八九三年に時事新報社が契約したと繰り返し書いている。

この通説に疑問をもった吉田哲次郎は、一八九三年二月の『時事新報《じじしんぽう》』紙面を調査し、掲載されているのは『神戸ヘラルド』や『ジャパン・ウィクリー・メール』から翻訳転載された外電だけであることを明らかにした。しかし、折角の調査結果と合わないにもかかわらず、なぜか「おそらく時事新報が横浜のロイター代理店と契約し、上海のロイター支局から送られてくるロイター電を購入し、入電とともに通報したものと推測」しているのが惜しまれる。(2)時事新報社がロイターの横浜の代理人（この時期はJ・W・ホール）と契約したのであれば、その紙面にはもっと速い電報ニュースが載るはずである。

『時事新報』掲載ロイター電　筆者が一八九三年一月二月の『時事新報』紙面を電報掲載を調べてみたところ、「電報」欄にロイターと明記されて載っているものは、発信から三日ないし四日の遅れになっている。すべての電報を調べたわけではないが、『時事新報』一八九三年一月四日に一二月三〇日ロンドン発のロイター電報として掲載されているものは、『東京朝日』一月五日に文章は異なっているが、明らかに同一英文電報の翻訳で、ロイターと注記なしに載っている。この場合は『時事新報』が一日早いが、正月をはさんでいるためもあって、それぞれ五日遅れ六日遅れである。また、『時事新報』一月一五日に「ルートル」として載っているパナマ運河をめぐるスキャンダル事件の電報「巴奈馬《パナマ》事件」は、同日『東京朝日新聞』に「巴奈馬収賄事件」、『国民新聞』に「パナマ運河事件続報」と同一内容の電報が掲載されており、この場合は『時事新報』が格別早くもない。

時事新報社が電報に「ルートル」とクレジットを入れているのは、ロイター代理店と契約した証拠とみることもできるが、ロイターと契約したとの説がない『国民新聞』などの他新聞でも「ルートル」と書いている例はあり、クレジットがあるから契約したとは限らない。一八九三年の『時事新報』紙面にロイターと契約した旨を告知する社告も掲載されておらず、現状では一八九三年に時事新報社がロイターと契約したことを裏づける資料は見いだせない。時事新報社が一八九三年にロイターと契約した事実はないと考えられる。

内外通信契約説　また、博文館《はくぶんかん》の大橋佐平《おおはしさへい》が一八九三（明治二六）年五月五日に開業した内外通信社は、ロイターと通信契約を結んだという説もある(3)。これも、関係する資料が見いだせない。内外通信社がロイターと契約したとすれば、同社はどこかの新聞にロイター電を配信したはずだが、管見の限りではそのような新聞はみあたらず、内外通信社がロイターと契約したとの説も疑わしい。一八九〇年代初頭、日本の新聞社に、ロイターと直接契約を結びたいという気運が生じていたのかもしれないが、実際には実現しなかったのであろう。

一八九三年紙面掲載電報調査　それでは、日清戦争直前という時期、日本に伝えられる国際ニュース、日本を伝える国際ニュースは、どのような状況にあったのであろうか。一八九三（明治二六）年一月の時点をとって、『国民新聞』『東京朝日新聞』『時事新報』『日本』の紙面掲載の電報、および『ザ・タイムズ』『ニューヨーク・タイムズ』の日本関係ニュースを調査してみた。

『日本』の場合は、一月一〇日から一五日まで六日間の発売停止があるので、他紙と一律に比較できないが、表7のとおり基本的には各新聞とも電報ニュースの掲載量は増加している。

表7　1893年1月
東京主要新聞電報調査

	電報合計	国内	外電	ロイター
国民新聞	141	63	78	21
時事新報	226	147	79	45
東京朝日	216	176	36	–
日本	77	36	41	11

ただ、新聞によって電報掲載数に差がある。各紙の発行回数が異なるので、それをもとに計算すれば、『時事新報』で一日平均約八・七本、『東京朝日新聞』九・四本、『国民新聞』で約六・一本である。新聞の編集方針・経営方針による違いが大きいと考えられる。電報量が多いのは『時事新報』『東京朝日新聞』だが、どちらも国内電報が他紙に比べ突出している。両紙とも、発信地も県庁所在地や交通要地など多様化し、多くは二、三行ほどの短信だが、前日もしくは前々日の発信で速報機能を果たしている。特に、大阪に本社を置く『東京朝日新聞』の大阪からの電報は、六、七行のものもあってくわし

い。大阪など特定大都市をのぞけば、これだけ多くの地方都市に新聞社が通信員を配置していたとは考えられないから、通信社からの配信や地方官庁が中央に報告した電報を、東京で入手したと推定される。いずれにせよ、『時事新報』と『東京朝日新聞』は、報道を重視する編集方針・経営方針をとり、国内ニュース速報に力を入れていたことがうかがえる。

外電のほうも、新聞によって差がある。外電が多いのは、『時事新報』と『国民新聞』である。国内電報では『時事新報』を上回っていた『東京朝日新聞』は、外電では前二紙の半分ほどしかない。逆に『国民新聞』は、国内電報では劣っていたのに外電は多い。『時事新報』は国内・外電の両方とも多く、最も速報性の高い新聞である。『東京朝日新聞』と『国民新聞』は経営・編集資源に限界があったのか、国内か外電かのどちらかに特化しているのである。

『日本』はこの間に六日間も発行停止を受けているので、他紙と比較するのは難しいが、外電は比較的多い。発行停止明けの一六日には、「外電一束」と題して発停期間中の二六本の外電を一挙に載せている。外電は少々遅れてもニュース価値があったし、『日本』も本来は外電掲載を重視していたのであろう。

各紙のロイター電　相対的に外電掲載の多い『時事新報』『国民新聞』『日本』は外電に「ルート ル」とクレジットを入れており、少ない『東京朝日新聞』が入れていない。だが、前述のように、遅れ日数ではほとんど差がないので、クレジットの有無が何を意味するのかは不明である。外電中でのロイター電報の割合は、後述のように新聞によって違いがあるが、五〇％以上がロイター電報である。数量的に多いだけでなく、ロイター電報が各新聞にとって重要であったのは、速報性があったからである。発信日から掲載までの遅れ日数は、各新聞ともほぼ同じで三日強、第一章で述べた一八八二年とほとんど同じ速度である。やはり横浜の英字新聞まで電報で届き、掲載されたものを各新聞が翻訳・転載したと推定できる。

電報は、本来は速報性こそ最も重要な商品価値であり、次の新たな電報が着信すれば、瞬く間に陳腐化してしまうのであるが、どの新聞も電報を直接入手できず、英字新聞からの転載であるため、横並び無競争で三、四日遅れが相対的に速報として意味をもったのである。

ロイター電のほとんどすべてがロンドン発。事件の発生地のいかんをとわずロンドン発で、各地のニュースがいったんロンドンのロイター本社に集められ、そこで選択・加工されて発信されているのである。ニュース発生地と発信地とは異なっている。

『時事』『国民』『東朝』外電　外電が最も多い『時事新報』の場合、ロイター電報は四五本、外電全体の約五七%であり、後述する『国民新聞』よりも割合が高い。ロイター以外では、『新嘉坡新聞《シンガポール》』二本など一二本、『マニラ新聞』六本、『東京新聞』三本、『北支那《きたシナ》新聞』三本、『ジャパン・メール』二本などとなっている。『新嘉坡新聞』というのは、『ストレート・タイムズ』（*The Strait Times*）、『北支那新聞』は『ノース・チャイナ・デイリー・ニューズ』（*North China Daily News*）と推定され、船便で届いたこれら新聞掲載の電報ニュースを転載した。電報とは名ばかりの速報性だが、ニュースに多様性をもたせようとしたのである。

『国民新聞』は、外電のうち二一本（二七%）がロイター電（表記はルートル）である。ロイター電の占める割合は『時事新報』より少ない。ロイターより多いのが、「北清日々」、恐らくこれも『ノース・チャイナ・デイリー・ニューズ』など上海発行の英字紙からの転載で、二九本ある。その他、「香港日々」「海峡地方諸新聞」とクレジットが入ったものもある。ただ「倫敦《ロンドン》」「巴里《パリ》」と発信地名だけあって、通信社名のないニュースがそれぞれ七本と三本ある。これらは、後述するニュースの遅れ日数からみて、ロイター電ではなく、やはり他の新聞からの転載であろう。「北清《ほくしん》日々」もすべてロンドン発であるが、遅れ日数の平均八・三日である。「海峡諸新聞」「香港日々」は発信地がパリ、マドリッドで遅れ日数は一八・五日となっている。これも『時事新報』と同じく、ロイター電とは別な観点からのニュースを載せようとしたのであろう。ただし、これらの英字新聞も、基本的にはイギリス系の新聞であり、イギリス勢力圏外のニュースを得ていたのではない。

『東京朝日新聞』は国内電報は多いのに外電は少ない。この時期には、国内速報網充実を優先させる経営方針をとっていたと推測できる。外電はすべてクレジットが入っていないが、一本を除いてすべてロンドン発である。これもロイター電で、横浜の英字新聞からの転載である。例外の一本は一月一八日掲載のパリ発だが、発信日は一二月二四日で、約三週間の遅れ。たまたま入手したものを掲載しただけで、定期的にフランスからニュースを得る仕組みをもっていた様子はない。

このように、一八九三年一月時点の東京の新聞は、依然として横浜の英字新聞に掲載されたロイター電報の転載という方法で国際ニュースを伝えていたのである。それ以外は、せいぜい船便で届いた中国やシンガポールの英字新聞から、だいぶ遅れたニュースを得るだけであった。

イギリス視点のニュース　ロイター電報やそれ以外の英国植民地英字新聞のニュースは基本的にイギリスの視点に立った国際状勢報道であるが、日本からすれば、それ以外に国際ニュースを得る方法はない。イギリスが国際政治を支配し、イギリスの立場からのニュースが重要だということがあるにしても、日本の新聞は依然として中古のイギリス製電報ニュースを三、四日遅れで掲載することに甘んじていたのである。

当時、日本と清国は朝鮮問題で次第に緊張を高めていくのだが、清国関係のニュースは、ロイターにはない。ロイター電などが伝えたのは遠い欧米のニュースであり、近いはずの清国・朝鮮関係のニュースは日常的には伝えられなかった。清国や朝鮮に関するニュースは、事件が発生すると、政府発表か臨時に派遣された特派記者、在留人からの通信などに限られていたのである。

英米新聞の日本関係ニュース　一方、これだけ日本の諸新聞がロンドン発のニュースを報道している状況で、同時期のイギリスやアメリカの新聞は、日本のことをどの程度報道していたのだろうか。前回と同じく『ザ・タイムズ』とアメリカの『ニューヨーク・タイムズ』の日本関係報道を調査した。

この時期の『ザ・タイムズ』は通常一二ページ建てで、主に五面に外国ニュースを載せている。一八九三年一月の『ザ・タイムズ』に掲載された日本関係のニュースは、一本だけである。一月一九日、一月六日横浜発、ブリティッシュ・コロンビアのヴィクトリア経由（二月一七日発）で、前年一一月に起きた日本の軍艦千島とイギリス軍艦ラヴェンナ衝突事件をめぐる紛議の続報で、三一行の長い記事である。これは、横浜から約二週間かかってロンドンに着いているが、ヴィクトリアまで一週間半であるから船便。ヴィクトリアからは二日だから電報であろう。イギリスに関係ある事件であるから報道されたのだが、発信から掲載までに長時間がかかっていて、日本では千島艦事件と称して大事件の扱いであったのに比べ、いかにも悠長な報道である。これ以外には日本関係の報道はない。日本に関係があろうがなかろうが、ともかく外国電報を掲載していた日本の新聞とは著しい不均衡である。『ニューヨーク・タイムズ』には、日本発のニュースはない。日本関係のニュースとしては一本、一月一四日、ワシントンの日本外交官が夕食会を催したという記事があるだけである。この頃の『ニューヨーク・タイムズ』はほとんど国内関係記事ばかりで、外国関係はイギリス、ヨーロッパ、中米にかかわるものだが、それにしても日本については無関心である。

わずか二紙の調査ではあるが、日本を報道するニュースの流れは依然としてか細いものであった。日本の新聞が数多くのイギリス製の電報を掲載しているのに比較して、極端に不均衡な状態は続いているのである。

ニュースの足を引っ張る条件　このように、新聞調査から浮かんでくるのは、国際ニュースの輸入は多くはなったが、やはり横浜の英字新聞からのロイター電報の転載に頼っていること、輸出すなわち欧米新聞に掲載される日本発のニュースはごくわずかであることである。日本の国際的地位、東アジアにおける国際関係は変化しつつあったにもかかわらず、国際ニュースの輸出入は、それ以前とは大きく変わっていなかったのである。すでに電信線によって東京とロンドン、中継を利用すればヨーロッパ、アメリカの主要都市とはつながっていたから、技術的にはもっと速く、かつ直接にニュースを送受信することは可能であった。それができていないということは、技術以外の経済的条件、政治的条件などがニュースの流れにブレーキをかけたり、時にはせき止めていたということである。

二　横浜英字新聞のロイターとの契約

英字新聞とロイターの契約　日本の新聞の外電ニュースが、横浜の外国語新聞掲載のロイター電報などからの転載に依存していたということは、英字新聞とロイターとの関係のあり方が、事実上、日本の外電を入口のところで規制していたということである。しかし、横浜の英字新聞がロイターとどのような契約を結び、その電報を載せてきたのかについて、これまでほとんど知られていない。

ロンドンのロイター本社は文書館を所有し、同社にかかわる多数の記録文書（Reuters Archive Record）を所蔵している。今回、ロイター文書館から日本関係の文書を入手できたので、それをもとに英字新聞とロイターの関係を考察することにする。(4)

ジャパン・メール契約　発見できた日本関係文書の最も古いものは、一八九六（明治二九）年二月一三日のロイターとジャパン・メール社ブリンクリーとの契約書(5)および同年二月一五日のジャパン・ガゼット社との契約書である。第一章で述べたように、ジャパン・メールは一八七四年にはロイターと契約し、その後、中断期間をはさんで、ロイターとの関係は続いていたことは間違いないのだが、一八九六年以前の契約書は見いだせなかった。

一八九六年の契約書が残っているのは偶然ということもあるが、後述するように、翌一八九七（明治三〇）年にロイターと日本の新聞社との契約が始まり、ロイターとジャパン・メールとの関係が変化したことと関係があるとみられる。契約は、ロイター本社や上海支社との間ではなく、横浜のロイター代理人（Agent）トラフォード（J. K. Trafford）と、ジャパン・メール所有者ブリンクリー（F. Brinkley）との間の契約となっている。そのことが若干契約内容にも関わっている。

第一条は、ロイターがブリンクリーに、『ジャパン・メール』で使用するニュース電報を毎月二〇〇円（ロイターへの手数料二〇％を除き）の範囲内で上海から送付すると定めている。ロイターは、すべてのニュースではなく、あらかじめ決められた金額の範囲内のニュースだけを送信するのである。ジャパン・メールからの代金徴収を確実にするためで、ロイターが一方的に有利な条項である。

第二条は、ロイターは、ブリンクリーの了承なしには、日本の他の刊行物や個人に『ジャパン・メール』電報のタイトルで載ったものを販売したり提供したりすることはない。第三条では、ロイターが、上海からの電報サービスを他の日本の新聞社や購読者に別途提供することは自由で、横浜で受信した電報ニュースの選択は、ロイター代理人の裁量に委ねられる。ただ、代理人は、電報サービスに差別的な取り扱いはせず、公平に権限を行使する。これもロイターが有利な条項である。第四条は、ブリンクリーは、毎月一六日に前記の二〇〇円をロイターに支払う規定である。

第五条では、現在ロイター本社から上海購読者に配信されているニュース・サービスが何らかの理由で中止となった場合は、ロイターは『ジャパン・メール』との契約も終結する権限をもっている、と定めている。前述のように、この契約自体が横浜の代理人との契約で、ロイターからみれば、日本への配信は上海への配信の派生という位置づけであったことがうかがえる。

最後の第六条は、契約の有効期限で、一八九六年二月一五日から三ヵ月となっている。契約としては非常に短いのが注目される。全体としてロイターが有利な契約といえるだろう。

ジャパン・ガゼット契約　ロイターは、ジャパン・メール社と契約した翌日の二月一四日に、ジャパン・ガゼット社のテナント（H. Tennant）とも契約している。[6] 第一部第三章で述べたように、ロイターがジャパン・メール社と契約していたことは、これまでも知られていたが、ジャパン・ガゼット社との契約が資料的に裏づけられたのは初めてである。ジャパン・ガゼット社との契約がいつ始まったかは不明だが、『ジャパン・ガゼット』紙面に載っているロイター電報は、ジャパン・メール社から配信を受けていたのではなく、ジャパン・ガゼット社も独自にロイターと契約していたのである。

ジャパン・ガゼット社の契約書の構成は、ジャパン・メール社との契約書とほぼ同じであるが、ジャパン・メール社契約書の第二条にあたる条項はない。ロイターは、自社の名前で電報を自由に売る権利があるから（第三条）、わざわざロイターが「ジャパン・メール電報」の名前で他新聞社に売るという行為はもともとありえないので、ジャパン・ガゼット社との契約では削除されたのであろう。

それ以外の条項と文言は同じだが、ジャパン・ガゼット社の場合は、ジャパン・メール社の倍の月額四〇〇円を支払い、その範囲内の電報を受けることになっており、契約期間も一年間である。ロイターは、二つの新聞社に大きな差をつけて契約していたのだが、第一条で定められたとおり、ロイターは一定金額の範囲内でしか電報を配信しないのであるから、どちらかの新聞社を優遇したというより、それぞれの支払い能力に応じて契約したのではないだろうか。ジャパン・メール社が経営が不安定であったので、契約料金も低くし、契約期間も短くした可能性が高い。

ロイター優位の契約　これら二新聞社とロイターとの契約からうかがえるのは、二英字新聞社がロイターに対して従属した関係にあるということである。新聞社側からすれば、ニュースを必要としても、契約金額を越えれば、ニュースは一方的に打ち切られてしまう。また、新聞社は自社で使用することだけが認められているのに、ロイターは他の新聞社と契約することは自由であるから、新聞社はロイターのニュースを独占できるわけではない。ロンドンに本社を置き、世界的規模で展開している通信社と極東の英字新聞社とでは、もともと力関係に大きな差がある。しかも、ロイターが東アジアのニュースを独占しているのであるから、新聞社側は、主たる読者である居留地の外国人貿易商・商人のニーズが高い国際ニュースを得るにはロイター以外の選択肢はなく、ロイターの条件に従うしかないのである。

また、ジャパン・メール社もジャパン・ガゼット社も、ともに自社だけで使用するという条件でロイター電報の配信を受けるという契約であるから、両紙が日本の新聞社に電報を転売したことはありえない。前述のように、『時事新報』などいくつかの日本の新聞は、「ルートル」と明記して電報を掲載しているが、この契約による限り、日本の新聞は英字新聞に掲載されたものを勝手に翻訳掲載していたと考えられる。ロイターと英字新聞は、いったん掲載してしまった電報の二次利用として黙認していたのであろうか。

ロイター側をみれば、ロイターはビジネスの論理に徹した契約を行なっている。基本的に英字新聞を信用せず、新聞社の支払い能力の範囲内でしか商品としての電報ニュースを供給しないのである。安全な契約といえるし、ロイターからは、日本における英国人貿易商の活動を助けるために危険を犯して横浜の英字新聞と契約しているといえるかもしれない。しかし、ロイターが日本での顧客として、このような契約を結ぶしかない新聞社しか見いだせないということは、日本での同社の活動の採算が難しいものであったことを示している。これは、ロイターにとって重い難問であった。

無競争と不安定　日本の新聞社は、英字新聞に掲載された電報を遅れて翻訳して載せるという安あがりの方法をとっていた。ロイターと直接契約すれば、電報の特性をいかした速報性を実現できるのであるが、当時の日本の新聞社にはロイターと直接契約するだけの経営的余裕はなく、仮にあったとしても、契約料金と外電ニュースに対する読者ニーズとを比較考量すれば、契約に踏み切れないという判断であったであろう。その点で、どの新聞社も同列であったから、ほとんど競争はなく推移したのである。

しかし、こうした仕組みによる国際ニュースの入手はきわめて不安定であったことは、いうまでもない。外国人経営の英字新聞を媒介者とすることも問題だし、しかも、その英字新聞は経営が脆弱で、ロイターは冷徹なビジネスの論理に立っているので、両者の関係が中断される恐れはある。ニュース選択や受信量などは、両者の関係次第で決まってしまうのである。

海外ニュースの採算困難　この時期の日本の国際ニュースの輸入は、もともとロイターの覇権のもとで、日本にとってのニュース価値やニュースの必要性などとはまったく無関係な英国製電報に頼らざるをえないという前提条件のもとで、ロイター・英字新聞社・日本の新聞社という三者の経済的要因によって遅く・細くなっていた。技術的には、ロンドンと横浜は電信線によってつながり、速報が実現できるはずであったが、ロイターとすれば、横浜への電報は上海からの派生であり、英字新聞という脆弱な顧客にニュースを供給するだけであった。それでも、イギリスのロイターは海底電線を利用できる立場にあったが、日本の新聞社はロイターと契約することもままならず、まして自ら海底電線を利用してニュースを送受信することなど、考えられもしなかった。ようやく日本の新聞社が海外に駐在させた通信員は船便でニュースを送るのがせいぜいである。

しかし、国際ニュース通信を阻害していたのが主に経済的条件であるとすれば、日本で国際ニュースへの需要が高まり、日本の新聞社が経営拡大するという経済的条件が変化すれば、国際ニュースの入手の競争が起き、入手の仕組みも変わるということでもある。

三　ロイター密約による対外ニュース発信

ニュース発信の低調　もう一つの問題である、日本関係ニュースの貧困をもたらしているニュース発信の仕組みについてみれば、基本的なことは、この時期の日本の通信社・新聞社は、外に向かってニュースを発信する活動ができなかったことである。欧米の新聞社のニーズに適合したニュースを生産する力量はなかったし、それを外国語に翻訳して電信や船便で送る仕組みもなかった。

先に紹介したわずかなニュースを日本から送ったのは外国人記者である。この時期、東京や横浜で活動していた記者の人数などは分からないが、そう多くはないことは確かである。しかも、電報でニュースを速報できたのはロイターだけで、他の記者は主に船便に頼っていたと推測される。

しかし、日清戦争によって、日本についてのニュース発信が増加したことは間違いない。多くの欧米記者が従軍し、戦況を報道するとともに、日本軍の行動が「文明国」にふさわしいか否かに注意を向けたから、日清戦争報道は、日本からすればたんなる戦況報道以上の大きな対外情報発信の機会であった。ただ、戦争報道は、特別な状況で、特別な仕組みで行なわれる臨時のもので、平時の対外ニュース発信の仕組みとは異なっている。

日清戦争報道については、すでにすぐれた研究もあるので、ここでは、戦争報道そのものではなく、日清戦争を契機にして日本への国際的注目が高まり、しかも長年の懸案であった条約改正交渉が、一八九四年七月の日英新通商航海条約調印によってようやく解決しようとする時期の、日本の対外ニュース発信の仕組み、あるいは仕組みの不在について考えたい。

政府の「外国新聞操縦」　この時期、対外ニュース発信の必要性を痛切に感じているのは政府機関である。後の時期には民間、特に実業界などから対外情報発信の必要性を説く意見が台頭するが、この時期にはまだ具体化することはなかった。日本からのニュース発信を政策的に取り組もうとする際の大きな問題は、実際に取りうる方法が限られていることである。

日本に関するニュースを海外に伝えているのは外国の通信社・新聞社であるが、それらに日本に好意的ニュースを流させることは難しい。そこで、日本政府が案出できる方法は外国の通信社・新聞社に裏から工作することであった。それが外務省のいう「外国新聞操縦」である。具体的には、欧米人記者へのさまざまな便宜供与、秘密の補助金提供、新聞社そのものの秘かな買収などの方策であった。

「外国新聞操縦」は、在中国の英字新聞、在欧米の新聞社・新聞記者など、さまざまな対象に試みられたが、そのなかで最も注目すべきは、日清戦争直前の時期から、日本政府がロイターと秘密の契約を結び、日本について有利なニュースをヨーロッパ諸国の新聞に配信させようとしたことである。

この事実については、すでに大谷正が著書『近代日本の対外宣伝』のなかで、外務省記録の簿冊『日清戦役に際し外国新聞操縦関係雑纂』に収録されている諸文書をもとに論及し、(7) ロイターの社史ともいうべきDonald Read, *The Power of News* も、簡単にではあるが記述している。(8)

ロイターは、すでに述べてきたように、西欧情報覇権の一郭をなす通信社であり、日本における国際ニュースの輸出入を事実上独占していただけに、ロイターとの秘密契約は個々のジャーナリストへの工作とは別次元の高等作戦である。また、契約交渉の過程からは、日本政府の「外国新聞操縦」という政策枠組の矛盾や、日本でのロイターの経営実態をうかがうことができる。今回、日本側の資料に対応するロイター文書館に残された契約書も発見できたので、既存研究と一部重なるが、ややくわしく取りあげることにする。

青木周蔵公使の活動　日本とロイターとが接近したのは一八九四（明治二七）年七月である。当時、日本はイギリスと日英通商航海条約《にちえいつうしょうこうかいじょうやく》の改定交渉を進め、また一方では、朝鮮半島をめぐり、清国との緊張関係が高まっていた。どちらの問題でもイギリス輿論の動向に気をつかっていたのだが、特に朝鮮半島状勢でイギリス輿論が清国に好意的であることを問題視したのは青木周蔵である。青木は、ドイツ公使であったのに、陸奥宗光《むつむねみつ》外相からイギリスとの条約改正交渉にあたるよう指示を受け、イギリス公使兼任となった。一八九三年一二月にロンドンに赴任した青木周蔵《あおきしゅうぞう》は、「英国に於ける日本の『ポリチカル・ソイル』〔Political soil　政治的地盤〕は毫《ごう》も開墾せられず」と陸奥外相に報告するとともに、政財界要人などとの懇親を深めるなど、「清国に対する英国の友誼的輿論を変更する事に」努めたという。(9)

ロイターとの秘密交渉　青木は新聞記者などへの働きかけも行ない、一八九四年七月二日、清国に対抗して日本に有利な記事を載せさせるために『ザ・タイムズ』へ工作している旨を報告し、至急資金の送付を要望している[10]。さらに七月二一日発信の電報で、ロイターの代理人が、日本に有利なニュースを世界中に広め、現在の危機に役に立つサービスを年間六〇〇ポンドの費用で提供したいと秘密に申し出てきたこと、ロイターとの交渉を進める権限と大東電信会社と電報料値下げ交渉を行なう権限を自分に認めて欲しい旨を陸奥外相に連絡した。青木が、イギリスのさまざまなメディアに裏面での工作を進めていたところ、ロイターがそれに応じてきたのである。大東電信会社の電報料金値下げ交渉まで持ち出しているのは、ロイターが主に南回りの大東電信会社の電信線を利用していて、日本政府との契約の一条件として、大東電信会社電報料値下げを持ち出したと推定できる。

青木の提案に対し、陸奥外相は七月二三日に年間六〇〇ポンドで了承したと返電した。ただ、大東電信会社との電報料値下げ交渉については、政府電報は大北電信会社と特別契約しているので、大東電信会社が政府電報すべてを独占しないという条件で交渉を許可している[11]。

ロイターとの秘密契約　この間、青木はロイターとの交渉を進め、七月二六日には契約書を取り交わしている。一ヵ月もかからないうちに契約しているのであるから、青木周蔵、ロイターともに、きわめて積極的であったことがうかがえる。

契約書[12]は、青木周蔵全権公使とロイター電報会社・ロイター国際通信社（Reuter's International Agency）代表イングランダーとが契約したかたちになっている。イングランダーはプルードン主義者であったともいわれ、ジュリアス・ロイターの友人としてこの時期のロイター経営の中心人物である[13]。

契約は全五条からなり、第一条では、青木が本国政府から受信した発表用のニュース、公的声明、反論、書類などをロイターに排他的に提供し、さらに日本の進歩への理解を深めるのに有用な出版物、政治的軍事的出来事について特別電報を送ってくるよう本国政府に働きかけることを定めている。第二条は、ロイターが政治関係電報を公表前に青木に通報し、直接間接に日本の利害にかかわるものであれば、各地通信員から送られてきた私的報告の要約も通報する。

第三条は、日本政府は年間六〇〇ポンドを月割り五〇ポンドでロイターに支払うこと、第四条は、ロイター電報会社とロイター国際通信社はそれぞれの領域で日本の財政的商業的必用のための仲介者(the intermediaries)として行動すること、第五条は、契約の有効期限を一八九四年八月一日から一年間と決めている。

これを日本政府は「密約」ととらえていたし、ロイターからみても通常の通信社の活動から外れた契約であることは明らかである(14)。ただ契約文の規定する両者の権利義務が曖昧で、それが後に問題となるのだが、これによれば日本政府は対外的発表をすべてロイターを通して行なうことになる。また、日本に有利な特別電報を作成して青木を通してロイターに通報するのだが、ロイターはそれをそのまま各新聞社に配信する義務は明記されていない。

ロイターは公表前に各地からの電報や各地通信員からの私的報告まで日本政府に伝えるのであるから、通信社の活動というより日本政府の情報収集活動に積極的に協力することになる。しかし、「日本の財政的商業的必用のための仲介者(the intermediaries)」という概念は曖昧で、どのような活動を含意していたのか不明である。

日本側の支払う六〇〇ポンドは、対外広報活動、特に日本に有利な情報を非公然に流すことと情報収集活動への報酬である。通常のニュース配信受信関係からは逸脱した契約である。

密約の背景　こうした密約を結ばれたのには、朝鮮半島の緊張、条約改正交渉の進展という状勢のなかで「文明国」日本を印象づけるニュースを欧米諸国に流したいという日本側の意向があったことは間違いない。青木周蔵個人の積極性もあるが、それだけではなく「日清両国まさに各々欧米各国の同情を博せんと務め居る[15]」状況のなかで、陸奥外相など外交首脳にも何とか日本に有利なニュースを広く流布させようとする意向があったのである。

日本からのニュース発信にロイターを利用する政策は、すでに第三章で述べたように、一八七五（明治八）年にアレクサンダー・シーボルトが建言したことがある。しかし、その時点では具体化せずに終わったのだが、それから二〇年近くたって実行されたことになる。しかも、シーボルト建言にはなかった秘密契約まで行なっているのであるから、この間、日本政府が「外国新聞操縦」に経験を積んできたことを示している。

ロイターの事情　ロイターの側がこのような密約に応じたのは、日本でのニュース送配信活動が、採算に合っていなかったためと推定できる。ニュース配信については、先に述べたように、ジャパン・メール社とジャパン・ガゼット社など英字新聞と金額を限った契約をしているだけであるから安全ではあるが、収入としては限界がある。また、日本からのニュース送信の体制としては、日本には代理人ホールがいるだけで、ホールは電報受付業務や保険業代理人も兼ねていたからニュースの取材活動に専念できる状況にはなかった。そうしたところに、日本政府発表の情報を独占的に入手して、しかも補助金さえ得ることができるのであるから、ロイターにとってはきわめて好都合な契約であったのである。

曖昧な契約　しかし、契約の締結を急いだせいか、曖昧なところがあって、それがじきに問題となった。一八九四年一〇月二六日、陸奥宗光外相は青木周蔵公使に書簡を送り、「我に利益なる通信を世界中に頒布」するロイターとの契約ができたとのことで、すでにその報酬を電送し、横浜の同会社代理人ホールに「緊要の事項ある」ごとに情報を通知してきた。にもかかわらず、ホールは契約を承知していない様子で、本社から交付の電信料が僅少なのか、こちらから伝えた事項を送信していない、また彼から進んで取材に来ることもない。「甚た冷淡の有様」である。さらに、ロイターの仁川通信員は日本が英国公使館宛の郵便物を長期間放置したなどと無根の記事を送っている。ロイター本社が少なくない金額を日本政府から受領しているにもかかわらず、こうした不都合があることを「厳談」するように青木に命じている。ただ、この時点で、陸奥は契約書本文を見ていなかったようで、青木に契約書送付も命じている(16)。

仁川のロイター通信員の誤報の真偽はともかくとして、電信料僅少のため、発信していないというのは、あり得ることである。英字新聞との限られた契約料しか得られない状況で、多額の金額を海底電線に支払って日本からのニュースを送るというのは、ロイターのビジネス論理とは合わないことである。日本は外電をロイターにほとんど依存しているのだが、ロイターのニュース送受信自体は同社横浜代理店の経営事情から、はなはだ頼りないものであったのである。

ロイターの弁明　陸奥の書簡に対して一二月四日、在英臨時代理公使の内田康哉は、陸奥外相に契約書の写しを送っている（外務省一月一一日接受）。また、一二月一五日付で青木周蔵公使は、陸奥外相宛に「ロイテル電報会社に関する件」を送り、ロイターとの談判の経緯を報告した（一月二二日）。これには、青木からロイターへの書簡、ハーバート・ロイターから青木公使への返書（一一月三日付）の写しが付けられている。

青木からロイター宛書簡は、陸奥の抗議をほとんどそのまま伝えたものだが、それに対するハーバート・ロイターの返書は長文で、ひたすら弁明に務めている。最初に、ロイターが真正な事実の報道に努め、決して一方的な見方に立たない不偏性を遵守していることを強調しているのだが、それは日本に有利なニュースを流すことを否定しているのではなく、陸奥から抗議があった仁川通信員が日本に不利なニュースを流したことへの弁明で、英国外交官という信頼できる情報源であったのでニュースを送ったというのである。また、それ以外では、反日本的な報道、虚偽や悪意をもったウワサを通信したことはないと、旅順虐殺事件を例に陳弁している。そして、東京での活動を拡充するため、もう一人通信員を派遣することにするので、今後は双方が満足できる結果が得られるだろうと釈明している[17]。

青木は、このロイターの弁明を受けて、

同社に於て中外独立的の主義を維持するに方り、遂に我彼間の内約を堅執するに勉めざりしことは蔽ふべからざるの事実に候へば、今回掛合の結果として、同社は大に注意を加ふべきことは勿論と被存候

と、当初期待どおりにいかなかったのは、ロイターが外面で標榜している「中外独立的の主義」のた

めで、同社が内約どおり活動していないことを認め、今回厳重に注意し是正させると報告している。

ロイター補助金増額を要請　陸奥宗光外相は、この書簡を受けとる前に横浜のロイター代理人と話し合ったようで、書簡接受と同日の一八九五（明治二八）年一月二二日に青木に電報を送り、ロイターの主任代理人（おそらくホール）からさらに踏み込んだ契約の提案があった旨を連絡し、意見を聴取している。青木は一月二四日に返電し、現行の契約で十分であるから、新たな契約は必要はないと答えている[18]。この時にロイターの横浜代理人が示した提案内容は分からないが、ロイター側が日本政府との関係を深めるのに積極的であったことが分かる。

青木周蔵の次に駐英大使の任についたのは加藤高明《かとうたかあき》だが、彼が一八九五（明治二八）年二月一三日付で陸奥外相に送った「ルーター電報会社と密約の件」（機密第三号）によれば[19]、ロイター社代表のイングランダーが面談を求め、ロイター通信の効用を力説した後、日本政府から「尚四百磅余の補助金を得たき内意」を示したという。青木の署名した密約では年六〇〇ポンドであったから、それにさらに四〇〇ポンドの増額を求めるというのである。それに伴い、ロイター側は特別な便宜を日本政府に供与する用意があるという。横浜の代理人が陸奥に提案したというのも、同趣旨の案であったろう。しかし、加藤はこの提案を聞き入れない態度をとった。

ロイターへの評価　加藤は、ロイターがこれまで事実に相違する日本に不利益なニュースを流し、同社の横浜通信員のごとき人物では満足できる通信を期待できない旨を返答したと本省に報告している。加藤高明がこうした態度をとったのは、彼個人がロイターとの密約の実効性に疑問をもっていたからである。加藤は、これまでの密約は「頗ぶる不完全」なもので、特に日本に不利益な電報を禁止する条項がないことをあげている。そして、密約期限である八月一日以降は継続する必要はなく、加藤の意見に反対する内訓がなければ、来たる四月中に「契約廃棄」をロイターに通告すると、かなり強硬な方針を本省に送った。ロイターの活動への不信は、陸奥外相も表明しており、密約の実効性については外務当局のなかでも評価が分かれていたのである。

ロイターさらに新提案　しかし、ロイターの側は積極的で、新たに横浜の代理人となったJ・K・トラフォードが四月九日、陸奥外相に「より親密な関係（the establishment of more intimate relations）」を希望する旨の提案を行なってきた[20]。トラフォードは、ロイターの電報が英国国内、アイルランドはもとより、ヨーロッパ大陸、インドなど英国植民地、アメリカ合衆国など、世界中に行き渡り、最も公的な事実と受けとられていると自社について宣伝し、二事項を提案した。

第一は、日本政府は、ヨーロッパやアメリカでの公表、日本政府の政策・行動、議会演説、ロンドンの公使館への公的電報などを日本国内のロイター代理人に無料で提供する。

第二に、ロイターは日本政府にヨーロッパのニュースサービスを日本政府の費用で供給し、日本へのニュースサービスを拡大して、日本政府の負担で提供する。

これは抽象的な文言で、先の青木が結んだ契約から、どこを踏み込んで契約としようとしているのか、はっきりしない。また、金額については書かれておらず、今後の交渉のための素案であったとみられる。

ロンドンでの契約廃棄　一方、ロンドンの加藤高明は、その後いまに至るまで本省から何の電訓もこないとして、かねての彼の方針どおり、四月三〇日にイングランダーに契約廃棄の旨の通牒を送った。これによって、契約は七月三一日限りで失効となったのである。[21] 加藤は、翌一八九六年四月二九日付でロイターへの「手当金残額」を返納する手続きをとっている。

東京での交渉　しかし、東京の本省では新たな契約についての交渉が進み、ロンドンの契約廃棄とはまったく相反する交渉をおこなったのである。東京とロンドンの間の連絡往復に時間がかかり、行き違いになっていることもあるが、電報で連絡することも可能であったはずで、本省ではちょうど日清講和条約、三国干渉などの難問を抱え、また陸奥外相の病状が悪化し、西園寺《さいおんじ》文相が臨時外務大臣代理となったこともあって、加藤の意見書を十分検討する余裕がないまま、推移してしまったとみられる。

一〇月二三日付の陸奥宗光宛中田《なかた》敬義《たかのり》秘書官の書簡に、ロイターへの補助金供与の件につき、西園寺から問い合わせがあったので、陸奥の「今年丈なれば金を与へても宜し」との答えを西園寺に復命したところ、その旨を伊東巳代治書記官長に連絡し、内閣から三〇〇〇円出るはずであるので、外務省は三〇〇〇円を支払うよう指示があったとある。[22] 陸奥は積極的ではないようだが、密約関係継続であった。しかし、費用の一部を内閣機密費から支出することになったため、外務省だけの問題ではなくなり、内閣書記官長伊東巳代治が関係するようになり、より複雑化した。

新契約成立　ともかく東京での交渉は進み、一一月一日に新たな契約が、伊東巳代治《いとうみよじ》内閣書記官長とロイター代理人トラフォードとの間で結ばれた。[23] 伊東巳代治が署名人になったのは、先の中田書簡にもあるように、金の出所が内閣書記官長が管理する内閣機密費と外務省の折半になったためである。

一八九五（明治二八）年一〇月三一日付伊藤博文《いとうひろぶみ》首相宛伊東巳代治書簡には、[24]「先日ルートル電信会社と密約之件、外務省へも写一通相廻至急同意を求置候」とあり、伊東の主導で交渉が進められたことをうかがわせる。伊東は、さらにロイターとの関係をくわしく伊藤に報告している。

（前略）欧州へは右ルートル之外使用すべきもの無之、戦争後も不絶通信罷在、同社より政府へ対する感情も至極宜敷候へども、従来横浜の支店外にトラフヲルトを派遣し、同社之入費も不《すくな》尠《からず》、旁《かたがた》此際何《なん》と歟《か》政府との取極を成就せざれば同人も本邦に駐在六ケ敷由に有之、本社よりも屢々《しばしば》督促到来の趣を以て、過日来再三面談、先日入覧候通約束案相認候次第に御坐候間、其辺之事情閣下よりも親敷御内話被下置候様奉願上候。然れば内閣より三千円外務省より三千円都合六千円、内五千円を本社との約束補助に充て、残壱千円はトラフヲルドに手当として日割にて下賜相成候へば、同人を使用する上にも多少之便宜有之、前文之通先日も願上候次第に御坐候。

これによれば、もっぱら伊東巳代治がトラフォードと交渉し、内閣と外務省で三〇〇〇円ずつ出し、ロイターへ補助金五〇〇〇円、トラフォード個人に一〇〇〇円の手当を出すことになっている。ただ、多額の補助金を渡す密約によって、伊東が何を期待していたのか、はっきりしない。

ロイターに残っている契約書によれば、契約は五条からなり、構成は青木契約と大きな違いはない。第一条は、青木契約とほぼ同じで、内閣書記官長である伊東巳代治は、政府の公的発表を日本でのロイター代理人に通知し、政治的軍事的出来事や改革政策、日本の進歩への理解に役立つ発行物をロイターがヨーロッパやアメリカに送れるよう日本政府に手配する。

第二条は、ロイターの代表は、通常のニュース・サービスで収集した一般的なニュース類を会社の費用でロンドンに送る。第三条は、日本政府は、公的であると否とを問わず、日本政府の要請にもとづく特別電報については、ロンドン・東京間の電信料をロイターに支払う。ロイターは受信した電報のコピーをロンドンの日本外交官に届けるとともに、ヨーロッパとアメリカの顧客新聞社に配信する。

第四条は、日本政府は、ロイターの日本代表に年間五〇〇〇円、均等月割り四一六ドルを支払う。

第五条では、契約の有効期限は一年間となっている。

全体として前回の青木契約書より簡単になり、ロイターの受け負い事項は軽くなっている。青木契約書にあった、公表前のニュースや各地通信員からの非公式報告をロイターが日本政府に届けるとか、ロイターが日本政府の財政的・商業的要求によって仲介者となるといった条項はなくなっている。また、陸奥や加藤が問題視した、日本に不利なニュースを差し止めさせる条項は実現していない。

金額は青木契約が六〇〇ポンドで、加藤の精算書[25]の計算によれば日本政府はそれまで六〇〇〇円（英貨約六一五ポンド）を送金していたから、伊東契約の五〇〇〇円は若干減額したことになる。ただし、トラフォードに手当金として別途一〇〇〇円支給していたから日本政府の出費は同じである。

伊藤博文『秘書類纂・財政資料』所収の「改第五回機密金報告書」には、日報社などへの補助金とともに「ルートル社トラフォルト」に毎月四九九円九九銭九厘が渡されていることが記録されている[26]。

この一八九五年一一月の契約は、前年の契約の実効性への疑問が陸奥外相や加藤駐英公使から出ていたにもかかわらず、それは十分検討されないまま結ばれた、戦略性の乏しい密約という感は否めない。それでも進められたのは、「新聞操縦」に強い関心を持ち、機密費を用いて内外のいくつかの新聞に補助金を出していた伊東巳代治の方針があったことは確かである。しかし、それと同時に、政府・外務省のなかに、欧米諸国へ日本に好意的なニュースを流したいという意向が脈々と存在し続けていた。だが、そのための有効な策が見いだせないところで、実効性に疑問をもちながらも、ロイターへの秘密補助金という策になったのであろう。

大隈外相の契約方針　契約期限は一年ということになっていたから、この密約は一八九六（明治二九年）一〇月までは続くはずだったが、そのまま更新とはならなかった。一八九六年一〇月二八日、この年九月の第二次松方正義内閣発足によって外相に就任した大隈重信《おおくましげのぶ》は、駐英大使加藤高明に、「ルートル電信会社と契約締結の件」という機密書簡を送った[27]。それによれば、ロイターとの契約趣旨を日本政府の「緊要の事項を海外に頒布し海外各国の事情を本邦に通信せしむる為め」と説明し、青木公使の締結した契約はいったん廃止する。さらに日本にいるロイターの代理人とも協議のすえ、これまた解約したと、これまでの契約が解約されたことを説明した。しかし同社を利用して「彼我の通信を敏捷正確ならしむるは最も必要と認」め、今回再び契約する方針であるから「至急其筋へ内議」するよう内訓している。

外務省は、やはりロイターとの密約に執着していたのである。ただ、今度は横浜の代理人ではなく、以前の青木と同様に、本社と直接契約を結ぼうとした。大隈は、これまでの経過を把握していたようで、契約条項は青木が締結したものと同様で差し支えないが、「我に不利益なる電信発行を禁止する条款の如きは勿論必要」と、かつて加藤が意見具申した条項を取り入れることを指示している。

電報の送受信については、本省から送信するものは大北電信経由でロンドンに送信し、ロンドンでロイターに交付することとするが、逆方向の電報は、ロンドンのロイター本社が横浜の代理人に直接送信し、代理人が外務省に配達することとする。ロイターは、すでに日本の代理人・新聞社への送信方法を成立させているので、その写しを外務省に届ければ電信料支出の必要がないというのである。その他、契約は無期限とすることなども指示している。この時まで、加藤高明には伊東巳代治が締結した契約書を知らせていなかったらしく、追記には契約書を送付するとある。

加藤大使反対意見　これに対し、加藤高明は便箋六枚にも及ぶ長文の意見書（機密第八三号）を一二月一一日付で大隈外相に送った（明治三〇年一月一九日接受）。加藤は、前述のごとく青木の締結した契約の実効性に批判的であったから、同社の申し出のような契約を結ぶ必要はないと大隈の内訓に従うどころか、強く反対意見を表明したのである。

その理由は、第一に、日本政府が緊要の事項を内外に知らせる必要がある時には、公使館に電信し、公使館からロイターにこれを交付すれば、ロイターは喜んでこれを各新聞社に配信するので、ロイターと特別な契約を結ぶ必要はない。第二に、日本の利害に関わる事項のニュースについては、公使館からこれまでも書信と電信で本省に報告しているので、ロイターと特約する必要はない。一般のニュースを知りたいのであれば、ロイターを利用するのはよいが、それは「政略上の問題にあらずして寧ろ普通の事務《ビジネス》に属」することであるから、日本の新聞社とロイターとの契約を参考にして「普通の方法」で契約すればよい。

加藤はさらに付言として、くわしくロイター契約の得失について意見を述べ、大隈は公使館からの通報では遅延があるというが、ロイターがロンドンなどで彼らの取材活動によって「隠密の事実」を探りえたというようなことは皆無で、ほとんどは当地の新聞などから集めたニュースであるから、公使館が収集した事項を電報しているのと時間差はない。北回り電信線か南回り電信線かは事件の性質などで使い分ければよいことで、速報を得るためにロイターに依頼する必要はない。また、公使の判断で必要と認める事項については、別途電信料を支払って公使から本省に送達するというが、ロイターの発電前に公使がロイターと連絡を取りあって必要不要を査閲していたのでは、かえって遅延してしまう。

さらに、日本と外国との「通信の度合は帝国と列国に対する位置及び時事の煩閑軽重等により自ら定まるべきもの」であって、たとえロイターとの契約がなくても重要な事実は当地に電報されてくるはずだし、重要な事実がなければ特約があっても効果はない。自分は本省とロイターとの密約の事実を知らなかったが、この密約のためにイギリスの新聞紙上に日本関係ニュースが増えたことはなく、掲載されたニュースは密約がなくても掲載されたはずで、これをもっても密約は不要であることが分かる。

本省ではロイターの力を過大に考え、同社の力によって世間に知られていない「機密の事項」を探知できると思い込んでいるようだが、ロイターは各国新聞の記事を往復報道しているにすぎず、「新聞以外に実要の報道」を得ようとする希望があるのであれば、失望するだけである。

しかし、本省において、ロイターを利用して日本の利益となる事実の報道にとどまらず、事実を曲げたり事実をねつ造して他国に吹聴するとか、報道の出所を隠してロイター電報のかたちをとってニュースを流すといった「政略上一定の目的」をもって同社を利用するとか、取りあえず今は必要ないが、将来の有事の際に日本の指示に従わせるために今から保護を与えておくという方針であれば、問題は別であるので自分個人の意見にかかわらず、訓令のとおりロイターと交渉に入る。いずれにせよ「今一層判然たる訓令」を仰ぐというのである。末尾には、伊東契約書のことに触れ、駐英公使に関わることが知らされずに締結されていたことに強い不満を表明している。

この異例ともいえる長文の意見書は、日本政府・外務省が行なっている「外国新聞操縦」という政策の問題点が鋭く衝いている。外国の新聞社・通信社、記者に裏で金品を提供し、自国に有利なニュースを流させようとする「外国新聞操縦」は、国際ニュースの流れにおいて劣等な地位にあり、自力で情報発信をできない後進国のとる対外政策であるが、いたずらに金品を出しても、先進国のメディアを「操縦」できるわけではない。加藤のいう「政略上一定の目的」をもち、そのことを密約に明文化できればよいが、そうでなければ実効性は期待できないのである。

ロイター側の働きかけ　一方、ロイターの側は契約に熱心で、一八九七（明治三〇）年一月二三日にトラフォードが大隈外相に書簡を送り、前年一〇月六日に提出した契約書提案への回答を求めた(28)。一〇月に提出したという提案文書案は外務省記録のなかには見あたらないが、先の一〇月二八日付の加藤宛大隈書簡はこの提案をもとに部内で検討し、横浜ではなくロンドンで交渉することにしたのであろう。

加藤の「外国新聞操縦」批判と強硬な契約反対論によって、外務省でいったん決めた契約交渉の方針は動揺し、内閣にも波及した。二月一〇日、小村寿太郎外務次官は、高橋健三《たかはしけんぞう》内閣書記官長にロイターとの契約につき、同社から回答を求めてきているので至急内示を得たい旨の書簡を送っている。

加藤大使再度反対意見　その後、次節で述べるように、ロイターは日本の新聞社と契約を結び、同社の経営環境は改善されたのだが、依然として日本政府との密約を追求していた。加藤駐英公使は、一一月三〇日付で便箋一三枚にも及ぶ前回にもまして長文の意見書（機密第九五号）を、ロイター代表イングランダー書簡も添えて西徳二郎《にしとくじろう》外務大臣に送った（一八九八年一月八日本省接受）[29]。

加藤は、前年一二月一一日付（機密第八三号）意見書を具申したにもかかわらず、その後なんの連絡もないので中止となったと思っていたと、皮肉めいた前文を書いたあとで、突然ロイター社長から相談があるので面談したいとの書簡があったので、特約の件であろうと推量していたところ、過日同社代表イングランダーが来訪し、予想どおり特約の話しを持ち出したという。イングランダーは、イギリス人ではないため、「言語不明なる」ところがあるので、後日書面を出すよう求めたとしている。確かにイングランダーはウィーンやパリで無政府主義者として活動したこともある人物であったので、英語になまりがあったのかもしれないが、加藤の自信も相当なものである。ともかく後日送付してきた書簡の要旨を報告するとともにその写しを添付している。加藤のまとめたロイターの申し出は次のとおりである。

第一、ロイターは政治財政通商などに関する事項を日本に報道すること
第二、同じ事項を日本から報道すること
第三、日本政府が必要と認めた場合において、各種の公報、取消、批評、弁解などをロイターの名義で欧州へ打電すること
第四、前条の場合は日本政府がその電信料を負担し、その他の電信はロイターが費用を支弁する
第五、日本政府から毎月二〇〇ポンドの補助金を受けたいこと

この金額の補助金を受領できれば、ロイターは新聞社などから受け取る代金とを合わせて、毎月二〇〇〇語程度の電報を発信することができる。この申し出に対して、加藤高明は強く反対し、本省に契約不要の意見書を送った。その要旨は以下のようなものである。

一、在外公館が電信や書面で海外事情を本国に知らせるための活動をしているので、格別ロイターを使用する必要はない。

なぜなら外国人は「思想習慣嗜好等」が日本人にはなはだ異なっているので、いかなる事項が日本の利害に関係が深いか、日本人が西洋の事情のいかなる事項を知りたいのか判別することが非常に難しい。現にロイターが日本の新聞社に供給している電報を見ても、日本には何の関係もないことや、日本人には何の趣味もないことが少なくない。

これに反して日本にとって重要な事件についてロイターが誤報したことが、昨年来二件起きている。ロイターの弁明では、これまで日本の顧客から受け取る金額が少ないため、電報語数を節減している結果だという。しかし、補助金を出したからといってこうした誤報がなくなる保障はない。また、ロイター社のごとき「局外」にあるものが、外交などの機密を探り出せるはずはなく、補助金を出したところで、結局は「普通新聞の種子」を幾分増加するに過ぎないのであって、有用な情報を得ることはできない。

二、日本の事情を海外に報道することについても契約の必要はない。

海外の新聞紙上に現れる「報道の多寡は其国の遠近を初めとし、風俗民情等の異同に基く彼此国民親密の度合によりて自ら差別を生ずるもの」なのである。したがって、補助金を与えて「強て本邦の事情を海外に広告」しても一般読者の多くはほとんど記事に気がつかず読み落とすだけで効果はない。

さらに条約改正がほぼ成り、日清戦争に戦勝によって日本への注目は大いに高まり、電信ニュースはなくても、書信ニュースとしては掲げられ、有識読者は日本の状態を知るようになってきている。多数の欧米人が「我有形の進歩」に対して「実際以上の価値を置」くようなことも起き、かえって「我一挙一動は殆と猜疑心と恐懼心」をもって見るようなことも起きている。こうした状況でこちらから「其状況を海外へ吹聴」することは必要はないだけでなく、かえってこちらの不利益を醸成することもある。

三、ロイターを利用して日本政府の各種の公報、取消、弁解をなすことも必要はない。互いの外交関係が錯綜している欧州諸国のあいだでは、電報通信社を利用して「一虚一実外交の秘術を戦」うようなことも行なわれているが、日本は地理的にも隔絶し外交関係も頻繁ではないので敢えて電信会社を利用する必要はない。

欧州大陸諸国には、政府部門として新聞局《プレスビユーロー》を設置し、御用通信社とあいまって新聞を利用する政略をとっているところもある。だが、日本政府にはそのような機関はなく、一両年前某官人（暗に青木周蔵をさす）が個人的活動として通信社を利用するようなこともあったが、某官人が去り、日清戦争も終わったあとは、ニュースの材料も少なく、担当員もなく結局空しく定額の金額を投与するだけになった。相当の設備や計画もなく単に通信社と契約する時は、このようなことになってしまうのである。

仮に密約を結ぶとしても、その補助金額を定めるのは困難であって、毎月二〇〇ポンドは高額すぎる。要するに、ロイターと密約を結び一定額の補助金はあたえる必要はまったくないというのである。

交渉棚上げ、密約廃止　前回にも増して強硬な加藤の反対意見は、外務省にも強い影響をあたえたはずである。大隈外相が、加藤公使に交渉に入るように指示してから一年経ち、その間、ロイターは積極的に働きかけているにもかかわらず、加藤は反対意見を送りつけただけで、ロイターとの交渉をまったくサボタージュしていた。一方、外務省も加藤に何の訓令も出さず、打ちすぎていた。そのあげく、加藤の二回目の意見書となったのだが、二回目の加藤意見書が指摘している密約の問題点は、「外国新聞操縦」政策の戦略性の乏しさを一層厳しく指摘していただけに、大隈外相の辞任後、外務省のなかに加藤の意見を押し切ってまで、「外国新聞操縦」について積極的方針を出すものがいなかったのであろう。

外務省は、加藤意見書（機密第九五号）を一八九八（明治三一）年一月八日に接受したが、一月二二日になって西徳二郎外相は加藤駐英公使に書簡（機密第九号）を送り[30]、前任大隈外相が内訓を発したロイターとの契約締結の件は、当時は日本の新聞社と同社との契約が廃止され、ロイター電報を日本で受信できない状況であったが、その後『時事新報』『ジャパン・タイムス』が契約することになった。機密第八三号第九五号の加藤意見書についてはまったく同感であり、かつ両新聞社が契約したこともあるので本省ではロイターとの契約は断然相見合せすることに決定したとの訓令が発せられた。

これによって、一八九四年以来のロイターと日本政府との密約関係は終了した。ただし、ロイターのほうは簡単にはあきらめなかった。三月一二日、ロイター代理人ブランデルは、西外相宛に同社がジャパン・タイムス社に欧米ニュースを供給することについて好意的配慮（your favourable consideration）を懇願する書簡を送ってきた。しかし、外務省は三月一五日付で外務大臣秘書官三橋直方が断りを入れた[31]。

対外発信のジレンマ　これまで述べてきた日本政府とロイターとの密約の過程は、後進国の日本の対外ニュース発信の抱えていた問題をよく示している。日本政府としては、日本に有利なニュースを欧米に向けて発信したいが、国際的活動ができる日本の通信社は成立しておらず、日本からのニュース発信を行なっているのは、外国の通信社・新聞社だけである。そこで、外国の通信社・新聞社に秘かに補助金などを提供する「外国新聞操縦」という非公然政策が生まれ、実際にさまざまな工作が行なわれた。特に東アジア地域において独占的活動を行なっているロイターへの工作に大きな期待をかけたのである。

しかし、「外国新聞操縦」といっても十分な戦略性があったわけではない。もともと日本に有利なニュースを流して好意的世論を形成するという目的自体が曖昧だし、好意的世論などはとらえどころがなく評価は分かれてしまう。青木周蔵や伊東巳代治は積極的だが、加藤高明に言わせれば結局通信社に空しく金を投げ与えているだけで何の実効もないという冷ややかな評価である。外務当局の内部に加藤のような意見が登場してきたということは、「外国新聞操縦」という方法の限界が、この時期に浮かびあがってきたということである。しかし、それに代わる対外ニュース発信の方策も、当面は案出できないことも事実であった。取りあえず、外国の新聞社や記者に裏側で金品を提供して「操縦」するという誘惑は容易に棄てがたいものであったので、「外国新聞操縦」はその後もかたちを変えて続くが、後進性故の裏工作という対外ニュース発信政策再検討の必要性も高まっていったのである。

「ニュースの商人」ロイター　一方、ロイター側が日本政府との特約に積極的であったのは、ビジネスの論理からである。「ニュースの商人」という言い方もあるように、もともとロイターは電報ニュースを商品として収集販売しているのであるが、市場としてみれば、日本は未成熟で採算が合わないのである。日本の新聞社は、直接契約するにはまだ力不足で、顧客としてあるのは、横浜などの経営不安定な英字新聞社しかない。日本で採算をとるためには、日本政府からの補助金はきわめて魅力的であった。

もちろん日本政府から金銭的報酬を受けて日本に有利なニュースを流すことは、ジャーナリズムの原則から逸脱していることはいうまでもない。しかし、ロイターにあっては、ビジネスの論理が優先していたのである。ただ、契約では曖昧な部分があり、それが日本政府の不満となったのだが、反面ロイターはそれを巧みに利用して自己のジャーナリズム活動を行なったともいえる。

西外相が、ロイターとの交渉中止の理由として、日本の新聞社とロイターとの契約成立をあげているが、政府とロイターの関係と新聞社とロイターの関係はまったく次元を異にするから、本省の体面を保つための発言ととれる。だが、ちょうどこの時期に日本の新聞社がロイターと直接契約を結ぶようになったのは事実である。政府の「外国新聞操縦」の意義が薄れたのは、加藤のいうように日本の国力充実・国際的地位向上があるとすれば、それは日本の新聞社にとって追い風であり、ロイターと直接契約し、外電を入手しようとする経営政策ともなった。一方で、政府の「外国新聞操縦」の限界が浮かび、一方で、日本の新聞社とロイターとが契約するようになり、国際ニュースの流れは次第に変わってきたのである。

四　ロイターと日本の新聞社の直接契約
――独占とシンジケート――

ロイター代理店廃止説　日本の新聞社がロイターと直接契約した最初は、一八九七（明治三〇）年三月一六日からロイター電を掲載した『時事新報』と、三月二二日に創刊された『ジャパン・タイムス』の二社である。それは、ロイター電報の商品価値が高まり、また、経営拡大してきた一部新聞社がようやく外電に資金投入できるようになったということである。

日本の新聞社がロイターと契約する直前には、日本でのロイターの活動は、不採算のため、廃止寸前という状態であった。一八九七（明治三〇）年二月二二日付の新聞『日本』の報ずるところでは、ロイターは上海支店の傘下に横浜代理店を置いて活動し、これまで『ジャパン・メール』、『ヘラルド』『ガゼット』などの新聞社を始め、居留地に於ける重なる商会に電報ニュースを取り次ぎして一ヵ月の電報料約四〇〇〇円と定めて現在まで営業してきたが、本社では横浜代理店の収支が合わないのか、また他の意見があるのか、このほど横浜の取り次ぎは全部廃止することとなり、一七日限り閉店の旨を各方面に通知したところ在留の英国人数名が発起人となり、本社に横浜取次の存続を運動中である。[32]

この報道は他の新聞には見いだせないが、たんなるウワサとは考えられない。『ジャパン・メール』

『ジャパン・デイリー・ヘラルド』『ジャパン・ガゼット』の英字新聞と電報料を一ヵ月四〇〇円と限って取り扱っていたというのは、先にあげた英字新聞との契約書通りであるし、日本政府との密約でも分かるように、同社が横浜代理店の不採算に悩んでいたことも間違いない。信憑性の高い報道である。

『時事新報』・『ジャパン・タイムス』がロイターと契約　存続運動の過程で、時事新報社、ジャパン・タイムス社との契約が具体化した。一八九八（明治三一）年一月一日付『時事新報』は、自社がロイターと契約することになった経緯を次のように書いている。これまで日本の新聞は外国から直接電報を入手することなく、横浜に届くロイター電報を転載してわずかに責任を果たしてきたが、ロイターの電報ニュースは高いので横浜の欧字新聞も契約を継続できず廃止せざるをえないことになった。だが、折しもギリシャとトルコの紛争勃発といった欧州有事の状勢となったため、『時事新報』はやむなく自社の上海特派員に命じて同地でロイター電報をとり、それを日本に伝えさせることにしたが、それでは一日遅れとなって速報の任を果たせない。そこで、「我社は遂に意を決し巨額の費用を擲《なげうつ》てロイテル電報を取寄す事」とし、一八九七年三月一六日から掲載したとある。目下、日本の新聞社でロイター電報を直接取り寄せているのは、時事新報社とジャパン・タイムス社だけであると誇っている。

『時事新報』ロイター電を掲載　実際、一八九七年三月一六日紙面には大活字で電報が掲載され、「倫敦三月十三日発ロイテル特電」と明記されている。これが『時事新報』契約のロイター電報第一号である。それ以前の電報掲載をみると、例えば三月三日には、「上海三月一日午後二時三十六分松尾特派員発電三月二日午前三時十七分着」と注記があり、「二十七日発倫敦電報に依れば」となっている。ロイター電報を直接入手できなかったので、上海の特派員に中継させているのだが、二月二七日ロンドン発電報を、三月一日に時事新報社上海特派員が入手し、急ぎ日本に向かって発電、翌日に時事新報社に着信、三日の紙面に載ったのである。四日もかかっている。それでも他紙にはない速報なので、発電の時刻まで注記しているのである。

一八九七年時点の『時事新報』紙面を見ると同社は、上海・北京・京城には特派員を置き、郵送か電信によって現地ニュースを報道していたが、欧米には特派員などはおらず、ロイターに頼らざるをえなかった。英字新聞からの転載ができなくなった時事新報社は二重三重の手間をかけてでもロイター電報を入手して欧米関係ニュースを掲載しようとしたのである。

諸新聞のなかで、時事新報社が他紙を差しおいて最初にロイターと直接契約に踏み切ったのは、同紙は実業家層を主要読者として、前述したようにもともと外電に力を入れてきたし、販売・広告を組織化するなど、経営的拡大を遂げていたことがある。また、伊藤博文や渋沢栄一らの支援を受けて発足したジャパン・タイムス社⑶は、英字紙として外国人読者を開拓するために、外電の充実が必要であった。さらに、日清戦争後の日本の経済興隆、国際的地位向上という大きな流れが、外電の需要を高め、両紙の契約を促していたことはいうまでもない。

『ジャパン・タイムス』広告　一八九七年の時事新報社とジャパン・タイムス社の契約書は、ロイターに残っておらず、詳細は分からないが、両社は共同でロイターと契約したと推定される。頭本元貞を初代社長とする『ジャパン・タイムス』が創刊されたのは一八九七（明治三〇）年三月二二日で、三月上旬に各紙に掲載されている同紙の広告にはロイターとの契約はうたわれていない。同社社史は「四月末にはロイテル電と特約を結び、世界のニュースを迅速に報道し、英字新聞としての陣容を整へることが出来た」といい[34]、四月の各紙に載せられた『ジャパン・タイムス』広告には「ルーター電報会社と特約を結び世界百般の出来事に関し最も迅速に最も精確なる報道を為さん事を期す」とある[35]。『時事新報』にはロイターとの特約を告げる社告はなく、四月末の同紙広告に、「我邦新聞紙多しと雖も倫敦ロイテル電報を特約直受して当日掲載するものは邦字新聞中唯一の時事新報あるのみ」と宣伝していることからすれば、三月一六日から試行的に掲載が始まり、正式契約したのは四月であろう[36]。

『時事新報』転載を禁止　これまで横浜の英字新聞からロイター電報を転載することで横並びしてきた他の新聞社は、『時事新報』と『ジャパン・タイムス』だけがロイター電報を掲載しだしたことで、窮地に立たされた。『時事新報』一八九八年五月一日付は、「電報掲載の制裁」という記事を掲げ、他新聞社による『時事新報』のロイター電報北京電報転載を非難し、以後、禁止することを通告した。同記事によれば、同紙と『ジャパン・タイムス』だけがロイターと特約を結び、また、北京・香港に特派員を置き、極東状勢や米西戦争の電報を掲載し、他新聞はこれを転載している。「相当の徳義を失はざれば」転載について「頓着」しないが、時事新報社に達した電報の「要領」を同日の紙面に掲載する新聞社まで現れ、こうした「不徳」は決して容認できない。版権法第一五条第一六条の定める新聞紙記事転載禁止に基づき、時事新報社特受のロイテル、および北京電報の転載を禁止するというのである。ただし、『時事新報』発行後二四時間を経過すれば、『時事新報』からの転載である旨を明記したうえでの転載は認めるとした。実際、同日の電報は「禁転載」を掲げ、二四時間経過後、明記して転載するのは差し支えないと注記を入れている。

『萬朝報』の主張　このような条件でロイター電報を載せることは、他新聞にとって屈辱的であったのは言うまでもない。『萬朝報《よろずちょうほう》』一八九八年五月三日は「ルーター電報と東京の諸新聞」と題し、自紙の立場を主張した。これは『萬朝報』の側から見た経緯をくわしく述べている。現在、外国の通信社のなかで日本に対して通信の道を開いているのは、ロイターだけであるから、日本の諸新聞は、海外ニュースの速報はロイターに頼るしかない。長年、横浜の『メール』がロイターと特約を結んでロイター電報を掲載していたので、諸新聞はこれから転載してきた。その後『ジャパン・タイムス』がロイター電報を受けることになったので、『メール』は特約を解き、横浜の英字新聞は『ジャパン・タイムス』から転載し、日本の新聞はこれを訳載することになった。

ところが昨年（一八九七年）の春、『ジャパン・タイムス』は一社だけでは費用負担不可能というので、ロイターとの特約を解除してしまった。このため顧客がいなくなったロイター横浜支局は、萬朝報社に、東京の新聞社が連合して契約を結ばないか勧誘に来た。萬朝報社は、海外の出来事に対し「盲目同様の有様にては到底新聞紙たるの職責」を果たし得ないと考え、ロイターと交渉を重ね、萬朝報社単独で契約して、その後、賛同者を募ることでロイターとの約束は成立した。

しかし、突然、ロイターの代理人が、時事新報社とジャパン・タイムス社とが連合《シンジケート》して、ロイター電報を買い占めることになったので、萬朝報社との契約は反古にする旨を一方的に連絡してきた。萬朝報社は、これに自社の加入を要求したところ、二社以外の加入を認めない条件で契約したとして拒絶され、ロイターとの交渉は終わった。

ロイター電報は海外の報道を供給する「唯一の源泉」であって、この事情を知るものはこの「源泉を買占めて他の加入者を拒絶」するといった「専横の条件」を作るべきではない。「如何に金力は何事をも為し得るとは云へ」、海外の出来事に「盲目の地位」にある新聞同業者に「永久盲目の地位より脱する」ことができなくなるような策は決してとるべきではない。それにもかかわらず「新聞社会の先進を以て自ら居る時事新報」がこのような策をとったことに断固抗議する。

しかし、『ジャパン・タイムス』から訳載すれば、これまで『メール』などから訳載してきたことと同じであるので、時事新報社の所為を格別非難はしなかった。また、『ジャパン・タイムス』から訳載しても『時事新報』から転載しても同じなので、手間を省いて『時事新報』から転載した社もあった。こうした経緯で前年から今年まで推移してきたところ、今回『時事新報』と『ジャパン・タイムス』が連合して、法律を盾に「禁転載」を布告してきたが、これは「新聞紙の徳義」において認めることはできない。断乎抗議するというのである。

転載を明記　この『萬朝報』記事は末尾に「未完」とあるが、続報はなく、時事新報社と萬朝報社を含む他社との間で、その後水面下でどのような交渉があったのかは不明である。『萬朝報』は五月一七日の「米西戦争彙報」では「左の諸報は去十四日発の倫敦電報に係る」と出所を曖昧に表記していたが、二〇日「米西戦争」では「十八日倫敦発時事着電は曰く」と『時事新報』からの転載であることを注記している。他の新聞すべてを調べることはできなかったが、『日本』五月五日は「以上二件今朝発兌大阪朝日新聞に見えたり」と『大阪朝日新聞』からの転載という体裁をとっている。

いずれにせよ、『萬朝報』の記事は、他の資料と細部に食い違いはあるが、横浜の英字新聞がロイター電報料負担に耐えられず、『ジャパン・タイムス』に移行した経緯など大筋は合致しており、引き受け手を求めたロイターが萬朝報社と交渉したことも事実だろう。しかし、有料でロイター電報を入手した時事新報社などが版権法に基づいて「禁転載」を主張するのを、「不徳義」だというのは、やはり無理である。嫌々にせよ、『萬朝報』が『時事新報』からの転載を注記せざるをえなかったのは、一面当然である。

だが、ロイター電報問題は、法律論や「徳義」論では片付かない難問であった。それは、『萬朝報』がたびたび強調しているように、ロイターが唯一の海外ニュース源であり、ロイターは独占を背景に高額料金を要求していることである。本当にロイターが日本から撤退する意思があったかはともかく、それをちらつかされると、日本の新聞社は言い値に従わざるを得ない。しかも、この時期、次第に経営基盤を強めてきた時事新報社は何とか負担可能であったし、他新聞社も共同であれば負担できそうな状況であった。それが、各新聞社の曲折した主張や駆け引きとなったのである。それは、翌年の協同組合方式の伏線となった。

ジャパン・タイムス―ロイター契約文　時事新報社・ジャパン・タイムス社とロイターとの契約関係は安定していった。一八九九（明治三二）年四月二二日付の頭本元貞ジャパン・タイムス主筆（manager）と、ロイターとの契約書が残っている[37]。この契約書ではあくまで頭本元貞とロイターとの契約であった。

第一条は、ロイターは、ジャパン・タイムスとその連結する時事新報社のみが使用する電報を供給するという文言で、時事新報社を契約のなかに組み込むかたちとなっている。また、ロイターは日本の他の日刊新聞社と差別なく、ジャパン・タイムス社に電報を届けるとの文言があるが、これは、後述するように、この時点では大阪朝日新聞社もロイターと契約していたので、それとは差別がないという意味である。

第二条は、ジャパン・タイムス社は毎月六〇〇円を支払うことを規定している。これは、前述したジャパン・メール社の毎月二〇〇円、ジャパン・ガゼット社の四〇〇円に比べ、はるかに高い。ジャパン・メール社などの契約は、電報上限打ち切り額という設定であったのに、ジャパン・タイムス社の契約の場合は、そのような規定はなくすべての電報を受信できるし、時事新報社と合わせた二社分ではある。だが、それにしても高い料金設定である。ロイターは、独占を利用して、横浜居留地の英字新聞社には一定額で打ち切りの契約という安全策をとり、支払い能力のあるとみなした日本の新聞社には、高い電報料を設定したのである。しかも、他方で日本政府からの補助金も得ようと工作していたのであるから、したたかな「ニュースの商人」の面目躍如である。

『時事新報』掲載電報　『ジャパン・タイムス』『時事新報』両紙にとって、ロイター電報掲載は大きな売り物となった。『時事新報』掲載の電報をみると、通常はロンドン発で二日遅れの掲載で、これまでは三日、四日遅れであったから、「直受」によって一日短縮され、これまでの電報より長い記事になっている。『時事新報』は、内外の諸新聞はいずれも転載しているにすぎないので「其報道は常に我社に後る、こと一日以上なりと知るべし」と宣伝していた[38]。さらに同紙は、ロイター電報欄に「禁無断転載（但本紙発行翌日以後の紙上に転載するは差支なし）」と注記を入れ、自紙の優位を誇っていた[39]。他新聞にとっては、何とも歯がゆい状況であった[40]。

『大阪朝日新聞』ロイター契約　一方、大阪では、報道に力を入れ、しかも資力をもっていた『大阪朝日新聞』が一八九七（明治三〇）年一二月二七日にロイターと特約を結んだ。同紙の一二月二九日付は早くも「倫敦電報、上海ルーター電報社特発」を掲載し、翌三〇日に次のように社告している。[41]

倫敦電報

今や東洋の局面は世界列国争衡の区となりぬ、彼れ列国の消息は瞬時も注視を怠るべからず、是に於て、吾社はルーター電報社と特約を結び、上海なる同社を経て電報を致し来ること既に紙上に現はるる所の如し、乃ち従前に比して少なくも一日早く、海外の重要事項を読者に報道し得る事となれり

「東洋の局面」云々は、一種の枕詞のようにもとれるが、日清戦後、列強の中国分割が進行する状勢に、「列国の消息」を瞬時に知る必要性を高め、外電の商品価値が高まったことは間違いない。

この時のロイターと大阪朝日新聞社との契約書は、朝日新聞社には保存がないが、ロイター文書館に保存されている。[42]契約書第一条では、ロイターは、朝日新聞社が大阪で配達する新聞に限り使用する電報を供給すること、第二条では、大阪朝日新聞社は、ロイターに毎月五〇〇円を支払うことになっている。五〇〇円というのは、先の英字新聞よりは高く、ジャパン・タイムス社と時事新報社との契約より安くなっている。ただ、ジャパン・タイムス社の六〇〇円というのは二社分であるから、大阪朝日新聞社は、電報使用に制限があるにもかかわらず五〇〇円は高いといえる。ロイターは、相手によって巧みに料金設定しているのである。

大阪朝日新聞社の電報使用制限は、第一条にも出てくるが、第四条ではより明確に、大阪朝日新聞

社が受領したロイター電報を、大阪市内に配布する『大阪朝日新聞』と大阪近郊配布の付録に限り使用でき、ロイターと事前合意していない地域では使用できないこととなっている。これは、東京の『ジャパン・タイムス』『時事新報』両紙の立場を守るための規定であるが、『大阪朝日新聞』は姉妹紙である『東京朝日新聞』にロイター電報を流すことはできないし、厳密には京都や神戸で販売する同紙にも掲載できないことになる。この文言の解釈は後に問題になることになった。[43]

『大阪朝日』にとって海外通信費負担

『大阪朝日新聞』一八九七年元旦号「社告」によれば、海外に一二人の通信員、うちヨーロッパ三人、アメリカ一人と、かなり海外通信網が整ってきている。ただ、これら通信員からの通信の多くは、急報を要しない内容で郵送で届いていた。そこに、ロイターから直接入る電報を掲載することになった同紙が、『大阪毎日新聞』などの競争紙より優位に立ったことは間違いない。同社「明治三十年度」(同年四月〜三十一年三月)の編集支出費は年額六万九千九百円、そのうち第一位は人件費、第二位は「東京通信費」で、第三位は「地方通信費」六六八三円、第四位「海外通信費」五八〇四円となっている。[44] この会計年度の途中でロイターとの契約が始まっているので、単純に計算できないが、一月から三ヵ月分支払ったとすれば一五〇〇円、「海外通信費」の四分の一がロイターへの支出だったことになる。

『大阪毎日新聞』ロイターと契約説

『大阪朝日新聞』に差をつけられたライバル紙『大阪毎日新聞』は、「神戸のジャパン・クロニクル《（「コーベ・クロニクル」のこと）》紙と交渉、月額二百五十円の分担金を支払う方法で、ロイターと契約した」という。[45] これにより一八九八(明治三一)年一一月一日から紙面にロンドン発のロイター電が掲載された。しかし、ジャパン・クロニクル社が分担金の値上げを要求してきたために、大阪毎日新聞社はロンドン駐在のジョセフ・モリスへ郵便による通信を依頼することにして、ジャパン・クロニクル社との関係は一九〇〇年二月二日に解消したとされる。この契約の詳細は不明だが、ロイター文書館に残る『コーベ・クロニクル』（*Kobe Chronocle*）とロイターの契約によれば、コーベ・クロニクル社は自紙と神戸で配布する付録にのみロイター電報を利用できるだけであり（第四条）、大阪毎日新聞社との関係は記載がない。また、大阪毎日新聞社がロイターと契約したとすれば、大阪朝日新聞社の大阪での独占権と矛盾してしまい、大阪毎日新聞社が正式にロイターと契約したというのは疑わしい。

『大阪朝日新聞』・ロイター契約改訂　大阪朝日新聞社とロイターの契約は、一八九九（明治三二）年八月一日に改訂された[46]。この契約改訂は、後述するように、この年六月に『東京日日新聞』などがロイターと契約を開始したことに対応したものであった。

第一条には、ロイターが、大阪朝日新聞社に、他の日本の日刊新聞と同様に電報を供給するとある。他の日刊新聞と同じというのは、東京の新聞社と同じという意味である。第二条は、大阪朝日新聞社が毎月一〇〇〇円支払うという定めている。第三条には、大阪朝日新聞社が契約期間中、大阪・神戸・京都でロイター電報の独占権もつことになっている。契約期間は五ヵ月となっているが（第五条）、翌年一月に再改訂する予定であったのだろう。

前述の一八九七年契約で実際の販売圏と食い違っていた独占圏は修正され、『大阪朝日新聞』の京阪神独占権が認められた。先の大阪毎日新聞社とジャパン・クロニクル社との契約解消も、たんなる分担金値上げではなく、『大阪朝日新聞』の独占権と関係がある可能性がある。そのためか、『大阪朝日新聞』の支払金は月額一〇〇〇円と、前契約の二倍となっている。大阪朝日新聞社としては、多額の負担をはらってでも独占権を獲得して、ライバルの大阪毎日新聞社と差をつけようとしたのである。

この契約は、翌一九〇〇年一月一日に再度改訂された(47)。契約文は一八九九年八月の契約とほぼ同じである。一八九九年契約が、同年六月の東京各紙の契約に対応するものであったので、契約期間を取りあえず五ヵ月間とし、翌年年初から本契約としたとみられる。今度の契約は期間一年間となっている。

ロイター電の国内独占　大阪朝日新聞社はその最たるものであったが、日本の新聞社のいくつかは経営的に拡大し、ロイターへの高額の支払いも可能になってきたのである。そこに無風であった外電掲載に競争が生まれてきた。だが、その競争は、ただちに独占という問題を引き起こした。その前提には、すでに述べた英仏独三通信社による世界分割協定（カルテル）によって、東アジアがロイターの排他的市場とされていたことがある。ロイター以外の通信社は、日本の通信社・新聞社と直接契約できず、日本の新聞社は後述するように、ロイター以外の外電を入手するため、さまざまな努力をしていたが、基本的にロイターに依存しなければならなかった。供給源が事実上一つしかないところでは、供給源を独占しようとする動きが生ずるのは必然的である。また、ロイターの側も、独占的地位を利用してできるだけ高額で自己の電報を販売しようとした。そのために、東京と大阪とで、地域分割して独占権を設定し、それぞれで独占権を売ることにしたのである。

しかし、東京と大阪では、新聞市場の様相が異なっていた。表8に、東京と大阪の主要新聞の発行部数を掲げたが、東京をみると『時事新報』は相対的には有力であるが、抜きんでていたわけではなく、多くの新聞と拮抗している。経営的には厳しい競争状態である。他方、大阪では、『大阪朝日新聞』と『大阪毎日新聞』二紙の寡占状態である。しかも、大阪朝日新聞社は、大阪・東京の二大都市で新聞を発行する唯一の新聞社として経営的拡大を遂げていた。

大阪では、大阪朝日新聞社のロイター電報独占は揺るがなかったが、諸新聞並立の東京では、他の新聞社が時事新報社のロイター電報に異議を唱え、時事新報社もこれに妥協せざるをえないことになった。

東京紙シンジケートを形成　一八九九年、『時事新報』のロイター電報独占に遅れをとった他新聞社は、ロイターに交渉して契約をはかったが物別れとなり、やむなく萬朝報社の黒岩周六、日本新聞社の古島一雄を代表者として「天下の公報を独占するのは不都合だから宜しく之を公開せよ」と時事新報社に迫った。しかし、時事新報社の山本昌一は、態度傲慢として拒否し、いったんは暗礁に乗りあげたが、萬朝報社の山本秀樹、日本新聞社の沢村則辰などの営業

表8　東京・大阪各新聞推定発行部数

	1899年	1903年	1904年
報知新聞	31,000	83,395	140,000
国民新聞	30,176	18,000	20,000
東京朝日	51,263	73,800	90,000
万朝報	95,876	87,000	160,000
時事新報	86,279	41,500	55,000
二六新報	–	142,340	32,000
都新聞	31,908	45,000	55,000
東京日々	16,777	11,700	35,000
中外商業	–	11,800	10,000
読売新聞	14,146	21,500	15,000
中央新聞	56,169	41,000	40,000
東京毎日	24,291	–	–
日本	11,521	10,000	12,000
大阪朝日	–	104,000	200,000
大阪毎日	–	92,355	200,000

［注］1899年の部数は,「警視庁統計」から一日平均を算出.
1903年の推定部数は,「二六新報」1903年11月26日公表.
1904年の推定部数，毎日繁昌社「広告大福帳」1904年10月号.
東京16紙合計71万7000．大阪３紙合計25万.

担当者が、再度山本とビジネスとして交渉し、協調が成立したとされる[48]。時事新報社をふくめ、当時の東京の新聞社の経営力量からすれば、ロイター電報を一社だけで独占するのは負担が大きすぎたし、互いに競争しあうのは最悪の結果である。そこで、ロイター社から平等に電報供給を受けるシンジケートを結成し、費用分担をはかることになったのである。

ロイターとジャパン・タイムス契約　これは、ロイターが、日本の新聞社と二つの契約を結ぶかたちをとった。まず、一八九九（明治三二）年六月一五日、頭本元貞がジャパン・タイムス社の代表としてロイターと契約を締結した[49]。これは、すでにジャパン・タイムス社が結んでいた契約にならうものであって、ロイターはジャパン・タイムス社、およびそれに連結する時事新報社に電報を供給するのだが（第一条）、ジャパン・タイムス社の支払月額は一六六・六六七円と大幅に減額になっている（第二条）。さらに、『ジャパン・タイムス』『時事新報』、およびそれに連結する新たな連合を結んだ『東京日日新聞』などの新聞社は、『ジャパン・メール』を例外として、東京および横浜でのロイター電報独占権をもつことになっている（第三条）。

『ジャパン・タイムス』などの東京・横浜の独占権は、先の『大阪朝日新聞』への京阪神独占権と照応するもので、ロイターは東西を地域分割してそれぞれでの独占権を認める方法をとったのである[50]。

ロイターと一〇新聞社契約　ロイターは、同日に『東京日日新聞』など一〇新聞とも契約を結んだ。これによれば、ロイターは『東京日日新聞』をはじめとする別紙記載の新聞に、『ジャパン・タイムス』を通して電報を供給する（第一条）。『東京日日新聞』をはじめとする新聞は、月額八三三・三三三円をロイターに支払う（第二条）。『東京日日新聞』をはじめ別紙記載の新聞社と、それに連結する

『ジャパン・タイムス』『時事新報』は、『ジャパン・メール』を除き、東京と横浜でのロイター電報独占権をもつ（第三条）、となっている。

別紙に記載された新聞社は、『東京日日新聞』『日本』『萬朝報』『東京朝日新聞』『毎日新聞』『中央新聞』『都新聞』『国民新聞』『中外商業新報』『報知新聞』の一〇紙である。一〇紙の支払金額を各社均等に分割したから、二つの契約に参加した一二紙すべて同額となる。これには、若干曲折があったようで、東京朝日新聞社の宇野長与茂が大阪本社に送った報告では、時事新報社が「既得権を振回し専横之条項を主張致候と電報料の馬鹿々々しく高価なる点」について集会ごとに反抗を試みているのだが、毎回多数派に圧せられ、決議となったと説明している。[51] 時事新報社は単独独占はあきらめたものの、相対的主導権を保有しようとしたのであろう。

また、東京の金額を合算すれば一〇〇〇円で、『大阪朝日新聞』の一〇〇〇円と同額になる。ただ、朝日新聞社は、大阪で一〇〇〇円、東京で約八三円、合算約一〇八三円と頭抜けて多くの額を負担した。同社は経営拡大を遂げていることもあって、外電に並々ならぬ力を入れていたのである。

『ジャパン・メール』が独占権の例外とされていたが、ロイターは同日に『ジャパン・メール』のブルンクリーともロイター電報供給の契約を結び、この場合は月額一〇〇円と安価となっている。[52] ロイターは、同紙とこれまで長い関係をもってきたので、契約を存続させたとみられる。日本の新聞はともかく、英字新聞『ジャパン・タイムス』にとっては、競争紙に同じロイター電報が載るのは大きなデメリットであったが、止むをえなかったのであろう。

この契約によって東京の有力新聞一〇紙も、ロイター電報を直接入手できることになったのである。

ロイターとの契約とは別に、一〇紙による「ロイテル電報料分担契約証書」と一二紙による「『ロイテル』電報分与に付契約」が作成された[53]。

「ロイテル電報料分担契約証書」は一〇社間の取り決めで、東京日日新聞社（日報社）を総代とする、電報料一〇〇〇円の一二分の一を毎月日報社に持参する、一社でも不払いの社があった場合は残りの社が平等にそれを負担する、日報社が総代として時事新報社からロイター電報を受領し、ただちに電話で各社に通知する、日報社は一社一枚ずつ電報の謄写を配布する、各社は保証金として一社五〇〇円を日報社に預託することなど主に電報料支払いに関して細かく定めている。

また、「『ロイテル』電報分与に付契約」は、電報そのものの取扱いに関する協定で、時事新報社がロイター電報を受けとったときは、ただちに自社とジャパン・タイムス社用の謄写を二部作成するとともに電報原文を日報社に交付する。午後九時以降に到達したロイター電報は翌日正午までに日報社に交付する。ただし、時事新報社とジャパン・タイムス社が、この電報を新聞紙に掲載するか、付録あるいは号外として発行する時には、ただちに日報社に通知し原文を交付する。ロイター電報を号外として発行するか否かは、各社の自由とする。時事新報社とジャパン・タイムス社は、ロイター電報を連合各社以外には一切洩らさないなどである。

一八九九年六月一五日の契約期間は一年であったが、その後、ロイターと日本の新聞社、日本の新聞社の間では、さまざまな駆け引きが行なわれた。シンジケート結成でも、各新聞社の営業関係社員の間で話し合いが行なわれ、「ロイテル電報料分担契約証書」も署名しているのは、各社の営業関係社員である。外電掲載が、新聞の商品価値を高める重要な要素とみなされ、ビジネスとしての駆け引きとなったのである。

四紙のみ契約　日本の新聞社とロイターの契約は、ちょうど一年後の一九〇〇（明治三三）年六月一五日に一本化され、これに参加したのは『ジャパン・タイムス』『時事新報』『東京朝日新聞』『読売新聞』の四紙だけになった[54]。

一九〇〇年の契約は、ロイターと頭本元貞が結んだ形式になっている。第一条は、ロイターが、上海の諸新聞に配信していると同じ電報サービスの東京での独占権を『ジャパン・タイムス』『時事新報』『東京朝日新聞』『読売新聞』の四紙にあたえる。独占権によって、前述の新聞社だけがロイターから受信した電報を東京の他の新聞に供給できると規定され、これまで以上に独占権が明確にされている。第二条では、四紙を代表してジャパン・タイムス社が、電報サービスに対して月額一〇〇〇円を支払う。第四条は、ロイターが、ジャパン・タイムス社に配信した電報の複製をジャパン・タイムス社の負担で各社に届ける。第五条は、ジャパン・タイムス社が、ジャパン・メール社の東京在住の代理人に電報を届けることなどを定めている。

一二新聞社から八新聞社がシンジケートから抜けて、四新聞社だけがロイターの東京での独占権を得たのである。独占権が明確にされたのは、いうまでもなく残りの八紙との関係を排除するためである。独占権は東京だけで、横浜が外されているが、横浜発行の『ジャパン・メール』の例外を認めるため条項で、同紙は第五条でも特別に配慮されていた。

独占権を得た四紙で一〇〇〇円を負担することになった。前年契約と比べて大きな負担増である。だが、『時事新報』『東京朝日新聞』は比較的経営安定しており、この時期の『読売新聞』は、本野盛亭社長、中井喜太郎（錦城）主筆の体制で、部数などでは前二紙には遠く及ばなかったが、固定読者が多く経営状態は比較的良好であったという[55]。さまざまな駆け引きがあったのであろうが、経営的余裕のあった四紙がシンジケートに残ったのである。しかも、たまたまこの契約締結時の一九〇〇年六月中旬は、中国では北清事変、アフリカではボーア戦争と、外電需要が高まった時期にあたり、各新聞の国際ニュース速報の格差が一段と目立ってしまったのである。

『日本』掲載電報　契約から抜けた『日本』の場合、例えば六月一五日付紙面では一二本の電報が掲載されているが、三本は六月一三日ロンドン発でボーア戦争関係、九本が六月一三日上海発で、うち六本がボーア戦争関係である。上海発の九本には「前号欄外再録」と注記があり、前日一四日の欄外掲載されたのであろう。上海発信から一日だけの遅れである。どこにもロイターのクレジットはないが、同紙は一八九九年契約以降もロイターのクレジットを入れていないから、クレジットの有無だけでロイター電か否かを判断できない。また、それまでもロンドン発電報は三日遅れであったから、この日の電報欄からはロイター契約失効の影響は明らかでない。ただ、電報はこの一二本だけで、北清事変関係の電報はない。

その後、『日本』の一八九九年九月と一九〇〇年九月の外電本数を比較してみると、一一八本であったのが九五本と減ってはいるが、大幅ではない。ロイターとの契約があったはずの一八九九年には、たんにロンドン発とロイターのクレジットを入れていないにもかかわらず、契約が切れた一九〇〇年九月の約半分四六本が発信地はなく「ルートル」と記されている。契約がないだけに、かえってロイター掲載を強調しようとしているのであろう。しかし、後述するように速度は遅くなっている。

『時事新報』との比較　一方、ロイター電報を独占した側の新聞をみると、『時事新報』六月一五日紙面には、電報が三面に「時事新報天津特電」四本（六月一四日午前一〇時一三分社友特発）、「ロイテル倫敦電報」三本（ロンドン六月一三日ロイテル特電）、九面の「今日の第二版（最近事実）」に別の電報欄があり、「時事新報倫敦特電」四本（ロンドン六月一三日午後三時三五分特電）、「ロイテル倫敦電報」四本（ロンドン六月一三日ロイテル特発）、「メール着上海電報」三本（上海六月一四日発）、「柴棍《サイゴン》経由巴里電報」二本（サイゴン六月一四日発）と、電報だけでも七種類掲載され、合計二二本もある。天津特電は電報の見出しは大活字を使用し、新聞の売り物としていたことは明らかである。しかも、発電の時刻を明記し、比較的日本近い場所からの外電の速報が、日数単位から時間単位で争われるようになってきていることを示している。

『日本』とロイター電を比較すると、例えば『日本』が六月一五日に「前号欄外再録」として掲載しているボーア戦争関係電報「ブラー将軍の勝報」は、『時事新報』本紙六月一四日の「時事新報倫敦特報」に「東部国境の勝利」（ロンドン六月一二日午後四時五五分特発）および「ロイテル倫敦電報」に「東部国境英軍の勝利」（ロンドン六月一二日ロイテル特電）として掲載されている。『時事新報』も、一二日遅れではあるが、ロイターから直接配信を受け、一四日の本紙に載せている電報を『日本』は一三日上海発として一四日欄外一五日本紙に掲載しているのであるから、実質的に『時事新報』が一日速く、速報競争で勝っている。『日本』は恐らく上海の新聞に掲載されたロイター電報を急ぎ電報し、翌日の欄外に上海電報として掲載するという努力をはらって、なんとか対抗しているのである。

すべての電報について調査はできなかったが、もう一例に『時事新報』一九〇〇年九月二日に、八月三一日ロンドン発「ロイテル倫敦電報」として載っている北清事変関係ニュース「露国米国に講和を勧む」は、『日本』の九月三日に、八月三一日「ルートル」「露米の意向」として載っている。『時事新報』が一日早いし、ニュース要点を簡潔に伝えているのに比し、『日本』は遅いうえに、急ぎ翻訳しているのか、記事のまとめが悪く、要点がはっきりせず、見劣りする。

『時事新報』の優位　明らかに『時事新報』は、ロイター電報掲載で優位にたっていた。さらにそれだけではなく、天津・ロンドンから、自社の通信員が電報を送ってきている。別の日の紙面には、北京・上海・ニューヨークの通信員からの電報が掲載され、ニューヨークからは「時事新報紐育商況電報」として米国綿花の下落などが速報されている。

「時事新報倫敦特電」は発信から二日遅れの掲載で、速度ではロイター電報と同じ、ニュース内容も重複している。ただ、こちらは「私報に拠れば」とあるニュースが多く、同社の特派員が現地の新聞掲載ニュースを発電したような記事スタイルである。ただ、ロイター電報掲載にも「時事新報倫敦特電」という見出しを用いた例がある。管見の限りでは、ロンドン通信員駐在などの社告を見いだせなかったので詳細は不明である。(56)

「メール着上海電報」は、『ジャパン・メール』に上海から届いた電報で、ニュース内容は北清事変関係である。『ジャパン・メール』が上海の英字新聞記者に送信を依頼したものであろうが、『時事新報』も前日発信の電報を掲載しているので、『ジャパン・メール』掲載後に転載したのではなく、着信と同時に入手している。おそらくジャパン・メール社に料金を払って電報入手に力を入れているのである。

「柴棍経由巴里電報」というのは、当時フランス植民地であったベトナムのホーチミン市（当時サイゴン）から電報を得ているのである。クレジットはないが、おそらくアヴァスの電報である。すでに述べたが、英独仏の三通信社のカルテルによって、東アジアではアヴァスはニュース配信できないことになっていたのだが、フランス植民地には配信していた。『時事新報』がサイゴンの通信社・新聞社と直接契約したとは考えがたく、横浜か上海のフランス系貿易商が配信を受け、そこから入手していたのではなかろうか。

『東京朝日新聞』掲載電報　ロイターとの契約を保持した『東京朝日新聞』も、『時事新報』と同様、外電が充実している。この時期の『東京朝日新聞』は第一面トップが外電欄で、六月一五日付の場合、外電は第一面が「朝鮮電報」三本（すべて一四日京城特派員発）、「支那電報」一〇本（すべて一三日北京発）、「倫敦電報（上海経由）」三本（一四日「倫敦路透社発」）。第三面が「朝鮮電報」一本（一三日京城発）」、「支那電報（上海糸況）」一本（一三日上海発）、「倫敦電報（上海経由）」八本（一三日「倫敦路透社発」）、「巴里電報（柴棍経由）」二本（一三日巴里通信社発）。合計二八本、電報本数では若干『時事新報』を上回っている。この他、公電や商船会社に届いた電報も掲載するなど、外電は多様である。『東京朝日新聞』も、ロイター電報だけでなく、朝鮮や清国の自社の通信員からの電報を多く掲載している。むろん北清事変に際して各新聞の報道競争が激化した時期であるにせよ、(57)同紙が多額の資金をかけて、海外ニュースを速報することに力を傾注していることは明らかである。ロイターとの契約も、全般的な外電拡充策の一環なのである。

先の事例としたボーア戦争関係電報「ブラー将軍の勝報」は、六月一四日第一面「倫敦電報（上海経由)」欄に、一三日「倫敦路透発」の「英軍総進撃」として載せられている。発電が『時事新報』より一日遅いが、掲載は同日になっている。いずれにせよ、『日本』より一日早く報じている。ロイターと契約した新聞社の優位は明らかである。

また、『時事新報』も掲載している柴棍《サイゴン》経由の「巴里電報」が三本載っているが、例えば六月一四日の「巴里電報（柴棍経由）」は、「六月十二日巴里通信社発」とあり、フランスの通信社、おそらくアヴァスの通信であることが分かる。この電報三本は『時事新報』六月一三日に載っており、『時事新報』が一日早い。ただ、訳文は異なっているので、同じフランス語電報を入手し、それぞれの社で訳したことは間違いない。パリ電報は量的にはロイターにはかなわず、ロイターを補完する以上の役割を果たしたわけではないが、この時期の日本の一部の新聞社が、フランスからの電報を得るまでに国際ニュース収集を広範化させていたことは、注目に価する。

このように、一九〇〇年にロイターと契約した新聞社と、そこから抜けた新聞社では、国際ニュースで大きな差がついたのである。これは抜けた新聞社にとって大きな傷手であった。そのため共同してロイター電報を買い受けるシンジケートを何とか復活させようとすることになった。

シンジケート復活　一九〇一（明治三四）年六月一五日の公正証書「ロイテル電報料金分担契約証書」が、朝日新聞社に保存されている。これに対応するロイターとの契約書は残念ながらロイター文書館には見いだせない。

「ロイテル電報料金分担契約証書」は、前年四社に減った新聞社連合が、ふたたび一八九九（明治三二）年なみの一二社に増加したものである。ただ、新聞社の構成が変わり、ロイターと契約するのはジャパン・タイムス社で、それに連結したのは、時事新報社・東京朝日新聞社・読売新聞社（日就社）・東京日日新聞社（日報社）・中央新聞社・都新聞社・報知新聞社・萬朝報社・国民新聞社・日出新聞社・日本新聞社の一一新聞社である。一八九九年には参加していた中外商業新聞社は、今回は入らず、日出新聞社が加入している。

契約内容は、一八九九年のものとほぼ同じで、各社の分担金は一〇〇〇円の一二分一であるから、一八九九年と同額である。保証金も五〇〇円と同額だが、時事新報社は免除となっている（第一一条）。連合以外に電報を洩らすことも厳禁で、禁を犯した場合は「相当の処分するも異議を申立つることを得ず」（第一六条）と厳しく定められている。以後の書類は、ロイター文書館や朝日新聞社などにも所蔵されておらず、新聞社連合でのロイター電報がいつまで続いたかは分からない。

新聞社経営拡大と外電　以上述べてきたように、一八九〇年代末になって、日本の新聞社はようやくロイターと直接契約するようになった。「ニュースの商人」ロイターは独占的立場を利用してかなりの高額をふっかけ、日本の新聞社はこれへの対応に苦慮しながらロイターとの契約に応ぜざるをえなかった。反面では、日本の新聞社の一部は、それに耐えるだけの経営体力をつけてきたといえる。ただ、そこに新聞社間の経営体力の差が表れ、対ロイター、新聞社同士の駆け引きが生じ、交渉が紆余曲折したのである。

新聞社の経営拡大は、販売・広告の組織化・合理化など、内在的活動が推進するものだが、その背景には日本の政治・経済・社会全体の拡大などがある。そして、それは当然対外関係の活発化と連動しており、国際ニュースの需要を拡大させていく。外電の商品価値は高まり、新聞社は外電入手の費用対効果の見込めるようになり、経営拡大していく新聞にとって、外電の充実は重要な経営戦略の一つとなったのである。その結果、それまで横浜の英字新聞からの転載という安価で怠惰な無競争状態にあった外電掲載は競争に突入した。競争は、市場の条件によって、多数紙のシンジケートか、一紙の独占かに帰していったが、それは外電の供給源がほぼロイターに限られているという絶対的条件があったからである。

しかし注意すべきは、ロイターとの契約を維持し強固にしていった『時事新報』『東京朝日新聞』などは、ロイターだけではなく、他の方法で外電を入手したり、自社の通信員からの電報を常時数多く掲載するなど、国際ニュースの質量を充実させていったことである。その点では、ロイターとの契約は、全体としての外電拡大策の一つといえる。この段階で、日本の新聞社が自力で調達できる国際ニュースは質量ともに限界はあったが、徐々にだが増加・多様化し、また、速度ははやまっていく傾向は着実に進んでいったのである。

第三章

大北電信線依存脱却政策の台頭と高い壁

一　太平洋横断電信線の開通

大北電信独占権期限延長　繰り返し述べてきたように、一八七〇年以来、日本列島と欧米を結ぶ海底電信線は、長崎から上海・ウラジオストック間を結ぶ大北電信会社所有の電信線だけであった。政府の電報であれ、民間の電報であれ、すべての電報はこの電信線を通らなければ欧米世界とつながることはできなかったのである。日本の対外情報は、肝心かなめのところを外国企業に握られていた。この軛《くびき》からぬけ出る一つの方策は、別の回線を開くことである。だが一八八二年、日本政府が大北電信会社にあたえた特許状第六条には、

向二十箇年間は日本帝国政府と亜細亜《アジア》大陸及び其近傍の島嶼（日本政府に属する者は勿論除き）譬《たと》へば台湾香港呂宋《ルソン》群島等の間に官線を沈布せざるべし、且該会社の外は他に海底電信線沈布の許可せざることを約諾す

と明記されていた。(1)これによれば、日本政府は二〇年間日本列島とアジア大陸などへの海底電信線の独占権を大北電信会社にあたえたのである。独占権は二〇年間であるので、一九〇二（明治三五）年一二月二七日に満期となるはずであった。しかしながら、契約第六条に、

若し此海底線に関係を有する他の諸政府より会社に与へたる現行免許状の条款により三十箇年の延期をなすに於ては、右二十箇年を延て三十箇年の年期を譲与すべし

という条文があり、ロシア政府と清国政府が大北電信会社に三〇ヵ年の特許をあたえていたため、日本もこれに縛られ、一九〇〇（明治三三）年三月に免許期限を三〇年に延長することを閣議決定せざるをえなかった。[2]

期限満了となる一九一二年一二月二八日までは、大北電信会社の独占に手を触れることはできなかったのである。日本は自らがあたえた特許状によって、自縄自縛となってしまったのである。日本としてとり得る方策は、基本的に一九一二年まで待って交渉に臨むことであるが、それ以外には、別な海底電線敷設の方途を探ることであった。

太平洋海底電信線への願望　日本の植民地拡大とともに、朝鮮半島と台湾への海底電線敷設をある程度実現させることができるようになり、植民地経営にとって重要な道具となった。しかし、それらは、地域間の通信に止まり、欧米への通信線との接続はできなかった。大北電信会社への特許状に制約されずに日本が外の世界につながる一つの方向は、太平洋の向こう側と海底電線をつなぐことである。しかし、日本側は、それを実現するだけの資本と技術をもっていない。となると、アメリカなど他国が敷設する海底電線を、何らかのかたちで頼らなければならない。当時の技術や保守管理のうえから、太平洋海底電信線は日本列島からアメリカ大陸まで直結することは難しく、太平洋の島々が重要な中継点となるが、それら太平洋の島々を領有するアメリカ・ドイツなどの戦略と深く絡み合い日本の思惑どおりになることは難しかった。

もともとアメリカによる太平洋海底電線の計画は古い。一八七〇年、大北電信会社からの提案と同時期に、アメリカからも太平洋海底電線が持ちかけられたことは、すでに述べた。その際のアメリカの狙いは、日本を中継点として中国市場へ参入することにあったが、計画倒れに終わった。その後、アメリカ国内でさまざまな政治的経済的利権がからみ、いくつかの太平洋海底電線計画が生まれたが、特に加速したのは、アメリカが一八九八年の米西戦争によってフィリピン諸島を領有してからである。本土と遠く離れた新植民地を支配し、さらに中国大陸に進出するためには、太平洋を渡る海底電線の敷設が、帝国アメリカにとって大きな課題として浮上したのである。

新約克太平洋海底電信会社の申請　日本には、一八九八年と一八九九年に、新約克《ニューヨーク》太平洋海底電信会社から太平洋海底電信線敷設の請願があった。新約克太平洋海底電信会社というのは、南アメリカへの海底電線事業を成功させたジェームス・スクリムザー（J. A. Scrymser）が、モルガンなどの出資を得て一八九六年に設立した Pacific Cable Co. of New York のことである。(3) 同社の一八九八（明治三一）年一一月の請願について政府部内では認可する方向で交渉が進められたが、(4) より具体化したのは翌年である。一八九九（明治三二）年一一月二六日、逓信大臣からの請議にもとづき、日本とアメリカ合衆国との間に直接通信を開始するのは「交通上の利便」を増進するだけでなく「政治上通商上」莫大な利益を得ることができ、時宜にかなっているので協定を結ぶ折衝をおこなう方針を閣議決定した。(5) 同社が提案した「特許約定書案（訳文）」(6) には、五ヵ年以内にハワイからマリアナ諸島グアム島の北方にあるラドローンという島と太平洋上の島々に陸揚げし、そこから分岐して一方は日本列島、他方はオーストラリアに到達する計画であった。

さらに、海底電線敷設工事は新約克太平洋海底電信会社の自費であるが、完成後三〇年間は官報通過料金という名目で毎年金貨一〇万ドルを日本政府が支払うこと（第四条）、日本政府は今後三〇年間は近海の島嶼を経て北アメリカ・中南アメリカ・オーストラリアに至る海底電線を敷設もしくは敷設特許を他の会社にあたえないこと（第一一条）などの諸条件がつけられていた。

日本政府の交渉条件　これに対して日本政府が閣議決定した交渉条件は、官報料金として二〇ヵ年間毎年一五万円、新約克太平洋海底電信会社への独占権は二〇ヵ年、対象は北アメリカ・中南アメリカに限り、また、契約期間中でも、他社から起業請願があった場合は、その条件を新約克太平洋海底電信会社と交渉し、会社が不許諾の場合は、日本政府は他社に敷設免許を付与する自由をもつ、などであった。両者の条件にはかなりの隔たりがあり、交渉は難航必至であった。

しかし、日本は、基本的にアメリカの企業の負担で太平洋海底電信線が実現することは大歓迎であった。だからこそ、アメリカの一民間企業の事業に官報料金という名目で補助金をあたえ、独占権を認めようとしていたのである。ただし、大北電信との約定の轍を踏まないように、特許条件を厳しくしようとはした。

海外ニュースへの効用　太平洋海底電信線敷設の計画には資金や技術の難問だけではなく、既存の利権、特にイギリスの利権と抵触する可能性が伏在していた。例えば、新約克太平洋海底電信会社が提出した「覚書」には、特にニュースについても言及し、日本の新聞社は「米国新聞組合」から世界の政治経済通商に関するニュースをサンフランシスコから接受できるようになり、通信の供給は増加し、その費用は現行の路線より遙かに減少すると太平洋海底電信線が日本の新聞社にもたらす効用を説明している。

確かに太平洋海底電信線が敷設されれば、日本の通信社・新聞社は、「米国新聞組合」すなわちAP通信社のニュースを迅速に受信することができる。サンフランシスコ発・ニューヨーク発・ワシントン発のニュースを得られれば、それまでロンドン発に偏っていた国際ニュースを是正することができるのである。しかし、すでに述べた英独仏列強三国通信社のカルテルに縛られて、AP通信社は直接日本の通信社・新聞社と契約することはできない。技術的につながっても、イギリス通信社の壁が遮断していたのである。新約克太平洋海底電信会社は、恐らくそれを知らずにいたのだが、実際には太平洋海底電線のニュース通信への効用は期待できなかったのである。

イギリス海底電線　また、日本政府が独占権の対象からオーストラリアを外したのは、それがイギリスの利権と深く結びついていたからである。一八九六（明治二九）年三月、駐日イギリス公使から、太平洋海底電信線敷設の計画については、イギリス政府が自己の意見を日本政府に通知するまでは日本政府の決議を猶予するように申し入れがあり、これに対し、日本政府は、意見決定のときには通知する旨を回答していた(7)。イギリス政府がこのような申し入れを行なってきたのは、イギリスが太平洋海底電信線敷設の構想をもっていたからで、それは、イギリスが他国の領土に陸揚げ地をおかずに自己の領土・植民地を結ぶ海底電信線を地球規模で敷設するという大規模な構想の一環であった。この構想は、All Red Lines と呼ばれ、他国の妨害なしに全世界の大英帝国を電信線で結ぶという、政治的・経済的・軍事的大戦略であったのである(8)。

ただ、この時期、日本政府の得ていた情報では、イギリスはカナダからオーストラリアへ太平洋海底電信線を敷設する計画に変更した。そうなれば日本と直接的関係はなくなり、新約克太平洋海底電信会社からの提案をイギリス政府に通告すれば了承は得られ、それをアメリカ政府に通知すれば円滑に交渉に入れるという判断であったようである。実際、外務省はイギリス公使にその旨内談した。(9) 海底電信線をどのような経路で、どこを中継点に敷設するかをめぐって欧米列強は激しくせめぎ合っており、日本は対朝鮮、対清国には強引に権益を主張していたが、対欧米関係ではできるだけ衝突を回避し、その間隙をぬって利益拡大をはかろうとしていたのである。

計画挫折　日本は、新約克太平洋海底電信会社の太平洋海底電信線敷設計画に大きな期待をもち、交渉も行なったが、結局は実現しなかった。一つには、新約克太平洋海底電信会社はハワイ政府からハワイ・日本間の海底電線独占権を付与されていたにもかかわらず、ハワイを併合しようとしていたアメリカ政府がこの独占権を認めなかったことがある。(10) また、もう一つには、太平洋海底電信線事業のあり方をめぐって、アメリカ議会では民営論・官営論などさまざまな議論があり、まとまらなかったのである。

自力で海底電線敷設を行なうことができない日本は、アメリカが動くのを待つしかなかった。外務省記録には、駐米外交官からの太平洋海底電信線敷設をめぐるアメリカ国内の動きを報告する文書が多数残されている。アメリカの主目的は、アメリカ西海岸と植民地フィリピンを結ぶことにあるから、それが完成した段階で、太平洋のどこかの中継点で日本からの線と連結させられれば、日本はアメリカとつながることができる。帝国アメリカの戦略に便乗する作戦である。それでも、これは日本にとって政治的・経済的便益をもたらすだけでなく、朝鮮・満州でロシアとの緊張関係が高まる状勢のなかで軍事的に大きな意味をもつとの期待が大きかったのである[11]。

太平洋商業海底電線会社の計画　ジェームス・スクリムザーの計画が挫折した後に、太平洋海底電信線に乗り出したのは、銀鉱で大きな利益をえたジョン・マッケーである。彼は一八六六年、太平洋商業海底電線会社（Commercial Pacific Cable Co.）を設立した。この会社の資本の五〇%は大東電信会社のペンダーのグループ、二五%は大北電信会社、残りの二五%がマッケーという構成で[12]、アメリカの海底電線は、東アジアにすでに大きな利権をもっているイギリス・デンマークの海底電信会社と協調しながら、太平洋に乗り出したのである。

サンフランシスコ・マニラ間海底電信線完成　マッケーは、アメリカの電信法ではアメリカ企業が外国勢力の影響をうける場合について規制があるなど、フィリピンやその先の中国大陸への事業進出に不透明要素があったものの太平洋海底電信線敷設事業に積極的に乗り出した。ジョン・マッケー死去後、その子クラレンス・マッケーが事業を引き継ぎ、一九〇三年にはハワイ、ミッドウェーを経てフィリピンに至る工事を進め、七月四日にはサンフランシスコ・マニラ間の海底電信線を完成させた。この間、日本政府は、太平洋商業海底電線会社の動向に最大限の注視をはらい、サンフランシスコ領事など駐米外交官は、工事の進捗状況を逐次外務省に報告していた。七月六日には、上野季三サンフランシスコ領事から小村寿太郎《こむらじゅたろう》外相に工事完成が急報された[13]。

分岐線交渉　一九〇二年一一月、日本外務省はスチーヴンスという人物を使って、内々に太平洋商業海底電線会社副社長のワードにグアム島から日本への分岐線工事の可能性を探らせた。スチーヴンスの小村外相宛の報告では、ワードは最初の計画段階で日本に延長し、日本からフィリピンに伸ばすことも検討したが、現在では不可能だ。しかし、日本政府のために何らかの提案をしてもよいと返事があったという[14]。

スチーヴンスは、一二月一〇日、高平駐米公使にワードからの回答を伝えている[15]。ワードがグアム島から日本への分岐工事の条件として出してきたのは次の四つの条件である。

㈠三〇年間毎年一〇万ドルの補助金を支払う。
㈡日本政府が自己の費用で必要な海底測量を行なう。
㈢大北電信会社が日本とアジアで得ている権利があるので、大北電信会社との契約が存続中はフィリピンをふくむアジアへの電報は取り扱わない。
㈣いつでも複線化する権利と、日本とアメリカを結ぶ海底電信線の優先権を会社がもつ。

太平洋商業海底電線会社は、日本の願望を見すかして、分岐線をできるだけ高い条件で請け負おうとしている。それでも話しを持ち出したのは日本の側であるから、政府部内でこの提案について具体的に検討を行なった。

逓信省の検討　逓信省参事官池田十三郎稿「太平洋海底電信線問題」は、接続地点の適否、官報を大北電信会社路線から太平洋路線に変更した場合の料金節減、官設でグアム島へ敷設工事した場合の工事費維持費、民営した場合の工事費維持費、新約克太平洋海底電信会社の条件と太平洋商業海底電線会社の条件との比較など、非常に具体的に検討している。その結論では、

第一に、日本の官業あるいは民業の電線をグアム島で太平洋海底電信線と接続することとし、その陸揚げ交渉をアメリカ政府と行なう。第二に、アメリカ政府との交渉ができない場合は、太平洋商業

電信会社と交渉を行なう。その場合も、なるべくアメリカ政府の援助の得られるよう交渉する。第三に、いずれの交渉の成否にかかわらず、横浜・グアム島間測量経費を臨時議会に提出する、というものである。

池田参事官は、日本の自力でグアム島まで海底線を敷設することを希望し、それができない場合の次善の策として、太平洋商業海底電線会社に委ねる意見である。また、交渉するにしても、太平洋商業海底電線会社の提案した諸条件を不当と考えていたが、比較検討する条件は、かつての新約克太平洋海底電信会社の提案しかなく、日本政府の考え得る条件は、前述した新約克太平洋海底電信会社との交渉の際の政府案であった。

官業敷設の閣議決定　日本政府はこの時点ではっきりした方針を決定したわけではないが、ほぼ池田の意見書のとおり、太平洋商業海底電線会社への委託より、日本の海底線をグアム島に陸揚げする案に傾いていった。しかし、肝心のアメリカ政府が、官業にしろ民業にしろ、日本の海底線陸揚げを認可するかどうかの見通しはなかった。日本の駐米外交官は、本省の指示でアメリカの海底電信政策を探ろうと試みたが、はっきりしたことは分からず、アメリカ政府との交渉に至らないまま時間は推移した。結局、日本政府は、一九〇四年二月一日、小村寿太郎外相と大浦兼武《おおうらかねたけ》逓相の連名で、官設によってグアム島までの海底電信線を敷設する案「太平洋海底電信線敷設の件」を閣議に提出し、閣議決定をみた(16)。

この「太平洋海底電信線敷設の件」は、これまでのさまざまな太平洋海底電線敷設計画の経緯から説明し、

> 日米間に直接通信の途を開拓するは独《ひとり》両国通商上に至大の関係を有するのみならず、其軍事上政治上に及ぼす影響の重大なることは今更喋々を要せず、仍て案ずるに前記太平洋商業海底電信会社の海底線に連絡すべき一線路を設くるの策を講ずるは目下の急務と被存候

と、太平洋商業海底電信会社の海底線とグアム島で接続することの利便を主張している。しかし、太平洋商業海底電信会社は、グアム島から日本への電信線を敷設する意思はなく、かつそれを実現する場合は、六〇〇万円の補助金や特別な優先権付与を要求してきている。しかし、外国会社に特別な優先権をあたえることの不可は、大北電信会社の例でも明らかである。

> 外国会社をして之を敷設せしむるを不利なりとせば、政府自ら之を敷設するの一途あるのみ、今や東洋の形勢日に急迫、通信の安固独立を保持するの必要は焦眉に属す、然るに外国通信の運命を敵国と相親しき一会社の掌裡に委するは国防上外交上実に危険の地位に在りと謂はざるべからず

と、政府の事業としてグアム島への海底電線敷設を強く主張した。「敵国と相親しき一会社」とはロシアと関係をもつ大北電信会社を指している。附属した「逓信省回付文書」では、大北電信会社はロシア政府と「親密なる関係」を有しているのでたとえ「会社は厳正中立を守るとする」と称してもこれを信頼することはできない。現にウラジオストック線と上海線はキャフタなどで不通で「僅に東部線一条を頼みとして諸国と通信するに過ぎず」と窮状を説明している。

アメリカとの交渉　問題は日本の海底電線陸揚げをアメリカ政府が認めるかどうかである。小村外相は二月二二日、高平小五郎駐米公使にただちにアメリカ政府と交渉に入るよう電訓し、さらに三月

八日に「太平洋海底電線敷設計画に関する件」を送り、この問題が「帝国刻下の事情に於て絶対的必要の案件」であると督励した[17]。「帝国刻下の事情」とは、いうまでもなく二月一〇日のロシアへの宣戦布告である。

戦争において、電信線の運用・遮断は最も重要な軍事作戦であった。ロシア政府は、一九〇四年二月、万国電信条約第八条により長崎・ウラジオストック間の海底電信線を「期間を定めず一切の電報を取扱はざる旨」各国に通告した[18]。大北電信会社は中立の立場をとったが、このロシア政府の措置によって長崎・ウラジオストック線は使えなくなった。『読売新聞』は、大北電信会社はウラジオストック線が断絶したので、キャフタを経由してイルクーツクに至る線で補っているが、この線でも上海発信が三〇分ほどでコペンハーゲンに着信していると報じている[19]。ロシアは自国内の大北電信線は維持していて、長崎・上海・キャフタ・イルクーツク・ヨーロッパという経路で通信が可能だったことが分かる。だが、この経路では、日本の電報はロシア国内で差し止めか検閲の危険があるから、日本の公電や新聞社電報は利用できない。

日本軍の海底電線作戦　日本軍は宣戦布告前に、ロシア外交機関の通信を妨害し軍事作戦の機先を制するため、朝鮮から満州への電信線、北京・チチハル間の電信線を破壊した。さらに一九〇四（明治三十七）年二月に旅順口《りよじゆんこう》・芝罘《しふう》間のロシア官設海底線を切断して旅順を情報封鎖した[20]。戦時中、日本は大北電信会社がこれを修理することは中立違反と主張し、紛争を避けたい大北電信会社は修理しなかったからこの線は無効となった[21]。戦後には、この海底線は、日本と清国の大きな外交交渉事項となる[22]。また、日本政府は、長崎の大北電信会社が扱う電報はすべて電報検閲官の検閲を経ることを命じた。[23]

他方、日本軍は、いちはやく佐世保・遼東半島間の海底電線を敷設し、日本と中国大陸の通信を確保し、朝鮮半島・満州でも軍事用電信線を敷設した。しかし、これらはあくまで軍事用であったから、一般に利用できる海外との電信線は上海線だけとなったのである。

岡忠雄は大北電信会社の「ウラジオストック・長崎間、及び長崎・上海間の海底線は、会社自ら、戦時中、通信を閉鎖したので、日本軍は、同海底線の切断は為さなかつた」と書いている。[24] しかし、諸新聞には、前日ロンドン発信のロイター電報が掲載されているので、長崎・上海間の電信線が大北電信会社によって閉鎖された形跡はなく、ロイター電報はイギリスの大東電信会社の電信線によって上海まで届き、そこから長崎・東京と電信されていたようである。日露戦争中の日本は、ハードの面ではイギリスの東回り電信線、ニュースはイギリスのロイターに頼ったのである。

対米交渉　海底電信線をめぐって日露両国の攻防が続く状況で、太平洋海底電信線は日本にとって一層緊要となった。逆に、中立国アメリカにとっては日本の海底電線の陸揚げ許可は難しく、なかなか態度を明らかにしようとはしなかった。膠着状態を打破するため小村外相は、二つの妥協案、第一に日本の民間会社が横浜とグアム島の海底電線を敷設する、第二に日本政府が横浜から小笠原諸島まで敷設し、太平洋商業海底電信会社がグアム島から小笠原諸島まで敷設する、いずれかの案で交渉するよう、高平公使に訓電した。[25] 小村は第一案を希望していたが、実際にこのような事業を担う日本の民間会社が存在しているわけではないから、交渉は第二案に流れていった。逓信省も、

　我政府の提案に同意を得ること困難なりとせば、太平洋商業会社（ママ）に「グアム」及小笠原島間の敷

設を許可するに付きては異議なしと雖も、其免許に対しては宛かも米国政府が会社に免許を与へたるときと同様、何等の特権を与ふることなかるべし

第二案を容認する意見書を出し[26]、事実上、太平洋商業海底電信会社との条件交渉に移っていった。小笠原諸島は日本領土内であるから、大北電信会社約定に抵触しないという解釈にも立てる。

米国、対露関係を調整　高平は八月七日付の小村外相宛電報で、八月六日に国務長官に面会した結果を次のように伝えている。国務長官は、日本政府がグアム島に海底電線を陸揚げとの報道を読んだロシア公使から、アメリカ政府がそのような提議に同意するのであればロシアに対する「非友誼的行為」とみなすとの申し入れがあったが、自分はもし太平洋海底電信会社からグアム島から日本への電信線延長の請願があれば、「米国政府は之を許可するの権を有する旨」を答えたという[27]。

アメリカ政府は、民間会社事業への非干渉という論理で、中立を損なわずにロシアの非難を回避し、日本の計画を事実上認めたのである。その後、日本政府と太平洋商業海底電信会社との交渉が開始された。

交渉成立　イギリスに有力株主がいる会社の都合で、交渉地をいったんロンドンに移し、また、アメリカに戻るなど月日を要したが、交渉が最終的な合意に至ったのは一九〇五年九月一二日である[28]。日露戦争の緊急事態が交渉を促したのだが、まとまったときには、すでに講和条約は結ばれていた。九月五日にアメリカ東海岸のポーツマスで結ばれた講和条約の第一報は、太平洋を通ったのではなく、大西洋からイギリスへ、そして南回りで上海・長崎・東京と中継されたのである[29]。

結ばれた契約では、グアム島・小笠原島間を太平洋商業海底電信会社、小笠原・横浜間を日本政府

が担当し、全体は両者の「共同企業」ということになっている。要点だけ述べれば、日本政府は将来他の会社に日本・アメリカ間の海底電線を許可することがあるが、太平洋商業海底電信会社の利益を侵害する恐れのある「特別の恩典又は特権」を他の会社にあたえることはない（第四条）、小笠原島・サンフランシスコ間を通過する日本政府の官報は料金半額とする（第五条）、日本政府と会社はこの海底電線をできるだけ十分に利用する目的で日米間の通信を発達させるよう全力をつくす（第八条）、契約の有効期間は三〇年とする（第十条）、などである。[30]

大北電信会社との契約に比べれば、日本の地位はずっと有利になっている。交渉の責任者であった逓信大臣外務大臣は、会社に九〇〇海里の海底線を敷設させ、小笠原諸島からサンフランシスコに至る全線で官報料金半減の特典を提供させ、また「将来の運用上に関しても利害共通の主義に依り十分会社を牽制」しえる地位にたつことができたと交渉の成果を誇っていた。[31] しかし、アメリカ民間会社のフィリピン線に繋がることによってようやく対米通信が実現できたことは歴然としている。

日米通信の効用　契約後、ただちに工事が開始され、イギリスで建造された日本最初の敷設船沖縄丸が小笠原父島《ちちじま》への敷設工事にあたり、難航しながらも一九〇六年六月一〇日に工事が完了した。六月二五日に明治天皇とルーズヴェルト大統領が電報を交換し開通を祝った。正式開通は八月一日である。

これによって、それまでロンドンを中継しなければならなかった日本とアメリカ大陸との通信が直接結ばれたことは画期的であった。太平洋は一挙に狭くなり、また、政治・軍事・経済などの戦略に長期的に大きな意味をもったのである。

当面、日本・欧米間の電報料金は安くなり、速度も向上した。それまで、発信してから受信人に届くまで、東京・ロンドン間は東回り大東会社線で四時間ないし五時間、大北電信会社線で七時間ないし八時間、太平洋商業海底電信会社線で四五分ないし一時間と見積もられていた。[32]『読売新聞』の報ずるところでは、八月一日の開通以来、その取扱通数一日一〇〇通ないし二八〇通、一ヵ月の総数六二五〇通一日平均二〇〇余通、その収入のうち日本側の収入は一万六〇〇〇余円で、一年平均二〇万円の収入が見込めるという。それまで大北電信会社に支払っていた金額は、毎月一七万円ないし二〇万円であったので、太平洋線開通以後は同社への支払いは一二万円に減少する見通しとしている。[33] 電報速度でも収入でも好調であったのである。

米国依存の通信　しかし、当初はグアム島までの官設を計画しながら、グアム島への陸揚げを認めないアメリカ政府の政策によって日本の官線は小笠原父島まで、そこから先はアメリカの民間会社の電信線となったのは、日本政府としては不本意であったことは否めない。だが、もともと太平洋海底電信線自体が日本の力では不可能で、帝国アメリカのフィリピン植民地支配、さらに中国大陸への勢力拡大政策と、それに連動する民間会社事業に便乗するものであった。それからすれば、不本意な妥協は、後進帝国日本の政治力・経済力・技術力のしからしむるところであったといえる。

また、この海底線によってニュース通信が大きく改善したわけではない。アメリカや日本で活動する個々の新聞社や通信社がこの電信線を利用することはできたが、通信社同士がこれを使ってニュースを交換することはできなかった。英仏独の通信社独占協定によって、アメリカのＡＰ通信社は、日本や中国で取材活動はできたが、そのニュースはニューヨーク本社に送るだけで、ＡＰが日本の通信社と契約してニュースを送ることは認められなかったのである。逆に、日本の通信社も、アメリカの通信社にニュースは送れない。通信技術では日米直通は可能であっても、イギリスの情報覇権が許さなかったのである。

二　大北電信会社線脱却政策の模索

電信線拡大への欲望　他力本願にせよ太平洋側に海底線を伸ばし、選択肢を持てるようになったことは大きな改善であったが、政治・経済・軍事勢力圏を拡大させていっている中国大陸方向では、膨張する帝国の神経網の最も重要な結節部である長崎・上海間、対馬・釜山《プサン》間の海底電線は、依然として外国企業（大北電信会社）に握られ、いかんともしがたかった。自国の植民地と支配地だけに陸揚げして、一切他国の妨害をうけずに全世界を結ぶ電信線網を構築しようとしているイギリス帝国に比べるべくもない。か細い通信に頼る脆弱な帝国であったのである。

陸軍意見書　日露戦争直後の一九〇五年一〇月一四日、石本新六《いしもとしんろく》陸軍次官は珍田捨巳《ちんだすてみ》外務次官に、「満韓並之と直接に関連する地方に於ける電信網の設備に付陸軍省意見申出一件」を提出し、「戦後の経営として権利を獲得すへき電信線路」として次の五線をあげている。(34)

一、釜山対馬間大北電信会社所有の海底線買収、
二、満州の電信権、
三、芝罘旅順間海底線の敷設権、

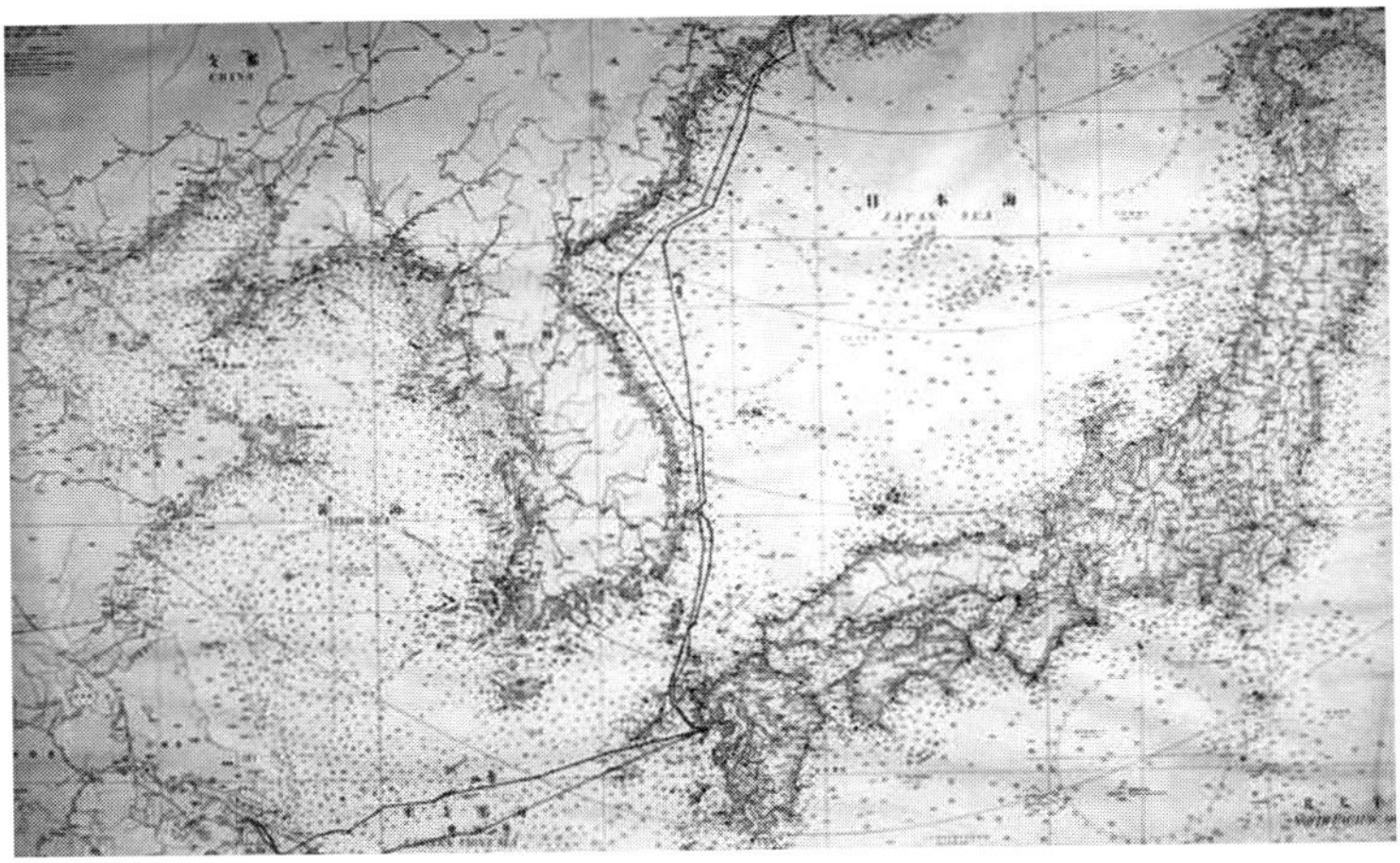

図12　大北電信会社海底線図（同社の使用していた地図，複線化されている．長崎県歴史文化博物館所蔵）

四、山海関営口間陸線添架の権、
五、太沽遼東半島間海底線敷設権、

である。当面重視したのが、釜山・対馬間海底線の買収である。大北電信会社に付与された権利について、陸軍省も十分承知しているが、朝鮮及び満州に対しその「通信の咽喉たる釜山対馬間僅かに六十海里の海底線一条」が大北電信会社の所有になっていて、これを通じなければ他の海底線と連絡することができないのは「軍事上のみならず将来進んで我利権を大に満韓の野に扶植せんとするに当り多大の不利不便を惹起」することは必然であって、「万難を排し是非買収を為すを緊要とす」と主張した。敷設当初は朝鮮半島内電信線不備で十分機能しなかった釜山・対馬間海底線は、その後の朝鮮半島中国東北部への日本の勢力拡大によって政治的軍事的重要度が大きく高まったのである。

政府は、釜山・対馬間海底線の買収交渉に乗りだし、一九一〇年一〇月一八日に一六万円で釜山・小《こ》茂田《もだ》（対馬西海岸）間の大北電信会社所有海底線の買収合意が成立した(35)。これによって、日本と朝鮮半島は日本の海底線によってつながることになり、日本政府としては、大北電信会社の外堀の一つを埋めたことになる。

対大北電信会社特許状満了期限への検討　そして、待望久しい大北電信会社への特許状満了期限が、ようやく一九一二年一二月二七日に来ることになったのである。交渉に備えて、日本政府部内では、さまざまな検討が行なわれた。交渉の第一目標は大北電信会社にあたえた独占権を解消することにあった。

大北電信会社に独占権をあたえた一八八二年には、外国企業に独占権を付与することへの危険は気づかれなかったわけではないが、問題が生ずるにしても将来のことと見なされていた。だが、日本の朝鮮半島・中国大陸への権益拡大が現実化する段階になると、対外電信線を外国企業に握られていることが強い軛と感じられるようになったのである。また、日露戦争による大国意識の高まりによって、実際上の弊害とともに、国家的体面の問題とも感じられた。

図13　大北電信社社屋（写真中央の建物，長崎市梅香崎．長崎大学付属図書館所蔵）

さらに、独占権付与の解消という、いわばネガティブな条件の排除というだけではなく、朝鮮半島・中国大陸への進出を支える広範な対外電信政策、いわばポジティブな電信政策の必要性が強く意識されるようになった。そして、膨張的な対外電信政策を構想するようになると、独占権付与の弊害どころか、大北電信会社の海底電信線自体、大北電信会社の存在自体が、日本の対外電信拡大の障害として問題視されるようになってくる。免許期限満了についての大北電信会社との交渉は、一八八二年の軽率さを挽回すること以上に、日本の対外電信拡大政策の実現という、日露戦後の課題の突破口という意味をもつようになったのである。

だが、当面の相手である大北電信会社の背後にあるのは、欧米諸帝国の東アジアでの権益である。遅れた帝国日本は、欧米諸帝国の権益とそれを保持拡大するための情報通信システムの一郭に食い込みたいのだが、それは場合によれば大きな衝突ともなりかねない。

軍部の対外電信政策　対外電信政策について明確な方針を打ち出したのは軍部である。先の石本次官の意見書でも満州での電信線敷設権獲得を主張していたが、一九一〇（明治四三）年三月二四日、寺内正毅陸相は小村寿太郎外相に陸軍省作成の意見書と外国通信の現状を解説した「本邦の外国通信」を添えた書状を送った(36)。

陸軍省意見書「秘明治四三年三月九日電信に関する意見」は特許期限満了の好機を逸することなく日本と韓国、満州ならびに北清方面との間における「電信通信の独立を図り」と、広範な対外電信網を独立させる政策の必要を唱えている。そのための障害となるのが大北電信会社電信線の存在である。大北電信会社に対してはその「特権を無効」として日本政府が日本とアジア大陸およびその付近の島嶼との間に随意に海底電線を敷設し、あるいは他の会社に敷設を許可する権利を確保することを基本方針として主張する。そして、長崎・上海線、長崎・ウラジオストック線をなるべく日本政府が買収するか、あるいは日本政府に有利な条件で新協定を結ぶことを主張した。

長崎・上海間電信線の買収論は、当時民間でも唱えられていた。『読売新聞』一九一一年一〇月六日は、釜山海底線の買収実現を受けて政府は、長崎・上海間と長崎・ウラジオストック間の二つの海底線を「買収して料金の低減を行ひ、以て公衆の利益に供する計画を立てたり」と期待をもって報じている。前述のように、一九一〇年に小茂田・釜山間の大北電信会社海底線の買収に成功したことから、その勢いに乗って長崎・上海線、長崎・ウラジオストック線の買収論が浮上したのだが、大北電信会社側が買収に応ずる可能性はほとんどなく、国力を過信した一種の願望論である。

現実はそう簡単に動かせるわけではなかった。寺内意見書でも、韓国・満州方面では敷設権獲得と強硬であるが、喉元である上海線・ウラジオストック線となると、独占権否定までは言えても、その先は買収か新協約かと、妥協的態度であった。大北電信会社と、その背後にいる欧米諸帝国との衝突を覚悟すれば別だが、それ以外となると選択肢は広いものではなかった。

逓信省の調査検討　逓信省は、その点を具体的に検討していた。逓信省は、一九一二（明治四五）年五月に対外電信事務調査会を設置し、日本の対外電信の置かれた状況と取り得る方針について調査検討を開始した。五月三日に開催された第一回会議で委員長は、

一、大北電信会社の免許期間満了後同社に対する方策。
二、対支那電信関係を考究すること。

三、対露、独、英、米の電信関係を調査すること。

を当面の調査事項としてあげている。[37] 大北電信会社との交渉をたんに独占権解消だけでなく、広範な対外電信政策のなかで全体的に検討しようとしていることが分かる。その点では、陸軍省と同じ発想に立っている。

免許権限満了後の大北電信会社との関係で、具体的に検討する事項として最初にあげられているのは、大北電信会社線と日本の国内電信線との接続運用の問題であった。接続運用の権利が継続となるのか権利の範囲を慎重に調査し、相当期間の予告によって海底線を撤去させ、会社の長崎局を撤去させることができるかを検討しようとした。さらに「対支那電信関係」の調査事項では、逆に日本は自己の海底線を中国海岸に陸揚げする権利を要求できるか、ロシアに対しては図們江《ともんこう》、樺太などでの日ロ電信線の接続可能性を調査しようとした。

これはあくまで調査事項だが、そこからうかがえる方略は、大北電信会社電線を日本の陸上線と切り離して事実上無効にしてしまい、うまくいけば撤去させる。日本の海底線を新たに中国に陸揚げする。長崎・ウラジオストック線以外のところで、ロシアと接続することである。これが本当に実現すれば、東アジアの各国間の電信線接続をまったく組み替えてしまうことになり、陸軍省寺内意見書より広範な方略である。

逓信省覚書　ついで同年五月二〇日、逓信省は、省内の検討をまとめた「帝国の対外電信政策に関する覚書」を外務省に送った。[38] この「覚書」は、この段階での逓信省の検討結果と見解を網羅的にまとめている。

大北電信会社との交渉で厄介なのは、日本政府と大北電信会社という交渉当事者の関係が、あらかじめ大北電信会社と清国、ロシアあるいは大東電信会社（Eastern Telegraph）などとの関係によって規制されてしまっている面があることであった。日本が一九〇二年に特許状を満了できず、延長せざるをえなかったのも、大北電信会社が清国とロシアから得ている特許のためであった。相互の国々の関係性に立脚する国際電信線という事業において、互いに他の契約を規制し合う契約を結び、その絡みあった組み合わせによって自己の権益を膨張させ、強固にするのが、大北電信会社の巧みな経営戦略であったのである。日本は、その狭間に食い込まなければならないのである。

逓信省「覚書」は、日本のとるべき方針を打ちだす前提として、清国と大北電信会社、大東電信会社との協約を考察している。それによれば、一九二〇年一二月三一日まで、両社となんら競合することのない地域以外では、清国は、

両電信会社の同意を経るにあらざれば、支那及其の属島の沿岸に海底電信線を陸揚すること、又は支那の陸上電信線と接続して電信線を運用すること、其の他支那及両電信会社に属する電線線系と対抗し、若は其の利益を侵害すべき電信連絡を創設することを得ず

という協約を結び、これはロシア政府・デンマーク政府の承認を得ていた。この協約が有効である限り、大北電信会社・大東電信会社の承認なしに、日本政府を含め第三国は中国大陸に自己の海底電信線を陸揚げできないことになる。すなわち、日本が大北電信会社にあたえた独占権を消滅させても、日本政府や民間企業が日中間の海底電信線を敷設することはできないのである。

近年、日本が大北電信会社の羈絆を脱することができれば、直ちに清国政府と交渉合意して日清間

の連絡を設置するとか、もし設置できなければ無線電信によって連絡を実現するだろうなどといわれているが、実は大北電信会社が日本から得ている独占権が消滅しても、大北電信会社が中国大陸の海底線・陸上線にもっている専掌権はまったく揺るがないのである。これは、「帝国政府が亜細亜大陸に向つて対外電信業務を発展せむとするには大なる障害物」であると結論している。

大北電信会社及び大東電信会社が築いた壁はきわめて堅固であって、これに食い込むのは容易なことではないのである。なお、「覚書」では海底電信線に替わる通信手段として無線電信について触れているが、これ以上論及しておらず、長期的にはともかく当時の技術水準では無線電信は現実的選択肢とはなりえないとみなしていた。

欧米共同利益としての大北・大東　「覚書」によれば、さらに問題は、大北電信会社、大東電信会社は清国と排他的な協約を結んでいるにもかかわらず、イギリス政府は芝罘・威海衛《いかいえい》間、ドイツ政府は青島・上海間、ドイツ・オランダ会社はドイツ政府線に連絡して上海からカロリン諸島とヤップ島、アメリカの太平洋商業海底電信会社は上海・マニラ間、フランス政府は厦門《アモイ》・インドシナ間、というようにそれぞれ海底電線を敷設している。これらが大北電信会社・大東電信会社の非公然の認諾を得ていることは推察できるが、日本政府はこれに介入することはできないことである。

要するに、欧米諸帝国はその共同利益として、大北電信会社と大東電信会社にヨーロッパ・アジア間の幹線を敷設運用させ、両社は欧米諸帝国の保護のもとで、清国から排他的権利を獲得している。さらに欧米各国は、自国の権益に従ってそれぞれの植民地や租借地とを結ぶ海底線を敷設する権利を清国から得て、大北・大東両社もそれに承諾をあたえている。欧米諸帝国のアジア分割を支える強固な情報システムである。

日本はそれに何とか割り込んで、欧米各国並みの地位を確保することが目標である。日露戦争後に清国への電信線進出をはかり、大連・芝罘間の海底電線を敷設したが、これも新たに権利を獲得したのではなく、ロシアがすでに保有していた権利を継承したにすぎない。

日本の選択肢　大北電信会社の長崎・上海間海底電信線を、この際、買収すべきと唱える意見もあるが、「覚書」は非現実的選択肢として斥けている。大北電信会社にとって、長崎・上海間海底電信線はヨーロッパからウラジオストックを経て長崎・上海・厦門・香港に至る大動脈で、その一部を切り売りすることはありえない。それでは長崎・ウラジオストック間も一括買収しようとする意見もあるが、そうなると日本の海底電信線がウラジオストックに陸揚げすることになり、ロシア政府は到底認めるはずがない。仮に大北電信会社が買収に応じるとすれば、同社がもつ今後一八年間の専掌権も買収しなければならないから、価格は「頗《すこぶ》る巨額」となる。莫大の資金を投入してまで長崎・上海間海底電信線を手中にする必要はないであろう。

となると日本の選択肢は限られ、「一、独占権消滅後に於ける大北電信会社との関係。二、対支電信関係。三、対露、独、英、米の電信関係」の三事項について具体策をあげている。その要点を述べれば、大北電信会社との関係で最も問題となるのは、独占権を認めた免許状第六条の解釈である。第六条には、免許期限満了後は、日本政府は誰にでも新規に特権を供与する権利をもつが、大北電信会社は、日本政府が新たに第三者に認めた条款について、その内容を承諾し結約することを望めば先約する権利をもち、いずれの場合も大北電信会社はなお日本政府の電信局と連合して通信を取り扱うことができることになっていた。ただ、日本政府は、この優先権と営業権が「無期限」に存続するのか否かについては、争点化できるはずだという解釈に立っていた。日本政府は、当然このような権利を「永久」に一私企業に付与することは認めず、一定の予告後、権利消滅を主張し、会社の長崎局の撤去と海底線の圏外撤去を命ずることができると主張しようとしていたのである。しかし、この解釈には大北電信会社が異議を唱えるであろうから、特許状の性質、および効力を慎重に調査し、取消の合法性立証の用意をしておく必要があるとしていた。

清国への要求事項　「対支電信関係」では、清国と大北電信会社・大東電信会社の協約があるとはいえ、欧米諸国が海底線を陸揚げしているのと同様の権利を「最恵国条款の精神」によって請求することができるはずだと清国への陸揚げ権を主張することとしている。また、もう一つ、台湾からの線を福州につなぐことも要求することにしていた。これらは、排他的特権を有する大北電信会社・大東電信会社と大きな争点になることが予想されていたが、日本にとって重要な要求事項という位置づけだったのである。

新海底電線敷設論　前述のように、たんなる独占権消滅は無意味であり、かといって買収が非現実的となれば、新たな海底電信線の日中間への敷設が、対外電信政策のために必須、むしろ現実的策ということになる。その場合、民間事業ということもありえたが、採算面から到底無理で、実際にそれを試みる民間企業も存在しなかったから、日本政府の事業として想定されていた。

また、長崎・ウラジオストック線以外に日露間の電信線を開通させることも、大北電信会社依存から脱する策であった。これはロシア政府も希望すると予想され、ロシア政府が大北電信会社の出資者であることから、難しくない事項と考えられていた。この他、電信料金についても日本側に有利となるよう細かな検討が行なわれたが、これは日中間の新電信線などの難問交渉では取り引き材料となり、交渉に多くの時間を費やすことになる項目である。

陸軍省の要求　大北電信会社との交渉に多大の関心を寄せる陸軍省は、七月二日に、「大北会社に与へたる特許期限満了後に於ける帝国外信政策に対する軍事上の要求」を逓信省に送った[39]。これは、将来、台湾・香港間に政府の海底線を敷設すること、長崎・上海間は事情の許す限り海底電信線を新設するか大北線を買収すること、日露・日清電信連絡を実施すること、の三項目を要求としてあげている。

陸軍省はさらに七月六日、逓信省「覚書」にだいたいにおいて異存はないと回答するとともに、将来における北清、満州に日本の軍用電信線敷設を容易にする配慮を求め、新協約はなるべく短期の一定期間に限り、それが満了するとともに大北電信会社の拘束をすべて脱することができるようにすることを要求している[40]。軍部は基本的には逓信省の交渉方針に賛成しながら、今回の協約を過渡的なものと位置づけ、次の段階ではすべての拘束を解消するという強い態度であったのである。

三　大北電信会社約定改定交渉

大北電信との交渉　一九一二年の大北電信会社との交渉は、日本側としては、周到な準備のもとにのぞんだ。しかし、欧米の海底電信事業は、相互に組み合わさった出資関係のうえに成立し、それが各国の国際政治戦略によって支えられるという強固で複雑な仕組みであり、その要にいる小国デンマークの大北電信会社は頑強な交渉相手であった。

日本政府代表の小松謙次郎逓信事務次官、田中次郎通信局長と大北電信会社代表バーンソンとの交渉は、一九一二年七月五日から始まった。この交渉経過については、詳細な記録が外務省記録に残っている[41]。大北電信会社との交渉は、当然のことながら清国政府の利害にも深く関わるものであり、日本政府は同時並行的に清国政府とも交渉をもった[42]。

交渉争点　日本と大北電信会社との交渉は、論点が多岐にわたり、しかも電報料金など細かな事項が議論になったのでかなり煩雑である。ここでは、交渉のくわしい経緯は割愛し、要点と結果だけ述べることにする。まず、交渉において、大北電信会社は日本での独占権延長を公然と主張することはなかった。また、日本政府も事前に内部で検討していた大北電信線の買収を交渉の場に本格的に持ち出したことはない。それらを正面から議題にして全面衝突決裂は双方とも不得策と判断していたのである。

日本政府は、満了期限をひかえて一九〇七年・〇八年と大北電信会社と事前交渉を行ない、交渉は物別れに終わったといわれている[43]。この交渉についての資料は外務省記録などには見いだせず、くわしい経過は分からないが、一九一二年の交渉の際には、後述するように、日本側が一九〇七年と〇八年交渉に基づく覚書を提示して議論が行なわれたことからすれば、本格交渉の枠づけについて、この時の交渉である程度の合意があったと考えられる。一九〇七年と〇八年の交渉で買収問題や独占権延長が持ち出され、双方が相手の態度から無理と認識したとの推測も可能である。

日本側覚書提出　大北電信会社の態度は、基本的にビジネス本位であった。日本の要求に対して、ビジネス上の損得を尺度に判断したのである。それは、一方で交渉の道を開き、また一方で大きな壁となった。八月六日の交渉で日本側は、「先年のことを基礎として之に多少当方の希望を加へたる」「覚書」（英文）を提出した(44)。「先年のこと」というのは、一九〇七年・〇八年交渉を指し、その時に一定の合意があったと日本側が考えていたようである。

「覚書」は全部で一〇項目からなっていて複雑だが、第一は合併計算に関する事項である。合併計算とは、定められた地域間を結ぶいくつかの電信線からの収入はすべて合併し、一定の割合で分配する方式のことで、共同会計とか共同勘定とか、いろいろな言い方がされた。名称はともかく、この方式では、分配率の操作によっては、一方が自己の電信線以外からも労せずして収入を得ることになる。この場合は、日本と清国間を結ぶ電信線に適用され、この段階では分配率は決まっていないが、日本が新たに清国への電信線を敷設した場合、その収入の一定割合を大北電信会社に納めることになる。日本と膠州・威海衛間、日本と在芝罘の日本局、日本と臨時に清国に設置される日本局との電信も合併計算に含まれることになっていた。

第二は、この合併計算が有効な期間に、日本は自己の費用で上海に海底線を陸揚げするか、清国の他の場所と電信線を接続する自由を持つ。この電信線は、日清両国の官報とともに、カナ電報を取り扱うこととする。また、川石島（引用注：福州沿岸部の島）と福州の陸上線を敷設し、台湾と福州の間で官報ならびにカナ電報を取り扱う。

第三に、長崎・上海間の大北電信会社電信料金を五〇％下げる。第四に、千本にある電信線陸揚げ施設と長崎の会社事務所の間の陸上線を放棄する。第五に、日本とロシアを直結する電信線を開く、などである。

大北、新海底線に反対　以後の交渉では、この「覚書」の諸事項がもっぱら議論となった。大北電信会社は、日本が清国へ電信線を新設することには強く反発し、一一月八日交渉で、日本の費用及び事業として清国に海底線を陸揚げすることは承諾できないと明言した。(45) 日本がカナ電報を行ないたいといっているのに対しても、自社でカナ電報を行うので、日本が行う必要はないと強硬であった。しかし、大北電信会社の交渉態度は強硬だが、大枠として日本に一定程度の妥協をして東アジア全体の自己の安定保持をはかろうとしている。強硬さの下にビジネスとしての対応が透けて見えているのである。日本の海底線への反対論でも、自社の経営への「打撃」を問題視している。「打撃」が軽減されるように話し合う余地が十分あったのである。実際、交渉では合併計算について自社に有利な率に導こうとしていった。

日本側の態度　一方、日本側も、交渉決裂によって長崎・ウラジオストック間、長崎・上海間の海底電線の運用に支障が出てしまっては、元も子もない。また、新たな海底電線の中国への陸揚げも、大北電信会社の了解がなければ、イギリス系の大東電信会社の了解も得られず、清国政府との交渉もできない。日本側としては、合併計算などで妥協しても、新線の了承を得ようとしたのである。

後藤新平逓相の桂太郎首相へ宛てた閣議請議は、

大北会社に対する日本政府の立場は極めて困難なると反対に、大北会社の東洋に於ける地位は又頗る安全なるものあり、其の為、今次の交渉に於ても彼は屡々談判不調の態度を示して我を脅迫

図14　大北電信会社電信線（『大北電信会社百年略史』）

したりと雖、我亦彼の弱所に乗じて或は之を威嚇し或は諄々乎として彼の蒙を啓くに務め

と交渉の模様を報告している。[46]これは、妥結条件を正当化するための誇張があるにしても、交渉が難航したのは間違いない。

新約定合意　一九一二（大正元）年一二月二八日の契約満了期日になっても交渉はまとまらず、ようやく一二月三一日になってようやく合意に達し、全八条からなる「日本帝国政府と丁抹有限責任大北電信会社との約定項目」を署名交換した。[47]ただ、両者の協議によって「約定項目」の日付は一二月二八日として契約期間の空白を避けるというぎりぎりの妥協であったのである。

「覚書」第四にあった、千本の陸揚げ施設と長崎会社局との接続線撤去は、交渉のなかで、日本側が一時持ち出したが、大北電信会社は断固拒否し、日本側も撤回した。「約定項目」ではこの点にはまったく触れず、大北電信会社の陸揚げ権継続承認が「約定項目」の基本的前提となっている。

「約定項目」第一は、日本と清国間の電信線の共同勘定（連帯資金制、合併計算）[48]についてで、先の「覚書」のとおり、大北電信会社が運用に関与しない線まで共同勘定に組み込まれ、その比率は日本三五・四、大北電信六四・六で、大北電信会社が有利になっている。第二は、共同勘定期間中に日本政府がその海底線を上海に陸揚げすること、日本政府が川石山・福州間の陸上線を敷設して福州・台湾間の電信線を開通させることを大北電信会社は承認する。ただ、これら電信線は日本文字のみで日本・清国の官報のみを取り扱うこととする。第三に、電信料金の値下げ、第四に日本とロシア間の電信線敷設を大北電信会社が承認すること、などである。

これら「約定項目」をもとに、清国、ロシアとの交渉でも合意に達し、一九一三（大正二）年八月二三日付で「修正大北会社免許状」「日露電信連絡に関する日本、大北会社間約定」「日支間電信問題に関する日本、大北会社間約定」「日本、大東会社及大北会社間約定」、一〇月四日付で「日支間海底線陸揚権約定」「満州及芝罘海底線料金の低減に関する日支間協定」の六つの約定が、日本と大北会社・大東電信会社・ロシア政府・清国政府との間で結ばれた[49]。

「修正大北会社免許状」　「修正大北会社免許状」は、第一条で、大北電信会社の海底線の陸揚げ、在長崎会社局との接続、日本政府の電信と連絡運用する権利を日本政府が引き続き認めることを定めている。また、日本政府は「何時にても日本帝国と亜細亜大陸及香港比律賓《フイリピン》等の如き近傍の島嶼に於ける海底線の敷設に付、他の会社又は箇人と協約を締結」することができることになり（第七条）、大北電信会社の独占権条項はなくなった。ただし、日本政府が他の会社に認可をあたえる条件を大北電信会社が受諾する際には、会社が優先権をもつことになった。また、日本政府が会社の事業を買収しようとする時は、会社は製作敷設経費を開示しなければならないこととなった（第八条）。

「日露電信連絡に関する日本、大北会社間約定」は、日本政府が満州・朝鮮および樺太でロシアとの陸上線建設をロシア政府と交渉することを大北電信会社が認めること。「日支間電信問題に関する日本、大北会社間約定」は、日本・中国大陸間の海底電信線を「合併計算」とし、その比率を日本三五・四、大北会社六四・六とすること、また、合併計算存続中、日本政府が上海への陸揚げ権、台湾・福州間接続を清国政府と交渉することを大北電信会社が承認することを定めている。

「日支間海底線陸揚権約定」は、清国政府が日本政府の海底線を上海に陸揚げすることを認めたものである。この成立が一〇月になったのは、日本と清国との交渉が容易に決せず、また、デンマーク・イギリスの利害が複雑に絡んでいたからである。[50]

図15　日本政府大北大東両電信会社日中通信交渉（1913年8月，逓信省通信局長室，『海底電線と太平洋の百年』）

これら一九一三年の大北電信会社との交渉結果は、ともかくも独占権は空洞化し、日本は上海への海底線敷設を認めさせた。しかし、日本線と大北線とを合併計算するということは、明文上独占権は

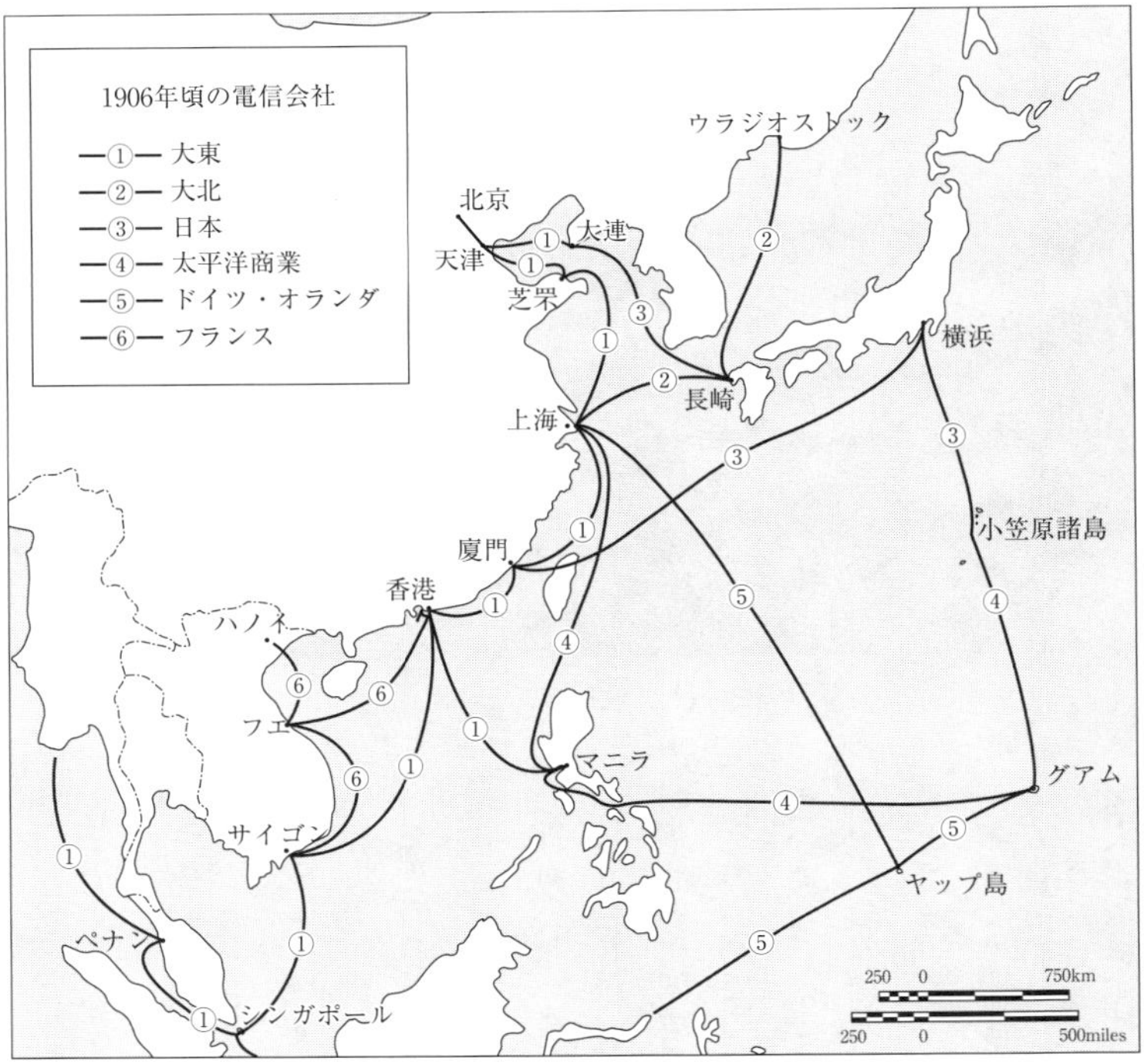

図16　アジアの海底電信線　1906年頃の通信網（*Communication and Empire*）

なくなったが、大北電信会社に特別な権利を認め、実益確保を認めたということである。また、当初日本側が期待していた海底電信線の買収、長崎会社局撤去など、完全に自由な海底電信線でアジア大陸と結ぶことなどは実現できなかったことからすれば、期待はずれである。だが、もともと大北電信会社が各国と二重三重に結んだ契約によって保持している権益を崩すのは、現実的には無理であったのである。

さらに、前述のように、軍部では免許状の期限を出来るだけ短くして、将来のフリー

図17　長崎上海間日本政府海底線開通式（1915年1月）

ハンドを得たいという意見が強かったのだが、今回の「修正大北会社免許状」には期限が明記されなかった。大北電信会社は交渉のなかで「concession には期間ナシ、agreement ならば期間あり」と主張していた[51]。新規の「免許状」（concession）も期間はないということになり、課題を残した。

大北の清国での独占権　しかも、大きな問題は大北電信会社が清国政府から得ている独占権である。この満了期限は一九三〇年であった。交渉でも、このことが繰り返し議論され、「修正大北会社免許状」「日支間電信問題に関する日本、大北会社間約定」も大北電信会社の清国での独占権が前提であるから、その独占権がなくなれば「約定」の有効性はなくなり、「合併計算」とその見返りである日本の上海への陸揚げ権も失効となる。「約定」の文言には「合併計算」は一九三〇年までと明記されたが、これは一九三〇年に大北電信の清国での独占権が満了するからである。また、別途大北電信会社総支配人宛田中次郎通信局長書簡というかたちで一九三〇年までに他の取り決めが結ばれなければ、日本は上海と福州の海底電信線を撤去する旨を記録にとどめた[52]。

対外電信政策の二重基準　ともかくも、この交渉が成立したのは、日本と大北電信会社との基本的発想の次元が異なっていたからである。大北電信会社は前述したようにビジネスの論理で交渉に臨んでいた。一方、日本政府にとって対外電信線は、政治・経済・軍事的拡大の一環であった。したがって、対外拡張のために有利な電信線を敷設することが優先事項であって、電信線からの収益は二義的問題であった。それからすれば、大北電信会社の収益優先の要求は腹立たしくはあっても、妥協できるものであった。また、日本の対外拡張という長期戦略からして、欧米列強の中国権益の一廓をなす大北電信会社の既得権そのものに、無理に楯突くことはしなかった。大北電信会社の既得権の枠内で、日本の権益を拡大することとしたのである。日中間の新しい海底電信線はカナ文字しか扱わないので、欧米列強の権益に抵触することは少ない。

こうした日本と大北電信会社の協調は、清国に対しては一転して強国の論理で臨むことになる。両者は清国代表不在のところで、清国の主権に属する日本の海底電信線の上海陸揚げ、福州・川石島間の接続を合意し、「合併計算」の清国の割合まで決めている。それらをそのまま清国政府に認めさせ、一〇月四日付の二つの約定が出来たのである。

日本の対外電信線政策は、二重基準《ダブルスタンダード》である。欧米との関係では協調的であり、妥協と取り引きによって欧米権益の枠内への参入を容認された。その上で、大北電信会社、その背後にいる欧米列強の承認のもとで、清国に強硬態度をとり、日本の権益を獲得したのである。

それは、日本の対外電信線としてみれば、西欧への電信は依然として大北電信会社・大東電信会社の電信線に頼り、中国大陸では日本独自の電信線を拡大させ、権益の維持拡大の道具とするシステムが形成されたということである。

なお、この時の約定にもとづく長崎・上海間の海底電信線（帝国上海線）は、翌一九一四（大正三）年八月から敷設船沖縄丸小笠原丸によって工事を始める予定のところ、第一次世界大戦勃発のため一時中断されたが、同年一二月に竣工、一九一五（大正四）年一月一日から運用開始となった。(53)

第三部　帝国日本の生成と西欧情報覇権

第一章　日露戦後の対外ニュース発信の形成と難航

一　日本電報通信社の設立と地方紙への外電配信

一等国意識の台頭

前章で述べたように、日露戦争前後から、日本の対外情報システムのハード面である海底電信線は、拡大してきた。それらは、国際ニュースの流通が加速化し、増大していく基礎的条件である。また、より広く社会全般において、日露戦勝による大国意識、一等国意識が昂揚し、対外的関心は増大していった。それは、さまざまな現れ方をしたが、例えば、海外への観光旅行が新聞社によって組織化され、それに多くの人びとが参加し、その旅行記が新聞紙上で話題となって社会的関心がさらに増幅されるというメディア・イベントが成立してくるのも、そのひとつである(1)。

こうした大勢は、一面では海外ニュース輸入の拡大、多様化をもたらす。戦時の速報競争によって一時的に活発化した電報ニュースは、戦後も一層拡大し、各新聞の定常的ニュースとなっていったのである。そしてもう一面では、国際社会での自己主張の意欲の台頭をもたらした。外に向かって日本から情報を発信しようとする構想が政財界の一部で具体化し、そのための機関設立計画が浮上してきたのである。むろん日本がいくら一等国を自負するようになったとしても、情報の輸入にしろ、輸出にしろ、国際政治の現実的力学のなかでは思うように進捗するわけではなかったが、これまでなかった動きが生まれたことは注目すべきである。

通信社の状況　まず、通信社・新聞社に、従来の外国通信社への依存関係を改めようとする動きが強まってきた。新聞社の問題は後回しにして、通信社について述べれば、通信社は外国通信社と直接契約して外電を輸入するようになり、さらにニュースの対外発信を目指そうとした。ニュースの対外発信は、後述するように実現困難であったが、外電輸入はある程度実現し、地方新聞社に配信しだしたのである。これは、地方へ外国ニュースを浸透させたばかりでなく、それまで外電で地方紙より優位に立っていた東京・大阪の新聞社を刺激し、社会全体での国際ニュース流通を活発化させることになったのである。

表9　通信社発行高

	1906年1月	1906年9月	1907年11月
帝国通信	76	82	89
自由通信	91	95	98
東京通信	71	71	79
内外調査通信	35	35	15
日本通信	66	68	76
日本電報通信	65	67	80
明治通信	27	37	18
独立通信	59	6000	56
中外通信	30	4500	45
日東通信	100	330	–
婦女通信	70	68	75
朝野通信	–	75	72
相互通信	–	–	50

内務省「新聞社内状調」から作成.

通信社は前述のように一八八〇年代から生成してきたのだが、その活動はもっぱら国内市場に限られ、しかも政治的党派関係のなかで活動していた。通信社の顧客である地方新聞社の多くが、地元政治家の機関紙的性格をもち、それに党派的ニュースを供給するのが通信社の主な役割であったからである。

日露戦争後の内務省「新聞社内状調」（一九〇六年一月、一九〇六年九月、一九〇七年一一月）から通信社だけ抽出すれば[2]、表9のとおり、東京で活動する通信社は一一社、一二社である。一九〇六年一月調査は「進歩」「漸進」「中立」などの「主義」で分類し、同年九月、一九〇七年調査は端的に「党派」で分類している。「党派」について紹介すれば、帝国通信と内外調査通信が憲政本党、独立通信が準憲政本党、自由通信社が政友会、中外通信が準政友会、東京通信、日本通信、電報通信、日東通信、明治通信、朝野通信、婦女通信が中立となっている。むろん内務省による無理な色分けで、中立とされている東京通信は、通常は官僚とされているし、婦女通信は中立というより、非党派的であろう。しかし、有力な通信社は何らかの政党的色彩を帯びていたことは間違いない。

さらに、この調査の備考欄には「発行高」と社運の状況について記載がある。通信社における「発行高」とは、配布される通信の一年間の延べ部数とみられるが、これによれば、帝国通信（憲政本党）、自由通信（政友会）、東京通信（中立）の三者鼎立のところに電報通信社（中立）が急速に追いかけ、一九〇八（明治四一）年にはほぼ四社が並んでいる状勢である。

帝国通信社　帝国通信社は、一八九二（明治二五）年五月、前に述べた新聞用達会社と時事通信社が合併して設立された。初代社長についたのは竹村良貞《たけむらよしさだ》である。竹村は新潟県出身、慶應義塾に学んだ後、故郷高田の改進党系新聞や『報知新聞』の記者を務めた。後に憲政会から衆議院議員に立候補し、当選している。典型的な改進党系の記者・政治家である。

帝国通信社は、改進党系の通信社として活動し、政府系の東京通信社と対抗した。日清戦争のときに中央、地方の契約新聞社が増加し、さらに日露戦争報道によって一層飛躍したという(3)。戦争中の雑誌評では、「帝通は、一番規模が大きくて、毎日の電報通信料丈けでも多額なものだ、随つて社員も多く使つて居る」とある。[4] 一九一二（大正元）年には、資本金一〇万円の株式会社になっている。帝国通信社は、基本的には改進党系の通信社として同党系列の地方新聞社などにニュースを流したのだが、一般的ニュースでも、一定の評価を得ていたのである。また、前身の新聞用達会社以来兼営していた広告取次業が経営の安定に寄与したとされる。[5] 帝国通信社が、国際ニュースをどの程度扱っていたのかはよく分からない。朝鮮半島や中国大陸各地に特派員を置いていたことは間違いなく、欧米の通信社とも関係があったとみられるが、裏づけ資料がない。

日本電報通信社　帝国通信社に追いつき、それと競争した日本電報通信社は、一九〇一（明治三四）年七月一日、光永星郎によって設立された広告代理業日本広告株式会社に併設された電報通信社、切抜通信社を前身とする。当初光永の経営の主力は広告代理業部門にあったのだが、通信業も併設し、両者を兼営するビジネス・モデルを目指したのである。

広告代理業と通信業の兼営モデルは、フランスのアヴァスにあり、日本でもすでに新聞用達会社が取り入れ、新聞用達会社の後身である帝国通信社もこの形態をとっていた。広告代理業・通信業兼営のビジネス・モデルが形成されたのは、広告代理業・通信業と顧客である新聞社との取り引きを安定化させ、双方に経営メリットがあったからである。電通『新聞総覧』は、

通信社にして広告取次を兼ね、広告社にして通信社を兼んか、各新聞社との取引簡便を加ふるは勿論、通信社が新聞社より受領すべき電報料、通信料などは広告料に於て差引決裁せられ、又た広告に伴ふ（例せば、銀行会社の決算報告を広告欄に掲載すると同時に営業状況を雑報欄に掲載するが如き場合）記事の通信は平日の関係に依て、極て便宜に取扱はる可く、有形無形の利益は、実に

枚挙に遑あらずと謂ふべし

と説明している。(6) さらに、党派性をもつ地方新聞社に、党派性をもった広告代理業・通信業兼営会社が広告とニュースを供給することで、系列地方新聞社の経営安定と政党組織の安定化をもたらす便益があったのである。

しかし、広告活動も通信業活動ともに未熟であった時期には、兼営ビジネス・モデルも十分機能しなかった。だが、日露戦争前後から広告活動が活発化し、広告代理業のほうがある程度の収益をもたらし、兼営が好循環するメリットが動きだしたのである。

電通の経営　日本広告株式会社の場合、一九〇二（明治三五）年上半期（一月から六月）の収入二九九三円、支出三五六三円、差し引き五七〇円の赤字であったのが、一九〇三年七月から翌年六月末までで収入七三三〇円、支出五六二七円、一七〇三円の収益、半期に換算すると三六六五円の収入、二八一三円の支出、八五一円の収益。一九〇六年七月から翌年六月末日まで収入二二三一三円、支出二〇九五一円、一三六二円の収益、半期では一万一一五六円の収入、一万四七五の支出、六八一円の収益である。(7)

一方、電報通信社のほうは、一九〇二年九月の収入は九八円、支出二九〇円で一九二円の赤字。切抜通信社のほうが三六四円の収入、三一六円の支出、こちらは黒字である。電報通信社の収入はすべて「通信料」で、官公庁企業五機関一九円、新聞社一九社七九円、新聞社の平均通信料約四円。新聞の月極購読料は四〇銭（『大阪朝日新聞』）であるから購読者一〇人分が通信料ということで非常に安い。(8) おそらく広告代理業の収益で補填していたのであろう。

しかし、一九〇五年九月六日から一〇月五日までの一ヵ月間の収入は一八三五円、そのうち通信料収入四〇〇円、電報料七三二円である。電報料というのは電報局に支払う前受金なので、通信料が実質的な通信社の収入だが、約四培の増加である。日露戦争を機に新聞社の電報ニュース需要が高まり、通信社の活動が拡大したことが分かる。

広告代理業が牽引して通信業も一定の収益をもたらし、兼営システムが循環しだしたのである。光永星郎は、一九〇六（明治三九）年一〇月一一日に電報通信社を分離して、新たに日本電報通信社を発足させ、さらに一九〇七年八月一日、今度は逆に日本広告株式会社を合併し、資本金二六万円の株式会社日本電報通信社とした。形式的には通信業がメインとなったが、やはり通信業と広告代理業兼営企業形態には変わりがない。

電通の国際通信事業進出　また、光永はもともと自由党の壮士だったこともあり、一般には政友会系と見られがちであったが、先の内務省の分類では「中立」とされているように、少なくも当初は必ずしも政党色を打ち出してはいなかった。光永の日本電報通信社設立にあたって注目すべきは、日露戦争後に昂揚した大国意識に乗って、「国際的通信事業」に大きな抱負をもっていたことである。それは、「日本電報通信社設立趣意書」(9) にうかがうことができる。「趣意書」の一部を引用すれば、

国際的通信事業の創立に至りては、一層緊急切要なる機関にして、我国戦後の地位に於て、一日も欠くべからず。就中世界の新興国東洋の盟主として、其国情を列国に疏通し、其国論を海外に主張すべき一の機関を有せず、僅かに外国新聞通信社の特派員に依頼して事を行ひ、其顰一笑に依つて喜憂の思をなすが如きは、外交上経済上豈浩歎すべきの至ならずや。更に之を一の商業と

して見るも、東洋に於ける政治上社会上及び経済上の通信材料を迅速確実に採取するに方り、資力の一点を除き我国民の知識と便宜とは、欧米人競争し得べき処にあらず。此競争力を擁し乍ら、外人の掌握に一任して顧みざるは遺憾に堪へざる処なり。

ということである。これから分かるように、日本が「世界の新興国東洋の盟主」となったにもかかわらず、その国情を列国に知らせ、その国論を海外に主張する一つの機関をもたず、極東の出来事ですら欧米の通信機関に依頼していることを慨嘆し、欧米の通信機関と対抗できる「戦勝後の新興帝国に相当する一大通信機関」を興そうというのである。

国際通信活動の目論見　その「目論見書概要」では、より具体化され、

在来の我通信社に於て未だ嘗つて企て能はざりし、国内の要地属島及植民地の要地は勿論、北京、天津、上海、漢口、香港、孟買《ムンバイ》その他朝鮮、満州、東露各地との通信を開始し、殊に欧米各国との間に頻繁且つ確実なる通信を交換し、彼我の商工経済政治その他百般の事情を闡明する

との計画が語られている。まさに、これまで試みられたことがないほどの規模のニュース取材網、ニュース交換網を作ろうとする壮大な計画である。

日露戦争後になって、欧米通信社なみに対外ニュース発信をめざす通信社設立構想が台頭してきたことは、日本の通信業にとって一つの画期である。「趣意書」や「目論見書概要」のいうとおり、これまで日本は国際ニュースをロイターなど西欧の通信社に依存し、そこからニュースを入手することに汲々としてきた。通信社は、政府や政党からの助成によって国内ニュースを顧客に供給するだけであって、国内外での幅広い取材体制によってニュースを国内新聞社・企業に配信し、同時に外国通信

社とニュース交換をするなどという発想はなかったのである。

旧態依然たる国内通信社を脱却して「一大通信機関」を設立するというのが、光永星郎の意気込みである。それには彼の個性もあるが、それ以上に、社会全般に高まった「新興帝国」という時代動向があって、それを彼が敏感に感じとり、一つの構想として打ち出したものである。電通の「目論見」どおりになれば、大英帝国におけるロイター、フランスのアヴァス、ドイツのヴォルフの役割に比すべき「新興帝国」の版図を結ぶ一大通信機関の設立ということになる。光永は「日本の事情を紹介するには日本人が一番くわしいから、日本人の手に依つて外国に紹介する、同時に設備をしなければならぬと云ふ希望を有つて立つたのであります」と語っている。[10]

光永は「目論見書」のなかに通信業の収支予算の概算まで記している。それは創業初年から実現を保証できない希望的数字ではあったが、それでも収支予算を立てて国際的事業を計画的に起こそうとする態度には、政府や政党をバックにしてきた通信社とは異なる経営姿勢がうかがえる。

電通の通信網　しかし、この大胆な構想を民間の企業として実際に実現していくのは容易なことではなかった。『日本及日本人』一九一一年一月一日号の調査記事「現代日本の新聞雑誌」によれば、電通は編集部員一二四人、北京・京城《けいじょう》・門司《もじ》・大阪・名古屋・長野・福島に支局を置いている。[11] さらに「全国重要の地五十余個所」に通信員を派遣していたというから、[12] 着々と取材体制を広げたことになる。ちなみに『日本及日本人』記事には帝国通信社の記載はなく、日本通信社は京城と北京に支局を置いているが、編集部員は数名。独立通信社は支局はなく、編集部員が六名。自由通信社は、大《だい》連《れん》・奉天《ほうてん》・京城・台隆に支局、編集部員は一四名となっている。日本電報通信社が、それらの通信社より広範な通信網をもっていることは間違いない。しかし、海外は朝鮮半島・中国だけで、欧米には特派員を置いてはいない。

となると、欧米のニュースを得るには、西欧の通信社と契約する以外に手段はない。しかし、その場合も「目論見書概要」にうたわれている欧米各国との間に頻発かつ確実な「通信を交換」する契約、すなわち電通側がニュースを購買するだけでなく、日本のニュースを販売するという相互的関係を形成することは、ニュースの需給関係からみてなかなか難しかった。外国ニュースへの日本の需要は高いが、いくら日本が一等国と力んでも、欧米での日本関係ニュースの需要は弱いからである。仮に「交換」の契約ができたとしても、電通側が不利な条件にならざるをえなかった。

電通、ロイター・UP契約　電通がロイターと契約したのは、一九〇六年一月以前と推定できる[13]。まだ日本広告会社に併設された電報通信社の時期だが、資料が残っておらず、東京の新聞社シンジケートに参加したのか、独自にロイターと契約したのかは不明である。これまで東京・大阪の新聞社が先行していたロイター電報の輸入で、ようやく通信社が外国通信社と直接契約するようになったのである。

さらに、電通は一九〇九（明治四二）年、アメリカのユナイテッド・プレス（UP）と「相互的電報同盟」を成立させた[14]。UPは一九〇七年に創立されたばかりの通信社で、英仏独三通信社のカルテルには拘束をうけていないので、電通が契約できたのである。しかし、まだ力が弱く、得られる電報ニュースは、北米関係など限られたものであったろう。

電通にとっては「相互的電報同盟」というところが重要で、たんに受信するだけでなく、電通側からもニュースを送るということである。光永の語るところでは、ＵＰと「提携して此方から直接遣ることに話が纏つた。それが日本人の手に依つて国際電報を打つた最初であります。所が非常に金が要つて仕様がない、それは語数の交換で此方が千語打てば向ふも千語提供しやうと云ふ約束であつたから、苦痛を忍んで始めた訳であつた。それからルーターの方も漸次此方で遣ると云ふ訳で、手を尽して居つた」という[15]。光永としては、何とかＵＰと「相互的」関係としたかったのだが、採算は到底とれなかった。また、ロイターともそうした関係をもちたかったようだが、ロイターにニュースを送った形跡はない。日本電報通信社は「国際的通信事業」を実現しようとする計画であったが、少なくともこの時期には、対外ニュース発信の分野では思うような成果をあげることはできなかったのである。

地方新聞にロイター電供給　しかし、電通が外国通信社と契約したことは、ニュース輸入の面で、それまでの新聞社との契約とは異なる流通を作り出すことになった。すでに述べたとおり、新聞社とロイターの契約では、ロイター電報は契約新聞社だけが使用するという条件で供給されていた。しかし、通信社は当然接受した電報を自らの顧客である新聞社などに配信することになり、ロイター電報は地方新聞社などに二次的に流通する。国際ニュースの全国的伝播を広めることになったのである。肝心の日本電報通信社とロイターとの契約資料が発見できないので、地方新聞社との契約関係が分からないが、日露戦争後から有力地方新聞社の紙面にロイター電報などの掲載が始まっている。

管見した例をあげれば、『福岡日日新聞』は、一九〇五（明治三八）年一〇月二九日第一面に社告を掲げ、戦後の日本は「優然一等国として世界列強の伍伴」に入り、特に新日英同盟の締結によって世界の列強と緊密な関係をもつに至った。従って、「世界の形勢、列強の国情を知ること益々急要」

である。我社は今回ロイター電報およびベルリン電報と特約し、来る一一月一日から紙上に掲載する。さらに従来「特置通信員」より通信させていた北京および京城電報も拡張、東京大阪など各地の出来事を電報電話を利用して「迅速と精確とを以て」報道すると大々的に発表している。

実際のロイター電報掲載は一一月三日からで、第一面に「路透電報」、その他「北京特電」「京城電報」「釜山《プサン》電報」「東京電報」を載せている。ちなみに「東京電報」は前日発信だが「路透電報」「北京特電」などは二日遅れである。それまでの同紙に外電欄は常設されておらず、海外ニュースは「倫《ロン》敦《ドン》発電に依れば」と、出所曖昧で掲載されていたのに比べれば、外国電報の拡充は明らかである。

さらに『福岡日日新聞』一九〇六年四月をみると、第一面トップに「路透電報」「伯林《ベルリン》電報」「北京電報」「東京電報」が掲載され、二面には「昨日欄外再録」の「路透電報」が載っている。例えば四月一日の三本のロイター電報は同日の『東京朝日新聞』掲載のロイター電報と同じで、東京の新聞に決して劣らない速報である。

また『信濃毎日新聞』も、一九〇五年一一月八日に「海外電報」と題する社告を掲げ、日露戦争の結果、我が国は「進んで世界一等国の列」に入った。「今後欧米諸国の一動一静、並に清韓両国に湧起す可き各種の問題」は政治上、経済上に、密接なる関係を有し、その利害得失の機は分秒を急ぐことになった。この「新時代の要求」に応えるため東京の主な新聞と同じく直接に海外電報、すなわち世界の政治経済の中心であるロンドン電報、ヨーロッパ大陸の政治経済の中心であるベルリン電報、極東問題の焦点である北京電報、日本の帝国の勢力範囲に入った京城電報を東京経由によって接受することに決定し、同時に長野県下におけるこれら外電接受の独占権をも獲得したと発表している。

社告にはロイター電報とは書いていないが、翌九日の第一面に載っている電報には「七日午後東京経由路透電報」と注記があり、ロイター電報であることが分かる。これも二日遅れになっている。

さらに『広島日刊中国』（現在の『中国新聞』）は一九〇六年五月二九日社告し、長距離電話によって東京から詳細なニュースを即日掲載し、「欧米の大勢はルーター電報其他と特約」、北京と京城に新たに通信員を置いたと発表している。[16] さっそく五月二九日に掲載した二本の「ルーター電報」は五月二八日『東京朝日新聞』に載っている。一日の差であるが、『中国』には「前号欄外再録」と注記があるので二八日の欄外に載ったはずで、本紙に掲載した『東京朝日新聞』とは実際にはわずか数時間の差だったことになる。[17]

地方紙と通信社の関係　このように有力地方紙の外電は東京紙とそれほど時間差がなく、量においても遜色ない。これ以外にも外電掲載を始めた地方新聞社はあったはずだが、地方新聞社がロイターと直接契約したとは考えがたく、ロイターと契約した日本電報通信社が配信したと推定される。通信社がロイターと契約したことは国際ニュースの大きな広がりを作り出したのである。また、地方紙のなかには、北京・京城などには通信員を委嘱して、自力で電報を得ている社もある。有力地方新聞社の側に外電掲載の意欲が高まり、またそうした意欲を実現できる経営的力量を有力地方紙がもつようになってきた。その際に広告代理業通信業兼営の形態が、通信社と地方新聞社双方に有効に作用したのである。

通信社の活動活発化と地方新聞社の外電拡充は相乗的関係にある。光永星郎の「日論見」のうち、外国通信社にニュースを送信することはこの時点では成果をあげられなかったが、外国通信社と契約して外電を地方新聞社に流すことによって、全体としての国際ニュースの環流を活発化させたことは間違いない。

二　朝日新聞社のロイター中止とタイムズ特電契約

各新聞社の特派員　国際ニュースへの関心の高まりは、地方有力新聞に限ったことではなく、東京や大阪の新聞社では一層そうした傾向を強めていった。まず、日露戦争中の状況を見るため、雑誌『新公論』一九〇四年七月号に載った「新聞電報一覧表」を表10に掲げた。各新聞社の特派員派遣状況は、時期によって変動したはずで、この調査の時点は分からないし、種別のランクづけの根拠も不明確だが、日露戦争中の東京各新聞社の電報報道体制は分かる。

各新聞ともロイター電報は必須のニュース源である。ここでロイター電報を載せている新聞社は一三社もあるが、これが先に述べた新聞社の共同契約にもとづくとすれば、参加新聞社数は増加したことになる。ロイター以外の西欧からの通信として、「伯林」電報が七新聞であげられている。日露戦争中、ロシアに近いドイツからのニュースが重要になったためであろうが、ベルリンからの電報を伝える機関があったということである。ベルリン電報は、戦後も東京の有力紙や前述した地方新聞でも特約されており、後で改めて触れることとする。

ロイター、ベルリン以外は外国通信社からの電報ではなく、自社の特派員からの電報である。派遣特派員は新聞によってかなり格差があり、それをもとに『新公論』は新聞をランク付けしているのだ

表10 『新公論』各紙外電状況

第１種	時事新報	倫敦特受，ルーター電報，伯林，芝罘，上海，京城，仁川，第一軍	佐世保，門司，竹敷，長崎，舞鶴，呉及広島，横須賀，其他内地各所
	朝日新聞	ルーター電報，伯林，上海，聖路易，芝罘，京城及仁川，第一軍，山海関	佐世保，門司，竹敷，長崎，舞鶴，呉及広島，横須賀，其他内地各所
第２種	日日新聞	ルーター電報，伯林，上海，芝罘，京城，第一軍	佐世保，門司，竹敷，其他内地各要所には依嘱通信
	萬朝報	ルーター電報，伯林，上海，京城，芝罘及山海関，第一軍	佐世保，竹敷，門司，広島及呉，其他各所依嘱
第３種	報知新聞	ルーター電報，伯林，上海，京城，芝罘，第一軍	門司，松山，広島及呉，其他
第４種	国民新聞	ルーター電報，伯林，京城，芝罘，第一軍	佐世保，門司，広島及呉，其他内地要所
	日本	ルーター電報，伯林，京城，第一軍	佐世保，長崎，門司，広島及呉，其他内地要所
第５種	中央新聞	ルーター電報，第一軍	佐世保，竹敷，門司広島及呉，其他内地要所
第６種	二六新報	ルーター電報，芝罘	門司，長崎，其他内地各所
第７種	都新聞	ルーター電報	門司，長崎，山口，広島及呉，其他内地各所
	読売新聞	ルーター電報，第一軍	門司，其他内地各所
第８種	毎日新聞	ルーター電報，第一軍	
	中外商業	ルーター電報	
第９種	人民 日出国 電報 国益 東都	特電もしくは依嘱通信を有せず	

出典：『新公論』1904年７月号.

が、従軍記者を別にすれば、第一種の新聞は上海・芝罘・仁川・山海関など、幅広く駐在させているのに比べ、第四種の新聞は京城には特派員を派遣し、それ以下の新聞は京城すら派遣できていない。各新聞とも、戦時に電報による速報競争を展開しているのだが、新聞社間で大きな格差が生じていたことは明らかである。

こうした外電競争の高まりは、戦後も加速していった。それは、ロイターからみれば、これまで以上の商機が到来したということであり、ロイターが日本電報通信社と契約したこともその一環である。その結果、地方新聞にロイター電報が掲載されるという、中央の新聞からすれば不都合な事態が生じたのである。それでもロイターは、日本の新聞社に値上げを要求してきた。特に焦点となったのが、京阪神の独占権を得るために単独で多額の通信料を支払っている大阪朝日新聞社である。

ロイターと大阪朝日新聞社の紛議　一九〇四（明治三七）年一一月、大阪朝日新聞社宛の書簡で、ロイターのブランデルは、「貴市の或る新聞より大阪市に於ても東京同様のシンジケートを組織したしとの照会を受け」たが、貴社は長年の「御得意」であるのでまず熟考を促すことにした。もし電報語数増加に応じられないということであれば、現在のような電報語数の少ない供給は今後承知できないと通告してきた[18]。大阪のある新聞社からシンジケートの提案があったことを取引材料にして、これまでより電報量を増加しなければ契約を破棄するかのような強硬な態度である。

ロイターの意向に対して、一九〇六（明治三九）年一月二〇日付書簡で、主筆池辺吉太郎は村山龍平・上野理一に報告し、ロイター電報の地方配信を光永星郎に問い合わせたところ、日本電報通信社がロイターの横浜代理人ブランデルと特約して地方新聞に電報ニュースを送っていることは間違いない。「但し東京（横浜）及大坂（神戸京都）の新聞に売る事は禁制との条件付」との返答であった。料金までは聞き出せなかったが、「多分非常の安価なるか或は売上代を部分けにする位の約束かと推量いたし候」とある。いくら東京と京阪神の新聞には売らないという条件にしろ、高額料金を支払って独占したつもりである大阪朝日新聞社としては、ロイターが電通と契約したことは我慢できないものであった。池辺は「ブランデルのやり方いかにも憎らしくなにとか致し度し存候事に御座候」と次の提案をしている。[19]

一、大阪朝日は、過半大坂神戸京都以外之地方に販路を有するを以て、今度電報通信社をして各地方新聞に電報を安売せしむる以上、大朝ルウトル専売之利益ハ大に減じたりといふを名として毎月五百円を大に値切る事

二、寧ろ此際断然として此方より解約を申込む事

此際なにとか約束改良の機会を捉らへ度と存候先、最初此方より断然として解約を申込みても不自由はしばらくの間にて、あとはなにかと安価にて融和の道も付可申歟、それとも倫敦華盛頓《ワシントン》の特電出来候上は路透なくとも差支なしと強硬に構へ込可申歟

第二案でも、解約を申し入れた後、「なにかと安価にて融和の道も付」といっているところをみると、池辺は本当に解約してしまうつもりはないのだが、ロイターの値上げ要求をそのまま受け入れない強硬態度をとることを具申しているのである。

特に腹に据えかねているのは、ロイターと電通が契約して、一部地方新聞社に外電が流れている状況である。大阪朝日新聞社は、ロイターに高額を支払って京阪神地域の独占権を得ているのだが、当

時の同紙の販路は京阪神より外の地域に拡張しており、電通がロイター電報を流す地方紙と競合してしまっている。これでは、独占権の価値は減少してしまっているというのである。

契約文言の曖昧さ　多額のロイター契約金を負担して独占権を得たはずの大阪朝日新聞社が、後発のロイターと電通との契約に憤慨するのは無理もないが、これは契約文の独占範囲がルーズで、『大阪朝日新聞』配布地域と一致していなかったことに起因している。このことは双方ともに気づいていたようで、一八九九年八月一日付契約では、別紙にブランデル署名の「大坂、神戸、及び京都の新聞に電報を交付するの契約に就て、貴下は右の三市、府、及び県に於て専売権を有せらるのことは承知致候也」という「覚書」がつけられている。(20) 京阪神というのは三市だけでなく、その周辺地域を含む大阪府・京都府・兵庫県にも独占権は及んでいるという意味だろうが、この三県の外にも『大阪朝日新聞』は販売されており、そこにもロイター独占権が及ぶのかは曖昧である。当初は互いに曖昧さを黙認していたのであろうが、地方紙が大々的にロイター電報掲載を宣伝するようになると、顕在化して紛議となったのである。

また、東京のシンジケートでも、独占範囲は問題があったはずである。ただ、十分確認できなかったが、関東地方で電通からロイター電報の配信を受けた地方紙はないようである。『信濃毎日新聞』の場合は、長野県で売られている東京系の新聞部数が少なかったため、大問題とならなかったのであろう。前述のように、同紙が社告でロイター電報を明示しなかったのは、東京系諸新聞を刺激しない策であったと解しえる。

大朝・『ザ・タイムズ』と通信員契約　紛議になった段階で、大阪朝日新聞社がロイターに強気の態度をとっているが、これはロイター以外の選択肢がある程度整ってきたことがある。ロンドンの特電というのは、この年の一月からロンドンの『ザ・タイムズ』外信部長スコットとの間で特約通信員契約を結んだことを指す[21]。ワシントンの特電については不明だが、同じようにワシントンの新聞か記者に通信を委嘱する契約をしたのであろう。実際、この時期の『大阪朝日新聞』紙面をみると、「ルーター電報」以外に、「華盛頓電報」「倫敦電報（上海経由）」「伯林電報」「香港電報」「北京電報」「韓京電報」など、さまざまな外電が掲載されている。ロイター電報を失うのは、競争紙との関係で大打撃であることは間違いないにしても、外電は多様化してきているのである。

ちなみに「伯林電報」というのは、先の地方新聞でも出てきたし、他の有力新聞にも掲載されている。『大阪朝日新聞』には記載はないが、『東京朝日新聞』では「日独郵報社取次」と注記がある。「日独郵報」というのは、横浜で発行されていたドイツ語週刊新聞『ドイッチエ・ヤパン・ポスト』のことで[22]、この新聞社が新聞発行とは別にドイツから電報を受け、それを日本の新聞社に取り次いでいたと推定できる。

「伯林電報」の情報源は、おそらくヴォルフであって、膠州湾などのドイツ租借地に通信を出していた。しかし、ヴォルフは本来、三通信社カルテルに縛られて東アジアではニュース販売できないはずだが、実際には取次新聞社をダミーに使って、日本の新聞社に売り込んでいたのである。かなり安い料金であったといわれる。後には日本電報通信社が契約したが、量的には多くないので、ロイターが協定違反を見逃していたとみられる[23]。

東京シンジケート契約更新　大阪朝日新聞社でロイターの値上げ要求に手を焼いているところに、

ロイターは一九〇六年八月になって東京の新聞社シンジケートに、従来より一ヵ月一千語増加させることと、二五〇円の値上げを申し入れてきた。新聞社シンジケートの過半数の社はこれを認め、東京朝日新聞社も大勢に従って値上げを認めた[24]。シンジケートの場合、一社あたりの分担金が比較的軽いため、ロイターの値上げが通ってしまったのである。

さらに九月には、時事新報社が、池辺吉太郎を通じて大阪時事新報社へのロイター電報分与の申し込みを行なってきた。大阪朝日新聞社では検討の結果、分与のメリットを見いだせないため断った。分与による大阪朝日新聞社の契約金負担軽減はわずかで、独占権喪失とは見合わないとの判断であろう。

ロイターが大朝との契約破棄　ところが、ブランデルは一九〇六（明治三九）年一二月、一方的に大阪朝日新聞社との独占契約破棄を申し立ててきた。大阪朝日新聞社は抗議したが、ブランデルは契約書第五条を根拠に裁判所を通して破棄を通告してきたのである[25]。この時点での、契約書は見いだせなかったが、それ以前からの契約書、例えば一八九九年八月一日付契約書第五条には、「当事者の一方より一ヵ月前に書面を以て本契約を終了することを通知するにあらざれば本契約は右の期限後其効力を有し」とある[26]。この条文を根拠にしたとみられる。

ロイターが大阪時事と契約　大阪朝日新聞社側は値上げを拒否しようとしたが、契約破棄とまでは予想していなかったから衝撃である。しかも、ロイターは、ただちに大阪時事新報社に独占権をあたえる契約を結んだ。契約破棄通告の段階で、時事新報社・大阪時事新報社と、ある程度合意ができていたのであろう。『大阪時事新報』は、この前年の一九〇五年三月一五日に、東京の時事新報社をバックに大阪に創刊された新聞である。『大阪朝日新聞』『大阪毎日新聞』の二紙が寡占を築いている大阪に地盤を開拓するのは容易なことではなかったから、ロイター電報の独占は一つの売り物であった。『大阪時事新報』は一九〇六年一二月二一日に大々的な社告を掲載している。曰く、ロイター電報は、

大阪に在ては嘗て大阪朝日新聞の有となり今日に及びたれども、其独占権は明年一月以降移りて我大阪時事新報社の手に帰するに至れり、然のみならず今後我社の掲載す可きロイテル電報は従来の大阪朝日の掲載し来りたる者よりも規模更に一層宏大にして領域更に広汎所謂ジエネラル、サーヴイスなるものに属し、目下東京の時事新報の摂手しつつあるものと全然同一なり。

これによれば、大阪時事新報社は、おそらく大阪市とその近郊での独占権を獲得し、しかも電報の種類や量の多い契約を結んだのである。経緯からみて、大阪朝日新聞社より高額を支払ったのであろう。大阪時事新報社は、「明年一月以後、大阪附近に於て毎日早朝他に先立つて前夜深更までに著信《〔ママ〕》したる正確、該博、迅速、機敏なるロイテル倫敦電報に接するを得るものは独り我大阪時事新報の読者あるのみ」と大活字で宣伝した。ロイターは、日本の新聞社間の競争を巧みに利用して、値上げに成功したということである。

大朝の対策　ロイターとの関係が切れた『大阪朝日新聞』紙面から、「ルーター電報」は一九〇七（明治四〇）年一月二日以降消えた。先の池辺書簡もいうとおり、「倫敦電報」「北京電報」など外電は多様ではあったが、声望高いロイター電報がないのは痛手であった。

大阪朝日新聞社は、二つの対策をとることにした。一つは上海聯合通信社を設立し、それを通して

ロイター電報を得ることにしたのである。上海聯合通信社というのは、時事新報社上海特派員の佐原篤介[27]が発意し、朝日新聞社上海特派員の堀扶桑などが参加して、上海で設立した通信社である。東京の『時事新報』『東京朝日新聞』など六社に電報を送り、費用は六社で分担する計画であったが、朝日新聞社としては、これをロイター電報入手に利用しようとした。ロイター独占権をもつ時事新報社はこれを嫌ったようだが、堀扶桑がロイター電報を大阪朝日新聞社に転電することになったとされる[28]。ロイター上海支社と堀扶桑とがどのような契約をしたのか詳細は不明である。

『大阪朝日新聞』紙面をみると、一九〇七年一月中旬には「倫敦電報（上海経由）」が掲載されている。ロイターとは明記されていないが、内容を『東京朝日新聞』掲載の「路透電報」と比較すると、少々文章が異なっているが、ほぼ同一であることが多い。堀から転電されてきたロイター電報を、契約の関係で出所を明示できなかったため、このようなかたちで載せたのであろう[29]。いずれにせよ、別ルートからロイター電報を入手することができるようになったのである。

大朝・『ザ・タイムズ』契約　もう一つの対策は、ロンドンの『ザ・タイムズ』から電報を得ることにしたのである。以前から『ザ・タイムズ』のスコット外信部長との間に特約通信員の契約を結んでいたのだが、それをタイムズ社との正式契約に切り替えたのである。『大阪朝日新聞』一九〇七年一月一五日紙面で、『東京朝日新聞』が翌一月一六日紙面で『ザ・タイムズ』との特約契約を発表した。

『大阪朝日新聞』社告は、「世界第一の信用ある」タイムズ特電と契約したことを誇り、「其の経費の如きは従来のルーターに比し機んど三倍」、「ルーターは通信を商売とし、タイムスは信用と確実とを旨とし、世界第一の新聞たる品位と格式を保持するもの」とこれまでのロイター電報以上の外電を掲載することを宣伝している。逆にいえば、それだけロイター電報の声望は高く、その喪失を挽回するのは、大阪朝日新聞社にとっても大変であったのである。[30]

タイムズ特電と上海連合通信社契約によって、結果的に一九〇七年以降の『大阪朝日新聞』紙面には、「タイムス特電」「倫敦電報（上海経由）」とが併載されることになった。それ以外にも「伯林電報」「華盛頓電報」「桑港電報」「上海電報」「北京電報」「大連電報」など、多くのニュース源から外電が掲載され、これまで以上に充実している。

脱ロイター策　大阪朝日新聞社とロイターとの紛争は、他新聞もからみ複雑な過程をたどったが、注目すべきは大阪朝日新聞社がロイターのいいなりにならず、一定の交渉力をもったことである。もともと同社は経営基盤が強く、ロイター以外の外電入手ルートを開拓することができた。「タイムス特電」「上海連合通信」はその成果であったし、現地の新聞記者を通信員に依嘱したと覚しき「華盛頓電報」「桑港電報」や中国大陸各地に自社の特派員を派遣し、電報を送らせる体制を整えた。実質的にロイターに頼るところは依然として大きいのだが、全面的依存からは抜け出そうとしているのである。

『大阪朝日新聞』のライバル紙であり、『大阪朝日新聞』にロイター電報を独占されてしまっている『大阪毎日新聞』紙面をみると、外電はもっぱら「来電」と言葉を使っているが、「倫敦来電」は「特設通信員発」と注記され、前々日午後発の電報が掲載されている。北京・上海・京城などは特派員からの電報で、「桑港来電」「伯林来電」もある。「特設通信員」や特派員を各地に置いて、せいぜい国際ニュース充実につとめている。確かに『大阪朝日新聞』の外電欄と比べれば見劣りはするが、大阪毎日新聞社のように経営基盤が強ければ、一応は外電掲載ができているのである。

しかし、それほど経営基盤が強くなく、外電に多額投資が困難な新聞社は、東京の新聞シンジケートのようなかたちでロイターとの関係を続けていた。ただ、そうした新聞社でも、自社の通信員・特派員派遣など、できるだけ多様な外電を入手しようとする傾向は顕著になってきた。日露戦後の国際ニュース拡充の大きな流れのなかで、ロイターへの頼りきりから脱却しようとする傾向は強まってきたのである。

三　対外新聞電報発信の試み――対清国新聞電報――

自力発信への模索　対外発信のほうも、日露戦争後の一流国意識の高まりのなかで、光永星郎のように対外ニュース発信を目指す動きが民間から出てきた。だが、対外ニュース発信の必要性を最も切実に考えていたのは、何といっても外務省である。外務省はこの時期、ロンドンで日英博覧会を開催するなど、広く日本を海外に紹介することに力を入れていたが、メディアを通しての定常的情報発信は大きな課題であった。外務省は、これまで「外国新聞操縦」と称して外国人記者・外国新聞社などに金品を提供し、日本に有利な記事を書かせる政策を行なってきた。

しかし、その実効性への疑問は、外務省内部でも生じていた。もともと外国人記者・外国新聞社に金銭を提供し、その見返りを期待するというのは、日本側にニュースを国際的に発信できる組織・資金・人材もない状況での発想であった。だが、日本にニュースの国際的発信をある程度可能にする組織や資金を外務省側である程度用意できる段階になると、別な政策が模索されるようになってきた。

外務省記録には、中国大陸の英字新聞などへの操縦文書が多く残っているように、即効性が期待できるかのようにみえる金銭提供による「外国新聞操縦」は、なかなかあきらめがたいのだが、定常的組織的な外国メディアへのニュース供給をはかる政策が、外務省で案出されるようになる。一つは清国向けのニュース発信であり、また一つは、アメリカでの通信社設立である。この問題に関しては、すでに大谷正の優れた研究があるが、日露戦争後の対外ニュース発信について考えるためには触れる必要があるので述べておくこととする[31]。

対清国発信　この二国に対するニュース発信の方策はかなり異なる。まず最初に、清国向けニュース発信についてみれば、清国向けニュース発信の前提には、清国内ですでに日本人経営の新聞が活動してきたことがある[32]。日本人経営の新聞には、日本語・中国語それぞれあるが、いうまでもなく対外ニュース発信を担ったのは中国語新聞である。日本人経営中国語新聞の多くは、外務省から直接・間接の援助を受けていたとみられるが、経営編集にあたったのは東亜同文会関係者、黒龍会関係者などが多く、その関係は複雑である[33]。

東亜同文会は、組織的に新聞事業に取り組んでいたが、その前身の一つである同文会の「同文会設立趣意書」でも、事業計画の一つとして「上海、福州、漢口、天津、重慶及広東の各要地に、漸次漢字新聞を設く」がうたわれていた[34]。この計画は一八九八（明治三一）年一一月二日の東亜同文会設立でも引き継がれ、その事業として「新聞雑誌を各形勝枢要の地に発行し、以て清国輿論の木鐸となり、啓発誘導の機関となす事」が目指された[35]。

実際、東亜同文会において、中国・朝鮮での情報収集、情報発信はきわめて重要な活動となっていったのである。『東亜時論』掲載の中国・朝鮮関係記事をみても、現地新聞雑誌通信からの抜粋もあるが、会員による独自調査の記事も多く、質量ともに一般の新聞を上回っている。東亜同文会は、広義の情報機関という性格をもっていたのである[36]。

『同文滬報』への補助　情報収集とともに、中国・朝鮮在住の会員は現地で新聞雑誌事業に従事し、中国への情報発信にあたった。一九〇〇年時点で、東亜同文会が刊行していた新聞は上海の『同文滬報』、同会が資金を給与していたのは漢口の『漢報』、福州の『閩報』があった[37]。なかでも中国の政治経済の要地であり、『申報』など有力新聞が活動する上海において、一九〇〇（明治三三）年、上海で井出三郎によって創刊されたのが『同文滬報』である[38]。

東亜同文会は『同文滬報』発刊に力を入れたのだが、それを維持するのは困難であった。一九〇一（明治三四）年一二月、同紙は東亜同文会の手を離れ、外務省から直接補助金の給付を受けることで延命をはかった[39]。だが、依然として経営は苦しく、一九〇四（明治三七）年四月二八日、井出三郎はこのままでは「基礎を立つるの見込無之」と拡張予算の請願を行っている[40]。それでも『同文滬報』の経営は改善されなかった。一九〇六（明治三九）年五月四日付の西園寺公望外相宛永滝久吉上海総領事の具申では、『同文滬報』は寄贈している都撫衙門ですら披閲されることが少ないのが実情で、この成績では、今後鋭意拡張策を講じても他の漢字新聞と対抗できるような勢力を得ることは到底望むべくもなく、せいぜい現状維持が適当で、助成金拡張の必要はないとしている[41]。結局、一九〇七年八月、『同文滬報』への補助金は打ち切りとなった[42]。

通信事業拡充策　『同文滬報』が中国社会に食い込めなかった理由の一つとして、先の永滝の意見書でも、正確で迅速な報道の不足を説いていたが、外務省は中国での新聞活動テコ入れのために、通信事業拡充の必要を認識した。一九〇九（明治四二）年四月一二日、小村寿太郎外相は、伊集院彦吉《いじゅういんひこきち》駐清公使をはじめ、上海・天津の各領事にあてて「新聞操縦に関する件」（機密第四二号）を送り、従来から行なっている『順天時報』への補助金支給とは別に、清国における「新聞操縦」について先般来慎重に詮議してきた結果、その一方法として電報通信を諸新聞に配布する案を策定したと通知している[43]。その「清国新聞通信概目」は

一、清国新聞紙に通信をなさしむる為め東京に新聞通信員を置くこと
　右通信員は追て選定の上通知すること
二、通信は南北二部に分つこと
　奉天に於ける通信取扱者は羅馬字に改綴して、直ちに之を北京に転電し、北京に於ける通信取扱者は更に電信又は電話にて、之を天津に通報すること
　南部通信は羅馬字を以て上海に電送すること
　上海に於ける通信取扱者は其儘直ちに、之を香港に転電し、香港に於ける通信取扱者は其儘更に之を広東に転電すること
　通信には英文を用ゆることあるべし、此場合には転電は其儘之をなすべきこと
三、各地通信取扱者に於て転電を要する電報を受領せる場合には、遅滞なく直ちに之を発送すべ

きこと

四、各地通信取扱者は公使館又は領事館と打合の上、其他の諸新聞に連絡を附け置き受信の都度、之を翻訳して右新聞に通信すること

通信取扱者は連絡新聞より低廉なる代金を徴収し自己の収入となすこと、但し特に公使館又は領事館の指定せる新聞に対しては無償にて之を配付すべきこと

（以下略）

この清国新聞通信計画は、実質的に外務省が東京に通信社を設立し、天津・上海などでこれまで秘かに補助金を出していた新聞社・記者を支局として、政府費用で定常的にニュースを送る計画で、各支局はそれを翻訳して地元の新聞に低廉で配信し、日本に有利なニュースを中国に伝播させるというものである。添えられた参考文書には、上海・広東・香港・奉天・北京・天津・漢口の「操縦費現状」合計三万五六〇〇円、「操縦費査定」合計二万一五〇〇円、「通信料」一万七九九円の計算となっている。操縦費査定額、通信料が今後の新聞通信の見込額であろうが、現状の操縦費より少額ですむ計算になっている。

外務省・電通の秘密約定　成否の鍵を握るのは、東京に置く「新聞通信員」であることは明らかだが、これを密かに請け負うことになったのは日本電報通信社である。外務省と日本電報通信社が交わした約定は、先の「清国新聞通信概目」を具体化したもので、次のとおりであった。

一、日本電報通信社は、東京より外務省の指定する在清国奉天及上海受電者に新聞通信を電送すること

二、右通信は南北二部に分け、北部配付区域は奉天北京天津等、南部の配付区域は上海広東香港等を目的とすること

三、北部通信は仮名又は英文を以て奉天に電送し、南部通信は羅馬字又は英文を以て上海に電送すること

四、通信に要する電信料は、東京奉天間一ヵ月金百三十円、東京上海間一ヵ月二百円を標準とし、月末払となし、其実費を外務省より日本電報通信社に交付すること、但外務省の都合に依り右標準額を低減する場合あるべきこと

（五、省略）

六、日本電報通信社が別に自己の費用を以て電送する他の新聞通信も、清国新聞に対する通信の統一を計る為め、発送前総て外務省と打合せをなすこと

七、外務省は通信事務取扱の手数料として一ヵ月金百円を日本電報通信社に交付すること

八、日本電報通信社は本件に関する外務省との関係を厳に秘密となし置くべきこと

（九、省略）[44]

外務省は電通に秘密補助金を出し、電通は外務省がこれまで手なずけた上海などの日系新聞記者（電報受取人は各領事が選定し、上海は先の上海連合通信に関係した佐原篤介、奉天は盛京時報の上野岩太郎《うえのいわたろう》であった）に電報を送り、そこから電通の通信として中国各地の新聞に配信させるという大規模な仕組みである。奉天に送る電報がカナと英文、上海はローマ字と英文と使い分けているのは、後者は大北電信会社の電信線、前者は戦争中に日本軍が敷設した軍事用電信線を使う予定であろう。電通とし

ては補助金を受け、電報料無料で中国での販路を拡大できたが、その代償として外務省指示の電報以外を含め、すべての電報についても、事実上、外務省の事前検閲を受けなければならない。

伊集院意見書　この新聞通信の最大の問題は、このようにして送った日本電報通信社の電報が北京・上海などで果たして競争力をもち、日本の目的が達成できるかどうかであった。駐清国大使の伊集院彦吉は、対清国広報について一家言があったようで、たびたび意見書を出しているが、五月一二日付で小村外相に次のような意見書を送っている。[45]

（前略）右通信を一般に各新聞紙に頒布するに於ては其目的を達するに於て果して幾程の効果あるべきや甚だ疑問に属する而已ならず、当地の如く本邦に接近せる土地柄に在ては仮令低廉にしろ代金を払ひて、之に「サブスクライブ」する者あるやは暫く疑を存して考量するを要し候義と思考致候、第二点に関し本通信を以て到底「ロイテル」若は独逸電報通信の例に倣はしむることを得ざるべきは、二者内容の基礎となるべき事実乃至材料の発生又は伏在地並に其発電地の当地方に対する地理的関係に顧みれば蓋し明瞭なるべく、少くとも重大なる疑問の余地を存すべきものと思考せられ、（後略）

要するに、日本電報通信社の電報は、いくら価格を安くしても、到底ロイターやドイツの通信社に対抗できず、顧客を獲得することはできないというのである。伊集院は代金を徴収して配布する案は暫く見合わせ、無償にて清国の新聞に配付したいと提案している。

北部通信は五月二四日から、南部通信もそれに続いて六月二一日から開始されたが[46]、有料の顧客をあまり集められず、多くは無料配付であったようである。ただ、無料配付となると、日本の宣伝意図が露呈してしまい、折角多額投入した通信の効果は減じてしまう。

伊集院再度の意見書　さらに実際に通信が始まってみると、外務省・電通が日本の宣伝のつもりで送った電報ニュースが逆に反発を招くという問題が生じてきた。小村外相宛七月七日付の伊集院公使意見書は[47]、今回の電報通信によってこれらの新聞の面目を改良したが、いかんせん送信されてくる電報の多くは当地の読者に格別の興味を与えるものではなく、また好感情をもっては受け入れられない種類のもので「新聞操縦」の目的に背馳しないまでも、すくなくともこの目的には適合していないのは遺憾であると実情を報告している。例えば、日本の国力宣伝のつもりである日本実業家による中国東北部での事業拡大報道が、「利権回収に熱中して神経過敏となり居れる清人の疑惑を挑発する」などかえって不利の結果を招く恐れがあるというのである。

これは日本電報通信社の通信事項選択が適切ではないことに基づくものであるから、早急に改良させるよう提言した。一般的に、送り手の意味付与の枠組みと受け手の解釈枠組みの違いによって、ニュースに何らかの「誤解」が生ずるのは必然的だが、送り手側の独善性と受け手への無理解などが伴いがちな対外ニュース発信では、一層「誤解」増幅が起きやすいのである。

外務省訓令　外務省側もこの点を懸念し、七月三〇日に小村外相名で、駐清国公使・各総領事・各領事に「随分多額の費用を要する事柄」であるから改良すべき諸点は腹蔵なく意見を申し出るように訓令している[48]。特に問題にしている点は、毎日数件の電報を必ず送信しようとする結果、不適当な電報が流れるので、適当な材料のない日は送信しなくてもよいか、通信の目的が「新聞操縦」にあることは勿論であるが、必ずしも通信によって「直接操縦」をなすのではなく、まずもって日本に関する

「事実の真相」を周知させることを目的としている。もっぱら日本政府や日本の利益に都合のよい材料を使用すれば、たちどころに政府の差し金であることを発見されてしまう恐れがあるから「中には無害の社会的事実等をも加ふる」策などである。

これらは、政府の意図を隠した対外ニュース発信がしばしば直面する問題である。この場合も、日本電報通信社の電報と見せかけて発信しているので、日本に有利なニュースのみを流して即効性に期待するのは逆効果で、一見「無害の社会的事実等」をも混ぜて報道させるほうが、長期的目的に合致するのかは複雑でデリケートな問題であった。

伊集院・有吉の意見　これに対して、伊集院公使は返答を提出し[49]、第一点については受信新聞社の営業からいえば毎日中断なく東京電報が掲載できるほうが得策である。第二点は言われる通り日本政府や日本の利益に都合のよい材料だけを使用するのはかえって不都合であるが、かといって社会的事実を加味したところで、当地の読者にとっては格別興味を与えず、また参考にもならない。かえって好感情をもって受け入れられないような種類のものは送信不要としている。別紙として、七月から八月の東京電報個々について順天時報社の評価、打電時間の希望などがつけられている。

さらに九月一日からは、それまで北部南部に二分し、香港には上海から転電していたのを改め、上海への送信は中部通信とし、香港には東京から直接に送信し、これを南部通信という三系統にすることとした。南部通信の電報取扱者には、独立通信社が選任された。外務省としては、かなりきめ細かな方策で新聞通信を運営しようとしていたのである。しかし、外務省も苦慮していたように、日本の宣伝色が出すぎると反発を招くし、薄めすぎると宣伝の効果は減殺される。さじ加減は、主観的評価によってゆれ動いた。有吉上海総領事は、「余りに露骨に清国人の人気に投ぜんとする嫌ひある」と改善を求める意見を出している。[50] 先の伊集院とは逆の評価である。これでは本省の方針はますます決めがたい。

外務省新聞通信廃止　結局、この新聞通信は約六年間に渡って続けられたが、一九一三（大正二）五月に廃止となった。伊集院公使はじめ、各総領事・各領事宛の牧野伸顕外相の、「支那に対する新聞電報通信廃止に関する件」（五月七日発）[51] は、

今日迄格別思はしき効果を奏せざるのみならず、輓近支那に対する諸般の通信機関発達し彼の「ロイテル」東京電報が上海を経て敏活に各方面に配賦せらるるが如き、又は満州に於ける主なる新聞紙は迅速に多量の東京電報を得居るが如き、其適例に有之。従て本省の供給する新聞電報の如きは追々注意を払はれざる模様と相成、従て是迄の如き小規模の手数を以てしては到底予期の成績を収むること能ざる次第に有之

多額の経費を投入したにもかかわらず、結局、成果をあげられなかったと認めているのである。

中国の通信社・新聞社との関係でいえば、日本はハード・ソフトとも優位であり、そこに日本製ニュースを送り込むのは、技術的組織的には可能なようにみえ、外務省とその委嘱を受けた日本電報通信社は、日本の国力の進歩・優越を宣伝するニュースを送信しようとしたのである。対中関係において、小さくはあるが、日本の情報覇権を作り出そうとする試みであったといえる。

しかし、それは計画どおりにはいかなかった。一つには中国の新聞社の抵抗にあった。本来、日本の通信社が最も得意とするはずの東京発の電報でさえ、中国の新聞にあまり採用されなかった。ナシ

ョナリズムの壁に、低廉な日本製ニュースは中国新聞市場に入り込めなかったのである。もう一つは、イギリスのロイターの情報覇権が、すでに強固に確立していたことである。中国との関係では、日本の通信社は優位だが、西欧通信社と比べればニュースの質量ともに劣位にあった。日本からすれば不当だが、東京発電報でも、ロイターのほうが有用性や信頼性の評価を得ていたのである。多額資金を投入した清国へのニュース発信は、中国ナショナリズムとロイターの覇権という二つの壁に穴を穿とうとしたのだが、結局不首尾に終わった。

四　対米ニュース発信の試み――東洋通報社の設立――

対米通信の必要性　同時期に行なわれた外務省のもう一つの対外ニュース発信の試みは、アメリカに通信社東洋通報社を設立したことであった。外務省がわざわざアメリカに通信社を設立しようとした背景には、日本人移民への差別などに表れるアメリカ国民の対日認識の歪みを是正しようとする狙いがあった。

すでに述べた太平洋海底電線によって、日本とアメリカは直接繋がっていて、経済活動や私信などには利用されていた。だが、ニュース通信の面では、英仏独三通信社カルテルに、アメリカのＡＰ通信社も参加し、ロイターの東アジア独占を承認しているため、日本の通信社・新聞社はＡＰと直接契約ができず、ＡＰのニュースはロイターの仲介を経て日本に入ってくるしかなかった。また、日本のニュースも、ロイターの仲介によって、アメリカに伝えられるのであるから、不十分にならざるをえない。日米の個々の新聞社は、それぞれ独自に特派員・通信員を派遣し、ニュースを送らせる活動は次第に活発化してきたが、定常的ニュースには限界があった。

対米通信社設立計画　移民問題などでアメリカ世論に働きかけたい外務省は、一九〇八（明治四一）年一二月二一付「機密送第六一号」で、小村寿太郎外相が高平小五郎駐米大使に、「本省秘密監督」のもとに東京に一つの通信機関を起こし、その支社を外国に設置して「帝国に関する事実の真相」を外国新聞に掲載させ、かつ外国新聞が日本に不利な報道をなしたり誤報をなした場合には随時「弁駁又は正誤」をさせることとする。取りあえずその支社をニューヨークに置く旨を通知した。(52)

この段階では、かなり大規模な対外ニュース発信の計画で、外務省が秘密に資金を出して東京に通信社を設立し、海外各地に支社を置いて通信を送ることを考えたようだ。ほぼ同時期に、前述した清国に向けて電通を使った新聞電報通信の組織化が計画されていたので、アメリカでの通信社設立計画はこれと同じような計画であったのである。

東洋通報社設立　しかし、大規模な通信社を東京に設立する計画は断念され、もともとその支社の一つが置かれるはずであったニューヨークに、東洋通報社という通信社を設立することに計画縮小となってしまった。しかも、計画の目的である「新聞通信事務及通報事務の取扱方」について種々論議した結果、「新聞通信に関する事務開始」は暫く後日に譲り、取りあえず「通報事務の取扱」をなすことになった。ニュース通信を取り扱わないというのであるから通信社ではなくなり、社名を「通報」としたのもそのためであろう。

ニュース通信をあきらめたのは、外務省が直接これを行なうことはできず、かといって、これを引き受ける通信社がなかったためと推定される。清国向けの通信業務を引き受けた日本電報通信社も、アメリカの新聞社と契約を結ぶあてはなく、アメリカ国内でAPと競争できないのは明らかであった。また、電通は一九〇七年にUPと契約していたので、契約上からもアメリカ向けニュース通信を独自に行なうことはできない。また、英文ニュースを取り扱うことでは、『ジャパン・タイムス』の利用がありえるが、当時ジャパン・タイムス社は経営難に苦しみ、政府からの補助金増額を求めてきている状況で[53]、到底アメリカでの通信社に関係する余力はなかった。

ニュース配信は、しょせん机上の計画にすぎなかったのである。ニュース配信をやめて「通報事務」のみを取り扱うことに縮小したのだが、ここでいう「通報」というのは、具体的には日本政府の作成した資料をアメリカの新聞社、各機関などに配布する活動であった。

東洋通報社業務　東洋通報社の主幹に任命されたのは頭本元貞で、彼に小村外相から渡された辞令では、その取り扱うべき事務として左の事項があげられていた[54]。

一、帝国大使領事又は外務省より受けたる材料其他正確なる材料に依り、常に帝国諸般の事項に関する調査を為し、外国政治家新聞記者又は事業家等より帝国に関する問合せありたるときは、直に之に応じ、必要なる回答を与ふること

二、帝国大使領事の承認を受け、帝国に関する事実の真相を米国諸新聞雑誌に掲載せしめ、又は米国諸新聞雑誌中帝国に不利なる報導を為し、又は誤報を伝ふるものある場合に、随時之が弁駁又は正誤を為すこと

三、帝国大使領事又は外務省より受けたる通信を米国諸新聞に報道すること

四、米国諸新聞の論調を調査し、随時之を帝国大使館及外務省に報告すること
五、帝国に関係ある事項に関し内密に聞知せることあるときは、直に之を帝国大使領事に報告し又場合に依り之を外務省に報告すること

これらの事項は、事実上、大使館領事館の広報活動の下請けであって、通信社の業務ではない。わざわざ民間の会社を設立し、「通報の業務を表面上純然たる営業の形式」として政府との関係は厳に秘密とするなどと命令を発しても、発信する情報内容が日本政府提供であるから、アメリカ側からすれば、日本政府の広報活動であることは見えすいたことであったろう。

外務省記録に残る東洋通報社宛文書によれば、実際に外務省が送ったのは、日本経済の現況などに関する英文資料がほとんどで、ニュースなどはなかった。それでも日本外務省としては、対米情報発信として力を入れたつもりである。同社はアメリカで大きな成功をおさめていた化学者・実業家の高峰譲吉の援助を受け[55]、雑誌『オリエンタル・エコノミック・レビュー』などを発刊し、各方面に配布した。一九一一年二月に頭本元貞は辞職し、一時は在米ジャーナリストの河上清を起用する案も出たが、それまで助手を務めていた本田増次郎を主幹代理として活動を継続させた[56]。同社には渋沢栄一なども助力をあたえていたようである。

東洋通報社廃止　しかし、外務省は政費節減を名目に、一九一二（大正元）年一一月に廃止の方針を打ち出し、一九一三年一月、珍田捨己駐米大使が本田増次郎に廃止を通告した。その後、自力で活動継続の動きもあったが、政府の補助金なしの存続は不可能で、結局廃止となった。通算四年活動したことになる。

東洋通報社設立は、日本外務省としては対外ニュース発信の政策であり、それなりの資金を投入した。ところが、アメリカで通信社を運営するまでの人材・知識・資金などはもっていなかった。実現できた東洋通報社は、日本政府作成の英文パンフレットなどを配布したり、小雑誌を発行する活動に止まり、当初の計画からすれば小規模な事業にすぎなかったのである。

対外通信の挫折　中国向けの新聞電報にしろ、東洋通報社にしろ、こうした試みが生まれてきたこと自体、日露戦後の「一流国意識」にのって、対外ニュースを自力で発信しようとする意欲が、外務省を中心に高まってきたことを示している。対清国では、情報のハード・ソフトの優位を背景に、清国新聞に日本の優越性宣伝のニュースを送信しようとしたが、中国ナショナリズムとロイターの壁に阻まれた。

対米関係では、情報のソフト・ハードで劣位にあり、通信社を設立すること自体できなかったし、宣伝目的も国力の優越どころか、せいぜい日本も欧米並みの経済力をもつようになってきた認識を得させようとしたところにあった。しかし、それでも情報の発信としては不十分なものであった。

また、これらの活動も外務省の秘密資金提供によって行なった活動であって、民間の事業とはなりえなかった。日本が「一流国」と自負しても、情報の流れにおいて欧米の覇権は強固で、それに食い込むことは、並大抵の手段では困難であったのである。

第二章　国際通信社の発足と第一次世界大戦期の国際情報変動

一　国際通信社発起とイギリス情報覇権の壁

国際通信社願望論　日露戦争後、対外ニュース発信の必要性を痛感した外務省が、アメリカ・清国を対象とする通信社設立の試みを行なったが成功しなかったことは、前章で述べたとおりである。だが、その後も対外ニュース発信への願望は外務省だけではなく、財界の一部からも高まってきた。その具体化として一九一四（大正三）年に設立されたのが、国際通信社である。国際通信社は、その後の新聞聯合社、同盟通信社と続く大きな水脈となっていく。

国際通信社は、それまで存在していた通信社とは大きく異なっていた。第一に、初めから国際的ニュースの送受信を目的としていたことである。それまでの通信社は、基本的には国内ニュース中心で、海外ニュースは外国通信社からの配信を受けるだけであった。先に述べたように、日本電報通信社がニュース交換を行なったが、小規模にすぎなかった。第二に、民間の通信社ではあるが、渋沢栄一《しぶさわえいいち》・樺山愛輔《かばやまあいすけ》・牧野伸顕《まきののぶあき》など、政財界の有力者のバックアップのもとに設立され、広い意味での国策の一環であることが意識されていた。第三に、それまでの通信社の多くは、政党政派との結びつきのもと

図18　国際通信社　社屋と社員（『五風十雨　古野伊之助アルバム』）

に活動し、顧客も党派的関係によって編成されていたのに対し、国際通信社には政党政派的動機はない。その分、地方新聞社との関係は弱かった。第四に、財界人から出資を得ていたにもかかわらず、経営は不安定で、外務省の補助金なくして存続することは困難であった。これは、以後、日本の通信社の抱える大きな問題となっていく。

渋沢栄一の民間外交　設立に主導的役割を果たしたのは、この時期の財界指導者で「民間外交」推進者でもあった渋沢栄一である。渋沢は、国際社会のなかで日本経済を発展させるためには、経済関係の基礎として文化交流を深めなければならないとする考えから、フランスや清国などとの「民間外交」に尽力してきたが、特に日系移民排斥問題などで摩擦が起きていた日米関係の円滑化に意をはらった。これには、ニューヨークに日本倶楽部をつくるなど、日米関係を結ぶ無冠の大使の役割をはたし、渋沢とは若年の頃から浅からぬ関係があり、アメリカで成功した化学者・実業家高峰譲吉《たかみねじようきち》の助言があった。[1] また、小村寿太郎《こむらじゆたろう》外務大臣からも要請をうけていたという。

渋沢栄一は、日米実業家の相互理解の必要性を感じ、一九〇八（明治四一）年一〇月から一一月にかけて日本を訪問したアメリカ太平洋岸訪日実業団に対する歓迎行事に力を尽くし、さらに、彼自らが団長となって、総勢五一名にもおよぶ訪米実業団を組織し、翌一九〇九年九月から一一月まで三ヵ月間にわたってアメリカ各地を訪問して地元実業家との交流を深めた。[2] しかし、約三ヵ月にわたって各地を視察したところ、渋沢は日本の国情が余りに知られていないことを実地に見聞して、「有力なる対外宣伝機関の必要」を痛感したとされる。[3]

ケネディーの計画　ちょうどその頃、アメリカで発明家・実業家として成功した高峰譲吉が一時帰国し、各方面にアメリカ人の対日理解を促進する必要性を力説してまわっていた。それにAP通信東京支局長であったジョン・ラッセル・ケネディーが呼応し、新通信社設立を計画した。ケネディーの計画は、まず英字新聞『ジャパン・タイムス』と『ジャパン・メール』の二紙を買収して英字新聞を発行し、それを基礎に海外通信に伸ばしていこうというもので、資金は一五万円、差しあたって半額の七万五〇〇〇円は必要と見込んでいた。[4]

英字新聞発行を計画したのは、日本のニュースを世界に知らせるために、まず英字新聞を発行し、それを在日の外国新聞通信員に伝え、その通信によって日本のニュースを広く知らせるという目論見であったという。ただ、英字新聞発行と新通信社創業を結びつける企画を最初に立てたのは『ジャパン・タイムス』の頭本元貞《ずもともとさだ》だという説もある。[5] 頭本元貞は、前述した外務省の秘密援助による東洋通報社を一時担当したが、『ジャパン・タイムス』の経営難のため帰国していた。東洋通報社の関係で高峰譲吉と親交があり、かねて渋沢栄一の知遇も得ていたから、高峰と渋沢を結びつける位置にいた。また、『ジャパン・タイムス』経営難打開策として、頭本が英字新聞発行と新通信社を結びつけようと計画したことはありえることであった。

いずれにせよ、新通信社設立を具体化できる力をもっていたのは渋沢栄一である。[6] 渋沢は新通信社設立に乗り出し、さっそく東西財界の有力者や牧野伸顕外相らに諮ったうえ、各方面から出資を募り、ケネディーに実務を委ねることにした。『ジャパン・タイムス小史』は、「一般の予想に反して、ケネディーがその経営に当ること丶なり」と、意味深長に頭本の不満を記述している。渋沢は、海外発信するには外国人が有利ということと、ケネディーが唱えていたナショナル・ニューズ・エイジェンシーという言葉に惹かれたとみられる。

ストーンのナショナル・ニューズ・エイジェンシー論　ナショナル・ニューズ・エイジェンシーという言葉は、後に国家代表通信社と訳され、日本の通信業界における嚮導的通信社像となる。[7] この言葉を最初に日本に紹介したのは、ＡＰ総支配人メルヴィル・ストーンだとされる。一九一一（明治四四）年に来日したメルヴィル・ストーンが、ＡＰ東京支局長ジョン・ラッセル・ケネディーや、その下にいた若い職員で、後の通信業を担う古野伊之助・東川嘉一らに、ナショナル・ニューズ・エイジェンシーの必要を熱心に説いたという。[8]

ただ、ストーンの来日時の記録には、彼がナショナル・ニューズ・エイジェンシー設立の必要性を熱心に啓蒙したことは出てこない。ストーンは、このとき国際新聞協会会員として来日したもので、明治天皇に謁見したのをはじめ、小村寿太郎外相、後藤新平《ごとうしんぺい》逓相、大隈重信《おおくましげのぶ》大日本平和協会会長などから大歓迎を受けた。歓迎の席で彼は、何度か日米友好の重要性を説く演説を行ない、そのありさまは各紙に報道されたが、例えば『読売新聞』記事では、日米間に生じている「誤解」に懸念を表明し、「誤解に関する報道が多く米国より来れる」[9]、「余は文明の敵たる『黄色《おうしょく》新聞』の害毒の恐るべき所以を申述べたし、此一語は米国に於て営利の考の外一物なき無謀なる新聞業者を称するものにて、読者を増さんと欲するの余、其不謹慎なる言論の影響如何を顧みざるものなり」[10]と、「誤解」の一因がアメリカ西海岸のイエロー・ジャーナリズムの煽動的記事にあることを非難した。この「誤解」を解くためにも「我新聞業者にして誠実に職分の為めに努力する」とか「日本を開きたる恩人はペルリ提督に非ずして船舶なり、文明の進歩に連れ、船舶電信汽車新聞等文明の利器の発達し、之に依て吾人の幸福及び平和を増加する」[11]などとコミュニケーション活発化の必要性を説いている。

また、ストーンの回顧録によれば、彼は帰米後に日本での経験と観察について、「アジア大陸のほとんど三分の二はヨーロッパ各国の管理下にあり、私はインド、中国、日本の現地人に対する非常な不正義を発見し、その責任は白人種にありと感じた」と演説したところ、これが『ナショナル・ジオグラフィック・マガジン』に掲載され、反響をよんだ。日本在住のあるヨーロッパ人は、取り消しさえ求めてきたという[12]。これらから、ストーンがアジアの見聞によって、欧米列強の横暴さに憤慨し、また、母国アメリカでの日系移民差別を煽る営

図19　AP 初代総支配人，メルヴィル・ストーン（『五風十雨』）

利的新聞に、眉をひそめていたことは間違いない。その裏返しとして、自国他国を正しく伝える国際コミュニケーションの重要さ、自国の姿を広く海外に知らせる通信社の使命を一般的に日本のジャーナリストに説いたのであろう。

このように、ストーンが来日時にナショナル・ニューズ・エイジェンシー、あるいは国家代表通信社という概念を特に強調した様子はない。しかし、何かの話題のなかで、ナショナル・ニューズ・エイジェンシーという言葉を口に出したことはありえる。その意味は、彼が多くの新聞社による協同組合方式によって運営されるAPの総支配人であったことから推定すれば、国内の個別的地域的利害に立たず、全国的観点または国民的観点からのニュース報道を行なう通信社という意味で「ナショナル」といったのであったろう。

日本の通信業者の理解　しかし、ナショナル・ニューズ・エイジェンシーという言葉は、新興帝国のニュース機関設立という意欲に燃えてはいたものの、それを表現する言葉を見いだしかねていた日本の通信業関係者にとっては、一種の天啓となったのである。彼らは、この言葉を自己の脈絡で解釈し膨らませて、新しい通信社の基本理念として用いだした。その際、ストーンから教示を受けたということが一つポイントであって、欧米にはナショナル・ニューズ・エイジェンシーが存在するのに、日本ではまだ成立していない。これを、日本に設立しなければならないという発想になっていったのである。

しかし、当時、ナショナル・ニューズ・エイジェンシーとは何かということが、当事者にあって明確であったわけではない。特にナショナルという言葉は多義的であった。新通信社設立の初期計画文書では、通信社は Natinal Agency という社名で、その訳名は国民通信社としていた。[13] ナショナルを国民と解して、ナショナル・ニューズ・エイジェンシーを国民的通信社と理解する流れもあったのである。しかし、国民通信社は正式名称にはならず、またナショナルを国家と理解する流れもあり、当初は未分化であったのが、次第にナショナル・ニューズ・エイジェンシーを国家代表通信社と訳す傾向の方が強くなっていくことになった。[14]

ナショナル・ニューズ・エイジェンシーを、国家に引きつけて理解するのは、あながち誤解とは言えないだろう。ロイターにしろ、ヴォルフ、アヴァスにしろ、事実上、国家の対外拡張と結びついて活動する「帝国の道具」であったのである。そうした広義の国策を担って国際的活動を展開してきているのであるから、国家を代表する通信社といっておかしくはない。

日本の通信社関係者が、ナショナル・ニューズ・エイジェンシー概念に惹かれた契機が、そうした広義の国策を担う通信社像があったことは間違いない。ただ、独仏の通信社は政府と親密な関係をもち、財政的援助を受けていたが、[15] 日本の通信社関係者が模範と考えた英米の通信社は、恒常的に国庫助成を受けているわけではなく、また、政府機関の指示のもとに国家宣伝的機能を果たしているわけでもない。広義の国策の枠のなかにあるにしても、時には何が国策かをめぐって政府と通信社とが緊張関係をもつこともありえた。そうした意味で独立性を保持していたし、少なくとも独立を自称していた。日本の通信社関係者も、そうした英米通信社の性格を認識していた。

通信社の経営難と政府　しかし、形成されようとする日本の通信社がすぐに直面する問題は、後進性ゆえの経営基盤の弱体、国際活動の経験不足ゆえの外務省依存などである。英米通信社のように広義の国策を担い、かつ独立を保持することは、日本の場合、容易なことではなかった。現実的に生ずるのは、政府から財政的援助などを得ることによって当面の経営難を乗り越え、経営基盤を強化しようとする欲求である。むろん、これが英米的ナショナル・ニューズ・エイジェンシーの原則からは逸脱しているという自覚はある。しかし、当面の必要性と国家的使命感は、内心でこれを合理化する論理となり得た。

国からの助成は秘匿され、標榜されるナショナル・ニューズ・エイジェンシーはタテマエとなってしまうのである。そのタテマエと実体との乖離を密かに埋めるためにも、ナショナルの意味は国家代表への傾斜を深めていくことになるのである。

新通信社難航　しかし、そうした問題が顕在化してくるのは先のことで、だいぶ先回りした説明になってしまったが、当面は国際的活動を行なう通信社を設立すること自体が、非常に難事業であった。国際的活動を行なうことを掲げても、独自の国際通信網を一挙に形成できるわけではないから、さしあたり外国通信社と契約しなければならない。一九一三（大正二）年五月、渋沢らの計画をうけて、ケネディーはAPに支援を期待して同社を訪問した。もともと対米問題から生まれた計画だけに、APに働きかけたのは自然である。しかし、APは前述した英仏独三国通信社の世界分割協定の枠内にあって、ロイターの勢力圏である東アジアの通信社とニュース契約をできないことになっていた。ケネディーの申し出はあえなく断られ、[16]新通信社は初めから西欧通信社の高い壁に立ちふさがれたのである。

AP東京支局長を務めていた人物が、三通信社のカルテルについて知らなかったというのは奇妙なことだが、ともかくケネディーはストーンから世界通信界の実情を説明されたうえ、紹介状をもらってロンドンのロイター本社を訪ね、ロイターと契約交渉を行なうことになった。

ケネディー、ロイターと交渉　ケネディーとロイターとの交渉経過は、駐英大使の井上勝之助《いのうえかつのすけ》から外務大臣牧野伸顕に逐次報告され、外務省から渋沢に伝達されていた。ロンドンで交渉するケネディーが、東京の渋沢の指示をあおぐ通信手段として外務省の電信に頼っていたこともあるが、外務省としても新通信社設立計画に強い関心をもっていたのである。

一九一三（大正二）年一一月一三日ロンドン発一五日午前本省着の牧野外相宛井上大使電信によれば[17]、ケネディーより井上に、牧野への以下の取次依頼があった。

路透電信会社は日本国に来往の一切通信事務を渋沢男の計画に係る「シンジケート」を通じて取扱ふことに承諾の意を表し、三年又は五年間の契約を以て「ケネデー」を日本に於ける其の代理人及通信員と為し、現在の通信員を他に転ずべし、亦路透電信会社は日本国政府が何時なりとも「ケネデー」を経て「コムミユニケ」の如きものを発表せられんとするときは、総ての連合諸通信社を通じて世界に電報すべきことを約せり。

図20　AP通信東京支局長，ジョン・ラッセル・ケネディ（『五風十雨』）

これらの点は、アメリカの通信社の同意を得ている。また、ロイターは現在日本に関する事務取扱から得ている収入毎年二一〇〇ポンドの補償金を請求してきている。ケネディーは同社の意向の変わらないうちにすぐに「予約」に調印する必要を認め、締結の権限を得たいと急いでいることも報告されている。

計画と「予約」のずれ　この「予約」は、当初の新通信社の計画とは大きくずれている。新しい通信社がロイターと契約するというより、ロイター支局を引き継ぐのである。ケネディーは、新通信社の代理人として交渉したはずであるのに、ロイターの代理人兼通信員に就任することになっている。なお、転勤させることになっている通信員とは、シーメンス事件に関与するプーレーのことである。

ケネディーは、新通信社の代理人と同時にロイターの代理人であるという二重の役割を果たすことになり、新通信社は実質的にロイターの支社となってしまう形態である。ロイターがケネディーを経て日本政府の発表を世界に電報するというのも、かつての日本政府とロイターの秘密契約の復活のようにみえるが、この時点でケネディーと日本政府の間には何らの特別契約関係はない。ロイターは、一方的に日本政府の情報を独占する権利を求めてきているのである。

新しい通信社設立の目的であった日本からのニュース発信については格別の言及はなく、ロイターの裁量に任されているようである。また、新しい契約にともなって、ロイターに対して二一〇〇ポンドの補償金を支払うというのも、これまでのロイターの収益をすべて新通信社が補償することになる。ケネディーはこうした契約を有利と判断して、ロイターの気の変わらないうちに早く契約したいと督促してきたのである。

井上駐英大使からの連絡を受けた外務省は、ただちに一一月一七日、政務局長から渋沢栄一にその電報を転送した。これに対し一一月二一日に渋沢からケネディーの伝えてきた契約内容が曖昧だが、ロイターの営業全部を毎年二一〇〇ポンドで渋沢達に「譲渡」するという意味であるのかを確認する問い合わせが外務省にあった。外務省は同日、これを駐英大使に送った。

ケネディー独断で調印　しかし、一一月二三日付の牧野外相宛井上大使の電報[18]では、二二日にケネディーが来訪し、先日来先方から催促があって、なお猶予することは不利であると考え、昨二一日に「自己の責任に於て」調印を済ませたと申し出てきたという。さらに彼は本来返電を待って調印すべきだが、ロイター社は「頗る好意的の態度」で自分を迎接し、こちらがこの際躊躇していると「彼の不快」を招くかもしれず、万一破談ということになれば遺憾の次第であるから、仮に東京のほうで本件について承認を与えないことになっても「右通信事務は自分一己に引受」け、決して損失を生ずるようなことは断じてないと十分に見込みをたてているので「予約に調印」した旨を説明したという。

要するに、渋沢の問い合わせ電報が届く前に、ケネディーは独断でロイターと仮契約していたのである。二三日付の牧野外相宛井上大使電報では、ケネディーが二、三日間旅行で不在であったため、井上は渋沢の伝言を伝えることができなかったという。渋沢の問い合わせに「渋沢男の解釈通り」とケネディーが答えたと井上のほうが弁明している有様である。

仮契約書　一一月二八日、井上大使は仮契約書を入手し、その要点を電報で送った。

㈠本契約は一九一四年二月一日より実行し五ヵ年間存続す、八月一日迄に完全に「シンヂケート」を組織し、全然本契約を継承するに於ては、本契約に関する「ケネデー」の責務は解除せ

らるべし

(二)「シンヂケート」が電報通信事務取扱開始の日より、路透《ロイテル》電信会社は日本に於ける営業事務を廃止す

(三)路透電信会社は倫敦《ロンドン》より日々直接「シンヂケート」へ電報通信を為すべし、尚請求あるときは伯林《ベルリン》巴里《パリ》聖彼得斯堡《セントピーターズバーグ》紐育《ニユーヨーク》其他の地方に於ても東京へ直接通信事務の任に当るべし

(四)路透電信会社に於て日本国に於ける営業全部を譲渡し及日々電報通信の負担を引受たるに付ては、「シンヂケート」は其代価として一ヵ年二千四百磅（前電に二千百磅と電報したるも右は「ケネデー」と路透電信会社と協議の上更に三百磅を増加したり）を路透電信会社へ仕払ふべく、又「シンヂケート」は倫敦より直接電報事務取扱人俸給を其代価として一ヵ年六百磅同社へ仕払ふべし

(五)「シンヂケート」は路透電信会社の需めに応じ、伯林巴里聖彼得斯堡紐育の電報通信社へ日本に関する直接通信業務を為すべし

契約書全文は、一一月二九日付で井上から牧野外相宛に送付された。おそらく外務省から渋沢に回送されたであろう。この契約は、ロイターの側が一方的に有利になっている。渋沢が設立しようとしている通信社（「シンヂケート」）は、ロイターから営業の譲渡を受けるといいながら、実質的にロイターの東京支社といった位置づけで、基本的にロイターからの電報を受け取るだけの関係である。最後の条項に、日本関係のニュース発信条項があるが、それもロイターの需《もと》めがあった場合だけである。ロイターの業務の譲渡を受ける代価も二四〇〇ポンドに値上げされ、ロイターの電報業務担当者の

俸給まで負担させられている。ケネディーがいうほど、ロイターが「好意的態度」であったようには見えない。『通信社史』も「一方的かつ不平等なものであったので、日本側関係者は割り切れない感情を抱いた」と記している[19]。

契約条件が不利不平等ということだけでなく、日本からのニュースを発信する国際的活動を行なう通信社設立という当初の目的から大きくずれている。「一等国」意識を背後に、対等あるいは従来の不平等を是正する国際交流を意図していたのとは裏腹に、イギリスの情報覇権の下請けに一層深く組み込まれたのである。ロイターは、これまでのように日本の新聞社と個別的契約を結ぶ必要はなくなり、一括して新通信社と契約し、新通信社からニュース代金を徴収すればよいことになった。

ケネディーの考え　日本のことを世界に知らせるための通信社設立という渋沢らの計画は楽観的すぎた。後に国際通信社社員となった伊達源一郎《だてげんいちろう》は、ケネディーは初めからニュース発信など無理だと承知していて、「実業家や外務省の希望を全然無視してその希望とは逆の構想を以て（中略）ロイテルの出店のようなもの」を作った。「頼んだ人の意志と、引き受けた人の意志は初めから喰い違っておった」と述べている[20]。ケネディーの考えを示す資料はないのだが、確かに事実経過は伊達の説に符合している。

そのような人物に通信社設立と運営を依頼しなければならなかったところに、当時の日本側の弱さがあった。国際的ニュース活動を行なえる人材を見いだすことはできなかったのである。さらにいえば、ケネディーが初めからあきらめていたように彼我の力の差は大きく、日本側は英独仏三帝国の情報覇権の壁に到底歯が立たなかったのである。

ロイターと日本新聞社の契約　なお、駐英大使が送った契約書全文には付属としてそれまでのロイターと日本の新聞社などの契約関係をまとめた文書がついており、これによれば、毎月のロイターの収入は合計三三九五円、そのうち約二五七一円はオムニバス・サービスである。しかも、その約半分の一二五〇円は、東京新聞シンジケート、すなわち前述した東京の諸新聞社共同契約からの収入である。それ以外は、神戸のジャパン・クロニクル、日本電報通信社、時事新報社などが比較的多額である。日本電報通信社は商業通信にも四〇〇円支払っており、同社が一般ニュースだけでなく経済情報の契約もしていたことが分かる。また、外国人がよく利用する金谷ホテルや各国大使館なども契約している。

新通信社はこれらの契約を引き継ぐことになると、各新聞社・通信社などと改めて交渉する必要があった。その交渉を示す資料は見いだせなかったが、各新聞社としても、それまでのロイターとの契約条件に満足していたわけではないだろうから、新たな契約となると、積年のさまざまな問題が浮上する可能性があった。特に、新通信社とライバルになる日本電報通信社は、ロイターとの直接契約から新通信社を通す間接契約に容易に応ずることはできなかったであろう。

国際通信社設立　渋沢栄一らにとって、ケネディーがロイターと独断で結んだ契約は日本からのニュース発信という計画とはほど遠いものであったが、一九一四（大正三）年一月二七日、渋沢栄一は、「ナショナル・エイジェンシー（The National Agency）という名のナショナル・ニュース・エイジェンシー（national news agency）を発起し、設立するシンジケート」の代表として、前年一一月二一日にロイターとケネディーが結んだ契約を追認した。[21] 条件が不利であっても、ともかくナショナル・ニユーズ・エイジェンシーを目指す通信社を設立することを優先させたのである。

一九一四年三月二五日付の「定款」[22]では、正式会社名は合資会社国際通信社（英語インターナショナル、ニュース、エゼンシー）と定められ、資本金一〇万円（七万円　無限　樺山愛輔、三万円　有限　八十島親徳《やそじまちかのり》）となった。また、三月二八日に国際通信社と支配人に就任したケネディーの間でも契約書が交わされた[23]。

なお、ケネディーがロイターと結んだ契約では、社名は The National News Agency となっていたのを合資会社国際通信社発足後の三月二七日付書簡で、樺山愛輔がロイター本社に発足の挨拶とともに正式な契約書社名を The International News Agency と修正したい旨を申し出ている[24]。

国際通信社への出資は、渋沢栄一の名義で各方面に募ったが、出資者の名前を公表しない便宜上、出資者一同が組合を設立し、資金全部を渋沢栄一に委託し、渋沢が「適当と認むる第三者」（樺山愛輔無限責任及び八十島親徳有限責任）に委託して、その名義によって会社に出資させ、渋沢がこれを「監督」することとした[25]。八十島親徳は渋沢栄一の秘書を務め、渋沢系列会社の役員などを務めていた人物で実質的に渋沢の

表11　国際通信社出資者

出資者氏名	所属	出資額
三島弥太郎	日本銀行	7500
井上準之助	正金銀行	7500
団琢磨	三井	7500
串田萬蔵	三菱銀行	7500
林民雄	郵船会社	7500
伊藤大八	南満鉄道	7500
渋沢栄一		5000
渋沢栄一	第一銀行	2500
成瀬正恭	十五銀行	2500
吉原三郎	東洋拓殖会社	1500
市原盛宏	朝鮮銀行	1500
志村源太郎	勧業銀行	2000
志立鉄次郎	興業銀行	2000
柳生一義	台湾銀行	2000
安田善三郎	安田銀行	2500
浅野総一郎	東洋汽船会社	2000
大倉喜八郎		2000
井上公二	古河合名会社	2500
中橋徳五郎	大阪商船	3000

『国際通信社・新聞聯合社関係資料』より作成.

代理人である。出資に応じた実業家と出資額は表11のとおりである。資本金一〇万円というのは、日本電報通信社二六万円、帝国通信社一〇万円と比べ、格別大きなものではなかった。しかし、渋沢の呼びかけによって、当時の有力実業家が名を連ねており、これだけ強力なバックのもとに設立された通信社はこれまでなかった。

難題を抱えた出発　国際通信社は、ジャーナリズム活動、経営の両面で多くの難題を抱えての出発であった。経営の面では、ロイターに多額の電報料を支払わねばならず、他方で国内新聞社からの配信料収入は不安定であった。また、なまじ対外ニュース発信を計画したために、英字新聞『ジャパン・タイムス』を兼営することになった。それにも多額の出費が予想されたのである。そして、何よりジャーナリズム活動の面で、当初の契約ではロイターの受信中心の通信社と条件づけられている枠をいかに克服し、対外ニュース発信という目標に進めるかが重い課題であった。

新通信社への流説　このように脆い基盤にせよ、ともかく日本に国際的活動を行なう通信社が発足したことは、当時の東アジアの外国語新聞の世界に意外に波紋を引き起こした。横浜の英字新聞『ジャパン・ウィクリー・メール』（*The Japan Weekly Mail*）一九一四年一月三日付は、「ロイターと日本」という見出しで、上海一二月二四日付「O・ロイド」の通信として、ケネディーが新しい日本の通信社（National Japanese Service）とロイターとの契約に先立って、新通信社は日本政府と何らの関係もないと声明したとの情報をロイターから得たと報じている。[26] 一二月二四日というのは、前述したようにケネディーが勝手に「仮契約」した後ではあるが、出資者である渋沢栄一はまだ正式返答をしていない時期で、ロイターのほうは契約成立と理解し、その背景説明をニュースとして流したことになる。

それが上海の通信社から日本の英字新聞に報道されたというのは、中国や横浜の外国人記者の間で、新通信社の背後関係について何らかのウワサが流布していたことを示している。しかも、ニュースのポイントが新通信社と日本政府との関係を否定するケネディー声明にあるというのは、新通信社と政府との秘密関係、それを承知のうえで契約するロイターといったことが取り沙汰されていたのであろう。

残念ながら、在中国の英字新聞を調査することができなかったので、ロイターの反論や『ジャパン・ウィクリー・メール』の転載記事から推察するだけだが、『ペキン・ガゼット』や『ノース・チャイナ・デーリー・ニュース』が新通信社と日本政府の関係を疑い、その疑惑がロイター電報に波及することを危惧したようだ。ロイターは、こうしたウワサによって自らの信頼性が揺らぐことを恐れて、先の談話を流したのだが、さらに二月六日にハーバート・ロイターの反論書簡を発表し、これが『ジャパン・ウィクリー・メール』の二月七日付に掲載された。ここでも、ケネディーは日本政府から補助金を受けることはないことを確約し、ロイターが新通信社と契約しても、ロイター電報が日本政府の影響を受けることはない旨を強調している。

その後の動きの詳細は割愛するが、『ジャパン・ウィクリー・メール』二月一四日にロイターの声明書が掲載され、さらに二月二一日は『ノース・チャイナ・デーリー・ニューズ』記事への反論と『ジャパン・デーリー・メール』社説を転載している。『ノース・チャイナ・デーリー・ニューズ』記事への反論では、新通信社の主要目的は政府の保護や影響によって色つきにならない冷静で手堅い事実を全力を挙げて供給する、偏りのない情報源を日本に作ることにある。新たな通信社は、政府ではなく（not Gouvernmental）、国民の（national）のものになるはずだと、新通信社を弁護している。さらに、三月七日には『ノース・チャイナ・デーリー・ニューズ』に掲載されたケネディーの書簡を掲載するなど、『ジャパン・ウィクリー・メール』は一貫して新通信社を擁護する立場をとっている。

在中英字新聞への波紋　ロイターは、新通信社設立問題で、在中国の英字新聞で流布した疑惑に非常に神経質になっているのである。確かに、新通信社は日本政府と関係を持っていたし、後には補助金も受けることになった。これは、当然ケネディーも承知していた。また、契約交渉で日本政府発表を独占的に報道することを求めたのはロイターであった。ウワサは真相をかなり射貫いていたのである。それゆえ、ロイターもケネディーもウワサの否定に躍起とならざるをえなかったのである。

また、英字新聞記者たちが新通信社の背後関係に強い疑いをもったのには、これまでロイターや英字新聞が東アジアの国際ニュースを握ってきたところに、日本という新興国が国際的通信社を設立させ、国際通信の世界に参入することへの警戒心があった。英字新聞にとって、これまで日本は報道対象でしかなかったのが、自己と競争する報道主体として登場し、しかもロイターが日本政府の影響下におかれると強い警戒をもったのであろう。しかし、実際には、新通信社はロイターに従属するしかなかったし、日本政府からの補助金も新通信社の弱さの表れであったのである。

二　国際通信社の経営

創立当初の見込み　「国際通信社初年度予算綱要」によって、創業時の経営をみれば[27]、表12のとおり資本金一〇万円のうち六万円を「日刊英字新聞買収費」、すなわち『ジャパン・タイムス』と『ジャパン・メール』の買収費にあてることになっている。英字新聞発行から通信業に拡張させていくというのはケネディーの計画で、「合資会社国際通信社設立趣意書」でも、「事業創始の順序として先づ英字新聞を経営し漸く力を通信事業に及ぼす」と述べている。対外ニュース発信をするためには、英語など外国語でニュースを作成しなければならないから、英字新聞社との共同活動が効率的だということだが、それにしても多額の資金投入である。

ジャパン・タイムス株式会社は、一九一四年六月二九日に創立総会を開催し、ケネディー、松尾幹次、東川嘉一が取締役に就任した[28]。ケネディーは国際通信社の支配人、ジャパン・タイムス社の取締役として実質的に通信業・新聞業を兼営することになったのである。

国際通信社初年度上半期月次予算では「内輪に見積」といっているが、表12のごとく、収入二三六五円に対し、二八三五円という大赤字である。収入はすべて新聞社からだが、これはロイター電報の配信料で、自社のニュース配信はなく、通信社といいながら実質的にロイターの支社でしかない。ロイター電報の配信は、ロイターと各新聞社とのこれまでの契約をすべて引き継いだとみられる。大正初期には、ロイター上海支社から同文電報で、朝日新聞社、時事新報社、ジャパン・タイムス社の三社に打電され、ジャパン・タイムス社が受信した分は、翻訳のうえ、これ以外の新聞社・通信社に供給されていた[29]。東京一三新聞社からの収入がこれにあたる。これが国際通信社に一本化されたのである。それ以外で目立つのは「神戸一新聞社」からの収入で、一新聞社とは、おそらく『ジャパン・クロニクル』で、三五〇円と一社だけの契約にしては多額すぎるので、同社が翻訳して他新聞社に転配

表12-1　国際通信社創業見込み

資本金	100,000	通信業初年度欠損	18,000
		日刊英字新聞買収費	60,000
		機械修繕及び補充費	7,000
		創業費	15,000
		計	100,000

表12-2　予算A　初年度上半期月次予算概要

経常収入		経常支出	
東京13新聞社より	1,650	倫敦ロイテル社支払	2,000
大阪3新聞社より	200	電信料金	1,200
横浜1新聞社より	75	俸給総高	1,200
長崎1新聞社より	90	営業費	800
神戸1新聞社より	350	計	5,200
計	2,365		
不足高	2,835		
総計	5,200		

表12-3　予算B　初年度下半期月次予算概要

経常収入		経常支出	
ロイテル電報料	2,500	ロイテル社支払高	2,000
ポーニー電報純益	250	電信料金	1,200
商況電報純益	250	俸給総高	600
地方新聞通信料	500	営業費	200
其他各種電報純益	500	計	4,000
計	4,000		

出典：『国際通信社・新聞聯合社関係資料集』第1巻.

信していたと推定される。

赤字予算　経常支出の部をみると、表12のごとく、最大の支出は当然ロイターへの支払で二〇〇〇円、電報料金一二〇〇円。前述のごとくロイターは月二八〇〇円の収入があると主張していたことからすると少ないが、電通など当然契約を切らなければならないところがあるので減ったのであろう。

いずれにしろ、これらは必須の支出で、これだけで収入見込みを上回っている。これでは到底採算は見込めず、一ヵ月約三〇〇〇円もの大幅赤字も必然的である。

「予算綱要」作成者（おそらくケネディー）は、「新旧過渡の時代に於て止むを得ざるの事態」とか「向後発展の準備として相当の施設を要するがため」、「決して憂慮するに足らずと信ず」などと説明をしているが、その強気の根拠は明らかでない。

さらに大きな問題は、前述のように赤字を出している『ジャパン・タイムス』と『ジャパン・メール』の二つの英字新聞の買収に、多額を投入していることである。国際通信社が英字新聞を買収する理由について、通信業と英字新聞を兼営すれば双方ともに少なくない経費の節約ができるとあるが、二紙の買収費用は計七万五〇〇〇円（毎月五〇〇〇円の月賦払いのため初年度六万円）と多額である。さらに初年度臨時支出の見込みでも、通信業一万八〇〇〇円、新聞業六万七〇〇〇円、合計八万五〇〇〇円という計算で、本業であるはずの通信業の三倍近い資金が英字新聞に支出されることになっている。これでは、国際的通信社を設立するというふれ込みで有力財界人から出資を得ながら、実質的には『ジャパン・タイムス』などの救済といってもよいほどである。

ジャパン・タイムス社の大赤字　このような波乱の要因を抱えて発足した国際通信社、ジャパン・タイムス社は、実際に動き出すと次々問題点が露呈した。一九一五年四月一三日付の樺山愛輔宛ケネディー書簡では、「一九一五年三月以降、国際通信社は自活、ジャパン・タイムス社は毎月約二〇〇〇円の損失」と報告している。(30) また、同日付の別の樺山宛書簡では、ジャパン・タイムス社は国際通信社に現金で約九〇五〇円支払わなければならず、別に負債が三九一四円あり、合計一万三九六四円であるとしている。(31)ジャパン・タイムス社の毎月収入が約五〇〇〇円であるから、まったく採算が合っていないのである。国際通信社も苦しかったが、ジャパン・タイムス社が大赤字を出し、足をひっぱっていたのである。

株主宛「大正四年七月　日計算報告書」には、当初三ヵ月間は通信購読者は国内の新聞業者のほか、五、六の官庁及び会社銀行だけで「甚だ不振の状態」であったが、昨年八月の欧州戦乱の勃発以後「海外の新聞通信俄然頻繁」となり入電の回数語数は激増した。しかし、収支計算ではいまだ良好の結果をあげるまでには至っていないのは遺憾とある。(32)その「損益勘定」では、「総収益金」約九万三四五二円、「総損失金」約九万一九四六円、「差引収益金」約一五〇六円となっている。(33)

表面的には黒字だが、「総収益金内訳表」をみると、「出資社員寄附金」という項目があり、これが五〇〇〇円もある。これを差し引けば、約三五〇〇円の赤字である。初年度から大きな赤字を出し、出資者から「寄附金」を募り、ようやく表面を取り繕ったかたちである。

一方、ジャパン・タイムス社は「総収益金」約五万七二八円、「総損失金」約六万九三七六円、「差引損失金」一万八六四八円の大赤字。両社合併の「損益勘定」では「差引欠損額」約一万七一四二円となっている。強気の経営見込みはまったく実現できなかったのである。

審議会経営に移行　早々に陥った経営難に対処するため、一九一五（大正四）年五月二七日にケネディー、樺山愛輔、八十島親徳の三者は「覚書」を交わした。(34)この「覚書」によれば、それまでケネディーが合資会社国際通信社支配人・ジャパン・タイムス株式会社取締役として両社を実質的に経営してきたが、今後は国際通信社とジャパン・タイムス社の日常的経営はすべて三人で構成される審議会の多数決で決定する。ケネディーはこれまでどおり国際通信社の経営にあたるが、財政関係事項は審議会の承認を経る、ジャパン・タイムス社には支配人（manager）を選任することとし、ケネディーは取締役（directer）として支配人を監督する。ケネディーは正確な月別支出を審議会に報告し審議会の承認を経るものとすることなどを定めている。また、同年五月一日から一年間総額二万円の補助金、半分の一万円は外務省から、残り半分はロイター購読料というかたちをとった出資者からの補助金を受領することとなった。出資者の監督権限を強化したのである。

先の「計算報告書」には外務省からの補助金の件はまったく出てこないため、秘密であったことが分かる。また、出資者からの補助金も、前述のように半額の五〇〇〇円は「寄附金」として計上されているが、これ以外に帳簿上はロイターの購読料などを装った五〇〇〇円の寄附金を受けていたのである。

収入計算書　国際通信社の活動をくわしくみるため、各月がそろっているわけではなく、また掲げられた数字が実態を示しているかの疑問があり、項目のなかには意味が分からないものもあるが、収入計算書を表13、14、15にまとめた。「通常（Regular）」というのはロイター上海支社からの入電、「直接（direct）」はロイター本社から直接の入電である。「ペトログラード」というのは、ロシアのウエストニック通信社で、特に項目を立てているのは、日露関係が重要であったためであろう。「その他」はアメリカのAP、フランスのアヴァス、イタリアのステファニーなど諸通信とみられる。[35]「東京新聞組合」「大阪新聞組合」は前述した東京・大阪の諸新聞が共同でロイター電を購入していた組織である。「通信料―クロニクル」という項目は、先の書に「神戸一新聞社ヨリ」にあるのと同じで、

表13　国際通信社1915年９月収入

単位：円

	通常	直接	ペトログラード	その他	翻訳	合計
ジャパン・タイムス	250	90	103	84	85	612
ジャパン・アドバタイザー	250	–	–	84	–	334
ジャパン・クロニクル	250	–	–	–	–	250
ナガサキ・プレス	90	–	–	–	–	90
ジャパン・ガゼット	250	–	–	–	–	250
東京新聞組合	1,750	–	–	–	–	1,750
帝国通信社	200	–	–	–	–	200
外務省	250	90	103	–	–	443
大阪新聞組合	265	–	–	–	–	265
内田，台北	125	–	–	–	–	125
内閣	150	–	–	–	–	150
海軍	150	–	–	–	–	150
日本銀行	150	–	–	–	–	150
十五銀行	100	–	–	–	–	100
三井銀行	100	–	–	–	–	100
三菱銀行	100	–	–	–	–	100
興業銀行	100	–	–	–	–	100
台湾銀行	100	–	–	–	–	100
製鋼所	100	–	–	–	–	100
大使館	63	–	–	–	–	63
報知新聞	–	90	103	84	10	287
中央新聞	–	90	–	–	15	105
萬朝報	–	90	–	84	–	174
国民新聞	–	90	103	–	15	208
時事新報	–	90	103	84	–	277
東京日日	–	90	–	84	–	174
東京毎日	–	–	–	–	15	15
東京朝日	–	90	–	–	–	90
大阪朝日	–	90	–	–	–	90
大阪毎日	–	90	–	–	–	90
やまと新聞	–	90	–	–	–	90
毎夕新聞	–	62	–	84	–	146
中外商業	–	–	–	–	15	15
読売新聞	–	–	–	–	15	15
通信料―クロニクル						605
合計	4,793	1,142	513	588	170	7,810

出典：「樺山愛輔関係文書」147.

『コウベ・クロニクル』に関係しているようであるが、詳細は分からない。

この収入源一覧によれば、収入はすべてロイターなど外国通信社のニュースを日本の新聞社などに販売したものである。国際通信社が自社で作成したニュースを、外国通信社・新聞社に販売した収入はまったくない。すでに述べたように、渋沢栄一らが国際通信社を設立した目的は、日本のニュースの対外発信にあったのだが、それはまったく実現されなかったのである。国際通信社は外国ニュース取次業者にしかすぎない。

ニュース販売先　ニュース販売先として目につくのは、英字新聞の金額の多さである。金額にして約一四四九円、全収入の約二〇%にあたる。英字新聞社の規模からすると多すぎる感がする。特に『ジャパン・メール』一二五〇円とあるが、同紙は国際通信社によって買収され、赤字を出し続けていたのであるから、外電への支払い能力があったとは考えがたく、会計帳簿上の操作と推測できる。

国際通信社の大きな収入源となっているのは東京新聞組合、次が大阪新聞組合である。この時期の東京・大阪の新聞組合に参加していた新聞社名は不明だが、明治期に組合を構成していた有力紙はそのまま加入していたとみられる。ただ、注目されるのは、『時事新報』『報知新聞』『国民新聞』などが東京新聞組合とは別に、ロイター本社から直接ニュースの配信を受ける契約をしていることである。外電の需要が高まり、各社とも上海支社経由のロイター電だけでは、あきたらなくなったのである。

特に『報知新聞』と『時事新報』は、上海経由・直接のロイターだけでなく、「ペトログラード」と「その他」の配信も受けており、諸新聞中、最も国際通信社への支払額が大きい。これは、自社特派員網が弱く通信社外電への依存度が高いこともあるが、外電に力を入れていたことも間違いない。

通信社として契約しているのは、帝国通信社だけである。かつては、電通はロイター支局を社内に置くほど親密な関係にあったが、国際通信社がロイターと正式契約したため、電通とロイターの関係は切れた。この対策として、後述するように、電通はUPとの契約を維持することと、自社の通信網の拡充をはかる経営をとっていくことになった。

帝国通信社は、自他ともに認める立憲同志会系の通信社で、政友会系の電通と対抗するため、国際通信社と契約したのであろう。表のとおり、国際通信社は地方新聞社とまったく契約していないから、ロイター電は、帝国通信を通じて地方新聞に流れるようになったと考えられるが、地方紙への外電配信は改めて検討したい。

新聞・通信社以外では、三井物産、内閣、海軍、日本銀行が契約している。これら機関が外電を必要とすることはあるが、日本銀行の三島弥太郎と三井の団琢磨は有力出資者であるので、内閣や海軍などとともに国際通信社への財政援助という性格があったであろう。

収入一時的増加　さらに一九一五年五月の収入源をみると、合計一万八五三円と三月に比べ、大きく増加している。この一因は、東京大阪有力新聞の「直接」が増加したことにある。ケネディーの樺山宛報告でも、「異常な月」で、中国への二一ヵ条要求を契機とする排日運動、イタリアのオーストリアへの宣戦布告、ドイツ潜水艦によるルシタニア号撃沈事件などによって、外電の需要が一挙に高まったと説明している(36)。ただケネディー自身も、新聞社がこれほどの支払を続けるとは期待できず、来月には低下すると予測しているように一時的現象であった。

それ以上に、収入増に寄与したのは、外務省からの約七五〇円の入金である。それ以前からの内閣、海軍と合わせれば、約一〇〇〇円が政府から入っていたことになる。前述の外務省からの秘密補助金が、この月から出ていたのである。ジャパン・タイムス社からの入金も七五〇円あったことになっているが、ジャパン・タイムス社自体が赤字を出して、国際通信社からの融通でようやく息をついていたのであるから、外務省か、出資者からの補助金を環流させていた可能性が高い。

この年の九月は、ケネディーの予想どおり「直接」は四分の一になってしまい、総収入は約七八〇〇円と大幅減少である。しかも、先の覚書にあるように、出資者である十五銀行など六社が計六〇〇円、外務省が四四〇円、「内田、台北」一五〇円とあるのは台湾総督府で、これも一種の補助金であろう。また、ジャパン・タイムス社の六一一円も、前述のように正規の収入でないとすれば、合計約二〇〇〇円が補助金であって、国際通信社本来の収入は五八〇〇円程度であったと推定される。

表14・15には一九一五年一二月、一六年二月の収入一覧を掲げた。煩雑になるのでくわしくは論及しないが、基本的構造は同じで、外務省や出資者の関係する企業からの補助金によって収入がかさ上げされているが、実質的な収入は伸びていない。補助金に依存して表面を取りつくろう状態であったのである。

新「覚書」による経営　深刻な経営難に対し出資者代表渋沢栄一が乗り出し、五月二七日付「覚書」は破棄し、あらたな「覚書」が一九一六（大正五）年七月二二日付で渋沢栄一を加えた四人の署名で成立した(37)。新「覚書」の眼目は、五月二七日付「覚書」では審議会の監督下に入るものの、国際通信社と一体のまま経営されてきたジャパン・タイムス社を国際通信社から明確に分離することにあった。

表14　国際通信社1915年12月収入

単位：円

	通常 #上海特信	直接	ペトログラード	その他	翻訳 *北京	合計
ジャパン・タイムス	250 #31.45	99.1	116.45	–	85 *8.3	362.36
ジャパン・アドバタイザー	250	–	–	84	–	334
ジャパン・クロニクル	250	–	–	–	–	250
ナガサキ・プレス	90	–	–	–	–	90
ジャパン・ガゼット	250	–	–	–	–	250
東京新聞組合	1750	–	–	–	–	1750
帝国通信社	200 #31.45	–	–	–	–	231.45
外務省	250 #31.45	98.1	116.45	–	*8.30	504.3
大阪新聞組合	265	–	–	–	–	265
内田，台北	125	–	–	–	–	125
内閣	150	–	–	–	–	150
海軍	150	–	–	–	–	150
日本銀行	150	–	–	–	–	150
十五銀行	100	–	–	–	–	100
三井銀行	100	–	–	–	–	100
三菱銀行	100	–	–	–	–	100
興業銀行	100	–	–	–	–	100
台湾銀行	100	–	–	–	–	100
製鋼所	100	–	–	–	–	100
大使館	62.5	–	–	–	–	62.5
報知新聞	#31.45	98.1	116.45	68.5	15 *8.3	337.6
中央新聞	#31.45	98.1	–	–	15 *8.3	152.85
萬朝報	#31.45	98.1	–	68.5	*8.3	206.35
国民新聞	#31.45	98.1	116.45	–	15 *8.3	269.3
時事新報	#22.95	98.1	116.45	68.5	–	306
東京日日	0	98.1	–	68.5	–	166.6
東京毎日	#20	–	–	–	15	35
東京朝日	–	98.1	–	–	–	98.1
大阪朝日	–	98.1	–	–	–	98.1
大阪毎日	–	98.1	–	–	–	98.1
やまと新聞	#31.45	98.1	–	–	*8.3	137.85
毎夕新聞	#9.4	59.8	–	68.5	*6.4	144.1
中外商業	#31.45	–	–	–	15 *8.3	54.75
読売新聞	#31.45	–	–	–	15	46.45
都新聞	#25.25					25.25
通信料―クロニクル						506.45
合計	4,990.65	1,139	465.80	411.00	154.50	8,029.66

出典：「樺山愛輔関係文書」150-7.

表15　国際通信社1916年２月収入

単位：円

	通常 #上海特信	直接	ペトログラード	その他	翻訳	合計
ジャパン・タイムス	250 #92.8	99	128.25	–	85	296.61
ジャパン・アドバタイザー	250	–	–	68.5	–	318.5
ジャパン・クロニクル	250	–	–	–	–	250
ナガサキ・プレス	90	–	–	–	–	90
ジャパン・ガゼット	250	–	–	–	–	250
東京新聞組合	1750	–	–	–	–	1750
帝国通信社	200	–	–	–	–	200
外務省	250 #92.8	99	128.25	–		570.05
大阪新聞組合	265	–	–	–	–	265
下村，台北	250	–	–	–	–	250
内閣	150	–	–	–	–	150
海軍	150	–	–	–	–	150
日本銀行	150	–	–	–	–	150
十五銀行	100	–	–	–	–	100
三井銀行	100	–	–	–	–	100
三菱銀行	100	–	–	–	–	100
興業銀行	100	–	–	–	–	100
台湾銀行	100	–	–	–	–	100
製鋼所	100	–	–	–	–	100
大使館	62.5	–	–	–	–	62.5
報知新聞	#92.8	99	128.25	68.5	15	403.55
中央新聞	#92.8	99	–	–	15	206.8
萬朝報	#92.8	99	–	68.5	–	260.3
国民新聞	#92.8	99	128.25	–	15	335.05
時事新報	–	99	128.25	68.5	–	306
東京日日	–	99	–	68.5	–	167.5
東京毎日	–	–	–	–	15	35
東京朝日	–	99	–	–	–	99
大阪朝日	–	99	–	–	–	99
大阪毎日	–	99	–	–	–	99
やまと新聞	#92.8	99	–	–	–	191.8
毎夕新聞	#50.05	79.5	–	68.5	*6.4	198.05
中外商業	#92.8	–	–	–	15	107.8
読売新聞	7.65	–	–	–	15	22.65
通信料―クロニクル						564.4
合計	5,182.30	1,168.50	513.00	411.00	90.00	8,225.81

出典：「樺山愛輔関係文書」150-4.

七月二二日付「覚書」は九つの条項からなり、新聞業と通信業ははっきり分離し、事務所も分ける（第一条）。新聞社は通信社とはまったく別に運営され、通信社は直接的な責任をもたない。ケネディーはジャパン・タイムス株式会社取締役をやめ顧問となる（第二条）。一九一六年七月三〇日から両社の貸借対照表は分けられ、資金融資などの複雑な会計勘定は以後廃止する。ただ、新聞社の損失補填のため、通信社から融資した総計約二万九六九二円は当分のあいだ凍結する（第三条）。外務省からの補助金一万円は両社で折半する（第四条）。ケネディーはこれまでどおり国際通信社の経営にあたるが、支出や人事に関わる事項は必ず通信社の共同経営者の承認を得なければならないことなどが定められた。

この「覚書」によって、ケネディーが計画した国際通信社とジャパン・タイムス社の一体的経営は否定され、国際通信社における彼の権限も制限された。これにより、ジャパン・タイムス社長には海軍機関中将宮原二郎男爵が就任した[38]。

渋沢栄一らは、国際的な活動を行なう通信社設立を目的に出資したのであるから、英字新聞に多額資金が投入され、しかも英字新聞が国際通信社の経営の足をひっぱるような状態は、主客転倒としかいいようがなかったであろう。ケネディーは、英字新聞をもとに日本からのニュース発信という計画を主張していたが、当時の英字新聞の実情からすれば机上の空論でしかなかった。

ジャパン・タイムス社分離　しかし、会計を分けたとはいえ、国際通信社とジャパン・タイムス社との関係は簡単に片付くものではなかった。合資会社国際通信社・ジャパン・タイムス株式会社「大正六年度報告書」[39]は、大正五年下半期末における損失の累計は、一万二五六三円九七銭に達したが、同六年上半期に初めて七五〇五円八三銭の利益をあげ、同年下半期は一万一七六円八七銭の利益をおさめ、前年来の繰越損失の全額を消却し五一一八円七三銭の純益をみたと報告している。

ジャパン・タイムス社については、前述のように、国際通信社と会計を分離し、其筋に対し右の事情を具申し、試験費として一ヵ年間特別補助の下附を仰ぎ経営上に幾多の改革を加へ、紙上の記事及び体裁にも刷新改良を施し精励努力之れが実行を試むること一年有余に及ぶと雖も、是亦寸毫の効験だも奏することなく、全く無益の結果に了れり、既にして六年九月其筋特別補助の期限も終了し、引続き其支出を拒絶せられ経営困難に陥り、終には累を通信事業に及ぼすの虞ある

という最悪事態となった。事実上、外務省からも見放されたのである。この対策を審議熟考中、ケネディーから新聞事業を引き受けたいとの希望が出されたのが渡りに船で、ジャパン・タイムス社株式を彼の名義に書き換え、今後ジャパン・タイムス社はケネディーの責任で経営し、国際通信社が所有しジャパン・タイムス社が使用している施設設備機器なども、国際通信社は新聞事業の今後の損益には一切責任をもたないという条件で彼に無料で貸し渡すこととした。

ともかく、国際通信社はようやくジャパン・タイムス社と縁を切ったのである。同報告書には「附言」があり、

従来営業権の見積代金壱万円を此際七万円に計上し、其の他建物の増築及電話什器等の充実に依る換算益金を以て、一面創業費及ジャパンタイムス社勘定（新聞事業の損失金にして国際通信社より立替勘定となせる分）の全部と機械工具活字等の滅却金とを大正七年一月末の計算に於て振換

消却すること丶したり

という説明文がある国際通信社貸借対照表が載せられている[40]。

一万円の「営業権ノ見積代金」を七倍にも計上するというのは、会計上異例のことであろうが、ジャパン・タイムス社への融資を清算するための措置であった。ただ、ケネディーは依然として国際通信社支配人の地位をとどまったようである。警視庁『東京府下発行新聞紙調』（大正七年一一月現在）の国際通信の項には、社長樺山愛輔、編輯長佐藤顕理、通信長不破瑳磨とあるが、支配人というのが日本の役職名に合わないため不記載になったとみられる。ジャパン・タイムスのほうは、社長ジョン・ラッセル・ケネディーとなっている。

三　第一次世界大戦と国際ニュース

英仏独情報覇権の動揺　ジャパン・タイムス社との関係を清算した国際通信社にとって大きな問題は、ロイターの取次業者という枠を少しでも乗り越え、できれば対外ニュース発信、少なくも自主的な通信社として建て直すことであった。しかし、ロイターとの契約の強固なタガによって拘束されていて、容易ではなかった。だが、第一次世界大戦によって、それまでの英仏独列強三ヵ国の情報覇権が世界規模で動揺し、東アジアにおける英国のタガも、緩む兆しがいくつかでてきた。

一九一四年欧州に勃発し、世界を巻き込んだ世界大戦は、日本における国際ニュースのあり方を変動させる契機になった。第一は、当然のことながら国際ニュースの需要が一挙に高まった。戦況ばかりでなく、イギリス・フランス・ドイツなど各国の政情、ロシアの革命運動、遅れて参戦するアメリカの動向、東アジア状勢など広範な情報が求められた。政治関係だけでなく、「成金景気」などと称されるように、大きく拡大した対外貿易の必要性からも、世界の政治・経済情報が求められたのである。国際情報の量的拡大は、海底電線ばかりでなく、無線電信など長期的技術革新の契機となった。また、第二には、中国に対して行なった二一ヵ条要求が中国国内で激しい反発を引き起こし、講和会議でも大きな問題となる状勢に直面して、対外情報発信の必要性がこれまで以上に感じられるようになったのである。その主たる舞台は中国であった。第三に、主として欧州で戦われた戦争は、文字どおりの総力戦となり、戦争の勝敗を分ける要因は狭義の戦場での戦闘だけでなく、全国民の身心を総動員する宣伝戦・情報戦が大規模に展開された。外務省・軍部などでは、それらの見聞をもとに宣伝戦・情報戦への関心が高まったのである。

対外情報需要の急拡大　後二者は長期的には大きな問題となるが、戦時中に差しあたり浮上したのは、前者の対外情報需要の急拡大である。通信社・新聞社などはいうにおよばず、商社・企業などが海外との情報交換を活発化させ、海外電信に殺到することになり、その結果、海外電信の通信能力・設備能力を大きく越えてしまった。そうした現象は日本だけではなく、欧米ではもっと顕著で、世界大戦によって世界中を飛び交うことになった莫大な情報は、当時最重要の伝送回路であった電信線の能力を上回ってしまったのである。しかも、各国では通過する電報を検閲したから、許容量を越えてまで流れる情報は、他方で人為的にもせき止められ、二重の混乱を引き起こしたのである。

表16に、一九一二年を一〇〇としたときの内国発信電報指数・外国発信電報指数・外国受信電報指

表16　内国外国電報指数

	内国発信電報指数	外国発信電報指数	外国着信電報指数
1912年	100	100	100
1913年	100	110	112
1914年	99	101	104
1915年	102	147	148
1916年	122	196	196
1917年	158	241	242
1918年	176	274	272
1919年	221	343	331
1920年	204	313	312
1921年	206	336	326

出典：『逓信事業史』第3巻.

数を掲げた。内国発信電報も二倍に増加しているが、外国発信電報・外国受信電報は、三倍以上の増加もの増加となったのである。特に一九一七（大正六）年以降に急増し、一九一九年度の電報は「全く洪水の如き利用者増で恐らく前古未曾有ともいふべき超記録を呈した」といわれる(41)。

電報大幅遅滞　電報洪水の結果、生じたのが電信の大幅遅滞である。極端な遅延をよぎなくされ逓信当局は電報の遅延については責任を負わないことにしたという(42)。遅延どころか、電信が途中で止まってしまうことも頻発し、「海外電報は機械的の故障及び人為的各種の原因に基づき目的地の局所に到達する以前中継局所に於て其送信を中止さるゝこと頻々」であるので、英米では電送不能となった区間の電報料金を払い戻し措置をとり、日本の逓信省も払い戻しすることになったと報じられている(43)。最も速報が必要とされる時期に電信が速報機能を果たせず、海外電信システムへの信頼性は揺らいだのである。

第一次世界大戦の電信問題は、ともすると、イギリスとドイツが敵国の海底電線を切断して敵国を孤立化する作戦をとったことが論じられるが、日本に海底電線切断の直接的影響はなく、むしろ大問題となったのは、電信連絡の繁多による電報の遅延であったのである。

これは商社などにとっても深刻であったが、通信社・新聞社にとって死活問題であった。もともと国際政治の大激動に際し、速いと同時に多様な観点からのニュースが必要であったが、それに加えて生じた国際ニュース流通の不安定によって、通信社・新聞社のニュース入手方法は多様な道を探ることになったのである。

『東京朝日新聞』外電調査　この時期の欧米からの外電の状況をみるため、『東京朝日新聞』の紙面を調査し、掲載の電報をまとめたのが表17である。一紙だけで四月と一〇月の一日、二日だけという限られた事例であるので、限界はあるが、大勢を知ることはできるはずである。これ以外に北京・上海・南京・浦潮・満州・京城などアジア各地からの特電があるが、すべて自社の特派員電報である。『東京朝日新聞』の場合、基本的に欧米からの電報は欧米の通信社・新聞社に頼り、アジア大陸は自社の特派員電で報ずるという体制になっている。ここでは通信社の活動状況の調査を主眼としたので、中国・朝鮮からの電報は割愛することにした。

これによれば、国際通信社が設立される以前の一九一三年では、『東京朝日新聞』の外電のほとんどは「倫敦タイムス特電」と『東京朝日新聞』が加入していたロイター共同契約を通して入ってくる「上海経由路透社発」の電報である。若干の「伯林特電」があるが、これは前述した日独通信社経由の電報である。たまたま調査対象日には掲載がないが、他の日には自社記者の欧米からの通信もあり、朝日新聞社特約の「倫敦タイムス特電」もあるので全面依存とまではいえないが、外電の多くを上海経由のロイター電報に頼っていたことは間違いない。他新聞社は「倫敦タイムス特電」はなかったから、ロイター電報依存度がもっと高かったであろう。

一九一四年一〇月になると、やはり「倫敦タイムス特電」と「上海経由路透社発」が中心であるが、

国際通信社		本社米国特電		露都特派員		倫敦特派員		巴里特派員	
本数	遅れ日数	本数	遅れ日数	本数	遅れ日数	本数	遅れ日数	本数	遅れ日数
–		–		–		–		–	
–		–		–		–		–	
–		–		–		–		–	
–		–		–		–		–	
–		2	2	–		–		–	
–		1	1	–		–		–	
–		5	3	1	2	–		–	
–		6	2	5	2	–		–	
–		5	2	2	3	–		–	
–		4	2	–		–		–	
–		7	2	1	2	4	2	1	2
–		3	2	–		1	2	1	2
–		3	3	4	3.8	7	2	2	3
–		4	2	–		7	2	1	3
–		1	2	1	3	–		–	
–		3	3	–		–		1	3
–		3	2	–		–		–	
–		3	2	–		1	1	–	
3	4	–		–	–	–	–	–	–
1	2	–							
2	4								
–		2	3						
2	3	3	3	–		5	7	–	
3	2.3	5	3	–		7	5	–	
4	4.6	5	7	–	–	1	5	2	8
5	2.7	5	7	–	–	3	7	11	6
7	3.5	2	4	–	–	–	–	1	6
13	3.6	–	–	–	–	–	–	1	6
9	5.1	–	–	–	–	–	–	1	9
11	3.4	2	8	–	–	1	8	1	8
3	3	2	2	–	–	–	–	–	–
14	3.3	–	–	–	–	–	–	–	–
12	2.5	2	2	–	–	–	–	–	–
10									

表17 『東京朝日新聞』掲載海外電報-2（1913-1921）

	伯林電報		合同通信社		アヴァス社		ウエストニツク	
	本数	遅れ日数	本数	遅れ日数	本数	遅れ日数	本数	遅れ日数
1913/04/01	–		–		–		–	
1913/04/02	–		–		–		–	
1913/10/01	4	2	–		–		–	
1913/10/02	1	2	–		–		–	
1914/04/01	–		–		–		–	
1914/04/02			–		–		–	
1914/10/01			3	2	–		–	
1914/10/02	–		1	2	–		–	
1915/04/01	–		1	2	–		–	
1915/04/02	–	–	–		–		–	
1915/10/01	–		3	2	–		–	
1915/10/02	–		–		–		–	
1916/04/01	–		2	2	–		–	
1916/04/02	–		1	2	–		–	
1916/10/01	–		5	2	–		–	
1916/10/02	–		5	3	–		–	
1917/04/01	–		2	3	–		–	
1917/04/02	–		5	3	–		–	
1917/10/01	–		–		–		–	
1917/10/02	–		–		–		–	
1918/04/01			6	3	1	3	–	
1918/04/02	–		3	3	–		3	2
1918/10/01	–		4	2	2	8	–	
1918/10/02	–		4	2	–	–	–	
1919/04/01	–	–	–	–	1	9	–	–
1919/04/02	–	–	1	4	2	8.5	–	–
1919/10/01	–	–	5	3	–	–	–	–
1919/10/02	–	–	3	3	–	–	–	–
1920/04/01	–	–	–	–	–	–	–	–
1920/04/02	–	–	–	–	–	–	–	–
1920/10/01	–	–	3	3	–	–	–	–
1920/10/02	–	–	–	–	–	–	–	–
1921/04/01	–	–	2	2	–	–	–	–
1921/04/02	–	–	4	2	–	–	–	–

表17　『東京朝日新聞』掲載海外電報-1（1913-1921）

	倫敦タイムス特電		路透電報（上海経由）		路透社紐育発		路透社発	
	本数	遅れ日数	本数	遅れ日数	本数	遅れ日数	本数	遅れ日数
1913/04/01	2	1	2	1.5	–		–	
1913/04/02	3	1	5	2	–		–	
1913/10/01	2	1	4	1.3	–		–	
1913/10/02	3	1	8	1	–		–	
1914/04/01	2	1.5	9	2	–		–	
1914/04/02	4	1	6	2	–		–	
1914/10/01	4	2	4	1	4	2	–	
1914/10/02	5	3	9	1.1	3	1	–	
1915/04/01	4	1	3	1	–		–	
1915/04/02	–		10	1	3	2	–	
1915/10/01	3	2	9	2	1	2	–	
1915/10/02	3	2	3	1	3	2	–	
1916/04/01	2	2	2	2	2	1.5	–	
1916/04/02	–		5	1	3	2	–	
1916/10/01	2	3	3	1	2	1	–	
1916/10/02	5	2	4	1	2	2	–	
1917/04/01	–		4	1	–		–	
1917/04/02	–		3	1.3	2	1	–	
1917/10/01	2	2	5	1.5	–		5	2
1917/10/02	–		1	1	1	2	–	
1918/04/01	–		7	1	–		7	3
1918/04/02	1	2	14	1.2	1	3	3	2.3
1918/10/01	2	5	17	2.9	–		5	6
1918/10/02	2	6.5	5	1.2	–		4	4
1919/04/01	2	6	3	1	–	–	17	5.5
1919/04/02	3	7	8	1	–	–	7	6
1919/10/01	6	6	3	3	–	–	–	–
1919/10/02	–	–	–	–	–	–	–	–
1920/04/01	–	–	2	1		–	–	–
1920/04/02	5	8	2	1	–	–	–	–
1920/10/01	1	3	3	3.3	–	–	3	3.3
1920/10/02	–	–	2	2	–	–	–	–
1921/04/01	–	–	1	1	–	–	–	–
1921/04/02	3	2	1	1	–	–	–	–

それ以外に「路透社紐育発」「合同通信社発」が登場し、自社の「米国特電」「露都特電」も増えている。逆に敵国となった「伯林特電」は消えた。

この年五月から国際通信社が業務を開始しているので、「上海経由路透社発」「路透社紐育発」は国際通信社の扱いである。「路透社紐育発」は国際通信社文書では「直通」と別契約であり、ロイターのロンドン本社・上海支社を経由するのではなく、アメリカ西海岸・太平洋海底電線から直接東京に来るために別クレジット表記となったのである。速度は上海経由より少し遅いが、遜色はない。ただ、これは、もともとはロイターが取材したのではなく、通信社カルテルに縛られて東アジアに直接ニュースを送ることができないAP通信社のニュースを、ロイターが自社のクレジットで送信したと推定できる。

また「合同通信社」、すなわちアメリカのUP通信社の電報掲載も注目される。これは電通からの配信である。国際通信社がロイターと契約したため、電通はロイターとの契約をあきらめざるをえなくなり、一九一五年に国際通信社の通告により電通とロイターの契約は正式に打ち切られた(44)。電通は対抗上、もともと契約していたUPとの関係強化をはかっていくのだが、すでにこの時点で各新聞社にUPの売り込みをはかっていたとみられる。ただ、UPの通信網はロイターには及ばず、上海経由ロイター電より若干遅い。

この他、朝日新聞社の特派員による「米国特電」「露都特電」が増加してきているのは、第一次世界大戦勃発に対応するものであることは明らかである。「米国特電」の発信地は、サンフランシスコが少しあるだけで、ほとんどニューヨークである。しかし、アメリカもロシアも、自社特派員の電報は、通信社に比べ時間がかかっている。

外電系統多様化　要するに、『東京朝日新聞』の外電は、「倫敦タイムス」特電、ロイター・国際通信社、UP・電通、自社特派員の四系統となったのである。これは一九一六年までは変わらない。むろんロイター電報は本数速度ともに他の系統を上回っており、これなくして『東京朝日新聞』の外電が成立しないことは明らかである。だが、他系統からの外電によってロイター電は相対的存在になった。また、この時期から電報の全般的遅れが目立ってきている。

一九一七年・一八年・一九年になると、外電全般に大きな変化が起きた。それまで『東京朝日新聞』にとって重要なニュース源であった「倫敦タイムス特電」は減少し、ロイター電報は上海経由以外にたんに「路透社」などと表記され、パリやアムステルダムなどからの多くの電報が多数掲載されるようになった。「直通」が多様化したのである。少数だが、アヴァスやウエストニックからの電報が掲載されている。どちらも前述のように国際通信社が契約し、配信していた。特に後者はロシアの政情不安から需要が高まったのである。また、自社特派員によるニューヨーク電報、ロンドン電報も増加している。

電通からの合同通信社（UP）電報は日によって増減があるが、掲載され続けている。また、自社のロンドンとパリの各特派員からの入電もあるので、外電は一層多様化してきたのである。

国際電増加　特に注目されるのは、「国際」のクレジットが入った電報が掲載されだしたことである。それまでも国際通信社はロイター電報を配信していたのだが、国際通信社の名前は出ず、たんなる仲介取次という扱いであったのが、「国際」と名乗る電報を配信するようになったのは画期的である。この時期、同じような立場にあった電通では、そのクレジットが入った外電は掲載されていない。

管見の限りでは、『東京朝日新聞』に「国際社発」とクレジットがついた外電が載った最初は、一九一七年八月三一日の「二五日国際社華盛頓発」である。以後、「国際社発」の外電が掲載されているが、多くはワシントンあるいはニューヨーク発信である。しかし、国際通信社「大正六年度報告書」には特派員についての記述はないことからすると、駐米特派員はおらず、恐らくロイター電である。

「国際通信経済電報」　こうした「国際社発」外電の登場は、「国際通信経済電報」の発行と関係しているとみられる。これは、ニューヨーク・ロンドン・パリなどの経済中心地からロイター経済専門通信員が打電してきた「株式公債の気配、金融事情、金物市況、綿花市況等」を午前九時から一〇時の間に配信するという、主に企業向けの経済ニュースサービスである。[45] 一ヵ月一五〇円で、特定分野だけのサービスとしては高額であった。

最初に始めたのは大阪で、一九一七年一月に東川嘉一を大阪に派遣して、同地の貿易商・商社などを顧客に開拓した。高価ではあったが、入電が早く、正確であったため、従来からの海外相場専門通信社を圧倒し、自社電報をとっていた商社も、国際通信社の通称「赤電」（赤色の用紙にタイプ印刷されていたので、そうよばれた）を購読するようになった。[46] 前述のようにこの時期は「電信混乱時代」に入っていたのだが、国際通信社は特に一日一通に限り「至急電報」の受信を認められ、ニューヨーク—東京は一時間内外で相場が入電し、驚異的なスピードであったとされる。[47] 大阪に遅れて東京でも「経済電報」を開始し、これも次第に顧客を増やしていき、「経済電報」は国際通信社経営の重要な柱となっていった。

『東京朝日新聞』に掲載されている「国際社」電報は当初は企業向けの通信サービスであった「経済電報」が新聞社向けにまで広がり、報道対象も市況だけではなく広義の経済関係ニュースにまで拡大したと考えられる。

ロイター経済専門通信員が打電し、「国際社」のクレジットで紙面に掲載されているということは、国際通信社のニュース・サービスをロイターも承認していたということである。ロイターからすれば、国際通信社がロイターと競合するニュース・サービスを自社の名前で行なうことは決して望ましいことではなく、ロイター自身が行なえばよかったはずである。しかし、もともとアメリカのニュースは、主にAP電報をロイターの名前で発信していたところに、第一次大戦報道で手一杯で、日本でアメリカの経済ニュースへの需要が高まっても、それに応ずることができず、やむなく認めたのであろう。いずれにせよ、国際通信社の独自取材ではないにしても、「国際社」のクレジット入り電報は、国際通信社の自主的活動が徐々にだが、行なわれだしたということを示している。

また、朝日新聞社の特派員電報が増加していることも、国際政治における大きな激動についてイギリス製ニュースだけではなく自前でニュースを集めようとする気運が強まっていることである。ロイター電報は依然として外電の中心ではあるが、相対化はさらに進んだ。

「国際社」ニュース増　表17の通り一九二〇年・二一年は、電報の遅れが相変わらず続いている。まさに「電信混乱時代」である。通信社別では、ロイター電報は全体として減り、逆に「国際社」電報が増加している。「国際社」電報の発信地はニューヨーク・シカゴ・パリ・ロンドン・ローマ・ブリュッセルなどと多様化し、テーマも経済ニュースに限らず、政治関係ニュースにまで及んでいる。このように広範な取材体制を国際通信社が短期間で形成できたとは考えがたく、これら電報は実はAP発信を含むロイター電報で、ロイターがそれらを「国際社」電報として掲載することを認めたと推定できる。上海経由以外のロイター電報が減っているのは、そのためであろう。文書を見出すことはできないが、ロイターと国際通信社のあいだで契約が結ばれたはずである。

国際ニュースの流通変化　総じて第一次世界大戦による国際ニュースの需要高騰は国際ニュースの流れに変化を生じさせた。第一に、ロイター電報が依然として最重視されてはいるが、それ以外のUP通信社、自社特派員など諸系統からの電報が増え、ロイター電報は相対化されてきたのである。またロイター電報自体も従来からの上海経由だけでなく、他の都市から直接送信されるものが増加した。これは電信の混乱に対応して、中継点をできるだけ減らすことと検閲を避ける狙いもあったとみられるが、受信する側からすれば速度が速くなり、要不要の選択余地が広がったのである。

第二に、アメリカ関係のニュースが重視されるようになり、それが国際ニュース入手の仕組みの変化を作り出していることである。上海経由と別に登場した「路透紐育発」、UP通信社電報や国際通信社が始めた「経済電報」、朝日新聞社のニューヨーク特派員電報など、いずれもアメリカに関するニュースを日本に伝える回路である。

これが国際社会におけるアメリカの地位が相対的に高まりに基づくことはいうまでもない。もともと外務省による東洋通報社設置、渋沢らの通信社発起などが日米関係を契機としていたように、日本にとって太平洋を隔てた隣国アメリカの政治・経済動向は重要視されていたのだが、この時期に至って一層顕著になり、それまでの上海経由ロイター電報依存の仕組みを改変する契機になったのである。

第三に、ロイター電報が相対化され、アメリカ関係ニュースの増加と表裏のことだが、国際通信社が少しずつだが、自主的な活動を行なうようになったことである。「経済電報」は自ら需要を開拓し、作り出した新しいニュース・サービスである。また、世界各地のニュースを「国際社発」のクレジットで掲載させることができるようになったのも前進である。少なくとも日本国内では、「国際」のブランドが認められるようになった。しかし、ニュースそのものを自社で取材編集し、発信するだけの力はまだなかった。

四　政府情報機関への胎動

宣伝機構・政策の必要性　第一次世界大戦は既存の西欧情報覇権を大きく動揺させ、情報の国際的主導権をめぐって、参戦各国は激しく争うことになった。欧米各国は大規模な宣伝活動を展開したのである。日本もこうした動向に刺激を受け、外務省や軍部で対外情報発信政策検討の動きが生まれてくることになった。通信社の活動も、当然このなかに組み込まれていく。

軍部での宣伝活動への注目は、一九二〇年代後半期に大規模な宣伝国家政策形成をもたらすことになるが、この時期はまだ部内での研究段階で、宣伝機構・政策の具体化で先行したのは外務省である。すでに述べてきたとおり、外務省は明治期からさまざまなかたちで対外宣伝活動を行ない、国際通信社にも援助をあたえてきたが、世界大戦を機に、対外情報活動を担う組織として情報部を設立した。

原首相、情報機関調査を指示　外務省情報部の設立については松村正義の研究があるが、(48)政府・外務省内で情報関係担当機関の必要性が論議されだしたのは原敬内閣の時期である。その際、意識されていたのは、パリ講和会議に際して各国の宣伝に対抗することとロイターの代理店と化していた国際通信社改組とその監督機関であったとされる。(49)原敬首相はパリ講和会議出席前に牧野伸顕全権と打ち合わせ、さらに読売新聞社主筆の伊達源一郎を各国情報機関調査のため派遣することとした。

『原敬日記』大正八年四月一〇日に、

> 巴里に往きたる各社新聞社の多数は我国の利害を考慮せずして、往々講和委員の悪口を事として通信し、国家の為めに甚だ妙ならずと信じ、夫是視察の為め吉植庄一郎（中央新聞）、伊達源一郎（読売新聞）、其他一両名彼地に出張せしむることとしたり

とある。(50)また、伊達源一郎は回顧談で「原首相から、急いでパリに行って牧野やケネデーと相談して、新聞通信のことについて、最善の方法を講じてもらいたい、また政府の情報機関を何うしたらよいか、伊集院大使を中心にして研究してもらいたい、と言われました」と述べている。(51)

原敬首相は、激動する国際政治に対応する政府情報機関の設立の必要性を感じ、講和会議に特派された新聞記者たちの日本全権団批判報道が横行するのも、統一された政府情報機関がないからだとみていたのである。パリに赴いた伊達源一郎は、駐イタリア大使から講和全権団に加わった伊集院彦吉と欧米各国の情報機関について調査した。

伊集院彦吉や伊達源一郎らがどのような調査研究を行なったのかは具体的に分からないが、宣伝・情報活動の必要性は日本だけではなく、最初の総力戦であった第一次世界大戦において、対外対内の

宣伝・情報活動は、戦争の重要な一局面であった。英国では情報省（Ministry of Information）、米国では公共情報委員会（Committee on Public Information 通称クリール委員会）などが大規模な活動を行なった[52]。彼らが、それら各国の動向を調査したであろうことは推測に難くない。

ロイターの経営難　欧米各国の宣伝活動について本書で詳論するのは目的外だが、通信社の国家宣伝政策への関与、特にロイターとイギリス政府との関係については、日本における通信社と国家宣伝政策の問題を考えるうえでも必要なバックグランドであるので少々脇道だが、第一次世界大戦期のロイターについて略述しておくこととする。

実は、この時期のロイターは大きな経営危機に直面していた。一つの要因は、一九一二年にロイターが自己の資金を運用するために、銀行を設立したことである。この銀行は一九一四年にイギリス商業銀行（The British Commercial Banl）と改称されたが[53]、通信業との両立は難しく、ロイターの経営に重い足かせになった。しかも、一九一五年四月一八日、二代目当主ハーバート・ロイターが自殺したのである。これによってロイター家の「ファミリー・ビジネス」は終わった。

その渦中の第一次世界大戦勃発で、これまで提携していたドイツとオーストリアの通信社との関係が断絶、商業電信の制限、銀行融資先の凍結などによってロイターの経営は先行き不透明になった。そこで新たな経営者として登場したのが、それまで南アフリカの若い支局長であったロデリック・ジョーンズであった。彼は重役会に自分の作成した再建案を積極的に売り込むとともにグラッドストーンなどの政界人脈の支持を受け、一九一五年一〇月、ロイターの経営を担うことになった[54]。わずか三七歳であった。

ロデリック・ジョーンズとマーク・ナピアーの新経営者は、ロイターの資源と経験を駆使して連合国の大義に貢献することが、ロイターの新しい「愛国的役割」であることを決定したという[55]。しかし、これはタテマエであって、ロイターと政府との関係はもっと複雑であった。ロデリック・ジョーンズの考えでは、ロイターの経営を長期的に安定化させるためには、現在のように、多数の株主の所有する企業からイギリスの新聞社の支配のもとに移行させることが必要であった。それを実現するには、さまざまな方法がありえるが、さしあたり可能な方法は現在のロイターを解消し少数の安定株主による新会社に移行することである。これは、イギリス政府の考えとも一致していた。イギリス政府にとって、戦時中のロイターの役割は今まで以上に重要であり、ロイターが外国人などの好ましからざる者の掌中におちることは是非とも防止しなければならなかった。

ロイター改組と政府　こうした両者の協調によってロイターを改組する計画が進められた。それは、さまざまな利害が錯綜し曲折した過程であったが[56]、一九一六年一二月、それまでのロイター電信会社（Reuter's Telegram Company）はロイター株式会社（Reuters Limited）に改組された。この改組にあたって、ロイターの借金の返済について、イギリス政府が三年間の保証をあたえた。そして新会社の株を所有したのは、ロデリック・ジョーンズ、彼を重役に推挙したマーク・ナピアーとイギリス外務省である。イギリス外務省は、重役の人事権、株の移動、基本的編集方針（public policy）について拒否権をもつことになった。基本的編集方針の拒否権とは、国益に反する記事の流布、好ましからざる特派員や社員、他の通信社との好ましくない契約関係などを含む広範な権利であった[57]。

ロイターは、事実上イギリス政府のてこ入れによって経営を再建し、その政策のもとに活動する通信社となったのである。このことは極秘事項とされ、ロデリック・ジョーンズはその自伝 *A Life in Reuter* のなかでは、彼とナピアーがロイターを買い取ったとだけ記述し、一九五一年刊行のストリーの *Reuters' Century* も株について曖昧にしか書いていない。

ロイターは、独立の通信社の体裁でイギリス政府の公的発表や連合国側の情報を中立国、イギリスの植民地、連合国軍などに配信した。それらは、通常のロイター電報と区別され、ただ Agency、Agence Reuter と明記されたが、その配信料としてロイターは毎年一二万ポンドを得たのである。この活動によってロイター電報の頒布先は、これまで以上に広がった(58)。

ジョーンズ、情報省に入る　ロイターと政府との関係は、それだけではなかった。ロデリック・ジョーンズは、ロイター専務の地位にありながら、一九一六年新設されたばかりの外務省情報局(Department of Information)の電信・無線宣伝活動の顧問(Adviser on Cable and Wireless Propaganda)に就任したのである。さらに一九一八年初頭、情報省が設置されると、首席審議官(Chief Executive)兼宣伝担当官(Director of Propaganda)となった。情報省長官は、新聞経営者ビーヴァブルックである(59)。

ロデリック・ジョーンズは、こうした役職についても、ロイターの報道が歪められることはなく、客観的事実を迅速に報道したと誇っていたようだが、片方で何が客観的事実であるか決定する役割を果たし、片方でそこで決められた事実を客観的として報道したのであるから、矛盾がなかったのは当然である。

しかし、ロデリック・ジョーンズがロイターの専務と政府の宣伝担当官の二役を務め、しかもロイターに多額が支払われていることは議会下院などで問題視されるようになり、一九一八年九月、彼は病気を理由に情報省を辞職した。だが、ロデリック・ジョーンズは貴族に列せられ、ロイターと政府との秘密関係は一九一九年まで続いた。

国家宣伝活動と通信社　ロイターがイギリス宣伝活動の一部に組み込まれていったことは、総力戦体制において通信社というものが政府にとっていかに重要な武器であるかを示している。ロイターの側も、同社の経営難が契機だったとはいえ、国益への貢献を掲げて積極的に国家の宣伝の一翼を担うことをためらわなかった。そこでは、ロイターが長年自己宣伝してきた独立した通信社による客観的事実報道という体裁は、イギリスの宣伝効果をあげるために最大限利用された。後の日本での言い方にならえば、国家代表通信社であったのである。

伊集院・伊達調査　対外的宣伝活動という同じ政策課題を抱えて、ヨーロッパで各国の宣伝活動を研究した伊集院らがロイターの内情をどの程度探知していたかは資料がなく分からない。しかし、秘密の関係までは知り得なかったにしても、国際ニュースを扱う通信社と政府との微妙な距離、さらにさまざまな宣伝活動を統合的に管理する情報省の役割は十分理解できたであろう。伊集院は、「内閣に有力な情報局を創設し、陸海軍の情報も大蔵省の情報も、そこで統一する考えをもっており、パリに来ておる各方面の人々を集めて協議を凝らし」たという。(60) 構想されたのは、ずっと後に実現する内閣に直属する大規模な情報局に近いものであったようだ。しかし、それを実現するのは容易ではなかった。

原首相の外務省情報部案　その成案を伊達が携えて帰国し、原首相に報告したところ、原首相は、この案を一覧した後、「これは実行不可能な案である。陸軍閥、海軍閥、甚だ我儘なもので、とてもその情報の統合など出来るものではない、自分は総理大臣でもそれが出来ないので困っておるのだ。その案の情報局長は何人がなるか知らないが、三日も勤まるものではない。そんな実行不能なものよりも、外務省に有力な情報部を作り、そこで情報の収集、交換、頒布等のことを行なって、強力な活動をなすようにすれば、その方が実行可能でよかろうと思う。そうすることにしよう」と答えた。

おそらく伊集院らは、欧州での直接見聞から、総力戦における宣伝の役割についてある程度の認識をもったが、実際に総力戦を経験したわけではない現実政治家原敬は、そこまでの認識はもたなかったか、もったとしても諸官庁の反対を押し切ってまで進める緊急課題とまでは考えなかったのである。諸省の権限が割拠する官僚制の壁が、一元的宣伝機関設置を先送りさせ、取りあえずそれまで外務省が行なっていた対外宣伝の延長線上に情報部門を設置するという現実案が選択されたのである。最初の総力戦の見聞は、自国国民の精神・肉体の総動員、それと深く連関して自国の正当性・敵国の不当性を主張する対外対内の一体的宣伝という総力戦体制の認識は生んだが、その具体的構築までは進まなかった。

「外務省革新同志会」の結成　ただ、講和会議に出席した有田八郎ら若手外務官僚のなかには、山東問題などで日本が不利な状勢になったことの原因を外交政策の拙劣旧態たる外交機関に求める意見が台頭し、外交の革新をとなえる若手官僚による「外務省革新同志会」が結成された(61)。そこでの論題の一つが宣伝政策、特に中国での宣伝政策拡充、統合的宣伝政策・宣伝担当機関の必要性で、そのまま具体的政策に直結していったわけではないが、以後の宣伝政策強化論の伏流として続いていった。

次章で述べる東方通信社強化策や新聞操縦「新計画案」などは、その表れと見られる。

外務省情報部設立　この気運から生まれた政策については次章で述べることとして、組織改革として実現したのが情報を専門に扱う外務省部門であり、これは一つの画期であった。外務省情報部は正式には一九二一（大正一〇）年八月一三日設置だが、実質的には一九二〇（大正九）年四月から活動を開始し、五月一一日に原敬首相が部員を午餐に招待し、激励した。初代部長は伊集院彦吉である。

外務省情報部の「任務」とされたのは、「㈠内外情報の蒐集及整理、㈡宣伝刊行物の編纂及配布、㈢情報及宣伝に関し必要なる諸方面との連絡並外交に関する情報の供給及配布、㈣内外新聞雑誌との内部的連絡、㈤内外新聞及通信の経営及補助、㈥宣伝的文化事業の経営及補助」など九項目である[62]。

これから伺える情報部の任務は限定的であり、特に他の省庁あるいは省内他部の権限に抵触することは、慎重に避けられている。情報という新しい問題に取り組もうとしても、既存官庁の縄張り意識を越えるのは困難で、無難な妥協で糊塗しがちであったのである。

実際、一九一八年七月、内務省で新聞検閲を統一的に実施するため新聞局設置を計画し、外務省はある程度乗り気であったが、陸軍省海軍省が反対したため計画倒れに終わった事例もある[63]。また、一九一九年二月には陸軍省新聞班が設置されていたが、それとの連携は㈢にあるような名目的なものにとどまっている。それまで散在していた情報政策を統合強化する課題が浮上してきていても官僚組織の壁は容易に乗り越えがたく、外務省内で検討されていたという、「組織的、統一的、普遍的且大規模に、かつ一般的にして一貫性をもたせ」るという宣伝の肝要からは大きく後退していた[64]。

「宣伝」と「情報」　この「任務」から伺えるもう一つは、実際に活動目的が「宣伝」と自認されているにもかかわらず、外に向かっては「情報部」と名乗っていることである。当初の検討で、「情報部」という名称では名実必ずしも相添わないという意見があり、一方、部の性質上主要目的を機関名に冠して明示するのも妥当ではないという意見もあって、結局暫く「情報部」という名称を用いることとしたとされる。(65)相手の警戒を呼び起こす「宣伝」という言葉を表面に出すのを避けるため「情報」という曖昧な言葉を隠れ蓑として持ち出し、結果的に対内では「宣伝」といい、対外では「情報」と使い分けられることになったのである。暫定的名称は、その後も便利に用いられた。

宣伝を効果的に行なうために宣伝であることを隠すのは常態であって、第一次世界大戦における英国の機関も Ministry of Information、米国の機関も Committee on Public Information と名乗っていた。外務省情報部もそれらの例に従っている。内部で「宣伝」として生産したメッセージを外部に発信する過程で「情報」と意味変換させることこそ宣伝活動の最初のステップであり、各国とも「情報」と「宣伝」とを使い分けることがその後の宣伝活動の成否を大きく左右することになる。

外務省情報部設立を報道した『東京朝日新聞』も「宣伝ではない外務省の情報部」という見出しで、「一種のプレッス・ビュローであり官庁から民衆への門戸だと専ら評判」されており、「今回の世界大戦は一面兵力の戦ひであつたが而かも戦ひの半分は実は宣伝戦であつた」、「マサカ日本に於て戦時中列強が行つた所を今更真似る必要も無いではないか」と宣伝を極力隠そうとする情報部当局の説明を受売りして報道している。(66)

中国の反応　しかし、中国などでは外務省情報部への警戒が高まった。在天津総領事船津辰一郎は、一九二〇年三月二九日付で本省に報告を送り、天津で発行されている新聞が「東京特約通信」として日本の宣伝機関設置を報道しているとしている。(67) その記事は、日本の講和委員が昨年のパリ講和会議の舞台で「醜態を演出」した後、日本の朝野上下では自らの「侵略外交軍閥外交の誠意なく信義なき」のもたらした結果であることを悟らず、かえってこれを日本が「宣伝」に力を尽くさなかったために各国は日本の立場を理解できず、日本が提出した人種差別撤廃案や山東問題に対して「多く疑慮と猜疑の心」をもったなどと論議している。昨年秋に講和会議全権牧野伸顕が帰国の際にも劈頭第一に外務省に「大規模の宣伝機関」を設置し、北京、天津、上海、漢口、広東及米国のニューヨーク、サンフランシスコに大新聞社及通信社を開設し、日本の宣伝を展開すると述べた。日本政府はこれを採用し、外務省に宣伝機関を設置することとなったと情報部の人事・組織などと伝え、その第一着手の事業は中国方面に向け、中国の主要都市に大規模な新聞社及通信社を設け、中国の「輿論を左右し、交渉事件発生の都度則ち是非を顛倒し黒白を播弄」する計画であると報道している。

船津が本省に報告した中国の新聞記事は、外務省革新同志会の動きを過大視しており、外務省情報部などは実際にはこれほど大規模な計画をもっていたわけではない。しかし、対外政策の根本問題を反省せず、自らが反発を受ける原因を宣伝の不足に求めるという日本側の思考を言い当てている。また、中国側が日本の対外宣伝活動を過大評価するのは、二一ヵ条要求などでの日本の行動が日本への強い不信感・反発を起こし、警戒心を強めたからである。自己の姿を過大に見せかけるのは宣伝の一つの手法だが、宣伝がかえって相手の警戒心を強め、防備を固くさせてしまうのは逆効果である。表面で「情報」を装っても、大きな脈絡のなかでみれば、その意味は歴然としてしまうのである。

外務省情報部と通信社補助　当面、外務省情報部が実施する事業は、「第四十四議会質問予想並答弁」によれば、㈠本部、㈡通信社、㈢宣伝に分けられ、㈡の通信社では、ロイター、アソシエーテッド・プレスと連絡をもつ一方、日本で唯一有力な通信機関である国際通信社を利用し、外務省指揮下に設立して相当の効果をあげてきた東方通信社に根本的改変を加え、欧米の通信には主として国際通信社をあたらせ、他方、東方通信社には中国に対する通信を掌らせて、両々相まって情報部事業遂行の両翼とし、南洋方面の通信は別に日蘭通信社と関係を結ぶことになっている。

通信社政策が情報部事業の重要な柱となっていたのである。具体的には、一九二〇年春に国際通信社総支配人ジョン・ラッセル・ケネディーと覚書を交わし、同年度年額四〇万円を補助し、かつ事情の許すかぎり一九二一年度以降も相当額を補助する。これによって同社に、中国・アメリカ・英国・オーストラリア・ロシア、その他必要と認める地点に支局を設置し、情報部の目的事業の遂行に必要な情報の蒐集および配布をさせる(68)。要するに、外務省が大規模な補助金を出して、ロイターの取次店になってしまっている国際通信社を、独自のニュース取材・配信のできる通信社に脱皮させようとする政策である。これまでのような赤字補填ではなく、事業拡大のための投資を行なわせる資金提供であった。年額四〇万円というのは、同社の資本金一〇万円の四倍にあたる。

また、東方通信社についても、一九一五年設立以来年額一万九〇〇〇円を補助してきたが、現下の情勢に対応できないため、根本的改革を加え、年額五〇万円を投じて東京を本社とし、北京・天津・上海・広東および漢口に支社、その他枢要の地に通信員を置き、情報集にあたらせるとともに、中国関係の一般調査を行なわせるとされた。これら事業は、一九二〇年秋から開始された(69)。

外務省情報部の当面の対外策は、国際通信社・東方通信社へのこれまで以上の資金提供であり、その目的は両通信社を対外ニュース発信のできる通信社に改めることであった。中国大陸、欧米各地に特派員を送り、通信網を整備するには莫大な資金が必要であり、赤字を出しながらようやく運営している両通信社には到底無理で、両社が欧米通信社と競争してニュース発信できる通信社に自力で成長していくことは不可能であった。ナショナル・ニューズ・エイジェンシーに飛躍するには政治権力による積極的なてこいれが必要であったのである。そして、それは外務省情報部の枠を越え、陸海軍など他者の宣伝政策形成を促進する契機を伏在させていた。

五　国際通信社の経営強化と対ロイター関係

国際通信社株式会社改組　ジャパン・タイムス社との関係を切って身軽にはなった国際通信社は、一九二〇（大正九）年七月二九日に創立総会を開催し、資本金一〇万円の株式会社に改組した。これが前述の外務省の補助金と深く関係していたであろうことは、推測に難くない。ジャパン・タイムス社との縁切りについても、外務省からの指導があった可能性が高い。改組では、それまでの合資会社への出資者がそのまま株式会社株主（二七名）になった。社長に就任したのは、引き続き樺山愛輔である。

国際通信株式会社「第一期報告」（大正一〇年三月三一日）は、「過去七箇年間国際通信社の収入は一箇年に付二万円より五十七万円（新聞部二十四万円、経済部三十三万円）に増加」し、一九二一年三月三一日現在、世界各国から受信する語数は一〇〇万語余、すべてについて料金を支払っていると国際通信社の健全を誇っていた。確かに、ロイターから一般ニュース、経済ニュースを受信し、日本の新聞社・企業などに配信する活動において国際通信社は拡大してきた。

収入として多額ではないためか、この「第一期報告」には対外ニュース発信についての言及はまったくないが、国際通信社はニュースをある程度ロイターに送るようになっていた。それは、国際通信社設立目的にそった活動であり、渋沢栄一と外務省が強く希望するところであった。

秘密助成が漏洩　しかし、国際通信社が外務省から秘密補助金を受けていることが中国などでウワサとして流れ、ロイターにとって由々しい問題となった。ロイターの上海支配人ターナーが一九二〇年六月と七月に本社に送った数通の報告書によれば、北京と上海で、日本の露骨な帝国主義的行動が中国人の間に激しい反感を引き起こしている。中国人は、国際通信社が外務省から秘密補助金を受けて活動し、国際通信社がロイターに送ってくるニュースは、外務省発表の受け売りであるとみなしている。そうした国際通信社と協定しているため、ロイターの立場も悪化しているというのである。

先の外務省情報部についての天津の新聞報道などでもそうだが、日本の対中国政策への反発が非常に強かった。中国側から、国際通信社は日本政府の秘密援助を受けて宣伝活動を行なっていると見抜かれて反感を招くという逆効果を招いていたのである。

ターナーは上海でケネディーと経済通信の料金交渉を行なう際に、国際通信社が外務省から秘密補助金を受けているとウワサの真偽を問いただし、このようなウワサのために、ロイターも大きな迷惑を受けていると注意を喚起した。これに対しケネディーは、国際通信社から政府から一銭の補助も受けていないと否定していたが、ターナーもロイター本社もケネディーが嘘をついていると判断していた。[70]

外務省からの補助がなければ十分な活動ができず、補助を秘密にしたところで疑惑の眼で見られるのは避けがたく、ニュースの評価は下落してしまった。国際通信社の活動はディレンマに陥っていったのである。それでも、国際通信社は何とか国際的通信社としてのかたちをつくるべく悪戦していった。

岩永祐吉の入社　一つの問題は、国際通信の分野で活躍できる人材の不在であった。ケネディーは、通信業の経験が豊かで、国内外での人脈も広いなど得がたい人物であったことは間違いないが、容易に御しがたい個性であったようで、樺山愛輔は「私の種々なる事業の経験に於ても此の人程、私を手古摺らせたものはない」と述べるほどである。[71] そこで、大きな期待のもとに一九二一（大正一〇）年六月一三日の定時株主総会で取締役に選任されたのが岩永裕吉である。

岩永裕吉は代々続く医家長与家に生まれ、父親は長与専斎。日本郵船専務などを務めた岩永省一の養子に入った。一高、京大法学部を経て後藤新平の紹介で満鉄に入り、さらに寺内内閣で鉄道院総裁に就任した後藤新平の秘書官として鉄道院に入省した。後藤は父親長与専斎のかつての部下にあたる。[72] 一九一八（大正七）年一〇月、寺内内閣総辞職とともに岩永も鉄道院を辞職した。その後、後藤新平、鶴見祐輔らと一ヵ年にわたり欧米を巡遊し、帰国後の一九二〇（大正九）年春、岩永通信事務所を設立し、五月から欧米の近況を伝える書籍、雑誌、新聞を翻訳した小冊子「岩永通信」を月一、二回発行し、各方面に無料で配布した。この小冊子は一九二一年七月から『世界の批判』と改題され、その声明には「主として世界、殊に日本の時相に対して、世界が下すところの批判、並びに海外の事情を広く採録して、我が読者に資すると共に、又世界の批判に対する我々の批判を発表」するとある。[73]

名門の出身ということもあって朝野にはば広く交際し、国際的視野をもった人間として樺山が期待を寄せたのも当然である。しかし、岩永の取締役就任当初、ケネディーが「自分を代換するのではないかを疑つて敬遠主義を取つた」ことと、岩永が自らの通信に忙しいのとで、岩永は国際通信社に接近することは希だったとされる。一九二一年のワシントン海軍軍縮会議に岩永裕吉は、オブザーバーとして渡米し、アメリカ新聞界首脳と交流するなど日本全権団の側面工作にあたったというが、国際通信社の通信業務には深く関わった様子はない。[74]

ケネディーのこれまでの功績を認めながら、国際通信社のさらなる脱皮を期待する声は社内からも強まり、そうした気運に乗って関東大震災後の一九二三（大正一二）年一一月、岩永裕吉は専務取締役の地位につき、国際通信社経営を担うことになった。これにともない、長年国際通信社支配人を務めてきたケネディーは退職した。

古野伊之助「通信自主権の確立」意見書　岩永にとっての最大の課題は、実質的にロイターの取次機関となってしまっていた国際通信社を当初のスローガンであったナショナル・ニューズ・エイジェンシーとして発展させることであった。年月ははっきり分からないが、おそらく岩永の専務就任より少し前に、国際通信社北京支局主任の古野伊之助は「通信自主権の確立」に関する意見書を外務省に提出して、日本における自主的国家代表通信社の確立を主張した。[75]古野は、若年時にストーンのナショナル・ニューズ・エイジェンシー論に共感した社員であるが、中国大陸でナショナル・ニューズ・エイジェンシーをもたない中国が欧米外交団の一方的な主張に対抗できないのを目撃し、日本でもナショナル・ニューズ・エイジェンシー設立の必要性を改めて痛感し、意見書を出したのだという。外務省も前述のような政策をもっていたのであるから、これに応え、情報部長小村欣一、同第三課長矢田部保吉らが中心となり、東方通信社の伊達源一郎、不破瑳磨太らとともに研究していたところ、関東大震災勃発によって古野が急遽帰国し、国際通信社の刷新が具体化した(76)。

ロイターとの契約改訂　東方通信社については後に述べるが、国際通信社刷新にとって最大の問題は、ロイターとの契約改訂であった。従来の契約を改めない限り、ナショナル・ニュース・エイジェンシーへの脱皮はありえないが、契約はロイターの利害の根幹に関わることであるから容易ではない。しかし、前述した第一次世界大戦期における国際ニュース・システムの変動、英国の情報覇権のタガの緩みが国際通信社の交渉を後押しすることになった。

交渉は、岩永裕吉と折よく来日したロイター会長兼専務取締役サー・ロデリック・ジョーンズとの間で行なわれ、一九二三（大正一二）年一二月一九日に協定が成立した。前述のように、ロイターは国際通信社を外

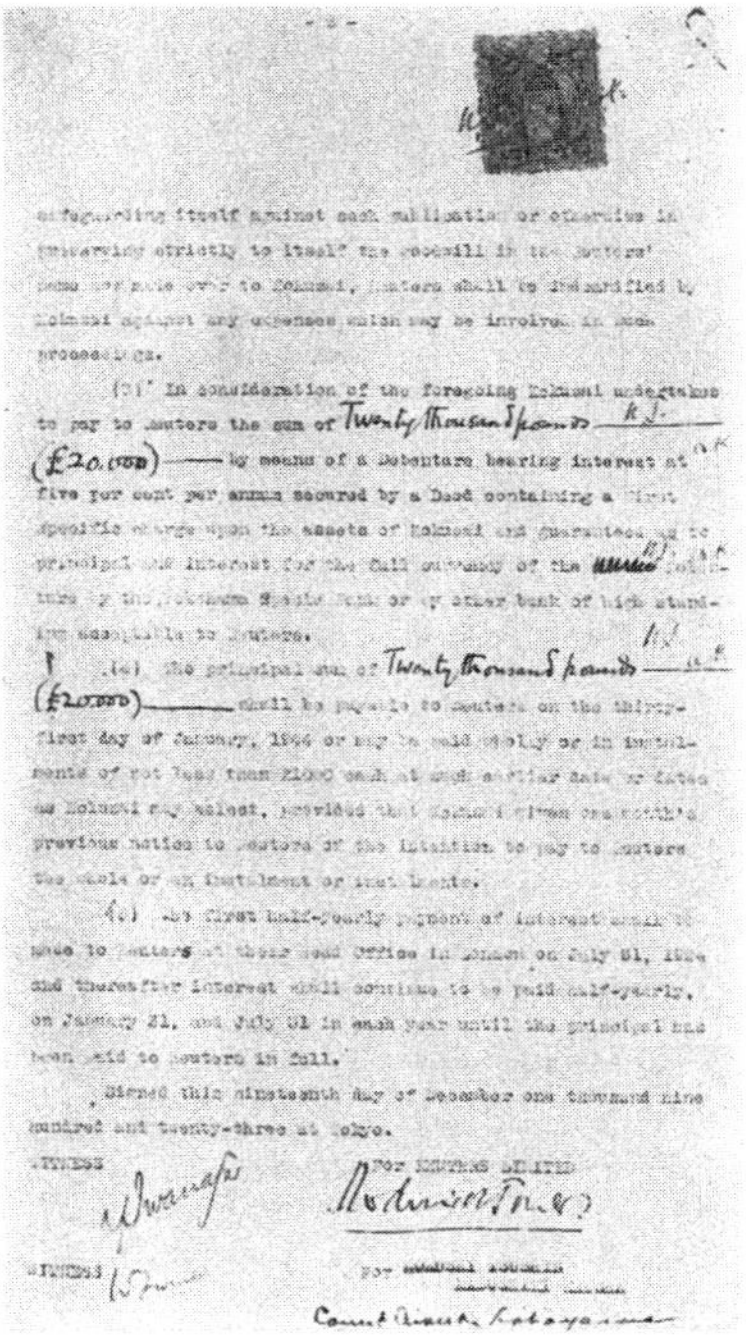
[illegible] itself against such [illegible] or otherwise in [illegible] strictly to itself the goodwill in the [illegible] [illegible] to Kokusai, Reuters shall be indemnified by Kokusai against any expenses which may be involved in such proceedings.

(3) In consideration of the foregoing Kokusai undertakes to pay to Reuters the sum of Twenty Thousand pounds (£20,000) —— by means of a Debenture bearing interest at five per cent per annum secured by a Deed containing a first specific charge upon the assets of Kokusai and guaranteed as to principal and interest for the full currency of the [illegible] Debenture by the Yokohama Specie Bank or by other bank of high standing acceptable to Reuters.

(4) The principal sum of Twenty Thousand pounds (£20,000) —— shall be payable to Reuters on the thirty-first day of January, 1944 or may be paid wholly or in instalments of not less than £1,000 each at such earlier date or dates as Kokusai may select, provided that Kokusai gives one month's previous notice to Reuters of the intention to pay to Reuters the whole or an instalment or instalments.

(5) The first half-yearly payment of interest shall be made to Reuters at their Head Office in London on July 31, 1924 and thereafter interest shall continue to be paid half-yearly, on January 31, and July 31 in each year until the principal has been paid to Reuters in full.

Signed this nineteenth day of December one thousand nine hundred and twenty-three at Tokyo.

WITNESS　　　　FOR REUTERS LIMITED

WITNESS　　　　FOR [illegible]

図21　1923年，国際通信社とロイターとの契約文書（『国際通信社・新聞聯合書関係資料』第１巻）

務省御用機関とみなしていたが、外面には出さず、ビジネスライクに交渉したようである。新協定は従来のそれに比較すれば、国際通信社の立場は改善された。しかし、対等の関係までは実現しなかった。

この協定は、「新聞通信協定」(News Service Agreement) 全一八条、同付属書一、二。「経済通信協定」(Commercial Service Agreement) からなる。[77] まず、「新聞通信協定」の要点を掲げれば、

(一)ロイターは上海から「国際」に対し、「世界電信ニュース通信」を、「国際」が文書または電信にて指示するだけの数量（ただし最高一ヵ月三万語まで）、またはロイターが上海で入手可能な数量までを、また同時に「ロイター太平洋通信」を、「国際」の指示する範囲内で「国際」に供給する。この通信については、ロイターは上海までの電信料を支払い、「国際」は上海・日本間の電信料を支払う。

(二)(三)略

(四)ロイターは、「国際」の要求があれば、ニューヨーク、ワシントン、サンフランシスコ、ないしはアメリカの他の中心地から、また「国際」から文書で指示があれば、パリ、ベルリン、ローマ、メルボルン、シドニー、ボンベイ、デリー、ケープタウン、そのほか主要中心地から、直接ニュースを通信する。

それらの通信は、手数料または実際の経費以上のコストを徴収せず、発信地から日本までの電信料は、「国際」が支払う。

(五)略

(六)「国際」は、ロイターの文書による同意を得て、ロイターの連盟通信社の社員を、特別通信員に雇傭することができる。（以下略）

(七)(八)(九)略

(一〇)「国際」はロイターの要求があれば、日本におけるロイターの通信員がニュースを入手して、それをロンドン、上海、または日本以外のいかなるところへでも打電できるよう、あらゆる便宜をあたえる。

(一一)略

(一二)「国際」は、ロイターの要求があれば、ニューヨークのAP、パリのアヴァス、ベルリンのヴォルフに対し、直接日本のニュースをおくる。

(一三)「国際」は、文書または電信による同意なくして、ロイターや連盟通信社が通信を供給している日本以外の諸国の個人、新聞通信社に対し、どんな通信やニュースも、直接・間接に供給しない。またロイターは、文書または電信による「国際」の同意なくして、日本または日本領土内における個人、新聞、通信社に対し、どんな通信やニュースも、直接・間接に供給しない。

(一四)略

(一五)ロイターと「国際」は、それぞれの競争者と直接・間接に契約や協定をむすんだり、または競争者のニュースを利用したり、それを新聞に供給したりしない。

(一六)ロイターが、「国際」に対し毎日電信により「世界ニュース」を供給し、また上海までの電信料を支払っていることや、またロイターがこの協定により、他の便宜を「国際」にあたえてい

ることを考慮し、「国際」はロイターに対し、年額六千ポンドを毎月五百ポンドずつ分割払いする。（以下略）

この協定は、ケネディーが結んだものより通信社間の協定として整っており、互いの通信員への便宜供与などある程度対等の条項もある。しかし、協定で最も重要なのは㈠のロイターが上海を通して「世界電信ニュース通信」を国際通信社に供給することにあり、その支払が毎月五〇〇ポンドなのである。逆の関係、国際通信社がロイターにニュースを定常的に供給し、ロイターが支払う条項はなく、国際通信社は、ロイターの要求があったときにニュースを供給するだけである。その点では、相変わらずロイターのニュースを日本国内の新聞社に取次ぐことを主業務とする通信社の域を出ない。

「ロイター」の暖簾（Goodwill）を買う

しかし、国際通信社にとってこの協定改定での最大の成果は、「付属書の二」*Reuters - Kokusai Goodwill Debenture* と題された付属書にある。これは五項目からなっているが、特に重要なのは次の三項目である。

㈠「国際」がロイターとの取決めにより、上海、ロンドン、ニューヨークまたはその他の場所から、あるいは世界のどんな地点においても、ロイターの報道を入手できるよう権限をあたえられた「国際」の代表者から受けるあらゆる報道を、「国際」の名義とクレジットにおいて、直接日本とその領土内で発表する権利を、ロイターは永久に「国際」に譲渡する。

㈡さらに「ロイター」は、日本と日本領土内において「ロイター」なる名称に存する暖簾（Goodwill）を「国際」に永久に譲渡する。

したがって、ロイターなる名称は一九二四年二月一日以降、日本と日本領土内で発表されるい

かなる報道にも、現れないことになる。（以下略）

㈢前記に関し、「国際」は年五分利付債券によって、英貨二万ポンドをロイターに支払うことを約する。（以下略）

残りの二項目は、この二万ポンドの支払い方法に関して規定している。㈠の条項は、国際通信社がロイターから受領したニュース通信を「ロイター」の名称ではなく、「国際」という名義で自由に発表できる権利をロイターが国際通信社に譲渡するということである。国際通信社はロイター・ニュースを国内新聞社に取り次ぐことには変わりがないが、ロイターの代理店としてではなく、自社のニュースとして編集配信できることになるから自主性は拡大したといえる。

しかし、先に述べたように『東京朝日新聞』紙面で見る限り、ロイターと推定される電報が「国際社」というクレジットで掲載されている先例はあるので、この協定以前に一部にせよロイター電を「国際」の名義で発表することを認める協定が存在していたと考えられる。これを正式かつ全面的に認めたのが、この時の協定改訂であった。

㈡は㈠との関連しているが、「ロイター」という名称に存する「暖簾（Goodwill）」を二万ポンド（当時の金で約二〇万円）という巨額で国際通信社が買うというものである。「暖簾（Goodwill）」というのは分かりにくい概念で、営業上の経験、または秘訣、経営の組織などの内部関係と、得意先、仕入関係、営業の声誉、販売の機会など営業の外部関係の両面があるとされる。[78] 確かに「ロイター」の名声は世界的なものだし、日本の新聞社が長年それを入手するために苦労してきた。今後、国際通信社が日本の新聞社に電報ニュースを配信するにしても、それが実際にはロイター電報であるという信用があるので、日本の新聞社が国際通信社の電報ニュースを購買することも間違いない。しかし、国際通信社は、これまでどおりロイターに電報料金を支払うわけだし、無形財産に二万ポンドを支払うというのは相当の負担である。

ロイター以外とは契約できず　また、国際通信社は本協定㈢㈣によってロイター以外の通信社と協定を結ぶことはできず、国際通信社は依然としてロイターの枠から脱することはできなかった。ロイターの覇権はこの協定改訂によって大きく揺らいだわけではなかったのである。

なお、経済通信については、共通に使用する通信の電信料の半額分として月額二一二五金ドル、サービス・チャージとして月額二二二五金ドル、合計四三五〇金ドルを支払うことで折り合った[79]。

この協定改訂が、それまでロイターの取次業でしかなかった国際通信社が、自社の名義でニュースを配信できるようになったということでは一つの画期である。しかし、そのニュースのほとんどはロイター・ニュースであることはこれまでどおりである。さらに、ニュースの対外発信は、ほとんどできないままであった。渋沢栄一や外務省情報部の期待は依然として道半ばであったのである。

国際通信社優位　それでも、国際通信社は国際ニュースの輸入面では、国内他通信社より優位に立っていた。国際通信社「大正十三年三月新聞通信部事業月報」によれば[80]、三月中に同社がロイター、AP、アヴァス、同社北京通信員から供給を受けた外国電報は、総計二八九七二語、前月比五三四二語の増加、前年同月比五三四五語減少。同社の契約新聞社（東京、大阪の日本語新聞一六社、英字新聞六社、合計二二社）に掲載された外国新聞電報量は、

国際通信社　　一六七・五ページ　　六割一分

合同通信（UP）・日本電報通信社	二三・五ページ	九分
東方通信社	二一・〇ページ	八分
各新聞社特電	五九・〇ページ	二割二分
合計	二七一・〇ページ	一〇割

国際通信社電報は、合同通信社・日本電報通信社の約七倍強、東方通信社の約一〇倍半、各新聞社特電の約三倍弱にあたると、その勢力を誇っている。これは国際通信社が契約している新聞社についてのみの調査であるので、そうでない新聞社を含めれば、日本電報通信社との差はこれほど大きくはなかったはずだが、外電においては国際通信社の電報量が日本電報通信社を上回っていたことは間違いない。ただ、それは国際通信社というよりロイターの電報ニュースの需要が高かったということにほかならない。

表18　国際通信社外電割合
（1924年３月）

英国関係	30%
米国関係	25%
仏国関係	7%
独逸関係	5%
露国関係	3%
支那関係	15%
その他	20%
政治外交	60%
経済財政	3%
軍事	5%
社会	5%
労働	10%
運動	10%
その他	7%

出典：『国際通信社・新聞聯合社関係資料』第１巻 p202.

国際通信社が受信した電報語数を集計した結果を表18に掲げた。「事業月報」も認めるとおり、外国新聞電報の供給をロイターに仰いでいる関係上、イギリス関係が最多で、アメリカ関係もロイター経由でＡＰの供給を得ているため多い。逆に、日本の外交上重要なドイツとロシアは非常に少ない。この弱点は、国際通信社も感じ、この方面の通信接受を開拓する対策はとったと説明している。

ニュースの偏り　ロイター電報受信が国際通信社の売り物であったが、そのためにニュースが偏り、国際化してきた日本の需要と食い違いが生じてきているのである。また、ニュースの内容別でも政治外交に偏っていた。これは、新聞通信と別に、財政経済関係のニュースが経済通信として別に配信されている事情であるにしても、ロイター依存も一因しているであろう。

むろん国内のニュース需要に対応する努力はしていた。「近来外国電報に対する新聞読者の要求も、他の新聞記事と同様に次第に興味中心主義に向ふ傾向」で、「今後は或る程度迄社会的の事柄を増加させる必要」を認め、具体的にはこの年の四月一日から運動通信を開始している。ただ、国際通信社が独自に海外のスポーツ大会を取材していたわけではなく、これもロイターなど外国通信社の運動関係ニュースを配信したのであろう。三月末日までの運動通信の購読申し込みは、東西の朝日新聞社や国民新聞社など八社からあったというから、スポーツへの関心は高まってきたのである。

経営難と外務省補助　しかし、海外通信において、他の通信社に対して相対的優位であっても、国際通信社の経営は改善されたわけではなかった。「第四期営業報告書」（大正一二年四月一日から大正一三年三月三一日）によれば[81]、収入五五万五〇六二円に対し、支出は六八万九六五六円で、五万七〇〇二円の欠損となっている。これには、一九二三年九月一日に関東大震災が発生し、大打撃を受けたことがある。関東大震災によって赤坂区葵町の国際通信社社屋は焼失したうえ、営業上も大きな損害を蒙った。

震災前の一ヵ月平均収入五万七九七三円であったのが、震災当月の九月は三万九九八六円に激減してしまったのである。しかし、震災三ヵ月後には四万五九四六円、六ヵ月後の三月は五万二二二二円に回復している。営業成績に関する限り、震災はそう深傷をあたえたわけではない。震災がなければ、欠損は生ぜず、かえって利益金が出たはずだという「営業報告書」は、あながち誇張とはいえないかもしれない。だが、それは所詮皮算用で、実際には大震災で大きな被害を受け、約五万七〇〇〇円の欠損金を出したのである。前記からの繰越欠損金が約三万八七八五円であったので、合計欠損金九万五七八八円に達している。資本金は一〇万円であるから、欠損金がほぼ同額となってしまっている。

この経営苦境を乗り切り、国際的通信社として地歩を固めるため、一九二四年四月一日の株主総会で二〇万円を増資し、資本金三〇万円とすることを決定した。新株はこれまでの株主に依頼することとし、その文書では、「名実共にグレートナショナルニュースエゼンシーとして国民の耳目たるの職責を全ふせんが為めには、更に大に其の内容の充実を計るに努むべき」で、国際通信社の実力を養成することは「当社の業務上よりは申すに及ばず、国家的見地よりも頗る緊要」とうたっている。

しかし、出資者側からすれば、「国家的見地よりも頗る緊要」という大義名分を正面から批判できないにしても、経営改善の見込みが具体的に明らかにされないまま出資を要請されることは、釈然としないところであったはずである。もともと国際通信社は、渋沢ら有力財界人の支援のもとに発足しながら、国際ニュース業務についてのノウハウもなく、ケネディーのような人物に頼ってようやく活動できた。しかも、ロイターの覇権の高い壁にはね返され、ロイターの取次機関に甘んずるしかなく、そのうえ赤字の英字新聞を抱え込むという、変則的な経営を余儀なくされてきた。

結局、民業として維持することはできず、外務省の秘密援助によって存続してきたのである。自力で自主性をもった通信社に改革するにも外務省の補助金が必要であり、さらには実業家の支援によって増資を実現したものの、ロイター通信の輸入請け負いを中心業務としている限り、国際通信社の通信活動は限界があった。それは経営的限界でもあった。いくら財界の出資を受け、外務省の秘密補助金によって支えられるにしても、国際通信社はその枠にある限り「グレートナショナルニュースエゼンシー」は、かけ声にすぎないことははっきりしてきたのである。

第三章　対中国宣伝活動と統合的宣伝政策の必要性

一　中国大陸での東方通信社の拡張

対中国政策と宣伝　日本で国家政策として、各官庁を統合した宣伝政策についての検討が開始される契機の一つが、最初の総力戦である第一次世界大戦において欧米各国が展開した、これまで例のないほど大規模な対外対内の宣伝活動への注目にあり、外務省や軍部で宣伝に関する研究が行なわれだしたことは、すでに指摘した。自国民の肉体・精神を総動員し、敵国民の精神に打撃を加える言葉やイメージを駆使した宣伝活動は、総力戦の重要な戦場と認識されるようになったのである。

軍部における宣伝研究は一九三〇年代には前面に出てくるが、この時期はまだ内部に沈潜していた。最初に宣伝研究を具体化したのは、前述のとおり外務省である。外務省では、各省庁にまたがる統合的宣伝機関の構想も生まれたが、当時の原敬首相の短期的現実主義もあって、結局実現したのは、外務省の一部局としての情報部であった。国家政策としての対外宣伝政策の必要は認識されだしていたのだが、官庁セクショナリズムを越えて断固実行する主体的リーダーシップが欠けていたのである。

しかしこの時期には、統合的宣伝政策の検討を生み出す、もう一つの契機が存在した。それは、中国に対する宣伝活動の現実的必要性であった。対中国には、これまで個別的に「新聞操縦」策がとられてきていたが、その限界が浮上するなかから、より大規模で統合的な宣伝策の必要が論じられだしたのである。特に一九一五（大正四）年五月、日本政府が二一ヵ条要求を袁世凱に認めさせたことを契機とする抗日運動の昂揚に対し、日本側では対中国宣伝政策強化の必要性が高まり、そこに第一次世界大戦によるドイツ勢力の後退、ロイターのヨーロッパへの集中などによって日本の通信社にとって中国進出への好環境が出現してきたのである。だが、外務省では統合的宣伝政策や宣伝機関の必要が認識されても、実際にそれを形成するに至らず、これまでの個別補助策のしがらみと統合的政策の必要性とが絡みあい屈折した過程をたどった。

中国での宣伝活動の必要性が高まるなかで、改めて浮上してきたのは国際通信社がロイターとの契約に縛られて、中国に向けて電報を発信することはできないことである。これは、当面いかんともしがたく、ともかくそれを前提に、外務省は東方通信社・日支共同通信社・日本電報通信社などといった通信社の活動強化をはかった。だが、それら通信社はそれぞれ独自の脈絡で活動しており、互いに足を引っ張る厄介な問題が生じたのである。

東方通信社設立　一九一〇年代から二〇年代にかけて、中国大陸で最も活発に活動したのは、東方通信社である。東方通信社を最初に発意したのは、当時上海総領事であった有吉明《ありよしあきら》であったとされる。有吉明は、後に情報部次長に就任するように、対外情報活動に関心をもっていた外交官であり、以後も東方通信社拡張に深く関わることになる。ただ、外交官が直接通信社事業に関与することはできないから、それを実際に担当したのは宗方小太郎《むなかたこたろう》である。(1)

宗方小太郎は一八八四（明治一七）年、佐々友房《さっさともふさ》に従って上海に渡って以来、新聞活動・諜報活動など、さまざまな活動に従事し、「高級謀士」ともいわれた人物である。東亜同文会《とうあどうぶんかい》のメンバーでもあった。こうした「大陸浪人」タイプの人物が、外務省や軍部の援助のもとに新聞通信活動に携わることは他にもあり、東方通信社の活動もそうした事例の一つで、表面上は民間通信社を装ってはいたが、外務省の補助金によって運営されていた。

東方通信社は、一九一四年一〇月一日に上海に設立され、「宗方小太郎日記」によれば、一〇月六日に上海の中国語新聞関係者を招待して、宗方小太郎が東方通信社成立を発表している。(2) 社長に就任した宗方小太郎は主に対外的顔として対外務省、対在中新聞社との交渉にあたり、日常的業務を担当したのは東亜同文書院出身の波多博である。当初は、中国語新聞・英字新聞などに日本製ニュースを発信する活動を行なったが、次第に業務を拡大し、中国から日本へのニュースをも取り扱うようになった。(3) 東方通信社の活動した上海は、東アジア最大の国際都市であり、ロイターなど欧米通信社・新聞社の最も重要な活動拠点が置かれていた。ここに日本のニュースを送る込もうとする試みは、これまで述べてきたように、すでに何度も行なわれてきたが、必ずしもはかばかしい成績をあげることができず、いずれも短命であったなかで、東方通信社は何度もの拡張策により一定の実績をあげたとされる。

東方通信社第一次拡張　最初の拡張（第一次）は、発足からほぼ一年後の一九一五（大正四）年である。同年九月一八日付で大隈重信《おおくましげのぶ》外相が有吉明上海総領事宛に「支那に於ける我新聞政策に関する件」を訓令した。(4) これは北京の『順天時報』、奉天の『盛京時報』という二つの日本人発行の漢字新聞との連携のもとに、東方通信社を拡張させようとする方策である。

外務省は事前に、亀井陸良《かめいりくろう》・宗方小太郎（東方通信社）・中島真雄（盛京時報社）らと協議して、有吉に計画案も伝達したとある。「宗方小太郎日記」の八月七日に「外務省に行き、松井次官、小池、坂田の両局長、亀井陸良、中島真雄、佐原篤介らに会見し、中国での新聞政策について商談」とあるのがこれにあたる(5)。

これに対し、有吉明上海総領事は一〇月二七日付で石井菊次郎《いしいきくじろう》外相宛「支那に於ける我新聞政策に関し答申の件」と題する答申を送り、拡張案に賛成するとともに、東方通信社の実績について、くわしく説明している。まず東方通信社設立経緯を説明し、設立当初の中国の新聞に掲載される日本の事情の電報通信についてはロイター通信、北京中央政界の状況についてはロイター通信か東亜ロイドなどが一種の権威をもって新聞界・一般読者に信用されている状況であったために、これに対抗して日本の「真情」を紹介し、あるいは日本に利益のある報道を伝え、少なくとも外国通信社と同等の権威ある報道をさせる必要から東方通信社を成立させたとある。東京からの電報さえロイター電報が信用があるというのであるから、日本の通信社の不振ぶりは明らかである。なお、東亜ロイドというのはドイツの通信社で、通信料が安価であったため中国の新聞社には比較的利用された。

しかも、中国人特に新聞界では当時も現在も日本の「真意」を疑い、「政府筋と密接なる関係あり」と認めたときには欧米に対するのとは異なり、日本の通信社ニュースの掲載すらしない状況であったため、かねて政府や軍部の諜報活動に従事していた宗方小太郎社長の下に波多博を「表面の経営者となし」、実務を波多にあたらせる擬装を行なった。さらに、現地日本語新聞『上海日々新聞』『上海日報』に東京電報を供給し、これらの新聞との連絡を「仮面」として中国の新聞にきわめて安価で電報を提供した。これによって東方通信社の電報を漸次浸透させることができたと報告している。

時期がずれるが、一九一八年末調査の外務省政務局『支那に於ける新聞及通信に関する調査』によれば、『上海日々新聞』は宮地貫道所有、島田数雄主筆の日刊紙で発行部数一三〇〇、『上海日報』は井出三郎所有、島田数雄主筆の日刊紙で発行部数一三〇〇とある。この時期の新聞現物の保存がないため、実際の電報掲載状況は不明である(6)。

東方通信社実状　有吉の答申につけられた「大正四年十月二十五日東方通信社稿」と注記のある文書の現状説明では、東方通信社は東京・北京・済南の三ヵ所から電報を受信し、これを漢訳・英訳して、上海の漢字新聞・英字新聞（『上海タイムス』『上海マーキュリー』）、二紙の日本語新聞（『上海日報』『上海日々新聞』）に供給し、同時に日本語新聞とはニュースを交換し、これを東方通信社電報として中国の新聞に供給しているとある。

電報供給の新聞社として紙名があげられているのは漢字新聞九紙で、『申報』『新聞報』『時報』など有力紙が含まれているが、その電報料収入は四〇元である。英字新聞は前述の二紙だが、『上海マーキュリー』へは東方通信社からではなく、佐原篤介が翌日掲載の電報を翻訳して届け、『上海タイムス』へも佐原が翻訳しており、その電報料はすべて佐原への謝金となっている。日本語新聞二紙とのニュース交換は無料である。

結局、収入としてはあるのは中国語新聞からの四〇元だけであるから、到底採算が合うはずはなく、外務省の資金に頼って運営されていた。こうした採算を度外視したやり方で、ともかく東方通信社はロイター、東亜ロイドと鼎立するかたちにはなり、中国新聞にニュース発信を行なっていたのである。

ただし、英字新聞は二紙だけで、先の外務省政務局『支那に於ける新聞及通信に関する調査』によれば、『上海マーキュリー』（*The Shanghai Mercury*、文滙報）は社長J. D. Clerk（英国人）、主筆R. D. Neish（英国人）の夕刊紙で株式会社株主の多数は英国人が占め、開戦以来ドイツ人株主の権利は停止され、ドイツ人とは無関係。「日本に対し公正穏健の議論を為」すとある。『上海タイムス』（*The Shanghai Times*）のほうは社長E. A. Nottingham、主筆G. T. Loyd。「日本には特に好感を有す」とされている。どちらも発行部数の記載はなく、上海における有力英字紙『ノース・チャイナ・デーリーニューズ』（*The North-China Daily News*、発行部数二〇〇〇）や『上海ガゼット』（*Shanghai Gazette*、発行部数一五〇〇）に比べると劣っていたようである。また、佐原篤介は『上海マーキュリー』の株主、波多博は『上海タイムス』のサブエディターだったといわれ(7)、両英字新聞とも、東方通信社電報の顧客以上の特別な関係があったのである。逆にいえば、東方通信社の英文電報は、他の有力英字新聞には食い込めていなかったということである。

有吉拡張案　だが、有吉は、東方通信社は、中国に於ける日本の「輿論及び事件の伝達機関として承認」せられる実績をあげてきたから、さらなる発展のため拡張が必要だとして、東京・北京・済南からの電報量を増加させ、さらに漢口《かんこう》・奉天《ほうてん》・南京《なんきん》からも電報供給を受けることにする拡張を提案している。くわしい計算は省略するが、拡張経費は年額二万二一八八円の見込みであった。

外務省は、この拡張案を受けいれた。東方通信社の実績に疑いをもっていたかもしれないが、この年五月の二一ヵ条要求以後の反日運動高揚という状勢が深く影響し、外務省は効果はともかく、中国における宣伝強化のテコ入れを認めたのである。

ただし、有吉明上海総領事は東方通信社拡張案を本省に答申しながら、この種の事業は「急激なる一時の拡張を行ふが如きは、動もすればさなきだに猜疑心に富める彼是新聞記者等をして真に政府筋と関係あるものとの疑念を挟まらしむ」恐れがあるから、慎重にかつ徐々に拡張したほうがよいと本省を制動している。もともと疑いをもたれている東方通信社が急に拡張するのは不自然で、身元が分かってしまうのである。民間を偽装した、外務省出資通信社のディレンマである。

石井外相の注意　外務省はこの東方通信社拡張案を承認したが、即時実行とまではいかず、石井菊次郎外務大臣から有吉総領事に実行の訓令が発せられたのは一九一六（大正五）年四月二一日である。石井外相は四月二四日に在支公使をはじめ各領事に再度訓令を出し、東方通信社は「政府筋と全然独立無関係のもの」と世間では思われているので、今後もそのように信じられることが絶対必要で、この点に関し、いやしくも外観上疑惑を持たれないように細心の注意をはらうのは勿論、北京の順天時報社、奉天の盛京時報社と関係があることも飽くまで秘密にしておかねばならないと厳重に注意した[8]。宣伝を効果的に進めるためには宣伝であることを何としてでも秘匿しなければならない、と神経質なほど気をつかっていたのである。外務省の訓令をうけ、五月一日、宗方は有吉総領事を訪問し、拡大策について協議し、翌日には各支社に拡大策を告示している[9]。

有吉第二次拡張案　拡張実施から半年した一九一六年一〇月一九日、有吉総領事は寺内正毅外相に東方通信社の現況を報告するとともに、新たな拡張策として北京支社設置を提案した[10]。この第二次拡張案の眼目は、東方通信社を北京に進出させることにあったのである。

有吉は、東方通信社現況について第一次事業拡張後各地の漢字新聞に多大の歓迎を受け、ロイターや東亜ロイド以上に価値を認められつつあると成果を誇っている。別紙として付けられた波多博「東方通信社現状報告」によれば、上海本社が電報を供給しているのは、漢字新聞は一一社（上海の漢字新聞全部）で各社から電報料として一〇ドル、英字新聞は相変わらず二社で電報料は三〇ドル徴収しているが、同額を翻訳者に支払っている。日本語新聞は以前と同じく二社とも電報交換で、収入はない。各新聞にどの程度東方通信社電報が掲載されたかは分からないが、供給先として漢字新聞が二社[11]増えたのが具体的な成果である。

ただ「東方通信社現状報告」は好成績を主張し、その理由として以下の諸点を挙げている。

㈠報道公平なると、政略的通信にあらずとして、純民間経営のものと支那人間に会得せしめし事

㈡電報料の安価なること

㈢袁世凱の帝制実施に当りロイテル通信員が袁世凱擁護をなしたるに反し、弊社の電報が其実情を伝へ、支那人の輿論と合致せること

㈣省略

前述してきたように、補助金給付の条件として日本宣伝と見破られず、中国人の信用を得ることは外務省が厳しく求めていたので、㈠㈢はそれに答えるための説明で額面どおり受け取れず、実際に「純民間経営」であると会得されていたとは限らない。むしろ、㈡でいうとおり、東方通信社の電報が安価（一社一〇ドル）であったことが、中国の新聞が掲載した最大の理由ではないだろうか。

安価が売り物　安価を売りに欧米通信社と競争する東方通信社は、相変わらず経営的に成立していなかった。「東方通信社現状報告」は、業務にともなう収支の観点から見れば、経費の多大なのに比

較して収入にほとんどいうべきほどのものがないのが、経営者がまことに遺憾とするところだと窮状を告白している。特に中国の新聞については、一、二のものを除きほとんど収支を償い得るだけの電報料を徴収できない窮境であると認めていた。

ただし、他の通信社も同様の状況に直面していたという。ロイターは現在のところ『中報』『時報』を除き供給を廃止、中国の新聞は英字新聞に掲載されたロイター電報を翌日に訳載しており、東亜ロイドは欧州電報と東洋電報とを併せて一ヵ月二五ドルの特価で補助的に提供しているとある。東方通信社は、ロイターのようにあえて供給を停止することもせず、東亜ロイド以上に値引いていたのである。経済の論理ではなく、宣伝政策の論理で活動していた。中国の新聞社側には、中国大陸への日本の勢力拡大にともなって日本情報についての需要はあったのだが、電報料を支払う資力はなく、日本の宣伝と分かっていても、安価な東方通信社電報の配信を受け入れたのであろう。

将来営利的事業として持続する希望がないわけではないが、現在の実情からすれば、到底その時期に達していないというほかなく、当分は現状維持が妥当な処置であるというのが結論である。要するに収支改善の見込みは当分なく、外務省資金による宣伝と割り切って安価な電報提供を続けることにするというのである。

上海以外の支社も同じような状況であった。例えば、漢口支社は同年五月、拡張案実施とともに開設され、漢口日報社長岡幸七郎に経営を一任して、上海本社と電報の送受信を行なってきた。電報を供給しているのは、中国語新聞六社と日本語新聞一社である。だが、開設当時、瀬川総領事の助言で電報料聴取を見合わせていたので、上海本社としては月一〇ドル程度徴収するように指示しているが、実行されていない。岡幸七郎から東方通信社電報は「案外好結果」をおさめていることは疑いないとの報告が来ているとあるが、無料提供がもたらして「好結果」であろう。

北京支社設置　それでも、有吉明総領事と東方通信社は事業拡大を考え、北京支社の設置を本省に提案した(12)。それによれば、同年五月の拡張によって北京でも順天時報社を介して東京と上海の電報供給を開始したが、設備不十分のため供給先は順天時報社のみである。しかし、国会開設前後から北京に多くの中国語新聞が発行された機会に乗じて、東方通信社の支社を設置したいというのである。

すでに、順天時報社から四つの中国語新聞に分配して、東方通信社電報として掲載しているが、日本語電報を送付して中国語新聞社に翻訳させているので誤訳も多く、彼らも難渋し、掲載中止となることもある。これを改め中国語電報として供給することが必要である。さらに、政府機関紙の定評ある順天時報社と関係を断って「純民間経営のものたること闡明する」ことが是非必要であるので、費用がかかっても支社を設置したいと提案した。

この有吉の提案した北京支社設置は、本省の認めるところとなり、一九一六年一一月一六日、寺内正毅外相は、東方通信社北京支社設置のうえは順天時報社への補助金は停止するようにと、在支那林権助公使に訓令している。東方通信社はその活動を中国各地に広げていくことになった。ただ、民間事業としては到底採算が合わず、外務省助成に依存しているのだが、外務省も対中国宣伝活動強化が必要との認識をもっているものの、十分な計画をもってはおらず、東方通信社をなし崩し的に拡張していっているのである。

二　日支共同通信社の活動

日支共同通信社の発起　日中間のあつれきは，別のところでも通信社設立の動きを生み出した。一九一六（大正五）年年末、政友会の政治家小川平吉《おがわへいきち》が、民間から出資を募り、日支共同通信社（略称：共同通信社）を設立し、中国での通信業に乗り出したのである。(13)

小川平吉が共同通信社を発起したのは、日支両国善隣のためには両国民が「互に相知り相信じ情意疎通し気脈貫通」することが必要で、そのために「通信の利器を運用」して「輿論の趨勢を指導し」てあまねく両国民の意思疎通を実現する通信社を起こす。そして国際的通信事業は甚だ困難は予想されるが、「独立不羈の地位を保持し、公平無私の報道」に務めると宣言した。(14)

その「事業計画の概要」によれば、東京に本社を置き、奉天・上海・香港に支社を、その他の要地に通信員を配置するとあり、初めから大規模である。具体的事業は、東京からの電報を上海支社と奉天支社で受信し他に転電する。電報の外に東京で収集した材料を「漢文通信」として中国の新聞に供給する。北京など中国各地からのニュースを上海と奉天に電報で集め、東京に転電する。電報以外の中国ニュースを「日支通信」として東京に送る。新聞翻訳通信の刊行、物価通信など多様である。これが実際に実現できれば、日中のニュースの環流を作り出し、日本だけでなく中国の新聞界、ひいては東アジアのニュースの流れにも大きな影響を及ぼすことになる。しかも、共同通信社は日本語中国語以外、例えば英文の通信の発行は予定しておらず、ロイターなど西欧通信社と衝突することはない。

これに必要な予算を三万円と計算しているが、初年度収入はその四分の一、二年目は二分の一、三年目に漸く採算が合うという見込みである。その間は、「有志の醵金」によってしのぐというのであるから、だいぶ楽天的である。[15]

共同通信社に実際に出資したのは、外務省、横浜正金銀行、日本銀行を初めとしてその他の「識者」とされ、月に二五〇〇円乃至三〇〇〇円の資金を小川平吉が集めたとされる。[16]「独立不羈」といいながら外務省から資金を得ていた。だが、外務省が資金を出した事情は複雑である。

外務省の合併論　本野《もとの》外相が一九一六年一二月三一日有吉明上海総領事に送った書簡[17]によれば、衆議院議員小川平吉から上海に共同通信社を設立したいとの計画説明書などが提出され、「相当の援護並補助」を受けたい旨の申し出があった。だが、この計画は「東方通信社と目的を一にするのみならず、活動範囲に於ても重複する所ある」から当然競合となる。東方通信社はすでに北京支社増設など一定の成果をあげているが、新たに同業者が出現し競争となれば双方に不利益になる。しかし、小川平吉は民間の有力な諸会社、銀行方面からすでに三万円内外を調達済みとのことで飽くまで遂行の態度である。外務省から東方通信社への補助金は臨時事件費から出しているので、戦争が終われば継続の保証はなく、この際、両通信社が合併すれば、その通信社に当分の間、若干額の補助金を出すことは可能である。合併可否について、宗方にも相談の上、至急意見を提出せよというものであった。

これに対し、有吉は一九一七年一月一〇日に意見書を本野外相に送り、合併反対を主張した。これには宗方小太郎の合併反対意見書も添えられている。[18]有吉と宗方の主張するところは、東方通信社はこれまで彼らの努力によって十分実績をあげており、その実績を無視して共同通信社と合併する理由はないというものである。

有吉総領事、東方通信社の合併反対に直面した外務省は、合併を断念せざるをえなかった。反対している東方通信社に圧迫を加えて併合を強制するのは、従来からの政府と同社の関係と当事者の「誠実なる努力に顧み冷淡且不穏当」であるということになったのである。そして東方通信社に対し「従来と同様の援助保護を継続」することとした。

反面、共同通信社の補助請願を拒絶した場合、両社競争となり、その結果共同通信社側が東方通信社に対して悪罵を放ち、東方通信社と政府の関係を暴露するかもしれない。また共同通信社の首脳である小川平吉の所属政党の関係上、問題が内政問題に影響を及ぼすことも測りがたいが、当面は内政問題を考慮する余裕はない。いずれにせよ、共同通信社が東方通信社の事業を妨害することがないよう「相当の諒承の下に」一万円を限度として補助をあたえることにした⑲。

口封じのための助成　外務省は、共同通信社の活動を対外情報政策のなかに位置づけ、その積極的意義を認めたから補助金を出したのではなく、東方通信社と政府の関係を暴露されることを恐れて、口封じとして補助金を出したのである。ここでも外務省は、対中国宣伝強化と通信社利用を一般論としては認めながら、確固とした宣伝政策をもたず、現地の意向に引きずられて補助金を出すという、その場しのぎの施策で処理していた。しかし、共同通信社にとって外務省補助金一万円は同社予算三万円の三分の一にあたるから、これなくして共同通信社は成立しなかったであろう。

「日支共同通信社業蹟報告」　その後も共同通信社から提出された文書が外務省に残されており、同社と外務省との関係は続いた。一九一七（大正六）年の活動状況をまとめた「日支共同通信社業蹟〔ママ〕報告」によれば、[20]共同通信社は東京本社のほかに、北京・奉天・済南・天津・上海・香港に分社を開設した。

東京本社では権藤震二、上野岩太郎が中国人の「思潮意向を感化指導」し、しかも中国人に「我電報を目して『日本人の為にする日本電報なり』との感想を惹起せしめざる」よう注意をはらって材料収集、電報作成・発信にあたっている。その結果、その電報は中国政界、在中各国外交機関に反響を及ぼし、さらに在中新聞通信員を通じて欧米にも大きな反響が及んでいると自賛している。

北京分社では、東京本社からの電報に加えて、北京で通信材料を収集して和文漢文で北京市内に配布する「北京通信」、北京および中国各地の状勢を和文で日本語新聞などに配布している「亜細亜通信」の二種類の通信を出している。これに対し、中国人の排日運動のなかからは新聞通信の機関を外国人に掌握されているのは我慢できないとの意見が強まり、新たに五つほどの通信社が登場してきたが、いずれも本社に対抗できていない。当初は中国人のなかには種々の批判を加えるものもあったが、現在では誰も日本政府の機関通信社であると疑うものはなく、「全然基礎を民間に置き公正なる態度を持し居る志士の事業なり」との信用を博していると実績を誇っている。北京分社から直接通信し、「相当料金を収納」している中国語新聞として二七紙があげられ、実際このとおりとすれば、かなりの実績をあげていることになる。

しかし、英文通信は「時々試に英文通信を発行」とだけあり、供給先としてあげられている英語新聞は一つだけである。北京、天津などの英字新聞や欧米新聞社の特派員に日本の国情を理解させるには英文通信発行が最も必要で、この計画こそ現在の時期に適する仕事であって、その効果も少なくないと信じているといっているが、実際には力不足で英文通信を常時出すことはできていないのである。先の「事業計画の概要」による限り、英文通信は当初は予定していなかったのだが、実際に活動を開始してみると、英文通信を出す必要を痛感して始めたのだが、やはりそれは到底無理であった。

共同通信の活動　前述のように、共同通信社は当初から三年は収入をあてにせず、採算無視の方針であったから、中国の新聞にある程度浸透するのは当然といえば当然なのだが、この期間に経営の基礎を固めることができるかどうかは、電報が「信用を博する」か否かにかかっている。だが、その電報が中国に広まれば、中国側から自国に関わる情報まで外国人に握られているという反発が巻きおこってくるのは必然的である。共同通信社がなそうとしているのは、中国にとっては情報覇権にほかならない。

また、実際に共同通信社がその文書にいうとおりの実績をあげていたとすれば、外務省の懸念していたように、東方通信社と競合が生じていたことになる。しかし一九一九（大正八）年七月一六日、外務省が、東方通信社拡張計画に関連して、共同通信社の北京での活動状況について問い合わせたのに対し、小幡公使は、共同通信は引き続き活動しているが「内容貧弱なりとの批評」があり、共同通信社はもっぱら北京の情報を供給し、東方通信社が地方の情報を供給に重きをおけばさほど激甚な競争は生じないだろう、と報告している。[21] 共同通信社の実績は、先の「業蹟報告」をだいぶ割り引く必要があるのである。共同通信ニュースの内容の貧弱さもあるだろうが、共同通信社文書も認めているように、中国の新聞の抵抗と反発も強いのである。

小川平吉の拡張策　共同通信社長小川平吉は、その困難を打開するために、宣伝活動の一層強化を主張して、「対支宣伝機関拡張案」（大正八年七月付）をまとめて外務省に提出した。[22] 小川は、最近の中国国内での排日運動流行には種々の原因があるが、「我宣伝機関の不備不完全なり、一朝英米等の猛烈なる宣伝手段に打負かされたるの結果」であるという。したがって、従来の不完全な宣伝機関は整頓して「完備のものとなし、更に幾多の機関を新設して」有効確実な宣伝方法を実行し、「更に中央に於て之を統一指導するの機関」を設けることを提案した。

宣伝機関とは、具体的には通信社の経営、新聞社の経営、中国新聞の操縦の三つである。通信社については、最近は排日の風潮熾烈で、「日本商品中の最悪品は、東方通信社、共同通信社等の電報なり」との論文が中国の新聞に掲載されるほどであるが、中国の新聞にとって日本関係の情報は必需品なので、「支那新聞をして『最悪なる商品なるも亦有用なる商品なり』との感念」を抱くようにさせてきたという。本当に小川のいうような「感念」を抱かせることができていたかは疑わしいが、日本の宣伝ニュースが効果をあげるとすれば、中国側から「最悪」だが「有用」と評価されることにあることは間違いない。

さらに小川に言わせれば、それを通信社だけで行なうのは限界があり、秘かに資金を援助した新聞社を各地に作ること、あるいは中国の新聞社を種々の方法によって裏から操縦することが必要だという。しかし、これらの方法は実はこれまでもやってきたことで目新しくはなく、最重要のポイントは「此の三機関を統一して組織的に活動」させるためには「中央に一個の大機関を設けて之を監督統制」することであると主張する。

中心的通信機関創設構想　小川のいう「宣伝機関の統一方法」案は、まず「東京に有力なる中心的通信機関を創設」し、それを政党政派から超然として「真個の国家の消息、国民の情意を疎通する方針」のもとに運営することである。また、中国各新聞やその他の各機関の指導援助を行なう「一種の団体を創設し以て宣伝機関の参謀本部となす」ことも必要だという。この通信中央機関は、

一、本機関は国家的事業の見地より政府に対し十分なる補助を要求するも、決して政府の従属的機関に非ず、政府も充分独立的機関として之を待遇すべき事

一、本機関は政府の高等政策に関しては、常に其の説明を請ひ、其の指揮に従ひて宣伝に努力すべしと雖も、自余の問題に関しては可成自由の観察批評をなし、御用通信の流弊に陥らざるを期する事

この説明からは中央機関と通信社が一体のものなのか、別な組織なのかはっきり読み取れず、構想は十分詰められていないようだ。だが、こうした中央宣伝機関の構想は、前述したように欧米の事例を研究した伊集院彦吉ら外務官僚にもあったのだが、実現してこなかった。しかし、小川平吉は、欧米の宣伝戦の研究からこうした構想を導き出したのではなく、共同通信社が直面した状況とその打開策として国家のより強力なバックアップを求め、統合的宣伝機関の構想となったことが独自性である。(23)

しかし、小川が中央宣伝機関構想を現実的に実現する方法として提案しているのは、「一、東亜同文会に通信部を附設する事、一、日支共同通信社を拡張する事」である。東亜同文会は、長年日中関係に深く関わってきた団体であり、小川平吉や東方通信社の宗方小太郎は有力会員であるが、そこに通信部を設けて宣伝活動を行なわせるというのである。事前に東亜同文会の了承を得ていた形跡はない。また、日支共同通信社の拡張案となると、経営見通しをもてない同社の救済策といわざるをえな

い。

このための費用として、宣伝費総額四〇万円、中央宣伝機関補助費三〇万円、中国各地新聞通信拡張整理費一〇万円、中国新聞買収費一〇万円などと見込んでいるが、共同通信社の創業費が三万円であったから、その一〇倍以上である。積算の根拠は不明でまったくの概算にすぎず、外務省が簡単に受け入れられるような金額ではない。

その他、小川の案には、宣伝担当者、漢文家（中国語堪能者）養成の重要性など、現場の経験から割り出された現実的提案もあるが、粗放なところが多く、外務省内部で真剣に検討された形跡はない。しかし、対外情報、特に対中国情報がはかばかしくいかない原因を、確固とした政府の政策不在、統合的機関の必要に求め、中央宣伝機関設置の意見が、中国で実際に通信社業務を行なっていた民間の側から出されたこと自体は、やはり注目に価する。日本の宣伝活動の問題点は、それなりにはっきりしてきていたのである。

共同通信社難渋　外務省から期待した支援を得られなかった小川平吉は、一九二〇（大正九）年五月、原敬政友会内閣成立にともない新設された国勢院総裁に就任したのを機に、日支共同通信社から手をひいた。その経緯をまとめた「日支共同通信社顛末報告書」[24]は、同社難渋の理由について、第一に各地に激しい排日運動が起き、その結果として上海、北京の中国各新聞は連合して日本人の手になる通信電報を掲載しない協定を結び、通信界における一種の排日運動を実行した。このため共同通信社の努力は、「暴風一過、屋瓦を吹払はれたる有様」となったという。第二に、銀貨の暴騰のために各支社の経営が困難になったことをあげている。これまでの彼なりの活動の結論として、

一、対中国の宣伝は益々必要だが、十分な資金をもった大団体でなければ不可能である。

一、電報通信だけでは不十分で、中国要地に新聞を発刊し、それらの連結のもとに宣伝を行なう必要がある。

一、東京に官民共同の宣伝本部を設置し、宣伝活動を統括する必要がある。

という三項目をあげている。先の「対支宣伝機関拡張案」と同趣旨である。共同通信社はその後も存続したが、活動自体は衰弱していった。結局、中国側から、「最悪」だが「有用」と評価される活動を作り出せなかったのである。極秘にしたところで、外務省との関係は疑われただろうし、それ以上に、中国側からみれば、外務省の補助があろうがなかろうが、日本の通信社は所詮日本帝国主義を代弁機関とみなされていた。それを押し切るには、より強力な政府宣伝機関が必要だというのが小川の主張であったが、この時期には無理であった。

むろん中国側は日本に関する情報を必要としていた。当時の北京、上海の中国新聞紙面を調査していないので何ともいえないが、おそらく中国の新聞は、ロイターなどから日本関係の情報を入手していたのではないだろうか。そうだとすると、日本の攻勢が中国の新聞のロイター依存を招く、という皮肉な結果を招いていたことになる。

三　日本電報通信社の北京進出

電通の政府助成要請　日支共同通信社より若干遅れて中国への通信業務強化に乗り出そうとしたの

は、有力な通信社である日本電報通信社である。日本電報通信社の活動は民間ベースで起こされたが、活動が始まれば、外務省と無縁というわけにはいかず、外務省が対応に苦慮することになった。そこにも、この時期の日本の対外情報が抱える問題が表面化してきている。

日本電報通信社は、これまでも海外ニュースの輸出入に一定の役割を果たしてきたが、すでに述べたとおり、国際通信社の登場によってロイターとの関係を断たれ、対抗上ＵＰと契約し、国際ニュースを得ることになった[25]。おそらく新興の通信社であるＵＰの価格は低廉であったはずだが、ニュースの質量はロイターに劣るのが難点である。他方、日本電報通信社は、兼営する広告代理業では当時最大であり、特に第一次世界大戦期は「成金景気」などに乗って好調をほこっていた。全体としての日本電報通信社は、経営的拡大を遂げていったのである。

それだけに経営の足を引っ張りかねない通信業部門、特に海外通信業部門は悩みの種であった。そこで、一九一九（大正八）年一二月三一日、日本電報通信社長光永星郎は外務大臣内田康哉に書簡を送り、海外通信部門への資金助成を請願した[26]。光永は日本電報通信社が創立以来二〇年間、営々と奮闘してきたことを述べ、特に国際電報は事業開始以来一〇年間、このために耐えてきた欠損は「少くも拾万円」を越えている。これもまったく「我国情を正確に海外に紹介致し候を以て、国家に貢献する当然の卑衷」と覚悟してきた結果にほかならないと、国家貢献のために敢えて対外発信電報を行ない、そのため多額の欠損を出してきたと説明している。国際電報事業開始一〇年間といっているのは、一九〇八年にＵＰと通信交換を開始したことを指すのだが、それ以来ずっと赤字を出し続けているというのである。

そして世界大戦後、日本電報通信社が欧米やロシア、中国に対し「我国情乃至我外交の秘機を宣伝」する必要性は一段と高まりに、これに必要な電報語数は一ヵ月一万五〇〇〇語から二万語に及び、電報輻輳のため至急報や無線電信を利用するので、この要する経費は手数料を合わせて一万二〇〇〇円ないし一万五〇〇〇円を計上している。このうち三分の二は負担することができるが残りの三分の一は償うことができず、自社の経営は非常に困難となっていると窮状を訴えた。そして日本電報通信社の対外通信は、「全く国家外交の為に貢献する性質」のものであるから、「弊社衷情御洞察の栄を給はり」「、特に御詮議のうえ「何分の御援助」を与えて欲しいというのである。

これは、対外宣伝強化の必要を感じている外務省からすれば、一面好都合である。しかし、他面では外務省は既に国際通信社に援助をあたえており、さらにその国際通信社はロイターと契約しているのであるから、ロイターのライバルであるUPと契約している日本電報通信社に援助をすれば、ロイターとの関係が複雑になる。日本電報通信社への援助は国際通信業界全体の主導権争いに波及し、一筋縄でいかない厄介さをはらんでいたのである。

光永星郎の言い分　そのことは当然、光永星郎も分かっていた。彼は「追啓」として、あるいは政府の機関として既に国際通信社があるから、別に日本電報通信社に援助を与える必要はないという意見が出るだろうが、と先手を打ち、日本電報通信社は国際通信社より創業が古く、かつてはロイター支社が自社内にあったこともあったと歴史的経緯を説明した。ところが国際通信社が外務省や財界の支援で創業し、ロイターと独占契約を結んでしまった。当然、国際通信社関係者から自分のところに相当の挨拶があるはずだと思っていたところ、全く挨拶さえなく、長年のロイターと自社の関係を破壊してしまい、かえって自社を「国際通信社の競争者」とみなす態度をとっているのは誠に遺憾である。日本電報通信社は国際通信社を「競争者」とするような意思はなく、「一私社を以てして政府補助の国際通信社とは競争絶対に不可能」と、自社の長年実績を無視して、有力財界人と外務省の援助のもとに成立した国際通信社に対して不満をぶつけ、政府の補助を受け経営している国際通信社と民間事業である日本電報通信社とでは対等の競争にならないと主張したのである。

さらに国際通信社は現政府の政策を妨害している「某通信社と提携して、公正且忠実に文化の為、鞠躬する我社の事業」に圧迫を加えていると、国際通信社の党派性への批判まで言及した。「某通信社」がどの通信社を指すのか不明だが、憲政会系と目される帝国通信社を指すのかもしれない。最後に、目下日本電報通信社が契約している新聞社数は国内の全通信社の契約する新聞社数の倍以上あると国内新聞社への影響力は、国際通信社をはるかに上回っていることを強調している。

国際通信社への対抗心をむきだしにしているのは、ハンディキャップを背負わされた競争を余儀なくされた民間会社の積年の恨みが噴出したのであろう。だからこそ、自分たちの対外ニュース発信について補助金を出してほしかったのである。

外務省の対応　光永がこの時期にこのような請願を提出したのは、外務省に対外ニュース発信の必要性が高まっているはずという判断があるのは明らかである。確かにそうした認識は外務省内で生まれてはいた。しかし、実際には外務省に確固たる宣伝政策が形成されていたわけではなく、通信社への援助も、個別的処理しかなかった。この光永星郎書簡の欄外に「篤と考量を要す」という外務次官の書き込みがあり、外務省が慎重であったことをうかがわせるが、最終的に外務省内でどのように処理されたのかに関する文書は見いだせない。おそらく補助金は見送られたか、一回限りの補助金が出されたのであろう。

電通の対外ニュース活動　日本電報通信社は、その後も対外ニュース活動に積極的であった。同社の出版になる『新聞総覧・大正一五年版』は、支局として国内及び植民地にあるもの二五局、海外八局、これら三三局によってめぐらされた通信網は遺漏が全くない。とくにその「世界的通信網は今や単に世界のニュースを我に受け入る丶のみならず、日本ニュースを伝播せしむる主要なる機関たり。即ち同社の通信網は海外ニュースの輸入機関たると共に、国内ニュースの輸出機関たる点に於て特記すべきものがある」と、日本のニュースを海外に輸出していると実績を誇っている。

ただ、一九二〇年に開設したニューヨーク支局、一九二一年に開設したロンドン支局において、英米に向けて「我国に於ける一切の重要事項の通信」をなしたといっているが、実際には現地英米の新聞や雑誌に日本のニュースを売り込むことに成功したわけではなく、日本商社・企業、日本語新聞などに電報を配信する程度の小規模の活動であった[27]。そのなかで注目されるのは北京である。

北京に於ては、由来英米の両国は夙に其の通信機関を開設して、外交関係の複雑なる同地に於て一種の勢力を振つて居たが、未だ邦人にして此種の企てを実行するものなく、識者の甚だ遺憾とする所であつた。茲に於て日本電報通信社は大正十二年六月従来の支局を充実させると共に、竿頭一歩を進めて同地に於いて英文通信を発行し、以て英米の斯業者と輸贏を試みる事となつた。

この言のとおりであれば、日本の通信社が、国際ニュースが錯綜して飛び交う最もホットな都市北京で英文通信を発行して、英米の通信社と競争するという画期的活動を行なったことになる。

北京での英文・中国語ニュース発行　実際、日本電報通信社北京支局は、英文・中国語ニュース発行を行なった。しかし、これに対して、英米あるいは中国ではなく、現地日本外交機関が反対の態度をとり、紛糾が生じたのである。外務省を含め日本側が望んでいた対外ニュース発信を日本電報通信社が独力で行なったところ、現地外交機関が反対するというのは奇妙な事態である。だが、そこに対外ニュース発信が抱える複雑さがある。

一九二三（大正一二）年三月二七日、駐支公使小幡酉吉《おばたゆうきち》は、外務省情報部長の田中都吉《たなかときち》に「電報通信社北京支社設置に関する件」という長文の上申書を送った。(28) それによれば、日本電報通信社北京支局が日本からの情報を英文漢文で各新聞に供給する計画を立てているが、これは当公使館にの立場からすれば関係各方面との複雑な関係を惹起する問題となっている。なにが問題なのかというと、まず漢文通信については、

(イ)すでに東方通信社が存在している以上新たな通信社は必要がない。

(ロ)さらにそれ以上の問題は、現在の東方通信社は日本から「玉石混淆の通信を電報し来り、時として日本攻撃の材料を支那新聞に供給」するため公使館が善後措置に窮することもある。そうした状況に電報通信社は政府と何ら関係なく活動し、しかも東方通信社と競争するから速報優先となって事実真否を確認する時間がなく、また営業収益をあげるため、あるいは中国新聞が歓迎するような日本政府攻撃の情報を遠慮なく打電してくるという事態も予想される。その際、公使館でいちいち電報を差し止める方法はなく、仮にあったとしても電報通信社が公使館の判断に服さないことが起こる。電報通信社の通信供給に対し「当館の干渉し得べき余地甚だ少か

るべし」と考えられる。

(ハ)東方通信社は「官業」であるから廉価にニュースを供給できるが、「民業」の電報通信社は価格で競争できず、いきおい「支那新聞に歓迎せらるべき日本攻撃の材料となる情報の供給を以て東方に勝利を占めんと試むるに至るの恐れ」がある。

(ニ)公使館として平等に扱うつもりだが、「官業」である東方通信社とは「自然より密接の関係を保つは当然」であるので、電報通信社からは「民業虐待の譏」を受けることになる。

要するに、日本電報通信社が営利本位の通信活動を行なうのに対し、公使館は統制することができず、日本の外交的立場に反する通信を中国の新聞に供給する恐れが生じ、本来の宣伝目的が果たせなくなるというのである。宣伝と統制が表裏の問題であることが、北京公使館という宣伝の現場で端的に表れたのである。

ロイターとの円満関係破壊　また、英文通信発行についてはさらに複雑である。

(イ)ロイター、中美通信社などの通信社からすれば日本の通信社の英文通信発行は新たな競争者の出現であるから決して好意的受け入れられない(29)。しかも、現在公使館はロイターや中美通信社と「頗る良好の関係を保持し」している。これら通信社の「機嫌を損すること」は日本にとって非常に不利である。

(ロ)殊に公使館はロイターと最も密接な関係で、「或る意味に於て路透は当館の御用通信」といったところさえある。当館が何か発表等をなすときにはロイターの名前で各社とも掲載していて、しかも「其の報道は一般より最も正確公平のものとして face value に受け入れられ」ている。

それを日本の通信社である電報通信社を通して発表することになれば、日本の宣伝と見なされ、記事として採用しない新聞社が出るという逆効果がおこる。電報通信社の英文通信発行後、ロイターを従来通り利用しようとしても、「一度機嫌を損したる路透が果して快く之に応ずべきや否や」疑わしいし、またロイターを優遇すれば電報通信社は反発するだろう。

(ハ)電報通信社はUP通信社と協定しているので、電報通信社の活動を認めればロイターとそれと協定しているAPの両社を敵に回すことになる。これは北京だけの問題ではなく、英米との関係で日本の立場を不利にしてしまう。

北京公使館は、折角これまで良好な関係をもっているロイターとの関係が、日本電報通信社の英文通信発行によって損なわれることを恐れた。宣伝の上からいっても、日本の宣伝とみなされる電報通信社より「正確公平」と受けとられているロイター利用のほうが、効果的だというのである。ロイターの力が圧倒的に強い状況下で、何とかロイターの機嫌をとって活動している出先外交機関としては、日本の通信社が英文通信を発行して、これまで関係を崩してしまうことは迷惑なことであったのである。大局的には、ロイター依存から脱却して自国製ニュースの発信を拡大したいのだが、差しあたり日本の通信社の進出はロイターの反発を招き、宣伝にとって逆効果を引き起こすというディレンマに陥ってしまうのである。

外務省方針不在　小幡は、こうした認識はやや極端に走り、「余り神経過敏」という嫌いもあるかもしれないと認めながらも本省の考慮を要望した。しかし、本省で進むべき進路を大局的に定め、日本電報通信社及び東方通信社、場合によっては国際通信社も「打て一丸とし確実にして大仕掛なる世界的宣伝機関」を組織させ、ロイターやAP通信社と対抗して日本の立場を世界に宣明にする方針をたてたのかと推測できなくもないが、むろん、こんなことは一朝にして決行できるものではないと、本省の場当たり個別的な宣伝政策に皮肉を書き加えている。こうした皮肉が述べられているのは、外務官僚のあいだで、長期的大規模な宣伝政策と宣伝機関の構想の不在が不満になっていることを示している。

大構想不在のもとで、差しあたり電報通信社の活動認可について、小幡は第一案として電報通信社に計画を中止させ東方通信社への督励を強化する、第二案としては天津で認めているように電報通信社の活動は経済通信に限定するか、それが不可能であれば漢文のみを認め英文は暫時延期させることを提案している。そしてそれも無理なら、少なくも

(イ)情報を精選し日本の立場を困難にする情報は打電させない、

(ロ)公使館と緊密に連絡させること、

(ハ)国策に重大な影響をあたえる情報はあらかじめ公使館の検閲を経ることにさせること、

を要望した。この小幡の上申書に対し、内田外相は四月十二日に返電を送った。小幡が長々と論じた宣伝活動、通信社対策についてはまったく言及せず、許可権限と手続きという事務事項に関してのみ答えている。それは、電報通信社から正式な申請が提出されているのかと問い合わせ、提出があればそれは天津領事館令第七号で天津領事に許認可権がある。北京公使館で電報通信社と交渉し条件を付すことは可能かの問い合わせである。その後、これに関連して外地における新聞通信などの許認可は、他地との整合性があるため、それに関する若干やりとりがあるが、ここでは割愛する。

本省からの返電に対し、小幡は四月一三日ただちに返答した。電報通信社からは邦文漢文英文の通信を発行し、かつ広告代理業を営む許可願いが提出されており、北京で通信業を行なう場合、北京公使館で受け付け、天津総領事館の許可を得ることを従来の慣例としてきた。天津で相当の条件を付することは可能だが、今回は日本からの通信に関わる問題であるので、東京の電通本社と本省情報部との間で「相当了解を遂けられたる後措置」することが将来のために好都合と思料して、先の意見具申したとしている。小幡は長文意見が本省の不興を買ったことを察知し、少々弁明したのであろう。

天津総領事館の命令条項　結局この問題は、四月三〇日付で在支那臨時代理公使の吉田伊三郎（四月二六日着任）が、在天津総領事吉田茂に、日本電報通信社に対する「命令条項」案を送り、天津総領事がこの「命令条項」付きで許可をあたえることで落着した。「命令条項」は、

一、外交及政治に関係ある事項並に国民の利益に重大なる関係ある事項の通信に就ては、其の都度予め在支帝国公使館に打合せ、其指図を受くべし。

二、苟も一般国利民福に背馳するの虞ありと認めらるる通信及杜撰無稽なる通信を為すことを得ず。

以下、三に社員異同等の報告義務、四に納本義務、五に新聞紙法第一七条乃至第二一条の遵守、最後の六に、この命令条項に違背した場合、その他必要と認めた場合は、いつでも本許可の取消しあるいは通信の停止を命じ、また既発通信の頒布を禁ずることがあると定めた。この命令条項は厳しい。事実上事前検閲が実施されるし、行政権限での取消、禁止、停止措置まである。遵守が明記された新聞紙法第一七条というのは、記事に誤りがあれば、ただちに正誤弁駁に応じなければならない条項で、

領事館はこれを利用して不都合な記事を正誤させることができることになる。

電通対外ニュースの困難　『新聞総覧』などが前代未聞の試みとして誇っている日本電報通信社北京支局の英文通信漢文通信は、日本の通信社による対外ニュース発信として歓迎されたのではなく、逆に現地公使館の反対にあい、実現してからも厳しい統制を受け、ようやく実現したものである。民間会社が採算が合いそうもない対外ニュース発信を行なって、欧米通信社と対抗しようとするのに歓迎されないというのは、光永《みつなが》星郎《ほしお》からすれば不本意であったろう。反対論は現地外交機関から起きているのだが、全体的宣伝政策がないため、問題のしわ寄せが現地外交機関に表れているのである。対外ニュース発信の必要性という課題は顕在化してきているのだが、それを具体化する方針がないまま個別的処理された。

また、もう一つここで鮮明になってきているのは、宣伝と統制の一体性である。対外ニュース発信を民間通信社に任せれば、政府にとって好ましくないニュースが流れる。先の小幡意見書にもあるように、民間通信社の営利活動への不信感は強い。逆に、政府機関が関与すれば、必然的に自国にとって好ましいニュースのみを発信することとなり、宣伝であることが露呈してしまう。そこで、民間通信社にやらせて統制を実施することになるが、それは対外ニュース発信そのものの萎縮を招く恐れがあった。それでもこの場合は、日本製ニュースを民間機関を通して発信させながら、同時に裏で厳しく統制するというかたちで処理されたのである。

四　東方通信社の地域情報覇権構想

東方通信社の現状　日支共同通信社と日本電報通信社が中国進出を目指しながら、実際には種々の問題に直面し、予期した成果をあげられない状況下、外務省から手厚い助成を受けてきた東方通信社は、それら通信社との競争もあって拡張の動きを加速させた。

一九一七（大正六）年一二月二八日、在支那臨時代理大使芳澤謙吉は本野一郎外相に「東方通信社の成績に関する件」を送り、北京の中国語新聞七紙、英字新聞一紙、日本語新聞二紙合計一〇紙に東方通信社電報が掲載され、六紙の中国語新聞はいずれも有力で発行部数多い新聞であると好成績を報告している。(30) 六紙のなかには外務省の調査で(31)「北京新聞界の元老にして常に日本を悪罵す」と評されている『北京日報』や国民党系の『中華新報』が含まれており、確かに北京の有力新聞に東方通信社電報が掲載されたようだ。

現在は一ヵ月一〇ドルの通信料を徴収しているが、中国語新聞は資力が薄弱であるから、六ドルに減額すれば多少購読者も増加する見込みである。だが、このような措置をとれば、「直ちに政府筋と関係ある事を一般に覚知せらる」の恐れがあるから現在の料金を維持するほうが望ましいとも意見具申している。もともと一〇ドルという価格設定も宣伝普及のための安価なのだが、やり過ぎると身元がばれてしまうのである。ただ、芳沢も「東方通信社は外務省筋と脈絡を有し、共同通信は政友会と関係ある事」を一部の中国人特に通信関係者は承知しているとの推測もあると認めているから、いくら外務省が気をつかってみても蛇の道は蛇で、中国の新聞通信関係者は東方通信社の身元を察知していたのである。[32]

芳澤公使の東方通信社北京支社状況報告書と同時期の一九一七年一二月二五日、有吉明上海総領事は、本野外相に東方通信社の現況を報告するとともに同社への補助金継続の稟議を提出した。それでは、東方通信社が中国の新聞のあいだでロイター以上に重きをおかれ、日本からの通信は勿論中国政局等の通信もおおむね公平と歓迎されていると報告している。これは補助金継続のための文書であるので、額面どおりには受けとれないが、東方通信社の活動が好転していたことは間違いない。

「東方通信社現状報告」　有吉の稟議に付されている「東方通信社現状報告」では、前年一二月一日以後上海の各新聞はロイター電報の購読掲載を中止し、翌日の英字新聞から訳載している。また対ドイツ宣戦の結果東亜ロイドは休止していると上海新聞界の状況を伝えている。中国語新聞がロイター電報を休止し、翌日の英字新聞記事を訳載していることは、前述の一九一六年一二月の「東方通信社現状報告」にも出てくる。中国の新聞が資力が乏しくロイターに電報料を払えないためであるが、ロイターも自己のニュースの優位性を自負しているせいで、値引き拡張をしなかったのだろう。また、ドイツ系の東亜ロイドは、中国・ドイツ間が戦争状態に入ると活動できなくなった。東方通信社が「重きを措」かれるようになったというより、西欧通信社の後退によって競争相手がいなくなったところに、安価を武器に売り込むことができるようになったのである。これは外務省の宣伝政策にとって好都合な状況であり、補助金は継続され、東方通信社拡張はなし崩し的に実現していくことになった。

東方通信社拡張案　東方通信社関係者は、さらに大規模な拡張を考えるようになった。しかし、これは国家的視点から立案された大きな計画というより、自社の存続をはかるために、これまで以上の資金を外務省から引き出すことに主たる狙いがあったと考えられる。しかし、前述したように、ロイターなどの勢力がやや後退し、中国の新聞の外電需要が高まっている状況であったから拡張の余地があったことは間違いない。さらに、東方通信社の北京・漢口など各地進出にともなって順天時報社への補助金が打ち切られたように、東方通信社の拡張は、それまで外務省が各地新聞社に個別的に補助金をばらまいてきた施策を整理統合させる契機となった。当事者が必ずしも充分意識化していたわけではないが、結果的に東アジアでの大きな宣伝政策という意味を帯びることになったのである。

東方通信社で東京からの電報を担当していた渋谷作助は「東京基礎確立私案」「東方通信社整理及拡張案」（何れも年月日不明）という二つの意見書を幣原喜重郎に提出した(33)。渋谷の提案は、東京に独立通信社を新たに設立し、これに東方通信事業を行なわせれば、将来経営的に自立できる可能性があるというものである。東方通信事業とは、現在東方通信社がやっているように、東京の電報を中国各地に打電するだけでなく、北京からも東京に電報を打電させる業務を拡充する。現在も北京電報はあるが、政治に偏りすぎているので、経済方面をもっと充実させれば日本の新聞社の需要はある。また、中国側でも、日本に中国事情を紹介したい希望があるから効果的であり、採算が見込めると主張した。従来の東方通信社の枠を越えた計画である。

東方通信社そのものについては、中国の通信機関が不十分な状況で上海・北京などで実績をあげ、「通信機関中の第一位」であると自賛しながら、電文を簡明にして電報料節約、奉天支社廃止など、整理の必要があるとしており、はからずもこれまで表面上は拡大していても、経営の実態は伴っていなかったことを示している。しかし、注目すべきは、整理によって節減した費用で、北京において電報通信だけでなく、さまざまな現地ニュースを取材し、中国語新聞に供給し、同時に通信を英訳して英字新聞に供給すれば収入増加となる、また新たに広東に支社を設置する、上海でも現地ニュースを取材し供給する、と提案したことである。

新独立通信社計画　新設の独立通信社と東方通信社拡張との関係ははっきりしないが、渋谷の構想は、東京から上海・北京など中国各地の中国語新聞・英語新聞に通信を送る業務を拡大する、さらに北京・上海などから東京に通信を送り、双方向的通信社業務を行なうこと、また上海などで現地ニュースを取材し地元の中国語新聞に供給する、という通信社業務の大幅な拡大である。これまで日本国内でさえ、これほど多角的な機能を実現した通信社はなかった。

日本は西欧の情報覇権のまえに呻吟し、東方通信社はその打開策の一つとして作られたのであるが、この渋谷案は、西欧通信社の一時的後退、中国通信業の未熟を利用して、中国からの対外発信・中国国内情報の中国語新聞への供給まで、日本の通信社が食い込もうとする計画である。日本が中国において情報覇権を形成しようとする構想といえる。むろん、その覇権は、地域的には日本と中国大陸の一部にしか及ばないし、安定したニュース取材配信組織に十分基礎づけられているとは言い難い。小さくかつ幼弱な地域限定情報覇権にしかすぎない。しかし、先の小川平吉の構想もそうであったが、西欧情報覇権から抜け出そうとする日本の活動が、その内部に自らを情報覇権として形成しようとする欲望を胚胎しだしたのである。

現実的拡張案　ただ、この段階での渋谷の構想は、あくまで「私案」であり、上海の有吉明総領事、宗方小太郎、波多博と十分な打ち合わせを経たものではなかった。有吉と宗方らは、東京支社拡充より中国大陸での通信網拡大を優先させる現実的方針をとった。一九一八（大正七）年三月一一日、有吉総領事は本野一郎外相に南京と奉天の経費を節約し、広東支社設置、北京から漢口への電報供給、上海本社北京支社の設備拡張を提案している(34)。これにつけられた広東中華新報社長容伯挺の意見書でも、広東にはロイター電報が供給されているが、主に「欧米の事項に係り、東亜に関する事件極めて少し」とロイターの東アジアニュースが手薄になっていて東方通信社進出の余地が大きいことが報じられている。

その後、有吉が他の外交業務多忙のため、拡張案について外務省との交渉が遅滞したようで、この間、上海の波多と東京の渋谷との間で、経費節減や拡張計画について意見交換がなされた(35)。波多は中国人記者の意見として、東方通信社の事業が日本からの情報を中国に供給するだけで、中国人の意見や輿論、または事件を日本に伝えていないのははなはだ遺憾であるから、この際経費が許せば電報、または筆記通信でもよいから通信を開始し、新聞に載っていないニュースも上海で中継できるようにしたらどうかという意見が盛んと上海の様子を伝えている。渋谷が「私案」で述べた中国から情報発信を東方通信社が行なう案を波多も賛成し、中国新聞人の要望にかこつけて進めようとしているのである。

二人の話し合いで、東京支社設置の具体的提案は、東京の渋谷から外務省に出すことになったが、一九一八年四月二日、本野外相は有吉総領事に、かねて意見具申のあった東方通信社拡張の件は本省でも必要を認めているが、その後、東京支社設置案が提示されないことを問い合わせる書簡を送った。本省としては、正式ルートでの提案を求めたのである。有吉は四月一一日に、急ぎ渋谷に具体案を作成させ本省に提出させる旨を回答した。

東京支社設置案　有吉の指示を受けて、渋谷作助は四月一八日に、小幡酉吉政務局長宛に「東方通信社東京支社設置案」を提出している。これは先の渋谷の私案を踏襲しており、題名は「東京支社設置案」となっているが、単なる支社であれば収入の途がなく、通信材料収集にも不便であるので、独立の通信社を設置することを主とした案になっている。これは上海の有吉や波多の考えとはずれていた。

有吉総領事は、四月二三日になって本野外相に「東方通信社東京支局拡張方に関する件」を提出し、渋谷は東京支社拡張と新通信社設立の二案を作成し、裁量を自分に任せたが、自分としては新通信社はいたずらに組織を複雑にする恐れがあるので、東京支社を拡張充実させるほうが得策である旨の具申をした(36)。これには東方通信社から有吉に出された「東方通信社東京支局拡張案」が付けられ、具体的経費の計算などが説明された。六月八日に渋谷作助も独立通信社設立案を引っ込め、「東方通信社東京支局拡張請願」を外務省に出し、東方通信社の考えが東京支社設置で一本化していることを示した。

結局、外務省は有吉の意見具申に従い東京支社を設置することとし、六月一四日、後藤外相から在中国各領事にその旨が伝えられた(37)。新通信社か東京支社拡張かについて、現地上海と東京駐在員との間で方針のずれがあったが、東京から中国各地への通信の充実、中国から東京への通信事業への進出ということでは両者は一致しており、外務省もそれを認め、東方通信社への助成を拡大したのである。渋谷の構想がそのまま実現したわけではないが、東方通信社は数次の拡張を経て中国各地に支社を置き、東京からの通信を中国の新聞、英字新聞、日本語新聞に供給し、中国国内の通信を東京、上海や北京にある程度送信するなど、独自の通信網を東アジアで形成するようになってきたのである。

五　外務省新聞政策計画案と新東方通信社の設立

「極秘　新聞政策に関する新計画案」　曲折を経ながら、日本の対外情報活動の最も重要な舞台である中国大陸において、中国の新聞社、欧米の通信社・新聞社と対抗して情報活動の主導権をとることが大きな課題であるとの認識は次第に高まってきた。

そうした外務省内の議論の表れと考えられるのが、「極秘　新聞政策に関する新計画案」[38]と題する文書である。これは外務省政務局第一課作成、大正八年四月一四日付と明記され、「未定稿」「極秘」と注意書きがあるものの、活版印刷であるから、外務省内あるいは関係省庁にある程度配布されたと見られる。

これは全体が九章からなり、第七章には「新計画案」に伴う「大正八年度所要経費概算内訳表」まで付けられ、第八章・第九章には在中国の日本人経営・外国人経営の新聞一覧や外務省からの秘密補助金などが詳記されるなど、相当な準備のもとに作成されたことが十分うかがえる。政務局第一課は定期的に外国の新聞通信社調査を実施しているから、それらが利用されたことは間違いない。それにしても、これだけエネルギーを使った計画案作りが行なわれたということは、外務省内で従来の個別的バラバラの補助金散布を改め、対外、特に対中国への統合的宣伝政策策定の気運が盛りあがっていたことを示している。

「対支新聞政策刷新の必要」と題する第一章は、従来の日本の対中国政策が諸外国の公然または隠然の煽動もあるにせよ中国官民の反抗を惹起してきたことを慨嘆し、これを排除・鎮圧する「消極的方策」から一歩進めて「積極的に我政策の支持者が支那国民の間に多く発見せらるゝに至るの途を講」じなければならないと主張する。そして、「支那人の眼界漸く啓け、其国際政治に対する理解の大に進歩せる今日」、日本の政策そのものが「公明正大なるべきを根本要義」とするが、それだけでなく日本の政策を十分に説明することが必要である。今後の日本外交は「秘密の折衝」ばかりに頼るべきではないと説いた。

「新聞政策刷新」策　伝統的な秘密外交手法への批判とそれから脱却しようとする革新的気概が十分うかがえる。パリ講和会議での日本外交への不振、中国での欧米新聞通信社の活動振りにも言及があり、海外での見聞をもとに日本の立遅れを指摘してその挽回策を提唱しようとしたのである。「宣伝の最も直接的なる方法は新聞通信機関の利用に如くはなし」と、「新聞操縦」を「積極的」に実施する「新聞政策刷新」が必要なのである。「新聞政策刷新」策の要点は、

第一、従来ばらばらに行なわれていた中国各地の新聞経営および「操縦」を「外務省に統一」すること、

第二、これまで資金不足で不利益をうけたため、十分な資金を新聞政策費に投入すること、

第三、「新聞操縦の中央機関」を政務局に特設することとし、政務局第一課に増員するか別に一課を増設する。

第二については、大正八年度「新聞経営及操縦費」はわずか二五万五四〇〇円であるが、「新計画」に要する費用は四一二万六一〇〇円と見積もっている。約一六倍という驚くべき大増額要求である。また、第三の一課増設、こちらは慎ましい要求である。以下、経営・操縦の対象とする中国各地の新聞社の現状と補助金額について詳細に列記し、結果的に、この時期の中国各地の日本系新聞社に関する格好の資料となっている。

また、通信社については、東方通信社拡張、国際通信社補助のほかに「東洋方面の通信を欧米に供給するの目的を標榜して一通信社」を東京に本社を置いて新設することとしている。新通信社は表面は民間人に合資会社を組織させるが、当初出資見込一五万円の全部または一部を外務省が支出するという案であった。何とかして強力通信社を設立し、中国さらには欧米に日本製ニュースを送り込もうとしているのである。当事者はどこまで意識していたかは分からないが、当然これは西欧情報覇権への挑戦を含意している。

外務省の願望　これら多数新聞の経営・操縦費、通信社補助費新設費を詳細に積み上げ、合計約四一三万円を算出している。これについては大正八年度は「臨時事件費」として大蔵省の了解を得て、翌年以降は大正九年度は「経常予算」に計上するという計画であった。この文書が、外務省内あるいは関係省庁で、どのように取り扱われたかを示す資料はない。非現実的な計画案として外務省内だけの検討で終わった可能性が高い。

実際、計画案は詳細で具体的であるのだが、それを実現する現実的条件を欠いていた。経費を大蔵省が簡単に認めるはずはなく、また、関係官庁、例えば陸軍がこれまでの利権を放棄して外務省一元化を認めるはずがない。計画案というより外務省一部官僚の願望といったほうがよいだろう。しかし、裏返していえば、当時の外務省一部官僚が痛感している現状の問題点と、それを反転させた願望が直截に述べられているのである。

しかし、この「新計画案」が主張する具体的方策が、従来からの「新聞操縦」という発想を引きずっていることにも注意する必要がある。新聞社・新聞記者に裏側から補助金をあたえて、「操縦」するという方策は、明治期からとられ、それなりに有効なこともあったが、第一次世界大戦において欧米各国で浮上してきた総力戦体制での宣伝政策は、個別的な「新聞操縦」ではなく、総合的なメディア政策とそれを統合する政府宣伝機関のもとでの多面的展開であった。外務省の一課増設、補助金のばらまきぐらいでは、すでに時代遅れであったのである。「新計画案」はそれらを完全に乗り越えるところまでは至っていないのである。

新通信社設立気運　いずれにせよ、この「新計画案」をこの段階でそのまま実現するのは到底無理であった。しかし、そこに一定の方向性が示されていたことは確かである。そうした気運を感じ取った国際通信社のケネディーは、一九二〇（大正九）年春に古野伊之助と不破瑳磨太を中国に派遣し、新聞通信事情を調査させた[39]。中国進出の可能性を探ろうとしたのであろう。だが、ロイターとの協定に縛られている国際通信社が中国大陸に進出することは不可能であり、中国大陸での活動は東方通信社に任せるしかなかった。そこで、東方通信社拡張案の検討の過程で議論になった新通信社設立計画が、再び浮上してきたのである。

これには外務省官僚が調査研究した第一次世界大戦での宣伝戦が影響をあたえていた。先に述べたように、ケネディーと伊達源一郎はパリ講和会議に際し、各国の宣伝広報機関を調査し、日本でも各省庁を統合した宣伝広報機関新設を提案していた。ケネディーと伊達は、強力な政府広報機関と対外通信社を作り、両者の協力によって対外広報の目的を達すべきだということでは意見の一致をみたが、中国に対する通信活動では意見があわなかった。ケネディーは、中国における広報活動と情報収集については、国際通信社とロイターとの協力を主張し、これに対して伊達源一郎は日本が自主的に活動できる通信社設立を主張し、互いに譲らなかったという(40)。

その後も伊達源一郎はロイターなどと対抗できる自主的で強力な通信社設立の考えを持ち続けていたが、それが新通信社設立問題で復活してきたのである。ところが、上海総領事から情報部次長に転じた有吉明は、東方通信社を基礎として新通信社を設立することを提案し、伊達源一郎は中国に対象を限定しない世界的通信社の設立を主張したという(41)。西欧の宣伝活動の学習から大規模な国際的通信社事業の展開を考える伊達源一郎と、中国での宣伝活動の経験から現実的な通信社設立を考える有吉明とが対立したのである。両者は日本の対外宣伝強化という基本路線では同じであったが、それを発想する根拠が異なっているため、設立すべき通信社像が違ってきたのである。

しかし、結局妥協がはかられ、東方通信社の名称、設備、人員をそっくりそのまま引き継ぎ、実質新しい構想の通信社を設立することになった。ただ、国際通信社がロイターと契約改訂し、中国で自由に活動できるようになれば、東方通信社と国際通信社とが合同して一つになるべきことは最初からの諒解事項であったという。[42]

新東方通信社設立　新東方通信社は一九二〇（大正九）年八月一日発足し、中国からの電報が入電するなど、実質的業務は翌二一年二月から開始された。[43] 本社は上海から東京に移り、経営の全責任を負うことになったのは主幹伊達源一郎で、社長には相変わらず上海の宗方小太郎が就任した。こうした変則的なかたちをとったのは、中国側に対して、「民間有力の実業家数氏の個人的後援の下に成立せる純然たる民間事業」であることを標榜するためであった。[44] このように民間事業を偽装したにしても、外務省資金によって成立したことは紛れもない事実で、外務省は年額四五万円ないし五〇万円の助成金と、そのほかに電報料の名目で、ときどき一〇万円ぐらいを支給していた。[45]

外務省は二二項目に及ぶ詳細な「東方通信社に対する命令事項」と二三項目の「東方通信社内規」を下付していた。「命令事項」の第一項には、「東方通信社は表面民間経営たることを標榜するも事実上外務省の事業たること」と明示され、以下社員人数、社の経費、支出などまで、さまざまな事項がすべて情報部長の承認が必要とされていた。[46]

ロイターとの対抗　新たに主幹を務めることになった伊達源一郎は、その経営方針について、

ロイテル社が自分の手で英国及び世界のニュースを勝手に支那に入れるが、日本の国際通信社は断じて日本のニュースを支那に持ち込んではならないといふ我儘な態度を以て日本及び極東に臨んで居る間は、東方通信社は逆に日本のニュースを日本の手で支那に持ち込む、即ち支那をロイテルの領土の様にはさせない、日本の為めに必要ならば全支那に於てロイテルと競争するを辞さない、

と語っている。[47] 伊達は、ケネディーのロイター協調路線とは決別し、また、当面有吉の東方通信社拡張案に妥協したが、ロイター契約に拘束されない東方通信社の活動を中国大陸における日本の情報覇権という広い視野から捉え、ロイターとの対抗路線をとろうとしたのである。

外務省でも、新東方通信社設立問題で、東アジアにおける巨視的な情報政策の必要性への認識が一段と高まったことは間違いない。ただ、当面の状況においては、新東方通信社をいかに強化するかであった。内田外相の各領事宛訓令では、最近中国における「排日風潮益々熾烈」となるにともない、これに対抗する宣伝事業に最も必要なることは中国各地の「排日言動の事実」を知ることにある。しかし在外公館は、館員の手不足などから組織的情報収集が困難であるので、東方通信社に五つの支社と主要地に通信員を配置する体制をとらせた。在外公館も入手した情報を東方通信社支社・通信員に伝達し、迅速に東京本社に打電させること、東京本社は接受した電報をただちに情報部に送達し、情報部はこれを各大臣各局課に配布する仕組みを作った。これを効果的に運用するため、東方通信社内に私設電報局を設置、本社と情報部との間に直通電話を設け、逓信省には東方通信社の電報を特別迅速に取り計らせることとした。[48]

東方通信社は事実上、外務省の下部組織として活動することになったのである。この間、東方通信社は本社や中国各地の支社・通信員の陣容を整え、大竹博吉を日本の新聞界最初のソ連派遣特派員として送り出すなど通信網を拡充させた。さらに一九二五（大正一四）年二月から、一般通信と別に経済電報も発信することになった。これは外務省上海駐在商務官の本省への報告を上海支社で入手し、東京本社から各所に発信するというもので、[49] 外務省の経済関係公電を東方通信社が独占的に通信するのである。

中国新聞の抵抗　このように、外務省と一体となった東方通信社の活動は、いくら民間事業を装ったところで、中国や欧米からは疑いの眼でみられることは避けられないことであった。在広東総領事森田寛蔵から幣原喜重郎外相宛報告で、前年の広州沙面事件以来排外主義的運動が旺盛で、当地の新聞社は東方通信社をロイター通信社と共に「所謂帝国主義者の走狗」であるとして、これら通信の掲載を一切廃止してしまったため、東方通信電報を「啓発」に利用することはできない状態となったと述べている。東方通信社と外務省との関係をどう装っても、中国のナショナリズムが帝国主義の通信社を拒否しようとしたのである。しかし、森田は、ナショナリズムが強まれば逆に日本の中国への態度に「敏感なる注意」を払うことも起こるから、いつとはなしに東方通信社の電報が散見されるようになり、有力な新聞社は秘かに東方通信社電報の迅速な入手を希望していると観察している。[50]

中国の新聞社は、反日運動の昂揚のなかで東方通信社を「帝国主義者の走狗」として拒否しながら、逆にそうした状勢であるから、日本の外交政策を知る必要が高まったのである。だが、中国の新聞社が本来頼るべき中国の通信社は弱体であった。一九二四（大正一三）年現在として上海総領事館が本省に報告した新聞及通信に関する調査では、

当地漢文通信界は其歴史極めて新しく、未だ草蒙の域を脱せず、当地に初めて漢文通信社の設立を見たるは僅かに五年前にして、今日のところ其各新聞社に供給しつつある資料は主として上海地方のみ

という状況であった。[51]中国の通信社は国際ニュースなどは到底報道できなかったのである。日本とし

てはそこに進出の余地を見出していた。しかし、身元を感知され、しかも「所謂帝国主義者の走狗」への反発が高まっている状況で日本製ニュースを売り込もうとするのは非常に難しい。

また、第一次大戦によって一時的に後退したものの、戦後再び強力となったロイターとの競争、東方通信社と日本電報通信社との競合も生じていた。上海の場合、東方通信社は「日本事情の紹介、支那事情、問題の通信」、電報通信社は「経済に関する電報を主とす」[52]と一応の棲み分けはあったようだが、伊達は東方通信社についてロイターと電通から競争を挑まれて収支が苦しい立場であったと述べている。[53]

国際・東方合併構想　こうした状況のなかで、あえて日本のニュースを中国大陸に持ち込むには、強力な通信社が必要であることが一層はっきりしてきた。そこで問題になるのは、ともに外務省が助成をあたえている国際通信社と東方通信社の業務の重なり合いであり、これを合併しようとする構想が、外務省と国際通信社・東方通信社、それぞれの間で強まってきたのである。

特にナショナル・ニューズ・エイジェンシーを目指す国際通信社の岩永裕吉は合併に前向きで、一九二四（大正一三）年春には、合併工作に手をつけたという。外務省も両社の競合清算の必要を感じていたので、岩永の合併説に同調し、両社の間で原則的に合併ということで了解が成立した。だが、問題はやはり西欧情報覇権の壁である。国際通信社がロイターとの契約に縛られて中国でニュース供給活動をできないことになっており、新通信社がこれを引き継ぐと、肝心の中国での活動が不可能になることである。このため、形式的に東方通信社を暫時存続させる便法がとられることになった。結局、伊達源一郎も合併を納得し、一九二六（大正一五）年五月一日、国際通信社と東方通信社が合併し、新聞聯合社が発足した。それは、日本の国際情報通信が西欧情報覇権に対し次の挑戦をいどむ大きな契機であったのである。

注

はじめに

（1）『ペルリ提督日本遠征記（三）』（土屋喬雄・玉城肇訳）（一九五三年、岩波文庫）二三〇ページ。この時の電信機贈呈の経緯や幕末における電信機導入については、川野辺冨次『テレガラーフ古文書考　幕末の伝信』（一九八七年、川野辺冨次）が綿密で優れた研究である。また中野明『サムライ、ＩＴに遭う　幕末通信事始』（二〇〇四年、ＮＴＴ出版）も詳しい。

（2）「民情一新」慶應義塾『福沢諭吉全集』第五巻（一九五九年、岩波書店）一三〜一四ページ。

（3）Daniel R. Headrick, *The Tools of Empire, Technology and European Imperialism in the Nineteenth Century* (1981 Oxford UP)。同書は『帝国の手先―ヨーロッパ膨張と技術―』（原田勝正、老川慶喜、多田博一翻訳、一九八九年日本経済評論社）と訳されているが、技術が帝国の構造に深く組み込まれているということからすれば、「道具」というほうが適当であろう。

（4）ここでの情報覇権概念は、グラムシが提示し、近年のカルチュラル・スタディーズなどで盛んに援用されているヘゲモニーという概念とつながる。ヘゲモニー概念は「一国内でそれを構成するさまざまな勢力のあいだだけでなく、国際的・世界的な領域においては、諸国家間および諸大陸間の文明総体のあいだにも生ずる」（片桐薫編訳『グラムシ・コレクション』〈二〇〇一年、平凡社〉二八四ページ）のである。ヘゲモニー概念においては従属者の「同意と強制」を獲得していく過程の分析が重視されているが、本書の研究は情報の生産と流通の次元に集中する。ヘゲモニーにおける「同意と強制」が形成されるには、当然入手し利用する情報の問題があるはずであるから、情報覇権はヘゲモニー成立の前提条件をなしていると考えるのである。情報覇権を具体的に明らかにできなければ、諸国家間のヘゲモニーを論ずることはできないはずである。

また、Peter Duusは「インフォーマル・エムパイア」という概念によって狭義の帝国の外延に及ぶ支配圏を説明しようとしている。ただ主に念頭にあるのは経済的支配圏である。Peter Duus et al., *The Japanese Informal Empire in China, 1895–1937*. (1989 Princeton UP).

（5）情報の国際的流れに関する近年の論議についての文献は数多く、ここでは割愛するが、その紹介は拙稿「国際ニュース研究の動向」『日本発国際ニュースに関する研究』（二〇〇九年、新聞通信調査会）。

第一部第一章

（1）近世日本を「鎖国」という枠組みでとらえることに対する批判的研究は数多い。ロナルド・トビ（速水融、永積洋子、川勝平太訳）『近世日本の国家形成と外交』（一九九〇年、創文社）、ロナルド・トビ『「鎖国」という外交』、鶴田啓「近世日本の四つの口」荒野泰典他編『アジアのなかの日本史Ⅱ　外交と戦争』（一九九二年、東京大学出版会）など。

（2）ロナルド・トビ「変貌する「鎖国」概念」永積洋子編『「鎖国」を見直す』（一九九九年、山川出版社）一〇ページ。

（3）李元植『朝鮮通信使の研究』（一九九七年、思文閣出版）、ロナルド・トビ『「鎖国」という外交』（二〇〇八年、小学館）第二章など。

（4）浦廉一「華夷変態解題—唐船風説書の研究—」林春勝・林信篤編、浦廉一解説『華夷変態』（一九五八年、東洋文庫）所収。唐通事については、林陸朗『長崎唐通事　大通事林道栄とその周辺・増補版』（二〇一〇年、長崎文献社）参照。

また、時事的情報に関する問題に限定している本書で触れることはできないが、中国との貿易により多くの中国書が輸入されたことは、広義の情報の流通としては重要である。これについては大庭脩の優れた研究がある。特に大庭脩『江戸時代における中国文化受容の研究』（一九八四年、同朋舎出版）、同『漢籍輸入の文化史—聖徳太子から吉宗へ—』（一九九七年、研文出版）を参照した。

（5）岩生成一「近世日支貿易に関する数量的考察」『史学雑誌』第六二編第一一号（一九五三年一一月）。

（6）前掲浦解題、七一ページ。

（7）前掲浦解題、二七ページ。

（8）前掲『華夷変態』。

（9）板沢武雄『日本古代文化研究所報告第三・和蘭風説書の研究』（一九三七年、日本古代文化研究所）、日蘭学会法政蘭学研究会編『和蘭風説書集成』上下（一九七七年、吉川弘文館）、岩下哲典『江戸の情報ネットワーク』（二〇〇六年、吉川弘文館）。近年の優れた研究は松方冬子『オランダ風説書と近世日本』（二〇〇七年、東京大学出版会）であり、本書も主に同書を参照した。

（10）前掲松方、六三ページ。

（11）前掲松方、一四三ページ。

（12）前掲松方、一〇五ページ。

（13）前掲松方、一〇ページ。

（14）前掲松方、一七八ページ。

（15）オランダ東インド会社の盛衰については、永積昭『オランダ東インド会社』（二〇〇〇年、講談社学術文庫）、科野孝蔵『オランダ東インド会社』（一九八四年、同文館）、科野孝蔵『オランダ東インド会社の歴史』（一九八八年、同文館）、科野孝蔵『栄光から崩壊へ　オランダ東インド会社盛衰史』（一九九三年、同文館）。

（16）前掲松方、一五一ページ以下。

（17）別段風説書の記事については、安岡昭男「和蘭別段風説書とその内容」『法政大学文学部紀要』第一六号（一九七

○年）によった。

(18) 三谷博『ペリー来航』（二〇〇三年、吉川弘文館）九五ページ以下。

(19) 福沢諭吉『文明論之概略』（岩波文庫）九四ページ。

(20) 前掲「和蘭風説書解題」四六ページ。

(21) 小松茂美『手紙の歴史』（一九七六年、岩波書店）九八ページ。

(22) 情報伝達の一般的歴史については、星名定雄『情報と通信の文化史』（二〇〇六年、法政大学出版局）によるところが大きい。

(23) 腕木通信については、中野明『腕木通信　ナポレオンが見たインターネットの夜明け』（二〇〇三年、朝日新聞社）が詳しい。また前掲星名、三九四ページ、斉藤嘉博『メディアの技術史』（一九九九年、東京電機大学出版局）二六ページ。

(24) Tom Standage, *The Victorian Internet.* (1998 New York)。電信技術が引き起こした社会変動について論じた文献は多いが、代表的には Anneteresa Lubrano, *The Telegraph: How Technology Innovation Caused Change.* (1997 New York)。

(25) 岡忠雄『英国を中心に観たる電気通信発達史』（一九四〇年、通信調査会）二六八ページ。高橋雄造『百万人の電気技術史』（二〇〇六年、工業調査会）一〇一ページ。

(26) 前掲岡、九三ページ。

(27) 前掲岡、九五ページ。

(28) Daniel R. Headrick, *The Invisible Weapon; Telecommunication and international Politics* (1991 Oxford UP)、前掲岡、九七ページ以下。前掲星名、四〇三ページ。

(29) Jill Hills, *The Struggle for Control of Global Communication, The Formative Century.* (2002 Universty of Illinois

Press) p. 40.

（30）村本脩三編『国際電気通信発達略史』（一九八一年、国際電信電話株式会社）一九ページ、西田健二郎監訳『英国における海底ケーブル百年史』（一九七四年、国際電信電話株式会社）四四ページ。

（31）Donald Read, *The Power of News, The History of Reuters.* (1992 Oxford UP) p. 47.

（32）東方電信会社は、日本では大東電信会社とも通称された。同社は多くの電信線を運用したが、前掲岡一二六ページ以下、『英国における海底ケーブル百年史』など。

東方電信会社（大東電信会社）については、Hugh Barty-King, *Girdle Round the Earth; The story of Cable and Wireless.* (1979, William Heinemann)、同書の翻訳である『地球を取り巻く帯　Cable and Wireless 社並びに同社の前身の物語』（一九八二年、国際電信電話株式会社）および室井崇監訳『ケーブル・アンド・ワイヤレス会社百年史』（一九七二年、国際電信電話株式会社）を参照した。

（33）前掲岡、一六三ページ。Hills, *op. cit.*, p. 42.

（34）前掲『英国における海底ケーブル百年史』四四ページ。

（35）Hills, *op. cit.*, p43.

（36）前掲『ケーブル・アンド・ワイヤレス会社百年史』一八ページ。

（37）前掲『ケーブル・アンド・ワイヤレス会社百年史』九ページ。

（38）ヨーロッパとアジアを結ぶ電信線計画やコリンズの活動については、Jorma Ahvenainen, *The Far Eastern Telegraph, The History of Telegraphic Communication between the Far East and America before the First World War* (1981, Tiedeakatemia), Hills, *op. cit.*, p. 45。また、世界的な電信線の争いについては、Peter J. Hugill, *Global communications since 1844, Geopolitics and technology.* (1999 The Johns Hopkins UP)。

（39）ペリー・コリンズのシベリア探査については、彼自身の探査記として *Overland Explorations in Siberia, Northen*

Asia, and the Great Amoor River Country... With map and plan of an overland telegraph around the world, etc. (1864 New York. reprint 2012) があり、同書の末尾にモスクワ、シベリア、ベーリング海峡、カナダを経てニューヨークに至る彼の電信線敷設計画に関するアメリカ商務省、国務省等の文書が収録されている。

Robert Luther Thompson, *Wiring a Continent. The History of the Telegraph Industory in the United States 1832-1866.* (Princeton 1947) p. 427. ウェスタン・ユニオンを初めとするアメリカの電信産業の歴史は、同書が詳しい。

（40） Hills, *op. cit.*, p. 45.

（41） Thompson, *op. cit.*, p. 435. Daniel R. Headrick, *The Invisible Weapon, Telecommunication and International Politics 1851-1945* (1991, Oxford UP) p. 43. Peter J. Hugill, *Global Communications since 1844, Geopolitics and technology* (1999, The Johns Hopkins UP) p. 36. 岡忠雄『太平洋域に於ける電気通信の国際的瞥見』（一九四一年、通信調査会）五五ページ、花岡薫『海底電線と太平洋の百年』（一九六八年、日東出版社）一八ページ以下。

（42） 大北電信会社の事業拡大と国際政治については、Kurt Jacobsen, "Small Nation International Submarine Telegraphy, and International Politics: The Great Northern Telegraph Company, 1869-1940" in B. Finn and D. Yang eds., *Communication under the Seas, The Evolving Cable Network and Its Implications* (The MIT Press 2009).

同論文によれば、後の時代のことだが、大北電信会社はソ連に対しても、自社の特質として政治的中立性、組織的技術的統一性、責任をもった委託運営を強調したという。日本との関係においても、こうした同社の自負が強く影響している。

（43） 大北電信株式会社については、室井嵩監訳『大北電信株式会社百年略史』（一九七二年、国際電信電話株式会社）、前掲岡一五二ページ以下による。大北電信会社は、一九八六年に「GN Store Nord A/S」に改称、現在に至っている。同社の公式ウェブ・サイト http://www.gn.com/EN/Pages/default.aspx でも大北電信の略史が見られる。

（44） Ahvenainen, *op. cit.*, p. 24.

(45) 前掲岡、一五七ページ。

(46) Headrick, *op. cit.*, p. 38.

(47) D・R・ヘッドリク（原田勝正他訳）『進歩の触手—帝国主義時代の技術移転—』（二〇〇五年、日本経済評論社）九四ページ。

(48) 倉田保雄『ニュースの商人ロイター』（一九七九年、新潮社）三七ページ。

(49) アヴァスについては、小糸忠吾『世界の新聞・通信社　I』（一九八〇年、理想出版）八八ページ以下、Jonathan Fendy, *The International News Services* (1986 New York) によった。

(50) 前掲小糸、一五四ページ以下。

(51) Read, *op. cit.*, p. 48.

(52) Oliver Boyed–Barrett, "Market control and wholesale news: the case of Reuters". in George Boyce eds., *Newspaper history: from the 17th century to the present day.* (1978 London) p. 196.

(53) 前掲小糸忠吾『世界の新聞・通信社Ｉ』一〇〇ページ。ただ、同書一一〇ページでは、一八七六年の協定で、インド、中国、海峡植民地がロイターの独占地域となったとの記述がある。いずれにせよ、協定原文を未見であるので、詳しくは分からない。恐らく、東アジアは事実上ロイターの独占地域と認められていたのだが、それを協定文に明記したか否かということであろう。

(54) 通信社史刊行会『通信社史』（一九五八年、通信社史刊行会）九ページ。

(55) Graham Storey, *Reuters' Century 1851–1951.* (1951 London) p. 62. 前掲倉田、一二九ページ以下。

(56) 花岡薫『海底電線と太平洋の百年』（一九六八年、日東出版）四ページ。

(57) 『続通信全覧　編年之部』第一三巻（一九八四年、雄松堂出版）三八ページ。

(58) ペリーの電信実演の様子については、前掲中野明『サムライ、ＩＴに遭う　幕末通信事始』が詳しい。また幕末の電信への認識については、渡辺正美『日本電信電話創業史』（一九五八年、一二三書房）一二三ページ以下。

(59) 安藤良雄編『近代日本経済史要覧』（一九七五年、東京大学出版会）三七ページ。

(60) 鈴木雄雅「解題『ナガサキ・シッピング』」『日本初期新聞全集』第一巻（一九八六年、ぺりかん社）。

(61) 『日本初期新聞全集』第一巻復刻のものによる。

(62) 『日本初期新聞全集』第二巻による。

(63) 東南アジア、中国沿岸部の英字新聞については、正確なデータは存在しないようだ。中国のプロテスタント系新聞については、Xiantao Zhang, *The Origins of the Modern Chinese Press, The Influence of the Protestant missionary press in late Qing China.* (2007 New York)。

(64) R. S. Britonn, 白端華、*The Chinese Periodical Press 1800–1912.* (1933 Kelly & Walsh)

(65) 『申報』については、Barbara Mittler, *A Newspaper for China? Power, Identity, and Change in Shanghai's News Media 1872–1912.* (2004 Harvard Universty Press)。また、中国の初期の新聞については、卓南生『中国近代新聞成立史 1815-1874』（一九九〇年、ぺりかん社）参照。

(66) 『官板バタヒヤ新聞』については、小野秀雄「我国初期の新聞と其文献について」明治文化研究会編『明治文化全集第四巻・新聞篇』（一九六九年三版、日本評論社）、同「バタビヤ新聞の原書」木村毅編『幕末明治新聞全集』第二巻（一九七三年、世界文庫）によった。

(67) 前掲小野、四ページ。

(68) 『日本初期新聞全集』第二巻。『官板海外新聞別集』は、『幕末明治新聞全集』第三巻にも収録されているが、挿絵と記事の関係を見るのは前者のほうがよい。

(69) 前掲『日本初期新聞全集』第一巻九二ページ。

(70) 前掲小野、五ページ。

(71) 前掲木村毅編『幕末明治新聞全集』第二巻版による。

(72) 『海外新聞』の創刊をめぐっては、論争がある。浜田彦蔵の自伝には元治元年創刊という記述があるにもかかわらず（『アメリカ彦蔵自伝』〈一九六四年、平凡社〉）、小野秀雄は現存する『海外新聞』が元治二年であるので、彦蔵の自伝は誤りで、元治二年（改元されて慶応）創刊説を唱えた。これに対し近盛晴嘉は、現存する木版刷『海外新聞』以前にその前身である『新聞誌』があり、それが元治元年に創刊されたことを論証した（近盛晴嘉『ジョセフ＝ヒコ』〈一九六三年、吉川弘文館〉、同『ジョセフ彦』〈一九八〇年、日本ブリタニカ〉参照）。『海外新聞』の創刊は、近盛説の通り元治元年が妥当だと考えるが、近盛も現存する木版刷『海外新聞』第一号が慶応元年五月発刊ということには疑義を呈しているわけではないので、引用した『海外新聞』は慶応元年五月とみておく。

(73) 前掲近盛『ジョセフ＝ヒコ』二一八ページに天理大学所蔵の『プライス＝カーレント』の写真が掲載されている。

(74) J・R・ブラック（ねず・まさし、小池晴子訳）『ヤング・ジャパン』第二巻（一九七〇年、平凡社）一八〇ページ。

(75) 蛯原八郎『日本欧字新聞雑誌史』（一九三四年、一九八〇年復刻、名著普及会）七三ページ。

(76) 国際ニュース事典出版委員会編『外国新聞に見る日本』第一巻（一九八九年、毎日コミュニケーションズ）。

(77) 前掲『外国新聞に見る日本』第一巻、四二ページ。

(78) 前掲『外国新聞に見る日本』第一巻、一五五ページ。これが同書収録の『ニューヨーク・タイムズ』記事で「本社特派員記事」の初出である。

(79) 一八六一年四月二二日『タイムズ』記事に「通信員より」として二月五日の横浜の記事がある（『外国新聞に見る日本』第一巻、一七二ページ）。一八六一年二月一二日『ニューヨーク・タイムズ』に、「本社常駐通信員記事」として前年一一月二六日の幕府派遣使節団帰国の記事がある。同年二七日にも「本社特派員記事」「日本通信」があり、前年一二月二九日の神奈川の記事である。

(80) 前掲『外国新聞に見る日本』第一巻、一七五ページ。

(81) 清水勲「ワーグマン年譜」清水勲編『ワーグマン日本素描集』(一九八七年、岩波書店)一八二ページ。

第一部第二章

(1) D・R・ヘッドリク(原田勝正他訳)『帝国の手先　ヨーロッパの膨張と技術』(一九八九年、日本経済評論社)。

(2) 花岡薫『海底電線と太平洋の百年』(一九六八年、日東出版)一二六ページ以下、石原藤夫『国際通信の日本史』(一九九九年、東海大学出版会)四七ページ以下。

(3) 寺島宗則研究会編『寺島宗則関係資料集』上巻(一九八七年、示人社)四六二ページ。

(4) 郵政省編『郵政百年史年表』(一九七二年、吉川弘文館)七ページ。

(5) 大北電信会社との一八七〇年の交渉に関する日本側の主要文書は、外務省外交史料館文書の簿冊「丁抹国大北電信会社と海底電線沈架陸揚に関する約定締結一件」第一巻などにおさめられているが、下書き文書などが混じり、文書相互の関係が分かりにくい。それらを整理した文書が、『日本外交文書』第三巻、『寺島宗則資料集』上巻に収録されている。ただ、『寺島宗則資料集』には『日本外交文書』にはない文書があり、また簿冊「丁抹国大北電信会社と海底電線沈架陸揚に関する約定締結一件」には両者にない文書で重要なものがある。また、アメリカからの提案については、外交資料館簿冊「太平洋海底電線関係雑纂／桑港布哇呂宋本邦間の部(米国関係)」に収録されている。欧米側の資料については、イギリスの外交文書は一部利用したが、デンマークなどについては、残念ながら調べることができず、欧米の研究書に依拠せざるをえなかった。

(6) 露西亜領事臨時代理(函館在勤)より外務卿澤宣嘉宛「露西亜より日本を経て支那に至る海底電線敷設に付右電線の陸揚免許あり度旨申出の件」外務省『日本外交文書』第三巻(一九六九年、世界文庫)二七六ページ。
なお、当時の日本の暦法は陰暦であるから公式文書の日付は陰暦だが、外国の外交文書は陽暦で、その対応関係がわかりにくいので、本文では陽暦の日付に統一し、適宜陰暦の日付を括弧内に記すこととした。

（7）「海底電線敷設に関し露西亜領事代理に詳細照会方依頼の件」前掲『日本外交文書』第三巻、二七六ページ。「ワシハスト或はハシエタ」という地名が、現在のどこにあたるのかは不明、恐らくウラジオストック付近であろう。

（8）『寺島宗則資料集』上巻、五一一ページ。

（9）「謁見の儀に付ての打合、海底電線敷設に関する件」前掲『日本外交文書』第三巻、二七七ページ。

（10）長島要一「大北電信会社の日本進出とその背景―シッキ公使の来日―」『日本歴史』一九九五年八月（第五六七号）。日本の外交文書では「シク」と表記されているが、長島は、「シッキ」と表記しており、デンマーク語の発音としては、そのほうが正しいようなので、ここではそのように表記する。

なお、長島要一の論文は、同『日本・デンマーク　文化交流史　一六〇〇―一八七三』（二〇〇七年、東海大学出版会）の第六章に収録された。同書は日本とデンマークの関係を幅広く明らかにしており、参考として。

（11）「丁抹の電信会社の概要説明の件」前掲『日本外交文書』第三巻、二八〇ページ。

（12）日本の交渉相手となったのは、正式には大北電信増設会社であるが、同社は大北電信会社の姉妹社で、後に大北電信会社と合併するので、ここでは大北電信会社という名称を用いる。

（13）「桑港より日本及清国に至る海底電線敷設に付右電線の陸揚免許あり度旨申出の件」前掲『日本外交文書』第三巻、二七〇ページ。

（14）沢外務卿、寺島外務大輔宛（一八七〇年六月二九日）簿冊「太平洋海底電線関係雑纂／桑港布哇呂宋本邦関係の部」（JACAR: B04011008700）、前掲『日本外交文書』第三巻、二七〇ページ。

（15）「返翰案」前掲簿冊。この文書は『日本外交文書』には収録されていない。

（16）米国公使宛外務卿、外務大輔（六月　日）前掲簿冊、『日本外交文書』第三巻、二七一ページ。

（17）前掲長島論文。

（18） 前掲花岡、二四ページ。

（19） スウェンソンの幕末日本駐在体験記として、E・スエンソン（長島要一訳）『江戸幕末滞在記』（一九八九年、新人物往来社）がある。

（20） 前掲長島論文。

（21） 前掲長島論文。ただし、長島は資料的根拠をあげていない。

（22） 「庚午六月四日於英国公使館寺島外務大輔中野大参事英公使江話之大意」簿冊「外務卿等の各国公使との対話書」第五巻、（JACAR: B03030038300）。

（23） Jorma Ahvenainen, *The Far Eastern Telegraphs, The History of Telegraphic Communication between the Far East, Europe and American before the First World War.* (1981 Helsinki) p. 38.

アベナイネンは、デンマークの資料をもとに大北電信会社、イギリスの動向を分析しており、参考にした。

（24） *Ibid.*, p. 39.

（25） *Ibid.*, p. 39.

（26） *Ibid.*, p. 39.

（27） Daniel R. Headrick, *The Invisible Weapon*. p. 44.

当時における海底電線をめぐる帝国主義列強の強引な政策と清国政府の関係については、Dwayne R. Winseck and Robert M. Pike, *Communication and Empire - Media, Markets, and Globalization, 1860–1930.* (2007 Duke University Press), p. 117.

（28） Ahvenainen, *op. cit.*, p. 41. 原文書は F. O. 46 Vol. 123 Foreign Office to Parks. January 27th, 1870. F. O. 46 Vol. 123 Foreign Office to Parks. 25th. March, 1870。横浜開港資料館所蔵の複製本を閲覧した。

（29） Ahvenainen, *op. cit.*, pp. 51–52.

(30) 前掲長島論文も大北電信会社が日本国内の電信線敷設を行うことに正面切って反対したのはパークスで、当時、横浜には日本国内での電信敷設を計画していたダンが滞在しており、パークスはダンの計画を援助する約束をしていたため、大北電信会社が国内電信敷設の免許をえることに反対し、シッキもそれを受けいれたとパークス反対説を述べている。ただし、長島は資料的根拠をあげていない。また、後述するパークスの本省宛報告書によればシッキが免許状草案を日本に提案した七月八日の時点では、ダンは日本に到着していなかった。

(31) F. O. 46 Vol. 126 From Parks to the Foreign Office. July 21, 1870. 横浜開港資料館所蔵「英国外交文書」複製本による。

(32) 一八六八年に広瀬自懿から京阪間の電信敷設の出願があった（渡辺正美『日本電信電話創業史話』〈一九五八年、一二三書房〉四九ページ）。

(33) 「丁抹伝信機組建白之略」外務省外交史料館所蔵簿冊「丁抹国大北電信会社と海底電線沈架陸揚に関する約定締結一件」第一巻（JACAR: B07080182700）。この文書は、『日本外交文書』には収録されていない。

(34) 「デンマーク会社海底電線陸揚免許に関する書類」早稲田大学図書館所蔵「大隈重信関係資料」。

(35) Ahvenainen, *op. cit.*, p. 35.

(36) F. O. 46 Vol. 126 From Parks to the Foreign Office. July 21, 1870. この報告書で、パークスはシッキから聞いた両社の協定を本省に報告している。イギリス外務省は、協定直後に両社から報告を受けた可能性が高いが、駐日公使、駐中公使まで連絡する時間はなかったのであろう。

(37) Kurt Jacobsen, "Small Nation International Submarine Telegraphy, and International Politics : The Great Northern Telegraph Company, 1869–1940" in B. Finn and D. Yang eds., *Communication under the Seas, The Evolving Cable Network and Its Implications* (2009 The MIT Press) p. 126.

(38) 「庚午八月八日外務省おいて寺島大輔孛国公使フヲンブランド応接之大意」前掲簿冊「丁抹国大北電信会社と海底

電線沈架陸揚に関する約定締結一件」第一巻（JACAR: B07080182700）、「丁抹との海底電線陸揚に関する約定案に関する件」前掲『日本外交文書』第三巻、三〇八ページ。

(39) 外務大丞馬渡宛ケンプルマン、前掲簿冊「丁抹国大北電信会社と海底電線沈架陸揚に関する約定締結一件」第一巻（JACAR: B07080182700）。『日本外交文書』は書簡を掲載しているが、別添の規則案を省略している。

(40) 「海底電線敷設に関する件」『日本外交文書』第二巻、三〇四ページ。

(41) 前掲『日本外交文書』第三巻、三一六ページ。

(42) 前掲『日本外交文書』第三巻、三一二ページ。

(43) 郵政省編『郵政百年史年表』（一九七二年、吉川弘文館）。

(44) 前掲『英国を中心として観たる電気通信発達史』一五五ページ。

(45) 前掲『郵政百年史年表』。

(46) 千葉正史『近代交通体系と清帝国の変貌　電信・鉄道ネットワークの形成と中国国家統合の変容』（二〇〇六年、日本経済評論社）五七ページ。

(47) 前掲『英国を中心として観たる電気通信発達史』一五五ページ。日本に滞在した大北電信会社の通信士の日常生活については、長島要一『大北電信の若き通信士フレデリック・コルヴィの長崎滞在記』（二〇一三年、長崎新聞社）が興味深い。

(48) 前掲簿冊「丁抹国大北電信会社と海底電線沈架陸揚に関する約定締結一件」第一巻（JACAR: B07080182700）。

(49) 「東京より長崎まで電信架建に付建造方調査せしむ」「太政類典」第一編第一〇三巻。『郵政百年史資料』2（一九七〇年、吉川弘文館）三五ページにも収録。

(50) 逓信省電務局『帝国大日本電信沿革史』（一八九二年、逓信省）二四九ページ。

(51) 「東京より長崎迄電信線架設に付英公使往復書」「太政類典」第一編第百三巻。前掲『郵政百年史資料』第二巻、四〇ページにも収録。

(52) 逓信省電務局『外国電信特別協約集・第一』七ページ。

(53) 巴里斯に在る日本公使館第一等書記官塩田宛北方電線大会社長官ティートセン書簡、外務省記録「丁抹大北と海底電線沈架陸揚に関する約定締結一件」第二巻（JACAR: B07080183300）。

(54) 「丁抹電信会社免許状伺」「公文別録」明治六年・第六八巻。

(55) デュ・ブスケについては、梅溪昇「左院のフランス主義とジュ・ブスケ」『お雇い外国人・一一・政治法制』（一九七一年、鹿島研究所出版会）。

(56) 前掲「丁抹電信会社免許状伺」所収。三月一七日付で外務大少丞は、委任状案は既に参朝の際に認めたので提出しないと返答している。

(57) 前掲「丁抹電信会社免許状伺」所収。同文書は、外務省記録「丁抹大北と海底電線沈架陸揚に関する約定締結一件」第二巻、「太政類典」第二編第一八五巻電信二にも収録されている。

(58) 「丁抹大北と海底電線沈架陸揚に関する約定締結一件」第二巻、前掲「丁抹電信会社免許状伺」、「太政類典」第二編第一八五巻電信二などに所収。

(59) 「丁抹大北と海底電線沈架陸揚に関する約定締結一件」第二巻、前掲「丁抹電信会社免許状伺」、「太政類典」第二編第一八五巻電信二などに所収。

(60) 前掲「丁抹大北と海底電線沈架陸揚に関する約定締結一件」第二巻に、この間の工部省、外務省の動きを示す文書がある。

(61) 「丁抹大北と海底電線沈架陸揚に関する約定締結一件」第二巻に七月三日付外務少輔上野景範宛山尾庸三工部大輔の書簡があり、デュ・ブスケからの電信文訳が附属している。デュ・ブスケからの電信文が何日に着いたのかの記載がないが、訳文作成に時間を要したとすれば、電信文は三日の前に着いていたのかもしれない。

(62) 前掲七月三日付外務少輔上野景範宛山尾庸三工部大輔書簡附属のデュ・ブスケ電報、前掲「丁抹大北と海底電線沈架陸揚に関する約定締結一件」第二巻。デュ・ブスケは詳しくは郵便で後送と連絡し、仮調印した文書の全文は、「丁抹大北と海底電線沈架陸揚に関する約定締結一件」第二巻、逓信省電務局編『外国電信特別協約集』第一輯（一八九六年、逓信省）などに収録されている。

(63) 「丁抹国海底線横浜陸揚条約書中追加の条を廃棄す」「太政類典」第二編第一八五巻。同文の文書が、岩倉具視右大臣宛伊藤博文工部卿「丁国海底線長崎より横浜に陸揚条約御取消之義差置可然伺」として外交文書中にあるが、一〇月一三日付となっている。ここでは、「太政類典」の日付にしたがった。

(64) 正式条文は、逓信省電務局編『外国電信特別協約集』第一輯（一八九六年、逓信省）一三ページ。

第一部第三章

(1) 小糸忠吾『世界の新聞・通信社I』（一九八〇年、理想出版社）一〇〇ページ。

(2) 前掲『日本初期新聞全集』第二五巻、一五ページ。発行の日付は記載がなく、不明である。

(3) Graham Storey, *Reuters' Century 1851-1951*. (1951 London) p. 62, p. 69. Henry M. Collins, *From Pigeon Post to Wireless* (1925 London) p. 100 以下。

(4) Donald Read, *The Power of News, The History of Reuters*. (1992 Oxford UP) p. 62. *Reuters' Century* p. 68. ただ、東方私用電報（Eastern Private Telegram）というのが業務をさす通称なのか、子会社の名称なのかは分からない。

(5) 国際電信電話株式会社監訳『英国における海底ケーブル百年史』四四ページ。

(6) 前掲『日本初期新聞全集』第二八巻、九三ページ。日付は不明。

(7) 前掲『日本初期新聞全集』第二八巻、二二七ページ。吉田哲次郎「明治時代の日本の新聞とロイター」（『新聞通信調査会報』第二五九号から第三一〇号連載）は丹念に紙面やその他の資料をあたった労作で、本書でも大いに参考にした。ただロイター記事の初出を一八七二年四月二〇日の『ウィクリー・メール』の記事だとしているが、本文に記した通り、それ以前にも掲載はある。

（8）前掲『英国を中心として観たる電気通信発達史』一三〇ページ。月日は不明である。ただ、『ジャパン・ウィクリー・メール』一八七一年一月二一日付に英国インド拡張電信会社の広告としてシンガポール・ペナン・マドラス間の電信取扱いの広告があるので、一八七一年一月にはインドとシンガポールが接続されていたことは間違いない。

（9）『ジャパン・ウィクリー・メール』は、シンガポールの新聞から転載しているのではなく、シンガポールで受信したロイター電報をそのまま船便で運んでいるとも推定できるが、詳細は不明である。

（10）前掲『英国を中心として観たる電気通信発達史』一三〇ページ。月日は不明である。

（11）前掲『大北電信会社百年史』一五ページ。

（12）*From Pigeon Post to Wireless* と *Reuters' Century* p. 59 はコリンズの来日時期をはっきり書いていない。吉田哲次郎「明治時代の日本の新聞とロイター①」『新聞通信調査会報』第二五九号（一九八四年六月号）は、*From Pigeon Post to Wireless* の叙述を分析し一八七二年二月（新暦）と推定しており、これに従った。

（13）*Ibid.*, p. 111.

（14）*Ibid.*, p. 115.

（15）立脇和夫監修『幕末明治在日外国人機関名鑑』第一巻（一九九六年、ゆまに書房）の復刻版による。当時の居留地住民人名録については、寺岡寿一編『明治初期の在留外人人名録』（一九八三年、寺岡書洞）が詳しい。

（16）『ジャパン・ウィクリー・メール』一八七二年一二月七日広告。

（17）『ジャパン・ウィクリー・メール』一八七三年五月三日。

（18）F. H. H. King, P. Clarke, *A Research Guide to China-Coast Newspapers, 1822-1911*. (1965 Harvard UP) p. 107.

（19）"The Telegraphs"『ジャパン・ウィクリー・メール』一八七三年十二月十三日。

(20)『郵政百年史年表』による。

(21) 前掲『幕末明治在日外国人機関名鑑』復刻版による。

(22) 明治文化研究会編『幕末明治新聞全集』第六巻上（一九七八年、世界文庫）三一ページ。

(23) 萩原延壽『遠い崖・八・帰国』（二〇〇八年、朝日新聞社）二八〇ページ。

(24)『ジャパン・メール』については、『*The Japan Weekly Mail*』復刻版（二〇〇五年、エディション・シナプス）解題の斎藤多喜夫「『ジャパン・ウィクリー・メール』について」、浅岡邦雄「初期『ジャパン・メイル』と明治政府」『*The Japan Weekly Mail* 復刻版』別冊付録（二〇〇六年、エディション・シナプス）によった。

(25)「我政府欧州重大事件の電報取寄人に加入す」「太政類典」第二編第一八五巻、『明治政府翻訳草稿類纂』第五巻（一九八六年、ゆまに書房）一四一ページ。

(26) Read, *op. cit.*, p. 63.

(27) 前掲「我政府欧州重大事件の電報取寄人に加入す」。同時に太政官から外務省工部省にもその旨連絡されたが、工部省に連絡したのは海底電信の利用であったからであろう。

(28) 蛯原八郎『日本欧字新聞雑誌史』（一九三四年、一九八〇年復刻、名著普及会）八一ページ。また、笠原英彦「ルジャンドルと政府系英字新聞」『新聞学評論』第三三号（一九八四年）、鈴木雄雅「解説」『明治初期新聞全集』、前掲浅岡。

(29)『明治政府翻訳草稿類纂』第二巻（一九八六年、ゆまに書房）二六一ページ。この書簡には宛先が記されていない。

(30) 早稲田大学『大隈文書』R二八、A一一一二、一一一四。

(31)「公文録」明治六年・第一二四巻・明治六年六月・大蔵省伺（一）、国立公文書館所蔵。

(32) この事件はよく知られているが、拙著『「中立」新聞の形成』（二〇〇八年、世界思想社）一三ページで触れた。

(33) この間の経緯を示す文書は、「ジャパンメール新聞紙取扱料増給伺」「公文録」明治六年第一三二巻明治六年七月大蔵省伺（三）所収、「ジャパンメール約定一件書」「公文別録」太政官明治元年〜明治五年〜明治十年所収などにある。

(34)「ジャパンメール新聞紙之儀に付大蔵省へ達案」第十類単行書「官符原案」副本六。

(35)「大隈参議へ達六年十月十三日」『法規分類大全』第二一冊第二一文書門　記録志表、四八四ページ。

(36)関係する文書は、「ジャパンメール約定一件書」「公文別録」太政官・明治元年〜明治一〇年・第五巻・明治五年〜明治一〇年、「ジャパンメール新聞紙発行解約の儀内史本課伺」「公文録」明治七年第三四五巻・明治七年・官符原案抄録などにある。

(37)前掲「ジャパンメール新聞紙発行解約の儀内史本課伺」「公文録」。

(38)前掲「ジャパンメール新聞紙発行解約の儀内史本課伺」所収。

(39)ホウエル宛大隈重信（明治）七年八月一四日付、「ジャパンメール新聞紙発行解約の儀内史本課伺」「公文録」明治七年・第三四五巻・明治六年、七年・「官符原案抄録」。

(40)「ウージーホーウエルへ新聞紙代価下渡之儀」「単行書・官符原案副本一〇」（国立公文書館蔵）。

(41)大臣・参議宛反訳局長箕作権大内史（明治八年三月二八日付）「単行書・官符原案・副本一〇」。アレクサンダー・シーボルト（またはジーボルト）については、A・ジーボルト（斎藤信訳）『ジーボルト最後の日本旅行』（一九八一年、平凡社）参照。

(42)「ジャパンメール新聞社ツージーホーウエル氏と条約廃止の儀に付伺」「公文禄」明治八年・第十巻・明治八年十月・各局。

第一部第四章

(1)「太平洋海底電線架設保護之義に付上申」三条実美太政大臣宛井上馨外務卿（明治年一三年一二月二〇日）簿冊

「太平洋海底電線関係雑纂、桑港布哇呂宋本邦間の部（米国関係）」（JACAR: B04011008700）。

(2) 大隈参議宛井上外務卿（明治一三年一二月二〇日）前掲簿冊「太平洋海底電線関係雑纂、桑港布哇呂宋本邦間の部（米国関係）」所収。

(3) 花岡薫『海底電線と太平洋の百年』（一九六八年、日東出版）一六二ページでこの問題について簡単に触れているが、井上の返答は、「ただちに実行することを考慮したものではあるまい」と述べている。

(4) Jill Hills, *The Struggle for Control of Global Communication, The Formative Century.* (2002 University of Illinois Press) p. 48.

(5) 条文は、逓信省電務局『外国電信特別協約集・第一輯』（一八九六年、逓信省）によった。

(6) 岡忠雄『太平洋域に於ける電気通信の国際的瞥見』（一九四一年、通信調査会）など。

(7) 前掲花岡、一六一ページ。

(8) 大野哲弥「大北電信会社に対する国際通信独占権付与の経緯」『メディア史研究』第二一号（二〇〇六年一二月）。

(9) 東京大学法学部明治新聞雑誌文庫編『朝野新聞』縮刷版には号外そのものは収録されておらず、八月一日付紙面に前日号外を発行した旨の記事がある。

この事件のニュース伝達状況は、前掲大野哲弥「大北電信会社に対する国際通信独占権付与の経緯」が詳しい。なお、大野の研究は『国際通信史でみる明治日本』（二〇一二年、成文社）にまとめられた。

(10) 前掲花岡、一六一ページ。

(11) 中山龍次『戦争と電気通信』（一九四二年、社団法人電気通信協会）一一四ページ。

(12) 東京大学史料編纂所編『保古飛呂比　佐佐木高行日記』第一一巻（一九七九年、東京大学出版会）二六〇ページ。

(13) 「長崎朝鮮間其他へ海底電線架設の件」の付属文書、「公文別録」工部省第一巻明治一五年〜明治一六年（JACAR: A03022935800）。外務省記録「丁抹大北電信会社と海底電線沈架陸揚に関する約定締結一件」第二巻（JACAR:

B07080183700）にも所収。

（14）前掲「長崎朝鮮間其他へ海底電線架設の件」「公文別録」の付属文書。

（15）前掲「長崎朝鮮間其他へ海底電線架設の件」。

（16）明治一五年一一月八日付井上馨外務卿宛佐々木高行工部卿書簡の付属文書、前掲「丁抹国大北電信会社と海底電線沈架陸揚に関する約定締結一件」第二巻（JACAR: B07080183700）所収。この付属文書は「公文別録」の「長崎朝鮮間其他へ海底電線架設の件」には収録されていない。

（17）前掲中山、一一四ページ。

（18）Jorma Ahvenainen, *The Far Eastern Telegraphs, The History of Telegraphic Communication between the far East, Europe and America before the First World War.* (1981 Helsinki) p. 65.

（19）「長崎より上海及浦塩斯徳間海底線増加并朝鮮国へ海底線布設に付条約書」所収「公文録」明治一五年・第一七八巻・明治一五年一一月～一二月・工部省。「公文類聚」（国立公文書館所蔵）等にも収録。

（20）Ahvenainen *op. cit.*, p. 66.

（21）室井崇監訳『「ケーブル・アンド・ワイヤレス会社　一八六八年～一九六八年百年史」』（一九七二年　国際電信電話株式会社）九ページ。

（22）前掲「丁抹大北電信会社と海底電線沈架陸揚に関する約定締結一件」第二巻所収。

（23）前掲「長崎より上海及浦塩斯徳間海底線増加并朝鮮国へ海底線布設に付条約書」所収「公文録」明治一五年・第一七八巻所収。

（24）Ahvenainen *op. cit.*, p. 67.

（25）前掲「長崎朝鮮間其他へ海底電線架設の件」「公文別録」所収。

（26）前掲「長崎朝鮮間其他へ海底電線架設の件」「公文別録」所収。

（27）その後の朝鮮半島での電信をめぐる外交については、前掲大野論文および山村義照「朝鮮電信線架設問題と日朝清関係」『日本歴史』第五八七号（一九九七年四月）。

第二部第一章

（1）『東京日日新聞』『横浜毎日新聞』は「電報」という見出しであるが、『朝野新聞』は「海外新報」という欄が電報になっている。『郵便報知新聞』の「海外新報」欄には電報と長文の海外概況記事とが混在している。

（2）斎藤多喜夫「『ジャパン・ウィクリー・メール』について」復刻版『*The Japan Weekly Mail*』別冊附録（二〇〇五年、エディション・シナプス）。

（3）現存する一八七六年一月の『デイリー・アドバタイザー』をみると、一月三日、一月一三日、二月八日にロイター電報が掲載されている。しかし、一月三日ロイター電報は From the Ceylon Observer、一月一三日と二月八日は From the Caleucatta Englishman と注記されていて、ジャパン・メール社がロイター社と直接契約していたのではないことが分かる。掲載も発信から一ヵ月ほど遅れている。一八七五年七月から一八七六年三月まで『ジャパン・ウィクリー・メール』にもロイター電報が掲載されておらず、この時期はジャパン・メール社とロイター社との契約が中断していたと推定され、『ジャパン・ウィクリー・メール』一八七六年三月二五日付からロイター電報が掲載されているので、一八七七年の『デイリー・アドバタイザー』にはロンドンから直接配信されたロイター電報を掲載していたと推測できる。

（4）福地源一郎「新聞紙実歴」『明治文学全集第一一巻・福地桜痴』（一九六六年、筑摩書房）三三四ページ。

（5）逓信大臣官房『逓信史要』（一八九八年、逓信省）一八八ページ。同書の説明が簡略すぎて、料金体系は分からない。

（6）ロイターの料金が高かったことは間違いないが、経営基盤の弱い居留地の英字新聞がなぜ掲載できたのかは分からない。先の『ジャパン・メール』のように日本政府の補助金を受けたのか、ロイターが自国系の海外新聞に割引したとも考えられる。

(7) 毎日新聞社編『毎日新聞百年史』(一九七二年、毎日新聞社)二六ページ。
(8) 前掲『毎日新聞百年史』二六ページ。
(9) 東京大学法学部明治新聞雑誌文庫編『朝野新聞』縮刷版(一九八二年、ぺりかん社)によった。なお、鵜飼新一『朝野新聞の研究』(一九八五年、みすず書房)三四ページによれば、一八八四年八月の「清仏事件」に際しては上海からの電報ニュースが載せられ、その後一名を上海に派遣した。この時点では専門の記者を用いていたようである。
(10) 前掲鵜飼、資料編五三ページ。
(11) 海外関係ニュースといっても明確な一線を引くことは難しいが、通常のニュースのみを取りあげ、一般的な外国思想・文化などに関する評論は除外した。
(12) 表記は、「ルイター」「ルートル」「ロイテル」など様々である。
(13) 『朝野新聞』の場合、「電報」欄に電報として掲載されている記事のなかには長文のものがあって、電報ではないと推測されるが、取りあえず電報として集計した。
(14) エディション・シナプス社発行の復刻版によった。ジャパン・メールとロイターの関係については、吉田哲次郎「ジャパン・メールをめぐる明治初期のロイター電と代理店」『新聞通信調査会報』一九八七年一月一日(第二九〇号)。
(15) 毎日新聞社編『毎日新聞百年史』年表は、一八七九年一二月二九日がロイター電報掲載の初出としているが、その一週間ほど前にも掲載はある。
(16) 立脇和夫監修『幕末明治在日外国人機関名鑑』第一巻(一九九六年、ゆまに書房)の復刻版による。
(17) 前掲『世界の新聞・通信社Ⅰ』九四ページ。

(18) *Reuter's Century*. Donald Read, *The Power of News, The History of Reuters* (1992, Oxford University Press).
(19) 『通信社史』四八ページ。
(20) 「新聞原稿下付の件」陸軍省大日記『壱大日記　壱』（JACAR: C03030335700）。
(21) 前掲「新聞原稿下付の件」陸軍省大日記『壱大日記　壱』
(22) 『時事新報』一八九〇年一一月二一日。
(23) 二宮熊次郎は慶応元年、宇和島藩士の家に生まれる。藩校で学んだ後、上京し末広重恭の斡旋で『朝野新聞』に入る。その後、時事通信社設立に参加した。詳しくは、宮武外骨、西田長寿『明治新聞雑誌関係者略伝』（一九八五年、みすず書房）一八六ページ、佐々木隆「明治時代の二宮熊次郎」『メディア史研究』第二三号（二〇〇七年、ゆまに書房）参照。ただし、佐々木論文によれば、この時期の二宮に関する資料はないようである。
(24) 前掲佐々木論文。
(25) 光永眞三編『新聞総攬』明治四三年（一九一〇年、日本電報通信社）五六〇ページ。
(26) 前掲『明治新聞雑誌関係者略伝』二二〇ページ。
(27) 告訴は私印私文書偽造問題で、各新聞に報じられている。『東京日日新聞』一八九一年四月一八日など。
(28) R・W・デズモンド（小糸忠吾訳）『国際報道と新聞』（一九八三年、新聞通信調査会）八二ページ、前掲『世界の新聞・通信社Ⅰ』九五ページ。
(29) *Reuters' Century*. p. 139.
(30) Read, *op. cit.*, p. 77.
(31) *Ibid.*
(32) 津金澤聡廣他『近代日本の新聞広告と経営　朝日新聞を中心に』資料編（一九七九年、朝日新聞社）による。
(33) 小栗又一『龍渓矢野文雄君伝』（一九三〇年、小栗又一）一三九ページ。

(34) 岡村重賀編『ジャパン・タイムス小史』(一九四一年、ジャパン・タイムス社)二四〜二五ページ。

(35) 初期の『官報』が複雑な性格をもっていたことは拙著『陸羯南』(二〇〇七年、吉川弘文館)で触れた。

(36) 「内閣官報局と在横浜英国ルーテル電信会社と結約し外報ある毎に通報せしめ其事項を取捨して官報に掲載す」「公文類聚」第十編明治十九年・第十巻(国立公文書館蔵)。

(37) 大蔵省印刷局『官報百年のあゆみ』(一九八三年、大蔵省印刷局)五一ページ。

第二部第二章

(1) 小野秀雄『日本新聞発達史』(一九二二年、大阪毎日新聞社・東京日日新聞社)二四七ページは「邦字新聞最初の海外特約者となつた」と記している。小野は月まで特定していないが、前掲『官報百年のあゆみ』五四ページは二月としている。内川芳美『日本新聞史話』は「『時事』が、明治二十六年、他紙にさきがけてロイター通信と特約を結んだのも、その意味で『時事』の見識を示すものであった」(一五〇ページ)とし、小野と同じく「特約」という言葉を使っている。

(2) 吉田哲次郎「時事新報とロイター電」『新聞通信調査会報』第二九九号(一九八七年一〇月一日)。

(3) 前掲『通信社史』四〇ページ。

(4) ロイター文書館に日本関係の文書が所蔵されていることは、武蔵野大学のピータ・オコーノ教授から教示を得た。それをもとにイギリスに留学中であった島根大学専任講師浜田幸絵氏(当時東京経済大学院生)に文書を撮影してもらった。ロイター文書が入手できたのはお二人のおかげであり、深く感謝する。

(5) Reuters Archive Record. Archive No. 1/8715542. Location LN246.

(6) Reuters Archive Record. Archive No. 1/8715544. Location LN246.

(7) 前掲大谷、一六七ページ。

（8）Donald Read, *The Power of News.* (1992 Oxford UP) p. 84.

（9）坂根義久校注『青木周蔵自伝』（一九七〇年、平凡社東洋文庫）二六七ページ以下。

（10）外務省記録「日清戦役に際し外国新聞操縦関係雑纂」所収（JACAR: B08090014100）。

（11）前掲「日清戦役に際し外国新聞操縦関係雑纂」所収。
一八八二（明治一五）年の日本政府と大北電信会社との免許状第一一条に「日本政府官報は会社線上に限り其料金の半価を以て伝送すべし」と定められていた（逓信省電務局『外国電信特別協約集第一輯』）。ちなにみ、この間の電報にはペテルスベルグ経由と注記があるものがあり、日本政府の公電が大北電信会社を利用していたことが分かる。

（12）Reuters Archive Record. Archive No. 1/8714059. Location LN238.

（13）Read, *op. cit.*, p. 9. この時期、ロイター電報会社とロイター国際通信社とがどのような関係になっていたのかはよく分からない。事実上は一体であったのであろう。

（14）Donald Read は、契約の要点を簡潔に記述し、この興味深い（intriguing）がいつまで続いたかは不明であるとし、ロイターへのイングランダーの「最後のひらめき（last flash）」と付言している（八四ページ）。リードはロイター文書館所蔵のその後の契約書を見なかったか、無視したかのどちらかであろう。「最後のひらめき」というのは意味深い言葉のようだが、よく分からない。

（15）陸奥宗光（中塚明校注）『新訂蹇蹇録』（一九八三年、岩波文庫）一一五ページ。

（16）在伯林青木公使宛外務大臣（明治二七年十月二十六日発遣）前掲簿冊「日清戦役に際し外国新聞操縦関係雑纂」所収。

（17）井上晴樹『旅順虐殺事件』（一九九五年、筑摩書房）三〇ページ以下も、ロイターとの秘密関係について述べている。井上の著書は、旅順虐殺事件について欧米各紙の報道についての詳細な研究である。

（18）前掲「日清戦役に際し外国新聞操縦関係雑纂」所収。ちなみに青木から陸奥外相への書簡は約四週間ほどで外務省に着いているが、電報の往復は二日ですんでいて、電信利用の速度が端的に表れている。

(19) 前掲「日清戦役に際し外国新聞操縦関係雑纂」所収。

(20) 前掲「日清戦役に際し外国新聞操縦関係雑纂」所収。

(21) 外務大臣陸奥宗光宛特命全権公使加藤高明「ルーター電報会社と密約の件」(機密第十三号) 明治二八年五月一一日付(六月一四日接受) 前掲簿冊「日清戦役に際し外国新聞操縦関係雑纂」所収。

(22) 「陸奥宗光関係文書」六八―八(国立国会図書館憲政資料室蔵)。

(23) Reuters Archive Record. Archive No. 1/8715544. Location LN236.

青木周蔵が結んだ契約文書は外務省記録簿冊「日清戦役ニ際シ外国新聞操縦関係雑纂」に綴じ込まれているが、伊東巳代治の署名したものは外務省記録にはなく、ロイター側にだけ残っている。

(24) 伊藤博文関係文書研究会編『伊藤博文関係文書・二』(一九七四年、塙書房) 三三〇ページ。

(25) 外務大臣陸奥宗光宛特命全権公使加藤高明「ルーター電報会社への手当金残額返納の件」(明治二九年四月二九日付) 前掲簿冊「日清戦役に際し外国新聞操縦関係雑纂」所収。

(26) 伊藤博文編『秘書類纂・財政資料中巻』第一六巻(一九七〇年復刻、原書房) 四一一ページ。

(27) 前掲簿冊「日清戦役に際し外国新聞操縦関係雑纂」所収。

(28) 前掲簿冊「日清戦役に際し外国新聞操縦関係雑纂」所収。

(29) 前掲簿冊「日清戦役に際し外国新聞操縦関係雑纂」所収。

(30) 前掲簿冊「日清戦役に際し外国新聞操縦関係雑纂」所収。

(31) 前掲簿冊「日清戦役に際し外国新聞操縦関係雑纂」所収。

(32) この記事は、吉田哲次郎「明治時代におけるロイターの代理店　初代マクマホンから九代ブランデルまで」『新聞通信調査会報』第二八四号(一九八六年七月一日)によって知った。

(33) 『ジャパン・タイムス』創刊の経緯については、ジャパン・タイムス社『ジャパン・タイムス小史』(一九四一年、ジャパン・タイムス社)一五ページ以下。題号の表記は社史にしたがい「ジャパン・タイムス」とする。
(34) 前掲『ジャパン・タイムス小史』二四ページ。
(35) 『時事新報』一八九七年五月六日。
(36) 『国民新聞』一八九七四月三〇日。
(37) Reuters Archive Record. Archive No. 1/8715506. Location LN248.
(38) 『時事新報』一八九八年一月一日。
(39) この注記を入れた最初は不明だが、一八九九年一月一四日以降には明記されている。
(40) 『朝日新聞社史・明治編』(一九九〇年、朝日新聞社)三七〇ページ。『時事新報』に比較して一日遅れる歯がゆさを述べた編集幹部の書簡が紹介されている。
(41) 『大阪朝日新聞』一八九七年一二月三〇日。
(42) Reuters Archive Record. Archive No. 1/8715547 Location LN246.
(43) 契約書第一条には「delivered in Osaka」とあり、第四条に「the Asahi Shinbun or Local bulletin in connection therewith at Osaka」とある。
『朝日新聞社史・明治編』は、「ロイター側の都合で「京阪神地方の独占契約」であった(三七一ページ)と記している。朝日新聞社側はそのように解釈していたのであろう。しかし、京阪神地方の「独占」が契約文に明記されたのは、一八九九年八月一日の契約である。
(44) 前掲『朝日新聞社史・明治編』三七〇ページ。
(45) 毎日新聞百年史刊行委員会『毎日新聞百年史』(一九七二年、毎日新聞社)七四ページ。
(46) Reuters Archive Record. Archive No. 1/880213 Location LN248. 互いに署名交換したであろう契約書の正文は朝日

新聞社では失われたようだが、訳文の写し（原稿用紙）が朝日新聞社史編修センターに所蔵されている。

(47) Reuters Archive Record. Archive No. 1/8713987. Location LN237.

(48) 「山本昌一氏談」迫大平編『電通社史』（一九三八年、日本電報通信社）七九二ページ。

(49) Reuters Archive Record. Archive No. 1/880261. Location LN248.

(50) Reuters Archive Record. Archive No. 1/880262. Location LN248.
『時事新報』一八九九年六月一六日付に「ロイター電報に付き」という記事があり、これまでロイター電報は『時事新報』と『ジャパン・タイムス』が特約してきたが、「兼て東京府下各新聞よりの懇談に由り」、一〇新聞社も新たに加入することになった旨を報じている。

(51) （一八九九）年五月二八日付、朝日新聞社史編修センター所蔵資料。

(52) Reuters Archive Record. Archive No. 1/880260. Location LN248.

(53) いずれも朝日新聞社史編修センター所蔵資料。「ロイテル電報料分担契約証書」と「『ロイテル』電報分与に付契約」は、宇野が大阪本社の了承を得るために各社合意案を送ったものなので、その後語句の修正があったかもしれない。正式文書は見いだせなかった。

(54) Reuters Archive Record. Archive No. 1/8713935. Location LN237.

(55) 読売新聞社『読売新聞八十年史』（一九五五年、読売新聞社）一六〇ページ。

(56) 一九〇〇年紙面によれば、土屋元作が「倫敦通信」という記事を送ってきているが、土屋は「巴里通信」という記事も送ってきており、ヨーロッパを旅行していたようである。これらは、電信ではなく、郵便で二ヵ月ほどの遅れである。

(57) 北清事変をめぐる報道競争は、前掲『朝日新聞社史・明治編』三八六ページ以下参照。

第二部第三章

(1) 逓信省電務局『外国電信特別協約集・第一輯』六七ページ。

(2) 「逓信大臣請議大北電信会社免許期限延長の件」『公文類聚』第二四編・明治三三年・第二六巻交通。

(3) 前掲『海底線と太平洋の百年』四二ページ。

(4) 一八九八年の交渉については、外務省記録「太平洋海底電線関係雑纂・桑港布哇呂宋本邦間の部（米国関係）」(JACAR: B04011008800) 所収。

(5) 「太平洋海底電信線敷設に関する件」『公文別録』逓信省・明治二六年から明治三九年 (JACAR: A03023091000)。

(6) 前掲「太平洋海底電信線敷設に関する件」所収。

(7) 前掲「太平洋海底電信線敷設に関する件」所収の逓信大臣請議書による。

(8) イギリスの海底電信線戦略については、P. M. Kennedy, "Imperial cable communication and strategy" *The English Historical Review*. Vol. 86 No. 341 (October 1971)

(9) 前掲「太平洋海底電線関係雑纂・桑港布哇呂宋本邦間の部（米国関係）」(JACAR: B04011008800)

(10) 前掲『海底電線と太平洋の百年』四八ページ。

(11) 前掲「太平洋海底電線関係雑纂・桑港布哇呂宋本邦間の部（米国関係）」(JACAR: B04011008800)

(12) Kurt Jacobsen, "Small Nation, Submarine Telegraphy, and International Politics" Bernard Finn and Daqing Yang eds. *Communication under the Seas, The Evolving Cable Network and Its Implication.* (2009 MIT Press).

(13) 前掲「太平洋海底電線関係雑纂・桑港布哇呂宋本邦間の部（米国関係）」(JACAR: B04011008900) には執筆者不明だが、陸軍省用箋の「日米間電信連絡に関する意見」と題する文書があり、「本挙電線の敷設（注：アメリカの海底電信線計画）は我国権の張弛に関する極めて緊急の要件なるを以て、此際米国政府と商議し、適当の措置を施し、太平洋に於ける通信の利益を収め、以て我国権の扶植を謀られんことを望む」と主張している。陸軍省中枢部の意見書であろう。

(14) 小村宛スチーヴンス（一九〇二年一一月一九日付）前掲「太平洋海底電線関係雑纂・桑港布哇呂宋本邦間の部（米国関係）」所収（JACAR: B04011008900）

(15) 高平宛スチーヴンス（一九〇二年一二月一〇日付）前掲「太平洋海底電線関係雑纂・桑港布哇呂宋本邦間の部（米国関係）」所収。

(16)「太平洋海底電線関係雑纂・桑港布哇呂宋本邦間の部（米国関係）」所収（JACAR: B04011009000）所収。この文書は『日本外交文書・明治三七年』第二冊にも収録されている。

(17)「太平洋海底電線関係雑纂・桑港布哇呂宋本邦間の部（米国関係）」所収（JACAR: B04011009000）所収。

(18)「逓信省告示」『官報』一九〇四年二月二三日。

(19)『読売新聞』一九〇四年六月二二日「戦時の海底電線」。

(20)『極秘明治三七・八年海戦史、第四部防備及び運輸通信』三ページ以下（JACAR: C05110109600）。

(21)『読売新聞』一九〇四年三月一日「大北電信と中立違反」。

(22) 大野哲弥「日清電信協約交渉でみる日露戦争後の国際通信政策」『交通史研究』第六二号（二〇〇七年四月）。

(23) 前掲『極秘明治三七・八年海戦史、第四部防備及び運輸通信』七ページ。

(24) 前掲『英国を中心として観たる電気通信発達史』二六一ページ。

(25) 前掲「太平洋海底電線関係雑纂・桑港布哇呂宋本邦間の部（米国関係）」所収（JACAR: B04011009000）所収、ただしこの英文電報には日付がなく月日は不明である。

(26)「太平洋電線之件に付高平公使へ電訓案」逓信省より提出、前掲「太平洋海底電線関係雑纂・桑港布哇呂宋本邦間の部（米国関係）」所収（JACAR: B04011009000）所収、ただしこの文書にも日付がない。

(27) 電信訳文、東京着三七年八月七日小村外務大臣宛高平全権公使、前掲「太平洋電線之件に付高平公使へ電訓案」逓

信省より提出、前掲「太平洋海底電線関係雑纂・桑港布哇呂宋本邦間の部（米国関係）」所収（JACAR: B04011009000）、英文も収録されている。

(28) 桂外務大臣宛高平全権委員電報（九月一四日東京着）前掲「太平洋海底電線関係雑纂・桑港布哇呂宋本邦間の部（米国関係）」所収（JACAR: B04011009100）。

(29) 講和条約の電報については、竹山恭二『報道電報検閲秘史　丸亀郵便局の日露戦争』（二〇〇四年、朝日新聞社）二一一ページ以下。同書は、日露戦争中の国内電報の実態について大変参考になる好著である。

(30) 「千九百五年九月十二日日本政府代表者と亜米利加合衆国紐育州の法律に拠り組織せられたる法人商業太平洋海底電信会社代表者との間に取極めたる契約」前掲「太平洋海底電線関係雑纂・桑港布哇呂宋本邦間ノ部（米国関係）」所収（JACAR: B04011009100）所収。

(31) 「太平洋海底線連絡に関し商業太平洋海底線会社と契約締結の件」前掲「太平洋海底電線関係雑纂・桑港布哇呂宋本邦間ノ部（米国関係）」所収（JACAR: B04011009100）所収。

(32) 在英林公使宛桂外務大臣電信（機密第二八号）明治三八年一一月三〇日発前掲「太平洋海底電線関係雑纂・桑港布哇呂宋本邦間の部（米国関係）」所収（JACAR: B04011009200）所収。ただし、これは官報を前提にしているので、一般商用私用電報はもっと遅かったかもしれない。

なお、同文書に官報の料金比較があり、東方電信会社線六・〇五、大北電信会社線四・四二五、太平洋商業海底電信会社線四・二二五とある。残念ながら金額の単位などの記載がないが、相対的な料金比較は分かる。大北電信会社との契約でも官報は半額となっていた。

(33) 『読売新聞』一九〇六年九月八日「日米海底線の成績」。

(34) 外務省記録「満韓並之と直接に関連する地方に於ける電信網の設備に付陸軍省意見申出一件」（JACAR: B04011015300）。

(35) 逓信省電務課『外信電信特別協約集』第二輯。

(36) 「諸外国より帝国に通ずる電線に関する大北電信会社権利回収方に付陸軍省より意見書送付一件」(JACAR: B04011027100)。

(37) 「対外電信事務調査会取調事項」(五月三日第一回会議に於て委員長の口演要領) 外務省記録簿冊「対外電信政策関係雑纂、大北会社に対する交渉及支那政府に対する交渉」第一巻 (JACAR: B04011040300)。

(38) 「帝国の対外電信政策に関する覚書」前掲簿冊「対外電信政策関係雑纂、大北会社に対する交渉及支那政府に対する交渉」第一巻 (JACAR: B04011040300)。「覚書」には日付はないが、内田康哉外務大臣宛林董逓信大臣の送り状は一九一二年五月二〇日となっている。

(39) 陸軍省密大日記「大北電信会社に与へたる特許期限満了後に関する件」(JACAR: C03022365600)。

(40) 前掲「大北電信会社に与へたる特許期限満了後に関する件」。

(41) 外務省記録「対外電信政策関係雑纂／大北電信会社委員との談判筆記」第一巻所収 (JACAR: B04011043800)。

(42) 日本と清国との交渉については、貴志俊彦「長崎上海間『帝国線』をめぐる多国間交渉と企業特許権の意義」『国際政治』第一四六号 (二〇〇六年一一月) が台湾の文書館所蔵の資料を利用して詳しく分析している。

(43) 『国際電気通信発達史』六一ページ。

(44) 前掲「対外電信政策関係雑纂／大北電信会社委員との談判筆記」第一巻。

(45) 前掲「対外電信政策関係雑纂／大北電信会社委員との談判筆記」第一巻。

(46) 「丁抹大北部電信会社と約定を締結す」「公文類聚」第三七編・大正二年・第一六巻・交通一・通信・運輸」国立公文書館所蔵。

(47) 「第十七回十二月三十一日帝国ホテルに於ける会見」「対外電信政策関係雑纂／大北電信会社委員との談判筆記」第一巻所収 (JACAR: B04011044000)。前掲陸軍省密大日記「大北電信会社に与へたる特許期限満了後に関する件」にも陸軍次官岡市之助宛逓信次官浜口雄幸報告（大正二年一月十一日付）として収録されている。ただ若干語句が異なる。

（48）前掲に記録されている「約定項目」では、「共同勘定」という言葉が使われ、前掲陸軍省密大日記収録文書では「共同資金制」、正式な協約文書では「合併計算」という言葉が使われている。

（49）逓信省電務局『外国電信特別協約集』第二輯による。前掲密大日記にも『大正二年締結対外電信特別協約』が収録されている。

（50）前掲貴志論文。

（51）七月一七日交渉外務省記録「対外電信政策関係雑纂／大北電信会社委員トノ談判筆記」第一巻（JACAR: B04011043800）。

（52）外務省記録「対外電信政策関係雑纂／大北電信会社委員トノ談判筆記」第一巻所収（JACAR: B04011044000）所収。

（53）逓信省編『逓信事業史』第三巻（一九四〇年、逓信協会）四七九ページ。

第三部第一章

（1）この時期の海外観光旅行の形成については、拙著『海外観光旅行の誕生』（二〇〇二年、吉川弘文館）参照。

（2）原敬文書研究会編『原敬関係文書』第八巻（一九八七年、日本放送出版協会）五三八ページ。

（3）前掲『通信社史』六七ページ。

（4）筆の子「戦時の通信員」『新公論』一九〇四年一〇月号。

（5）『新聞総覧・明治四三年』五六四ページ。日本電報通信社『電通社史』（一九三八年、日本電報通信社）一六ページにも引用。

(6) 日本電報通信社『明治四十三年十二月編纂・新聞総覧』(一九一〇年、日本電報通信社)五七〇ページ。
(7) 電通通信史刊行会編『電通通信史』(一九七六年、電通通信史刊行会)一二ページ。
(8) 前掲『電通通信史』一三ページ。
(9) 前掲『通信社史』一七九ページ。
(10) 光永星郎「予の全生命力を打込んだ通信事業」『新聞及新聞記者』一九二六年一〇月一五日号。
(11) 『日本及日本人』一九一〇年一月一日号「現代日本の新聞雑誌」三七六ページ。
(12) 前掲『新聞総覧・明治四三年』五六五ページ。
(13) 朝日新聞社史編修センター所蔵資料。
「株式会社日本電報通信社発展史」は、「創立後間もなく倫敦ルートル社と特約を結び」と書いている(『新聞総覧』大正七年版)。年月日は特定しておらず、文脈からすると一九〇六年一二月以降のようにとれる。
(14) 前掲「現代日本の新聞雑誌」。
(15) 前掲光永「予の全生命力を打込んだ通信事業」。
(16) 『広島日刊中国』一九〇六年五月二九日。それまで同紙には外電掲載はなく、たまに東京からの電報として外国ニュースが載るだけであった。
(17) マイクロフィルムからは欄外掲載記事は判読できない。
(18) 朝日新聞大阪本社社史編修センター所蔵資料。
(19) 朝日新聞大阪本社社史編修センター所蔵資料。
この書簡では、電通は一九〇六年一月にロイターと契約し地方新聞に配信しだしたことが分かる。ただそれを直接示す資料は見いだせない。
(20) 朝日新聞大阪本社社史編修センター所蔵資料。

(21) 朝日新聞社編『朝日新聞社史・明治編』（一九九〇年、朝日新聞社）五一六ページ。この時の契約は、朝日新聞社とタイムズ社との公的なものではなかったという。『東京朝日新聞』のロンドン特電は、一九〇四年一一月に『デイリー・メール』のあいだで通信交換契約を結んだもので、つぎに一九〇五年『チャイナ・エクスプレス』、『ロンドン・テレグラフ』の各東京特派員との個人契約、一九〇七年一月から『大阪朝日新聞』と同じくスコットとの特約になった。

(22) 蛯原八郎『日本欧字新聞雑誌史』（一九三四年、一九八〇年復刻、名著普及会）一七四ページ。

(23) 前掲光永「予の全生命力を打込んだ通信事業」。光永は「ルーターばかりでは少いから何とかせなければならぬ、丁度その自分に独逸の機関で伯林電報と云ふものがあつた。それは量に於ても質に於てもルーターと殆ど変りはない。寧ろ量に於てはルーターより多い。宣伝であるから盛んにやつて来る、併しルーターも自分の方に取つたのであるが、契約があつて東京は取れない。そこで東京以外を取らうと思つて横浜の主任に会つて種々話をした所が、速に承諾して呉れた」と述べている。意味の取りにくい文章であるが、ロイターとの関係があって、横浜を通して「伯林電報」をとっていたようである。横浜というのが、「日独郵報」のことであろう。

(24) 朝日新聞大阪本社社史編修センター所蔵資料。

(25) 朝日新聞大阪本社社史編修センター所蔵資料。

(26) 朝日新聞大阪本社社史編修センター所蔵資料。両社の契約書は英文だけが正文で、日本語正文はなかった。引用文は朝日新聞社側の作成した訳文である。

(27) 佐原篤介（一八七四～一九三二年）東京生まれ、慶應義塾卒業後、時事新報社に入り、一八九九年同社および大阪毎日新聞社の通信員として上海に渡り、一九〇七年六月以降『時事新報』『大阪時事新報』『大阪朝日新聞』『東京朝日新聞』『大阪毎日新聞』『東京日日新聞』『毎日電報』の通信員となる。一九二六年以降は満州に渡り『盛京時報』社長（宮武外骨、西田長寿編『明治新聞雑誌関係者略伝』（一九八五年、みすず書房）。

おそらく彼が通信員を務めたという六紙が上海聯合通信社から電報を受けた新聞社であろう。

(28) 朝日新聞大阪本社社史編修センター所蔵資料による。

(29) 上海連合通信は、一九〇七年六月から活動を開始したとされるが（朝日新聞大阪本社社史編修センター所蔵資料）、一月には上海経由の「倫敦電報」が載っている。すでに堀扶桑は活動していたのであろう。ただ、ロイター上海支社が転電を正式に認めていたとすれば、社内の不統一ということになるが詳細は不明である。

(30) 『ザ・タイムズ』側については、*The History of The Times* (1947, The Office of The Times) には記述がなく不明である。ただ、この時期の同社は経営難であったので、事業多角化の試みであったようだ。

(31) 大谷正「国際通信社設立の前史―清国新聞電報通信とニューヨークの東洋通報社について―」『メディア史研究』第一六号（二〇〇四年四月）。
また、外務省の外国新聞社操縦については、松村正義『日露戦争と日本在外公館の〝外国新聞操縦〟』（二〇一〇年、成文社）が詳しい。

(32) 中国国内で発行されていた日本人経営の新聞については、蛯原八郎『海外邦字新聞雑誌史』（一九三六年、一九八〇年復刻、名著普及会）、中下正治『新聞にみる日中関係史―中国の日本人経営紙―』（一九九六年、研文出版）、李相哲『満州における日本人経営新聞の歴史』（二〇〇〇年、凱風社）参照。

(33) 中下正治は、（一）熊本系（東亜同文会系）、（二）福岡系（黒龍会系）、（三）その他の人脈に分けている（同『新聞にみる日中関係史―中国の日本人経営紙―』（一九九六年、研文出版）二ページ。
また、中国の新聞界の全般的状況については、小関信行「五・四時期のジャーナリズム」京都大学人文科学研究所研究報告『五四運動の研究』第三函（一九八五年、同朋舎出版）。

(34) 「同文会設立主意書」近衛篤磨日記刊行会編『近衛篤磨日記（付属文書）』（一九六九年、鹿島研究所出版会）四〇一ページ。

(35) 「東亜同文会本部支部経費並事業」前掲『近衛篤麿日記（付属文書）』四〇四ページ。

(36) 東亜同文会の機関誌『東亜時論』については、有山輝雄監修『東亜時論』復刻版（二〇一〇年、ゆまに書房）所収加藤祐三解説参照。

(37) 「東亜同文会の刊行に係る支那新聞の種類、題号及所在地等取調方に関する件」簿冊「清国新聞関係雑件」、(JACAR: B03040669100)。

(38) 『同文滬報』については、翟新『東亜同文会と中国―近代日本における対外理念とその実践―』（二〇〇一年、慶應義塾大学出版会）一三三ページ以下。

(39) 簿冊「新聞雑誌操縦関係雑纂・同文滬報」に外務省からの助成金給付関係文書および同紙の会計報告文書が収録されている。また同紙の略史については、同簿冊収録の「同文滬報費用不足に付事情陳述書」による。(JACAR: B03040606300)。

(40) 「同文滬報拡張に付具陳書」前掲「新聞雑誌操縦関係雑纂・同文滬報」。

(41) 外務大臣侯爵西園寺公望外相宛在上海総領事永滝久吉の具申「上海同文滬報拡張費に関する件回答」（明治三十九年五月四日機密第二五号）前掲「新聞雑誌操縦関係雑纂・同文滬報」(JACAR: B03040606600)。

(42) 「上海同文滬報に関する件」（明治四十年八月十四日付）前掲「新聞雑誌操縦関係雑纂・同文滬報」(JACAR: B03040606600)。

(43) 外務省記録「清国に於ける新聞操縦の為め内外新聞社電報通信配付雑件」第一巻 (JACAR: B03040681700)。

(44) 前掲「清国に於ける新聞操縦の為め内外新聞社電報通信配付雑件」第一巻所収。

(45) 小村寿太郎外務大臣宛在清国特命全権公使伊集院彦吉「新聞操縦に関する件」（機密第五二号）前掲「清国に於ける新聞操縦の為め内外新聞社電報通信配付雑件」第一巻所収。

(46) 在上海永瀧送料宛小村外相（明治四二年六月一八日）外務省記録「清国に於ける新聞操縦の為め内外新聞社電報通

信配付雑件」第一巻「上海之部」所収（JACAR: B03040681900）。
（47）小村寿太郎宛伊集院彦吉「電報通信改良方具申の件」前掲外務省記録「清国に於ける新聞操縦の為め内外新聞社電報通信配付雑件」第一巻所収（JACAR: B03040681800）。
（48）在清国公使以下各総領事、領事宛小村外相（機密第九六号）前掲外務省記録「清国に於ける新聞操縦の為め内外新聞社電報通信配付雑件」第一巻所収（JACAR: B03040681800）。
（49）小村寿太郎宛伊集院彦吉（機密第一二七号）明治四二年八月二七日付、前掲「清国に於ける新聞操縦の為め内外新聞社電報通信配付雑件」第一巻所収。
（50）小村外相宛有吉総領事（明治四三年五月一九日）外務省記録「清国に於ける新聞操縦の為め内外新聞社電報通信配付雑件」第一巻「上海之部」所収。
（51）前掲「清国に於ける新聞操縦の為め内外新聞社電報通信配付雑件」第一巻所収。
（52）この「機密送第六一号」の現物は見いだせなかったので、在米高平公使宛小村外相「紐育に東洋通報社設置の件」（明治四二年五月六日付）に引用されているものを利用した。外務省記録「紐育に東洋通報社設置一件」第一巻（JACAR: B03040068700）所収。
（53）「四二・五・一七 The Japan Times 社主山田季治と談合」外務省記録「新聞雑誌操縦関係雑纂 『ジャパン・タイムス』」（JACAR: B03040612000）。
（54）頭本元貞宛小村寿太郎（明治四二年五月六日付極秘）前掲「紐育に東洋通報社設置一件」第一巻所収。
（55）飯沼和正・菅野富夫『高峰譲吉の生涯　アドレナリン発見の真実』（二〇〇〇年、朝日新聞社）二五五ページ。高峰が同誌と日本外務省との関係を知っていたかは不明である。
（56）前掲外務省記録「紐育に東洋通報社設置一件」。
なお、本田増次郎については、「本田増次郎 Web 記念館」が詳しい（http://masujiro.kakukaku-shikajika.com）。

同サイトに The Oriental Economic Review/The Oriental Review の総目次がある。

第三部第二章

（1）前掲『通信社史』。高峰讓吉と渋沢栄一の関係については、前掲『高峰讓吉の生涯　アドレナリン発見の真実』。

（2）訪米実業団に関するアメリカ諸新聞の記事は、渋沢史料館に所蔵されている。

（3）ジャパン・タイムス社『ジャパン・タイムス小史』（一九四一年、ジャパン・タイムス社）四三ページ。

（4）前掲『通信社史』八七ページ。

（5）前掲『ジャパン・タイムス小史』四四ページ。

（6）前掲『通信社史』七九ページ以下。

（7）national news agency を現在の通常のカタカナ表記にすれば、ナショナル・ニューズ・エイジェンシーとなるので、本文ではそのように表記するが、史料中には「ナシヨナル・ニュース・エイジエンシー」とか「ナショナル・ニュース・エイゼンシー」とか様々に表記されており、史料の引用の際には原文通りとする。

（8）前掲『通信社史』八一ページ。
AP通信社は、その設立経緯はかなり複雑だが、小糸忠吾「アメリカの新聞とAP―組合通信社の成長期、1848-1934」『コミュニケーション研究』第七号（一九七四年）。

（9）三月二五日大日本平和協会主催招待会での演説（『読売新聞』一九一〇年三月二六日。

（10）三月一四日後藤逓信大臣招待晩餐会での演説（『読売新聞』一九一〇年三月一五日）。

（11）前掲大日本平和協会での演説。

（12）Melville E. Stone, *Fifty Years a Journalsit.* (1921 Doubledy) p. 308. 訳は『通信社史』（八一ページ）のものを参考に一部修正した。

（13）ロイター通信社と新通信社との契約書類封筒の表書きには「国民通信社、ロイター通信社契約書」と表記されている。有山輝雄、西山武典編『国際通信社・新聞聯合社関係資料』第一巻（二〇〇〇年、柏書房）五ページ。

一般的に通信社問題が広く社会的に論議されることは希だが、新聞記者大庭柯公は、「海外通信機関の国民化」「純国民的純民衆的の海外通信機関」ということを唱えていた。彼は「日本人民の利益を代表」して海外に発信できる通信社という言い方もしており、国際通信社などが「官僚的」であると批判していた。彼のいう「純国民的純民衆的」という概念は海外通信機関を考えるうえで重要な主張だが、大庭の問題提起が広く議論されることはなかった（大庭柯公「新聞紙の民衆化」『黎明講演集』第二輯一九一九年三月、『近代日本思想体系三三・大正思想集Ⅰ』〈一九七八年、筑摩書房〉所収）。

（14）前掲『通信社史』八一ページ。

（15）アヴァスと政府の関係は複雑だが、一九二〇年代・三〇年代に赤字の報道部門について政府の助成金を受けていた（Robert W. Desmond, *Crisis and Conflict. World News Reporting Between Two Wars 1920–1940.* (1982 University of Iowa Press) p. 214）、小糸忠吾『世界の新聞・通信社Ⅰ』〈一九八〇年、理想出版〉一三二ページ）。ドイツのヴォルフも政府の監督を受け、財政助成を受けていた（前掲小糸、一五八ページ以下）。

（16）前掲『通信社史』八九ページ。

（17）「国際通信社」、「本邦通信機関及通信員関係雑纂・通信機関の部」、（JACAR: B03040802100）。この外務省電報は二日かかって本省に着いているが、ロシアのモスクワ経由で、ロシアは一四日発との注記がある。

（18）「機密公第九四号大正二年十一月二十二日「ケネディー」と「ロイテル」社と通信事務予約締結に関する件」、前掲「本邦通信機関及通信員関係雑纂・通信機関の部」。

（19）前掲『通信社史』九四ページ。

（20）伊達源一郎「国際ニュースの変転」電通編『五十人の新聞人』（一九五五年、電通）三〇ページ。

（21）「国民通信社ロイテル通信社契約書渋沢男爵の追認書原本」前掲『国際通信社・新聞聯合社関係資料』第一巻（二〇〇〇年、柏書房）一三ページ。

（22）「定款」前掲『国際通信社・新聞聯合社関係資料』第一巻三四ページ。

（23）「千九百十四年三月二十八日一方の当事者東京市合資会社国際通信社（以下通信社と称す）と他方の当事者東京市ジョン、ラッセル、ケネディー（以下ケネディーと称す）との間に締結したる契約書」前掲『国際通信社・新聞聯合社資料』第一巻一三ページ。

（24）Reuters Archive Record. Archive No. 1/8715622. LN247.

（25）「覚書」前掲『国際通信社・新聞聯合社関係資料』第一巻七四ページ。

（26）『ジャパン・ウィクリー・メール』（*The Japan Weekly Mail*）一九一四年一月三日。これらの事実を吉田哲次郎「『国民通信社』とロイター」『新聞通信調査会報』第三二九号（一九八九年六月一日）から知った。一連の吉田論文は、『ジャパン・ウィクリー・メール』を丹念に調査したロイターに関する優れた研究である。

「O・ロイド」とは、Der Ostasirtische Lloyd 社というのが正式名称で、当時上海で活動していたドイツ系の通信社である（「上海に於て発刊する東亜「ロイド」関係雑纂」（JACAR: B03040855900）による。

（27）前掲『国際通信社・新聞聯合社関係資料』第一巻、一一三ページ。

（28）前掲『国際通信社・新聞連合社関係資料』第一巻、三三八ページ。

（29）前掲『通信社史』一〇〇ページ。

（30）一九一五年四月一三日付樺山愛輔宛ケネディー書簡「樺山愛輔関係文書」一六八―一、国立国会図書館憲政資料室所蔵。

なお、「樺山愛輔関係文書」には国際通信社、ジャパン・タイムス社の詳細な会計報告があるが、本文で触れたように数字の信憑性に疑問があるので、その分析は割愛する。

(31) 一九一五年四月一三日付樺山愛輔宛ケネディー書簡「樺山愛輔関係文書」一六八―六、国立国会図書館憲政資料室所蔵。

(32) 前掲『国際通信社・新聞連合社関係資料』第一巻、一二九ページ。

(33) 前掲『国際通信社・新聞連合社関係資料』第一巻、一三二ページ。

(34) 前掲『国際通信社・新聞聯合社関係資料』第一巻、九六ページ以下。

(35) 合資会社国際通信社・ジャパン・タイムス株式会社「大正六年度報告書」の事業説明によった。前掲『国際通信社・新聞聯合社関係資料』第一巻。

(36) 樺山愛輔・八十島親徳宛ケネディー書簡一九一五年六月七日、「樺山愛輔関係文書」一八九。

(37) 前掲『国際通信社・新聞聯合社関係資料』第一巻、九九ページ以下。

(38) 前掲『ジャパン・タイムス小史』四六ページ。ただし、合資会社国際通信社・ジャパン・タイムス株式会社「大正六年度報告書」は、「段隆介氏を聘し、男爵宮原二郎氏に顧問を嘱託」しとあり、『新聞総覧大正七年』(一九一八年一一月発行)は頭本元貞社長とある。

(39) 前掲『国際通信社・新聞聯合社関係資料』第一巻、一三八ページ。

(40) 前掲『国際通信社・新聞聯合社関係資料』第一巻、一四七ページ。

(41) 逓信省『逓信事業史』第三巻(一九四〇年　逓信協会)七二七ページ。

(42) 前掲『逓信事業史』第三巻、七二七ページ。

(43)『東京朝日新聞』一九一五年一〇月二日。

(44) 一九一五年に国際通信社に入社した伊達源一郎によれば、伊達が光永電通社長に面会し契約打ち切りを伝えたところ、「光永氏は予期しておったようで驚きもせず怒りもせず、静かに一ヶ月の猶予を要請せられました。彼の胸中は既に成案があったのであります。成案とは何であるかというと、米国のUPと結んで「国際」と外電において大競争を始めんとすることでありました。一ヶ月の猶予はＵＰとの打ち合せに要する時間でありました。私はケネデーと協議の上、「電通」の猶予の要請を応諾したのであります」（前掲伊達「国際ニュースの変転」）。

(45) 「経済電報通信加入契約書」前掲『国際通信社・新聞聯合社関係資料』第一巻、一三五ページ。

(46) 前掲『通信社史』一一七ページ。

(47) 前掲『通信社史』一一八ページ。

(48) 松村正義「外務省情報部の創設と伊集院初代部長」『国際法外交雑誌』第七〇巻第二号（一九七一年七月）。

(49) 外務省編『外務省の百年』上巻（一九六九年、原書房）一〇二八ページ。

(50) 岩壁義光、広瀬順皓編『影印原敬日記』第一四巻（一九九八年、北泉社）二二三ページ。

(51) 前掲伊達「国際ニュースの変転」二九ページ。

(52) 第一次世界大戦と宣伝についての研究は数多いが、Harold D. Lasswell, *Propaganda Technique in the World War.* (1927 New York) 小松孝彰訳『宣伝技術と欧州戦争』（一九四〇年、高山書院）、Stuart Ewen, *PR! : A Social History of Spin.* (1996 Basic Books), Philip M. Taylor, *Munitions of the mind: A history of propaganda from the ancient world to the present day.* (2003 Manchester UP) pp. 176-197. クリール委員会については、クリール自身の George Creel, *How we adevertised America; the First telling of amazing story of Committee on public information that carried the gospel of Americanism to every corner of the globe* (1920 2011reprint)、ナンシー・スノー（福間良明訳）『情報戦争』（二〇〇四年、岩波書店）、同（椿正晴訳）『プロパガンダ株式会社』（二〇〇四年、明石書店）。なお両書で同委員会は公報委員会、広報委員会と訳が異なっているが、本書では直訳して公共情報委員会とした。

(53) Graham Storey, *Reuters' Century.* (1951 Max Parrish) p. 148.

(54) ロデリック・ジョーンズが経営を担う経緯は、Donald Read, *The Power of News, The History of Reuters.* (1992 Oxford) p. 115 以下が詳しい。

(55) Storey, *op. cit.*, p. 158.
(56) この過程については、Read, *op. cit.*, p. 122.
(57) *Ibid.*, p. 124, Dwayne R. Winseck and Robert M. Pike, *Communication and Empire.* (2007 Duke UP) p. 248.
(58) Storey, *op. cit.*, p. 160.
(59) Roderick Jones, *A Life in Reuters*, (1951 London) p. 205.
(60) 前掲伊達「国際ニュースの変転」三一ページ。伊達源一郎「国際通信事業に捧げた十余年」『新聞及新聞記者』一九二六年一〇月号、前掲『外務省の百年』もほぼ同一の記述である。
(61) 前掲『外務省の百年』上巻、七三四ページ以下。松村正義「ワシントン会議と日本の広報外交」『外務省調査月報』第一号（二〇〇二年）。
(62) 前掲『外務省の百年』一〇三二ページ。
(63) 拙著『近代日本ジャーナリズムの構造—大阪朝日新聞白虹事件前後—』（一九九五年、東京出版）二二二ページ以下。
(64) 前掲『外務省の百年』一〇三〇ページ引用の外務省内検討文書。ただ、この文書の作成者などは記述がなく不明である。
(65) 前掲『外務省の百年』一〇三一ページ。
(66) 『東京朝日新聞』一九二〇年三月三一日。
(67) 外務大臣内田康哉宛在天津総領事船津辰一郎（大正九年三月二九日付）簿冊「日本事情宣伝機関設置の件」所収、(JACAR: B03040719300)。
(68) 前掲『外務省の百年』上巻、一〇三四ページ。
(69) 前掲『外務省の百年』一〇三五ページ。

（70） Correspondence between Turner W. General Manager Shanghai and Jones R(Sir) re Reuter operations in China; including meeting with Kennedy J of Kokusai re Japans's policy in Far East.　Reuters Archive Record. 1/886102 LN408.

（71） 樺山愛輔「国際通信社時代の君」岩永裕吉君伝記編纂委員会編『岩永裕吉君』（一九四一年、岩永裕吉君伝記編纂委員会）五〇ページ。

ケネディーの活動については、「追想ジョン・ラッセル・ケネディ―主として東京の事務所―」『新聞通信調査会報』第二九七号（一九八七年八月一日）。

（72） 前掲『岩永裕吉君伝』による。

（73） 前掲『岩永裕吉君伝』一五三ページ。

残念ながら、「岩永通信」『世界の批判』の現物は見いだせなかった。

（74） 前掲『岩永裕吉君伝』一四三ページ、一五七ページ。

（75） 前掲『通信社史』一二五ページ。

（76） 前掲『通信社史』一二五ページ。

（77） 前掲『国際通信社・新聞聯合社関係資料』第一巻、二八一ページ以下。ロイター側にも協定文が保存されている。Reuters Archives Record. 1/8714753 LN242. 訳文は『通信社史』に従うが、正文は英文だけである。

（78） 前掲『通信社史』一四三ページ。

（79） 前掲『国際通信社・新聞聯合社関係資料』二九〇ページ、訳文は『通信社史』一三五ページ。

（80） 前掲『国際通信社・新聞聯合社関係資料』第一巻、二〇〇ページ。

（81） 前掲『国際通信社・新聞聯合社関係資料』第一巻、二三四ページ。

第三部第三章

（1）宗方小太郎は、一八六四年熊本宇土藩士の家に生まれる。佐々友房の教えを受け、佐々に従い上海に赴く。荒尾精が漢口に楽善堂によって活動するや、それを助け、さらに荒尾が上海の日清貿易研究所を興すや、それに参加する。日清戦争中は様々な諜報活動にあたったとされる。東亜同文会に参加し、上海東亜同文書院監督として学生の指導にあたる。一九一四年に東方通信社を設立（黒龍会編『東亜先覚志士記伝』下巻（一九六六年、原書房）三七七ページ。

宗方の評伝には馮正宝『評伝宗方小太郎―大陸浪人の歴史的役割』（一九九七年、熊本出版文化会館）がある。

宗方の原資料は、東京大学法学部付属近代日本法制史料センター、国会図書館憲政資料室にある。また神谷正男編『宗方小太郎文書―近代中国秘録』（一九七五年、原書房）、同『続宗方小太郎文書―近代中国秘録』（一九七七年　原書房）がある。それ以外に数多くの資料が中国上海社会科学院歴史研究所に所蔵されているようである。詳しくは大里浩秋「上海歴史研究所所蔵宗方小太郎資料について」神奈川大学『人文学研究所報』第三七巻、同「宗方小太郎日記、明治二二年～二五年」『人文学研究所報』第四〇号および馮正宝「中国残留の宗方小太郎文書について」『法学志林』第八九巻第三・四合併号、同前掲書。また東亜同文会について研究は数多いの割愛する。

（2）前掲馮正宝『評伝宗方小太郎』四〇七ページ。宗方の日記のこの部分は中国上海社会科学院に所蔵されており、現在閲覧が不可能で、馮が中国文に翻訳し、それを再度日本文に訳したものが前掲書に収録されている。筆者は原資料未見で、馮の訳文を利用した。国会図書館憲政資料室所蔵の宗方小太郎関係文書には、この時期の日記はない。

（3）波多博については、波多博『中国と六十年』（一九六五年、波多博）。

また、東方通信社については既に大谷正、江口浩の研究がある。大谷正「『新聞操縦』から『対外宣伝』へ―明治・大正期の外務省対中国宣伝活動の変遷」『メディア史研究』第五号（一九九六年）、江口浩「外交文書に見る東方通信社」（一）～（六）『新聞通信調査会報』第四八九号～五〇一号（二〇〇三年七月一日～二〇〇四年五月一日）。

本書が依拠する資料は、これら大谷や江口の研究が利用した外務省文書館資料とほぼ同じであるので、叙述も重なるところがあるが、本書の立論のうえで東方通信社を外すことはできないので、述べていくことにする。

また、陸軍がおこなっていた新聞操縦については、森田貴子「日本陸軍の中国における新聞操縦」『東京大学日本史学研究室紀要』第八号（二〇〇四年三月）参照。

（4）「東方通信社関係雑纂」外務省外交史料館所蔵（JACAR: B03040705800）。

（5）前掲『評伝宗方小太郎』四〇九ページ。松井次官は松井慶四郎、小池張造政務局長、坂田重太郎通商局長であろう。

（6）外務省政務局『支那に於ける新聞及通信に関する調査（大正七年末）』（JACAR: A04017266400）。
『上海日報』は一九〇四年七月一日、『上海新報』の号数を引き継いで井手三郎が創刊。『上海日々新聞』は一九一四年一〇月一日宮地貫道によって創刊（中下正治『新聞にみる日中関係史―中国の日本人経営紙』（一九九六年、研文出版八、二一ページによる）。東京大学法学部明治新聞雑誌文庫に『上海日報』の明治期原紙がある。

また、神谷正男編『続宗方小太郎文書―近代中国秘録』（一九七七年、原書房）所載の「上海に於ける新聞調査」（年月日不詳）もほぼ同一の記述である。宗方の調査をもとに外務省報告書が作成されたのであろう。

（7）前掲「上海に於ける新聞調査」『続宗方小太郎文書』四六四ページ。
前掲波多『中国と六十年』には、有吉総領事の依頼で上海タイムス社の経営名義人となって、東方通信社ニュースの供給を受けたとある（一〇二ページ）。

（8）「東方通信社関係雑纂」（JACAR: B03040705900）。

（9）前掲『評伝宗方小太郎』四一四ページ。「有島領事を訪ね」とあるが、有吉の間違いだろう。

（10）外務大臣寺内正毅宛在上海総領事有吉明（機密第七八号大正五年一〇月一九日）「東方通信社現況報告并に北京支社設置方稟議の件」前掲「東方通信社関係雑纂」。

（11）文書のなかには、漢字新聞、支那語新聞、支那新聞などと出てくる。だが、それら中国語新聞が中国人所有とは限らず、日本人所有、英国人所有の中国語新聞もあり、中国の新聞と中国語新聞とは区別すべきだが、それぞれの新聞の来歴等を説明するのはあまりに煩雑なので、曖昧だが中国語新聞、中国の新聞といっておく。

(12) 東方通信社作成の北京支社設置計画が有吉総領事意見書に付属する「乙号東方通信社北京支社設置案」で、計画の内容はこれに依拠した。

(13) 小川平吉の詳しい経歴は割愛するが、「小川平吉伝並に主要文書解題」岡義武他編『小川平吉関係文書』1（一九七三年、みすず書房）によれば、東京帝国大学法科大学卒業後、弁護士活動のかたわら政治活動にも乗りだし、東亜同文会の創立にも参加した。一九〇三年政友会から代議士に当選、対外硬派の有力者として活躍し、辛亥革命では革命派支援にあたった。その後も対支連合会、黒龍会などと連携をもち、中国問題に深く関わった政治家である。

(14) 共同通信社長小川平吉「共同通信社創立趣旨」（大正五年十二月）、「本邦通信機関及通信員関係雑纂／通信機関の部」（JACAR: B03040802300）。

(15) 「事業計画の概要」、「年頭予算書（支出）」「年頭予算書（収入）」前掲「本邦通信機関及通信員関係雑纂／通信機関の部」。

(16) 長谷川賢「日支共同通信社経営之概略」（昭和七年一月二十五日付）前掲『小川平吉関係文書』2 一一八ページ。

(17) 有吉総領事宛本野大臣（機密第二一八号大正五年十二月三十一日付）前掲「本邦通信機関及通信員関係雑纂／通信機関の部」（JACAR: B03040802400）。

(18) 本野一郎外務大臣宛有吉明総領事（機密第三号、大正六年一月十日）前掲「本邦通信機関及通信員関係雑纂／通信機関の部」。

(19) 年月日不明外務省覚書。簿冊の前後関係から大正六年一月と推定される。作成者不明だが、欄外に「大臣本野」の署名があるので、本野外相の承認を得ていた文書であることは間違いない。

(20) 「日支共同通信社業蹟報告」、前掲「本邦通信機関及通信員関係雑纂／通信機関の部」（JACAR: B03040802400）。

(21) 内田外務大臣宛小幡公使（大正八年七月十六日受）、前掲「本邦通信機関及通信員関係雑纂／通信機関の部」

(JACAR: B03040802500)。

（22）小川平吉「対支宣伝機関拡張案」（大正八年七月付）、ただし芳澤謙吉宛書簡（九月十六日付）で別冊意見書差し出しとあるので、外務省に出したのは九月のようである。しかし意見書はガリ版印刷であるので、七月段階で諸機関に配布した可能性が高い。

（23）小川平吉関係文書には、欧米の宣伝機関についての資料などは見いだせない。

（24）「日支共同通信社顛末報告書」前掲「本邦通信機関及通信員関係雑纂／通信機関の部」(JACAR: B03040802500)。

（25）この時期、UP通信社が積極的に拡張をめざしていたことが、電通との結びつきを生み出した。この時期のUP通信社については、Jonathan Fenby, *The International News Service.* (1986 New York) p. 45.

（26）内田康哉宛光永星郎書簡（大正八年一二月三一日付）簿冊「本邦通信機関及通信員関係雑纂・通信機関の部」アジア歴史資料センター (JACAR: B03040804800)。

（27）迫大平編『電通社史』（一九三八年、日本電報通信社）六二八ページ。

（28）「電報通信社北京支社設置に関する件」（大正十二年三月二十七日付・機密第二九八号）前掲簿冊「本邦通信機関及通信員関係雑纂・通信機関の部」。

（29）文中にでてくる中美通信社というのは、外務省調査によれば「一般支那人は本社を以て米国公使館の機関と目し居り」、アメリカ副領事が選任主任で「米国系の報道鼓吹に務め支那軍閥を攻撃し日本排斥を試む」とある外務省政務局『支那に於ける新聞及通信に関する調査（大正七年末）』六ページ (JACAR: A04017266640)。

（30）外務大臣法学博士子爵本野一郎宛在支那臨時代理大使芳沢謙吉「東方通信社の成績に関する件」（機密第四一三号大正六年一二月二八日付）前掲「東方通信社関係雑纂」。

中国語新聞のうち一紙は『順天時報』であるので、中国系の新聞は六紙である。

（31）前掲外務省政務局『支那に於ける新聞及通信に関する調査（大正七年末）』。

(32) 芳沢謙吉の報告に出てくる共同通信というのは、一九一七年二月菊池貞二によって奉天に起こされた通信社で謄写版で日本語通信を六〇部発行したというから小規模な通信社であった。同社は同年一〇月に上海にも支社を設置し東京電報を上海の中国語新聞日本語新聞に配信した（前掲『支那に於ける新聞及通信に関する調査（大正七年末）』）。

(33) 前掲「東方通信社関係雑纂」（JACAR: B03040706000）。

(34) 本野一郎宛有吉明「東方通信社拡張に関する件」（機密第二一号大正七年三月十一日）前掲「東方通信社関係雑纂」。

(35) 渋谷作助宛波多博書簡二通（年月不詳、二十日、二一日）、前掲「東方通信社関係雑纂」）。簿冊に綴じ込まれている順序からすれば、一九一八年三月と推定できる。

(36) 本野一郎宛有吉明「東方通信社東京支局拡張方に関する件」前掲「東方通信社関係雑纂」。

(37) 在広東総領事宛後藤外相（極秘第一七号大正七年六月一四日）前掲「東方通信社関係雑纂」。

(38) 外務省政務局第一課「極秘　新聞政策に関する新計画案」（未定稿）大正八年四月一四日、外務省記録「新聞雑誌操縦関係雑纂」所収（B03040600400）。

(39) 『通信社史』一五七ページ。

(40) 前掲『通信社史』一五六ページ。

(41) 前掲『通信社史』一五七ページ。

(42) 伊達源一郎「国際ニュースの変転」電通編『五十人の新聞人』（一九五五年、電通）三二一ページ。

(43) 前掲『通信社史』一五八ページ。

(44) 在中国各領事宛内田康哉外務大臣訓令（大正九年九月三十日）前掲「東方通信社関係雑纂」（JACAR: B03040706300）。

(45) 前掲『通信社史』一五八ページ。

(46) 前掲内田康哉外相訓令。

（47） 伊達源一郎「国際通信事業に捧げた十余年」『新聞及新聞記者』一九二六年一〇月一五日号。

（48） 前掲各領事宛内田康哉外相。

（49） 東方通信社主幹伊達源一郎挨拶状（大正十四年二月十四日付）前掲「東方通信社関係雑纂」。

（50） 幣原喜重郎外相宛在広東総領事森田寛蔵「東方通信直接打電方依頼の件」（昭和元年十二月二十七日付）、前掲「東方通信社関係雑纂」。

（51） 幣原喜重郎外相宛矢田七太郎上海総領事（大正十四年二月二十四日）「新聞雑誌に関する調査雑件・支那の部」第一巻（JACAR: B03040881400）。

（52） 前掲幣原喜重郎外相宛矢田七太郎上海総領事。

（53） 前掲伊達「国際ニュースの変転」。

二〇一三年度東京経済大学学術研究センター学術図書刊行助成

著者紹介

一九四三年　神奈川県生まれ
一九六七年　東京大学文学部国史学科卒業
一九七二年　東京大学大学院社会学研究科博士課程単位取得退学
現在　東京経済大学教授

〔主要著書〕
『徳富蘇峰と国民新聞』(吉川弘文館、一九九二年)
『近代日本ジャーナリズムの構造―大阪朝日新聞白虹事件前後―』(東京出版、一九九五年)
『甲子園野球と日本人―メディアのつくったイベント―』(吉川弘文館、一九九七年)
『戦後史のなかの憲法とジャーナリズム』(柏書房、一九九八年)
『海外観光旅行の誕生』(吉川弘文館、二〇〇二年)
『陸羯南』(吉川弘文館、二〇〇七年)
『「中立」新聞の形成』(世界思想社、二〇〇八年)
『近代日本のメディアと地域社会』(吉川弘文館、二〇〇九年)

情報覇権と帝国日本　I
海底ケーブルと通信社の誕生

二〇一三年(平成二十五)六月一日　第一刷発行

著　者　有《あり》山《やま》輝《てる》雄《お》
発行者　前田求恭
発行所　株式会社　吉川弘文館
郵便番号一一三―〇〇三三
東京都文京区本郷七丁目二番八号
電話〇三―三八一三―九一五一〈代表〉
振替口座〇〇一〇〇―五―二四四
http://www.yoshikawa-k.co.jp/
印刷＝藤原印刷株式会社
製本＝株式会社　ブックアート
装幀＝古川文夫

ISBN978-4-642-03823-2